中国石油员工基本知识读本（五）

中国石油天然气集团公司 编

ZHONGGUO SHIYOU YUANGONG JIBEN ZHISHI DUBEN

# SHIYOU

石油工業出版社

**图书在版编目（CIP）数据**

石油 /中国石油天然气集团公司编 .
北京：石油工业出版社，2012.4
（中国石油员工基本知识读本；5）
ISBN 978-7-5021-8950-1

Ⅰ. 石…
Ⅱ. 中…
Ⅲ. 石油—普及读物
Ⅳ. TE-49

中国版本图书馆 CIP 数据核字（2012）第 030565 号

出版发行：石油工业出版社
（北京安定门外安华里 2 区 1 号　100011）
网　址：www. petropub. com.cn
编辑部：（010）64523535　发行部：（010）64523620
经　　销：全国新华书店
印　　刷：北京联兴盛业印刷股份有限公司

2012 年 4 月第 1 版　2012 年 8 月第 3 次印刷
740×1060 毫米　开本：1/16　印张：27
字数：470 千字

定价：45.00 元
（如出现印装质量问题，我社发行部负责调换）

## 《中国石油员工基本知识读本》丛书编委会

# 《石油》编写组

主　编：王一端　何庆华

副主编：齐树斌　江怀友

编　委：（按姓氏笔画排序）

于秋波　王　濮　卞文杰　邓传信　齐仁理
齐岩松　江良冀　孙　晶　李　龙　杨天冰
邹　刚　张伯荣　陈　杨　金　坤　单慕晓
胡通年　钱伯章　郭瑞杰　韩德奇

# 总序

读书学习决定一个人的修养和境界，关系一个民族的素质和力量，影响一个国家的前途和命运。党的十七届四中全会明确提出建设马克思主义学习型政党和学习型社会，爱读书、读好书在全社会蔚然成风。对我们企业来讲，知识是员工进步的阶梯，学习是企业发展的不竭动力。在中石油六十年的发展历程中，曾书写了大庆油田靠“两论”起家、用理论指导油田开发建设各项工作实践的成功范例。如今，创建学习型企业、培育知识型员工，培养造就一支忠诚事业、业务精湛、作风过硬、奉献石油的高素质员工队伍，为建设综合性国际能源公司提供了强有力的智力支持和人才保障。

当前，中石油的发展仍处于大有可为的战略机遇期，也面临前所未有的困难和挑战。面对复杂多变的国内国际环境，面对改革发展稳定的繁重任务，实现公司发展战略目标，更好地承担起保障国家能源安全的重大责任，我们必须以科学发展为主题，以加快转变发展方式为主线，以确保和谐稳定为主旨，进一步加强学习型组织建设，坚持用科学知识武装员工队伍，真正做到学以立德、学以增智、学以创业，全面提升企业软实力，促进公司可持续健康发展。

正是从这一思路出发，从2009年开始，集团公司党组大力倡导“读书成就员工和企业未来”的理念，启动实施了“千万图书送基层，百万员工品书香”工程，组织开展“学习在石油·每日悦读十分钟”全员读书活动，旨在培养全体员工崇尚读书、自觉读书的良好习惯，形成“爱读书、读好书、善读书”的浓厚氛围，构建员工的人生基本知识体系和职业生涯基本专业知识体系，使员工在学习中进步、企业在学习中发展。

“学习是长久旅程，好书乃求知佳径。”为持续推进“千万图书送基层，百万员工品书香”工程，集团公司充分考虑广大员工的读书需求，组织总部相关部门和有关单位，经过一年多努力，编写完成了《中国石油员工基本知识读本》丛书。

丛书以提升员工基本素质为目的，内容涵盖政治经济、法律、科技、管理、石油、历史、地理、文学艺术、生活、健康等多个学科领域，体现了知识性和体系性相结合、时代性和先进性相结合、权威性和可读性相结合等特点，是专为中石油员工量身定制的知识载体。

希望这套丛书成为广大员工人生和职业生涯中扎实敦厚的基本知识教材，也希望丛书能够把“千万图书送基层，百万员工品书香”工程推进到一个新的阶段。相信通过不断学习、实践和提高，中国石油人一定会在新的征程中大有作为、再创辉煌，打造绿色、国际、可持续的中石油，建设忠诚、放心、受尊重的中石油，为保障国家能源安全和全面建设小康社会作出更大的贡献。

中国石油天然气集团公司总经理、党组书记

2011年9月27日

# 前言

石油是工业的血液，是国民经济发展的命脉，是世界上主要的一次能源和重要的战略物资，也是和人们的生活息息相关的产品。

2006 年 8 月 26 日，人民网发表了一位专家对石油天然气工业发展史的言论。这位专家写下了这么一段感人至深的评价：石油工业像一个顶天立地的男子汉，决定着战争的胜负，担负着国家的兴衰；石油工业是一个幸运儿，一诞生就给世界带来了光明；石油工业本身就是一个奇迹，一出世就奇迹般地成长壮大；石油工业也历经苦难的洗礼，因而散发出更加绚丽的色彩。

这不仅是这位专家的感受，更是石油人的感受。

石油，对于石油人来讲，太感亲切了。石油人自从一进石油门，就穿的是石油服，干的是石油活，吃的是石油饭，想的是石油，念的是石油，说的是石油，就连唱的也是石油。野外餐风饮露，夏斗酷暑，冬战严寒，以苦为荣，顽强拼搏，为的是石油；院墙里高度职守，精细操作，为的是石油；室内呕心沥血，苦苦攻关，为的也是石油。闻油则喜、闻油而起，是石油人的共同性格和品质。

石油，对于石油人来讲，太感自豪了。摘掉中国“贫油国”的帽子，是石油人；建立起中国的石油工业体系，是石油人；拼命为国家建设输送“油血气脉”，是石油人；挽救“文化大革命”期间濒临崩溃的国民经济，是石油人；担当起维护国家石油安全的重任，也是石油人。而今，天上飞的、地上跑的，离不开石油；工业、农业、国防等，离不开石油；就连我们日常的衣食住行等，也离不开石油。石油人的心血和汗水没有白流。石油人由衷地感到骄傲。

石油，对于石油人来讲，太感激励了。建国初期，国家几乎没有油，又遭到石油进口封锁，石油人着急，憋着一股气搞油；后来，国家加快四个现代化建设步伐，石油人继续顽强拼搏，努力发挥“造血”功能；我国改革开放后，国家飞速发展，又出现了石油能源供应不足问题，甚至危及国家安全，石油人积极担当起保障国家能源的重任，一方面眼睛向内，继续挖掘国内油气资源，另一方面背井离乡、走向海外，寻求国际能源补充。因此，国家需要油，就是石油人的责任，就是石油人的动力。石油人永远是保障国家石油能源供给的主力军。

尽管石油人对石油有着这么深厚的情感，但是，我们真的对它很了解吗？包括它的生成、它的性质、它的历史、它的发现、它的开采、它的加工、它的储运、它的利用、它的明天等。社会人非常关心石油，石油人更要了解石油。

为了提高广大石油员工的整体政治素质、专业素质、文化素质，中国石油天然气集团公司组织编写了《中国石油员工基本知识读本》丛书，作为石油员工的案头书。这本《石油》分册就是其中之一。目的是进一步向广大石油员工普及石油知识，以便更好地为石油工业发展服务。

我们希望通过这本书，能给石油人以帮助。

本书在编写过程中，得到了赵宗举、何文渊、张占峰、杨朝红、李海平、贺会群、王怀孝、胡徐腾等专家的大力支持与帮助，并提出了许多宝贵意见和建议，在此深表感谢。由于石油知识浩瀚无限，我们也只能是瀚海撷英，疏漏之处在所难免，敬请读者批评指正。

# 目录

## 第三章 世界石油

## 第四章 油气勘探

## 第六章　钻井工程

## 第七章　油气储运

## 第八章　石油炼化

## 第九章 油气贸易



## 第十章 石油科技

## 第十一章　新的能源

## 第十二章　未来展望

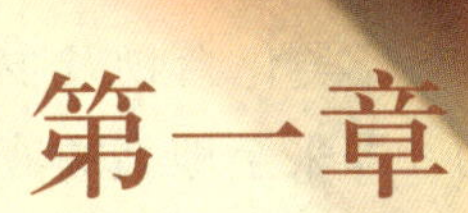

# 第一章 漫话石油

《西游记》里说，孙悟空是从石头缝里蹦出来的，那只是神话传说。其实，石油才是从石头缝里（地下岩石孔隙、缝洞中）生成出来的，难怪它姓“石”。

从石头缝里生出来的不是石娃娃，而是“油娃娃”、“气娃娃”，石油人却更喜欢称它们为“金娃娃”。

自从石油来到世间，人们就和它结下了不解之缘，甚至人们须臾离不开它。然而，人们并不一定完全了解它。因此，本章旨在将石油基础知识，向人们做一些初步介绍。

# 第一节　石油与天然气的生成

## ◎ 什么是石油

广义上讲，石油是由自然界中存在的气态、液态和固态烃类化合物及少量杂质组成的混合物，具天然产状。狭义上讲，石油指原油，即采至地表的液态石油。

原油是地下岩石中生成的、液态的、以碳氢化合物（即烃类化合物）为主要成分的可燃性矿产。

按照在有机溶剂中的选择性溶解，原油的组分可分为以下三类：

（1）油质。能溶于石油醚而不被硅胶吸附的部分称为油质。主要是烃类。

（2）胶质。是一种很黏稠的液体或半固体状态的胶状物。一般把石油中溶于非极性小分子正构烷烃（$C_5$—$C_7$）和苯的物质称为胶质。其颜色为深棕色至暗褐色，具有很强的着色能力。油品的颜色主要由于胶质的存在而引起。胶质是道路沥青、建筑沥青、防腐沥青等沥青产品的重要组分之一。它的存在，提高了石油沥青的延伸度。

（3）沥青质。是一种黑色的无定形固体，相对密度大于1。一般把石油中不溶于非极性小分子正构烷烃（$C_5$—$C_7$）而溶于苯的物质称为沥青质。它是石油中相对分子质量最大、极性最强的非烃组分。

原油中的胶质、沥青质是一种特殊结构的稠环芳香烃。沥青质是胶质进一步的缩合物。它们是天然的防蜡剂。任何一种原油都有一定数量的胶质、沥青质。它们是基本的防蜡剂，其他防蜡剂都在它们的配合下起防蜡作用。

API度是美国石油学会（简称API）制定的用以表示石油及石油产品密度的一种量度。美国和中国以API度作为原油分类的基准，其标准温度为15.6℃(60°F)。API度越大，相对密度越小。目前国际上把API度作为决定原油价格的主要标准之一。它的数值越大，表示原油越轻，价格越高。

世界上各个油田所产出原油的性质虽然千差万别，但主要由五种元素组成。这五种元素是碳（83%～87%）、氢（11%～14%）、硫（0.06%～0.8%）、氮（0.02%～1.7%）、氧（0.08%～1.82%）。此外，原油中还含有微量金属元素（镍、钒、铁等）。它们在研究石油成因以及石油勘探方面举足轻重。

**知识链接：石油名字的来历**

最早给石油命名的是我国宋代著名科学家沈括（1031—1095年，浙江钱塘人）（图1.1）。他在《梦溪笔谈》一书中，把历史上沿用的石漆、石脂水、火油、猛火油等名称，统一命名为“石油”，并对石油作了极为详细的论述。

图1.1 沈括

## ◎ 什么是天然气

广义地讲天然气，包括自然界中的一切气体，即包括地球的大气圈、水圈、岩石圈以及地壳深部地幔和地核中心全部的天然气体。我们常说的天然气是一种狭义的天然气概念，是指以烃类气体为主的天然气体，含有一些二氧化碳、氮气、硫化氢等非烃类气体。它们分布在岩石圈、水圈及地球内部。

地壳中，天然气就其产状分析，有游离态、溶解态（溶于原油和水中）、吸附态和固态气水合物四种类型。从分布特点，又可分为聚集型和分散型两类。气层气（气藏气、气顶气）、凝析气、油溶气属聚集型，也称为常规型天然气；水溶气、煤层气、页岩气、固态气水合物则属分散型，称为非常规型天然气。从与油藏的关系划分为伴生气和非伴生气。气顶气、油溶气以及油藏之间或油藏上方的、在成因上与成油过程相伴的气藏气，均归于伴生气；与油没有明显联系的或仅含有极少量原油的气藏气，成因上与煤系有机质或未成熟的有机质有关而生成的天然气称之为非伴生气。

在我国，常规的天然气储存形式多样，包括气层气、油溶气、凝析气。一般来说，气层气指在原始储层条件下，天然气以自由气相储集于储层内。油溶气指原始储层条件下，天然气以溶解状态存于储层内的原油中。凝析气指在原始地层条件下，天然气以自由相存在，但当地层压力降到露点压力以下时，有反凝析现象产生。对非常规的天然气类型，在我国仍属潜在的领域。水溶气指在原始储层条件下，天然气体溶解于储层内的边水或底水中。煤层气也称煤矿瓦斯气，从已经进行的研究和预测表明，具有巨大的潜力。20世纪90年代以来，我国已不同程度地启动了煤层气开发工作，近十年来，页岩气成为勘探开发着力开拓的领域。

## ◎ 石油和天然气的关系是什么

随着科学技术的进步，人类终于发现了石油和天然气的奥秘，认识到石油和天然气是一种主要由碳（C）和氢（H）两种元素组成的多种化合物的混合物，是储存于地下岩石孔隙中的液态和气态可燃矿物。按质量计算，碳元素约占83%～87%，氢元素约占11%～14%。这两种元素合起来，约占石油总量的99%。在剩下的1%中，用发射光谱法和中子活化分析法还发现了57种元素。常见的有36种，主要是：硫（S）、氮（N）、氧（O）、铁（Fe）、钙（Ca）、镁（Mg）、硅（Si）、铝（Al）、钒（V）、镍（Ni）、铜（Cu）、锑（Sb）、锰（Mn）、锶（Sr）、钡（Ba）、钴（Co）、锌（Zn）、钼（Mo）、锡（Sn）、钠（Na）、钾（K）、磷（P）、锂（Li）、氯（Cl）、铍（Be）、锗（Ge）、银（Ag）、砷（As）、金（Au）、钛（Ti）、铬（Cr）、镉（Cd）等。尤其是钒（V）和镍（Ni），是分布普遍并具有成因意义的两种微量元素。V、Ni含量及其比值，是确定生油岩有机相和油源对比的重要数据。

烃是有机化合物，约占石油成分的97%～99%。烃主要由碳和氢两种元素组成，并且按本身结构的不同形成类型迥异的碳氢化合物。其主要分为烷烃、环烷烃和芳香烃三类。由于组成烃的C、H原子数目不同，石油中含有大小悬殊的烃分子，最小的烃分子称甲烷（$CH_4$），再大的还有乙烷、丙烷……癸烷，还有十一烷、十二烷、十三烷……由于烃分子大小不同，其沸点也不同，分子越小，沸点越低。分子小的（$C_{1-4}$）是气体，中等的（$C_{5-6}$）是液体，分子大的（$C_{16}$以上）是固体。所以说，石油主要是由大小不同的烃分子组成的混合物。

## ◎ 石油藏在哪里

一些文学作品曾描述油田为“地下油海”和“地下油河”。不少人也认为，石油工业中所讲的油田像海、湖一样流着石油。其实，不是的，石油是“石头里的油”，它像水浸透在海绵里一样浸透在石头里。

当你试着把一块干燥的海绵用水浸泡后就可发现，它明显地变重了。这是水通过许多不易看见的小孔隙渗到了海绵里面。可是，石头那么坚硬，油能渗进去吗？自然界里的石头也不是铁板一块、无缝可钻的。我们常常可以看到山上的岩石就有着各种各样的裂缝和大大小小的孔和洞，石头的内部也存在着这样那样的缝缝洞洞，只是有的比较大，肉眼就可以看到，有的却很小，要借助放大镜、显微镜才能看得清；或者要借助其他一些方法证明它们存在。比如，当你在磨刀的砂石上浇上几滴水，一会儿就可以看到，这些水就渗到石头里去了，表面只留下一片湿漉漉的痕迹。这就证明，像磨刀石那么坚实的石头也有许多肉眼看不出来的孔隙。

油层中的石油就像水渗透到海绵、磨刀石里的缝缝洞洞一样道理。缝缝洞洞越多越大，岩石里可以装的石油就越多。缝缝洞洞之间相互连通越好，石油在岩石里流动也越容易。

天然气在地下存在的情况和石油一样，也储存在岩石的缝缝洞洞里。不同的是天然气是气体，它比液态的石油更能也更会“钻空子”，不仅能渗进石油的岩石都能渗进天然气，就是石油进不去的岩石有的也能渗进天然气。

我们把凡是能够储集和渗滤石油及天然气的岩石层，称为储集层或储层。它们是寻找石油和天然气的目的层。

## ◎ 天然气生成的特殊性

天然气作为石油的伴侣，虽然在组成上，都是以碳氢化合物为主要成分，但天然气的生成条件要比石油更为多样化。就生成阶段来说，石油要达到一定的埋藏深度才能大量生成，而天然气从浅到深都能生成；就物质来源来说，生成石油主要以水中浮游的动、植物或称腐泥型有机质为主，而生成天然气，除此以外还可以有高等植物或称腐殖型有机质；就成因来说，有有机成因的，也有无机成因的。这种多样化的成气条件，为我们提供了更为广阔的找气领域。

根据天然气的形成条件，大致可以分为五种类型：

生物气——在尚未固结成岩石的现代沉积淤泥中，有机质在细菌的作用下，可生成以甲烷为主的天然气，俗称沼气。

早期成岩气——沉积物中的有机质在其埋藏深度尚未达到生成石油深度以前，一部分腐殖型有机质即可开始生成甲烷气。

油型气——有机质进入生成石油的深度以后，除大量生成石油外，同时也伴随着生成天然气。随着埋藏深度的不断增加，生成的天然气也逐渐增加，而生成的石油却逐渐减少，直到生成的全部都是干气，即甲烷气时，就停止了生油。

煤型气——指煤系地层（含有煤层的沉积岩层）在时间和温度的作用下生成的天然气，其主要成分也是甲烷。从找油的角度来说，煤型气不是勘探对象，但从寻找可燃气体为能源的角度来说，煤型气也不应忽视。因为其使用的手段、方法和形成气藏的地质条件，大体都和找油、找油型气一样。

无机成因的天然气——由火成岩或地热所产生的气体，如二氧化碳、甲烷、硫化氢等。

## ◎ 油气生成的物质条件是什么

大多数地质学家认为石油像煤和天然气一样，是古代有机物通过漫长的压缩和加热后逐渐形成的。按照这个理论，石油是由史前的海洋动物和藻类尸体变化形成的。经过漫长的地质年代，这些有机物与淤泥混合，被埋在厚厚的沉积岩下。在地下的高温和高压下，它们逐渐转化，首先形成蜡状的油页岩，后来退化成液态和气态的碳氢化合物。由于这些碳氢化合物比附近的岩石轻，它们向上渗透到附近的岩层中，直到遇到盖层为止，这样聚集到一起的石油便形成油藏，多个油藏组合就形成油田。地质学家将石油形成的温度范围称为“油窗”。温度太低石油无法形成，温度太高则会形成天然气。

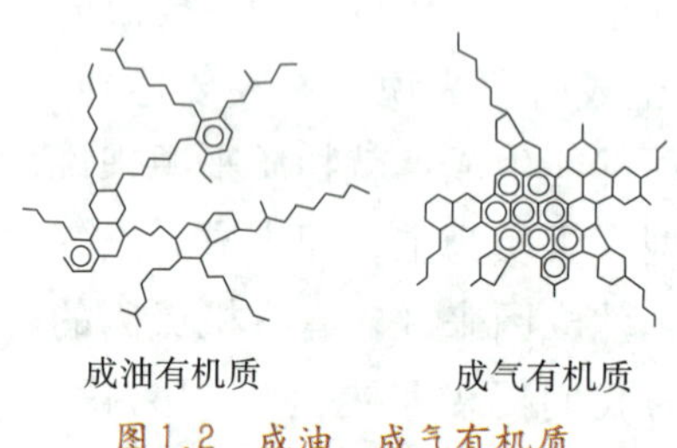

图1.2　成油、成气有机质

由此看来，油气生成的物质条件，就是必须具有丰富的有机质埋藏（图1.2），形成良好的原始生油母质——干酪根。

沉积物中的有机质有些不溶于有机溶剂，有些则可溶于有机溶剂。其中不溶的有机质称为干酪根，而可溶于有机溶剂的部分叫沥青。

干酪根一词来源于希腊语，意为能生成油或蜡状物的物质。1912年，A.G.布朗第一次用它来表示苏格兰油页岩中的有机质。这些有机质，在干馏时可产生类似石油的物质。以后，这一术语多用于代表油页岩和藻类中的有机质。直到20世纪60年代，才明确规定为代表沉积岩中不溶于酸的有机质。弗斯曼和哈特（1958年）明确提出，干酪根系指沉积岩中一切不溶于普通有机溶剂的分散状有机质，特别是非储集沉积岩中的不溶有机质。蒂索和威尔特（1978年）则定义为沉积岩中既不溶于含水的酸性溶剂，也不溶于普通有机溶

剂的有机组分。它泛指一切成油型、成煤型的有机质，但不包括现代沉积物中的腐殖型有机质。

干酪根是沉积有机质的主体，约占总有机质的80%～90%。研究认为，80%以上的石油烃是由干酪根转化而成的。干酪根的成分和结构复杂，是一种高分子聚合物，没有固定的化学成分，主要由C，H，O和少量S，N组成，没有固定的分子式和结构模型。Durand等对世界各地440个干酪根样品的元素分析结果表明，平均C占76.4%，H占6.3%，O占11.1%。三者共占93.8%，是干酪根的主要元素。

在不同的沉积环境中，由不同来源的有机质形成的干酪根，其性质和生油气潜能差别很大。干酪根可以划分为以下三种主要类型：

Ⅰ型干酪根（称为腐泥型）。以含类脂化合物为主，直链烷烃很多，多环芳香烃及含氧官能团很少，具高氢低氧含量。它可以来自藻类沉积物，也可能是各种有机质被细菌改造而成，生油潜能大，每吨生油岩可生油约1.8千克。

Ⅱ型干酪根（称为混合型）。氢含量较高，但较Ⅰ型干酪根略低，为高度饱和的多环碳骨架，含中等长度直链烷烃和环烷烃较多，也含多环芳香烃及杂原子官能团，来源于海相浮游生物和微生物，生油潜能中等，每吨生油岩可生油约1.2千克。

Ⅲ型干酪根（称为腐殖型）。具低氢高氧含量，以含多环芳香烃及含氧官能团为主，饱和烃很少，来源于陆地高等植物，对生油不利，每吨生油岩可生油约0.6千克，但可成为有利的生气来源。

三类干酪根随着演化程度的加深，H/C和O/C比值都逐渐降低，并且演化趋于统一。由于干酪根的成分和性质的这种变化，使得同一类型干酪根，在不同的演化阶段的生油能力具有很大的差异。

## ◎ 油气生成的古地理条件是什么

要生成大量的油气，第一必须有丰富的有机质来源，即必须具备一个可供大量繁殖和生物死亡后其有机体堆积和保存的古地理环境；第二是这些有机质堆积埋藏下来后，必须很快达到向油气转化的温度，才会生成大量的油气。要达到这一条件，就必须具备一个长期稳定下沉的大地构造环境。所以有利于油气生成的环境包括古地理环境和古构造环境。

（1）古地理环境。

自然界中，有利于生物大量繁殖的自然地理环境是水体安静、阳光充足、温度适宜、水体深度适当的地区，如三角洲、浅海等地区。而有利于生物有机质堆积和保存的环境是还原环境。在这些环境中，有机质才不会被氧化掉，大陆架上的潟湖、海湾、闭塞的湖泊和深盆地最容易形成还原环境。实践证明，具有一定深度的内陆湖泊和浅海地区，是油气生成的最佳环境。海相中浅海大陆架、三角洲区以及海湾、潟湖这些环境，对有机质的保存和转化有利，是有利的生油区域；陆相中半深湖—深湖区，汇集有大量的有机质，沉积快，属于还原环境，有利于生油；浅湖、沼泽区以高等植物为主，可形成Ⅲ型干酪根，是生气的主要区域。

（2）古构造环境。

要使有机质连续不断地堆积，需要一个长期稳定下降的构造环境。一方面它使有机质能够大量堆积；另一方面，它使埋藏下来的有机质随着埋藏深度加大，很快达到生成油气所需要的温度。只有长期持续下降伴随适当升降的补偿环境，才能保证大量有机质沉积下来，而且造成沉积厚度大，埋藏深度大，地温梯度高，生储频繁相间广泛接触，有助于形成有机质向油气转化并排烃的优越环境。

## ◎ 油气生成的物理化学条件是什么

有机质向油气转化是一个复杂的化学变化过程。任何化学变化的发生都需要一定的条件，油气的生成也不例外。有机质向油气转化的过程中，细菌作用、温度、时间、压力、催化剂等，是必不可少的物理化学条件。

（1）细菌作用。

对油气生成来讲，最有意义的是厌氧细菌。在缺乏游离氧的还原条件下，有机质可被厌氧细菌分解而产生甲烷、氢气、二氧化碳，以及有机酸和其他碳氢化合物。

（2）温度与时间作用。

沉积有机质向油气演化的过程，同任何化学反应一样，温度是最有效和最持久的作用因素。若沉积物埋藏太浅，地温太低，有机质热解生成烃类所需反应时间很长，难以生成工业数量的石油；随着埋藏深度的增大，当温度升高到一定高度，有机质才开始大量转化为石油。

（3）压力作用。

随着沉积物埋藏深度增加，上覆地层厚度增大，沉积物的温度、压力随之升高。压力升高将促进化学反应。显然，较高的压力将有利于生油过程的进行。此外，压力也可促进大分子烃类加氢转化为较小分子的烃类。

（4）催化剂作用。

催化剂是一种化学反应加速剂。有机质成油转化是一个复杂漫长的物理化学过程，生油母质（干酪根）多是结构复杂的高分子物质，要使其转化为分子相对很小的石油烃类，催化剂的参与是不可或缺的。黏土就是一种很好的催化剂。

（5）放射性作用。

放射性作用可以促进有机质的成油转化。主要放射性元素铀、钍等在黏土岩和碳酸盐岩中，都有一定的富集。

## ◎ 石油天然气的“身世”之争

对石油天然气的成因，“有机说”和“无机说”的争论由来已久，也是20世纪地质科学界争论最为激烈的问题之一，是一个古老而敏感的问题。

从俄罗斯著名化学家门捷列夫算起，油气无机成因的假说提出已有100多年了。20世纪一开始，一批又一批的俄罗斯科学家不断地提出“石油无机生成”的理论和生成机制，其中影响较大的有库德良采夫、克鲁泡特金、萨尔基索夫、波尔菲里也夫和波实卡雷夫等，以及西方国家的罗宾逊、古德、阿布拉加诺、萨特马里等。他们提出的“原理”归纳起来就是：石油来源于地幔，是地幔沿着地壳裂隙上涌过程中的衍生物。任何物体都是在特定的内力和外力作用下，处于力的动态平衡而显现的一种物质形态。在超高压和高温的条件下，地幔的原子、原子核，直至基本粒子等层次上的物质，都是地壳中的任何物质无与伦比的，而且都与地壳中的元素呈现出的性状不同。所以，地壳中不存在什么构成原油的碳氢化合物。但是在地壳裂开以后，那里地幔的超高压状态被打破，原来的稳定结构被破坏，使之发生热膨胀，不断地释放内能而蜕变为岩浆。沿着裂缝上涌的岩浆由于发生热膨胀而不断耗散内能，在特定的压强和温度下，重新达到内力和外力平衡，进而演化出100多种元素。石油就是地幔发生热膨胀时，在特定的环境中形成的一种新物质形态。

但是，在地质科学界，更多的专家赞成“有机说”（图1.3）。他们认为，石油与天然气是由远古时代死去的各种生物体转化而成的。生物群落中的内容十分丰富，在地质历史中，大到恐龙、原始哺乳动物，小到草木花朵乃至肉眼看不到的被子植物的花粉与裸子植物的孢子体。在水体中，有鱼类、贝类、浮游动植物等。它们是装点大地、海洋的主体，也是构成地球上有机物的基础。

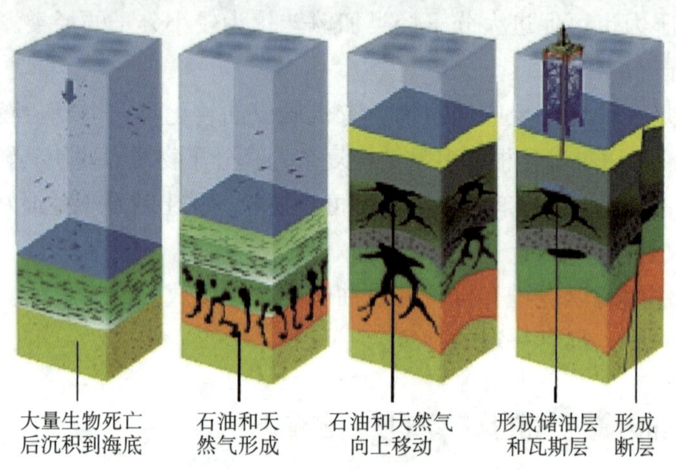


图1.3　油气有机形成过程示意图

在陆地，各种动物、植物死亡之后，往往被其他动物吃掉或被风吹雨淋很快腐烂、分解。而在水体中，由于水层的保护，水底安静的环境、缺氧等条件，可以大大缓解甚至防止生物体的腐烂。

在地表水体中，生活着大量的微生物和微体生物。据推算，一个硅藻体在不受任何阻碍的条件下，一天之内可繁殖到和地球一样大小。海洋学家在不同深度的海洋水体中，安置了生物体接收网。据观察推算，海洋中的浮游生物每年的死亡量可达5500亿吨。这些浮游生物在水体中大量生存，被科学家称为“生物雨”，而死亡后向水底飘落则形成了“尸体雨”。还有大量的生物遗骸被河流和风源源不断地携带到海洋与湖泊中，不断地沉降到海底和湖底。这些生物碎屑是生成石油和天然气的雄厚的物质基础。

生物死亡以后，体内的主要成分如碳水化合物、蛋白质、类脂物、木质素等，会先后遭受不同程度的分解与破坏。分解产物一部分被另外一些生物当作能量而再循环，另一部分则经过物理化学过程而变为简单分子（$CO_2$，$H_2$和$O_2$等）。剩下的部分（生物原始数量的极少部分）没有经历完全的生物再循环和物理化学分解而进入沉积物中，这就是“沉积有机质”的主要来源。

早期的沉积有机质和沉积物在沉积压实作用下，不断地被埋藏到较深的部位。在正常的地质条件下，需经过5000～10000年才能形成1米厚的沉积层。

在这段沉积时期，细菌活动引起的发酵作用使有机物中的纤维素、蛋白质和多糖大分子被降解。大多数有机质在这一阶段聚合成不溶于有机溶剂的有机物，人们称之为“腐殖组分”，石油地质学家把它叫做“干酪根”。

在地温不超过60℃的较浅地层处，干酪根中氧和硫元素的含量下降，液态烃的形成量极少，干酪根形成了一些极为复杂的大分子碎片；当地温超过60℃以后，前一阶段形成的大分子碎片因其化学键的进一步断裂，形成了更小的碎片，干酪根中的碳氢化合物开始产生，进入石油生成的主要阶段。随着埋藏深度的加大，或者由于岩浆活动等原因，当地温达到120℃以上时，留在干酪根中的烃基几乎全部消失，液态烃遭受破坏，低分子甲烷气大量产生，即为生成干气阶段。

总之，石油的生成可以认为是干酪根为适应环境不断调节、改造自身的过程。这些过程大多已由实验室模拟证实。

目前，各国的石油地质工作者都是用物理与化学的方法把干酪根从岩石中提取出来，然后在光学显微镜、荧光显微镜和电子显微镜下观察、认识其形态；还用红外光谱、元素分析以及稳定同位素分析等方法，认识干酪根的组成和成熟特征，进而对一个地区的石油生成和含油远景做出评价，并指导油气勘探。

## 第二节 石油与天然气的性质和成分

### ◎ 石油的物理性质

石油是指赋存于地下岩石孔隙、缝洞中以碳氢化合物（即烃类化合物）为主要成分的一种有机矿产。

#### ● 石油的颜色

石油的颜色与原油中含有的胶质、沥青质数量的多少有密切关系。深色原油密度大、黏度高。流动性好的原油多呈淡色，甚至无色；黏性感强的原油，大多色暗，从深棕、墨绿到黑色。

## ● 石油的臭味

石油的臭味是由于原油中所含的不同挥发组分而引起。芳香烃组分含量高的原油，具有一种醚臭味。含有硫化物较高的原油，则散发着强烈刺鼻的臭味。

## ● 石油的密度

石油的密度是指在地面标准条件下，脱气原油单位体积的质量。以吨每立方米（$t/m^3$）或克每立方厘米（$g/cm^3$）表示。石油相对密度（以往文献曾以比重表示）是15.5℃或20℃时原油密度与4℃时水的密度的比值。国际上常用API度作为决定油价的标准。API度与相对密度的关系式为：API度(15.5℃)=(141.5/相对密度)−131.5，API度大，相对密度小。水的API度为10。密度大小与石油的化学组成、所含杂质数量有关。胶质、沥青质含量高，密度大，颜色深；低分子量烃含量高，密度小。不同地区、不同地层所产原油密度有较大的差别。

## ● 石油的黏度

黏度是指液体质点间移动时所受到的内部摩擦阻力，以毫帕秒（mPa·s）表示。黏度大小决定着石油在地下、在管道中的流动性能。一般与原油的化学组成、温度和压力的变化有密切关系。通常原油中含烷烃多、颜色浅、温度高、气溶量大时，黏度变小，而压力增大黏度也随之变大。地下原油黏度比地面的原油黏度小。

由于测定绝对黏度较繁杂，在研究中常用恩氏黏度计测定相对黏度。相对黏度指液体的绝对黏度与同温度条件下水的绝对黏度比。

## ● 石油的荧光反应

石油在紫外光照射下受激发光，并在照射后所发光立即消失的这种荧光反应特性，普遍被用于野外工作时作为判断岩石中是否含有石油显示的重要标志。按发光颜色的不同以及分布的情况，大体可推测所显示的石油组分及其百分含量。一般油质呈天蓝色，胶质呈黄绿色，沥青质呈棕褐色。

## 石油的旋光性

石油在偏光下，具有把偏光面向右旋转的特性。偏转度一般小于1°。旋光性是有机质所特有的一种性质，而且当加温至300℃时即消失。

## 石油的溶解性

石油不溶于水，但可溶于有机溶剂，如苯、香精、醚、三氯甲烷、硫化碳、四氯化碳等，也能部分溶解于酒精之中。原油又能溶解气体烃和固体烃化物以及脂膏—树脂、硫和碘等。

## 石油的凝固点

凝固点系指原油从流动的液态变为不能流动的固态时的温度。这对不同温度尤其在低温地区考虑储运条件时是非常重要的指标。

## 石油的燃烧特性

石油和成品油可燃程度随温度而异，表现在闪点、燃点和自燃点的差异。“闪点”指石油在容器内受热，容器口遇火则发生闪火但随之又熄灭时的温度。“燃点”指受热继续升高，遇火不但出现闪火而且引起了燃烧的温度。“自燃点”指原油在受热已达到相当高的温度，即便不接触火种也出现自燃现象的温度。石油是由具不同沸点的烃类化合物组成的混合物，与水（沸点为100℃）不同，没有固定的沸点。其闪点随具不同沸点化合物的含量比例不同而各有差异。沸点越高，闪点也高。如石油产品中煤油闪点在40℃以上，柴油在50～65℃之间，重油在80～120℃，润滑油要达到300℃左右。自燃点却相反，沸点高的成品油，自燃点降低，如汽油自燃点为415～530℃，裂化残渣油自燃点约270℃，石油沥青则降至230～240℃。石油作为一种混合物，其闪点在−20～100℃之间，而自燃点则为380～530℃。

## 石油的馏分组成

由于石油是由具不同沸点的烃类化合物混合而成，因此通过控制不同的温度可分别获得不同的石油产品。随着温度的增高，首先是轻组分馏出，继而为较重的烃馏分，最后剩余胶质、沥青质残渣。

## ◎ 石油的化学成分

石油中，碳、氢是主要的组成元素。碳一般占83%～87%，氢占11%～14%，原子比介于5.7～8.5之间。其他元素，如氧、氮、硫元素约占1%，很少达到2%～3%。还有磷、钒等微量元素和矿物质。这些元素或以游离状或组成化合物的形式存在于重的组分中。

自然界中，碳氢化合物种类繁多，已知的有数百种。但构成石油的碳氢化合物，从其对石油性质的影响和存在的广泛性来看，烷烃、环烷烃、芳香烃这三大系列的结构最为重要，也最为普遍。从溶有天然气的石油平均成分看，大体上烷烃占53%，环烷烃占31%，芳香烃占16%。

烷烃分子通式为$C_nH_{2n+2}$，是由碳原子以单键链状与氢原子结合构成的一类饱和、稳定的烃类化合物。没有支链的称为正构烷烃，按其碳原子数的增加分别定名为甲烷、乙烷……癸烷等；碳原子数超过十的即用数字直接表示，如十一烷、十二烷……二十烷等。有支链者，为异构烷烃。

环烷烃是碳原子以单键呈环状相连并与四周的氢原子结合构成。只含有一个环的环烷烃，通式是$C_nH_{2n}$。与烷烃相比，氢原子数目减少，但仍是一种饱和、稳定的化合物。环已烷和环戊烷是石油中最主要的环烷烃。环烷烃与烷烃在化学性质上比较接近，但构成的石油反映出的物理性质则有所差异。环烷烃比例大的石油比烷烃比例大的石油往往密度大，熔点和沸点高。

芳香烃分子通式为$C_nH_{2n-6}$($n \geqslant 6$)，碳原子以单键和双键呈环状与氢原子结合。主要特点是分子中至少有一个苯环，苯（$C_6H_6$）是最简单和典型的代表。这类烃多具有芳香气味。在石油中，常集中于重馏分内。

烷烃、环烷烃都属于比较稳定的饱和烃类，芳香烃属不饱和烃。但在链状烷烃的化合物中，有不饱和烃类化合物存在。这类化合物的碳原子呈链状以双键相连与氢原子结合，缺少两个氢原子的称为烯烃，分子通式为$C_nH_{2n}$，例如乙烯（$C_2H_4$）。碳原子间仍呈链状排列但以三键相连的结构，称为炔烃，其分子通式为$C_nH_{2n-2}$，如乙炔（$C_2H_2$）。这类不饱和烃在化学性质上比较不稳定。当较纯时，点火燃烧尚显平静，而一旦混有空气，就易发生猛烈爆炸。

## ◎ 石油的分类

石油根据其油源环境、性质可以有不同的分类。

根据油源环境可分为：海相油、陆相油。海相油即海相沉积中生成的石油，陆相油即陆相沉积中生成的石油。我国的石油大部分属于陆相油。

根据有机质成熟度（用正构烷烃分布曲线来判断）可分为：低成熟油、成熟油、高成熟油。其中，国内低成熟油的表述有三种，即未成熟石油、低成熟石油、未成熟—低成熟石油。

根据原油密度可分为：轻质原油（<0.87克/厘米$^3$）、中质原油（0.87～<0.92克/厘米$^3$）、重质原油（0.92～<1.0克/厘米$^3$）和超重质原油（≥1.0克/厘米$^3$）。

根据原油黏度可分为：常规油（<50毫帕秒）、稠油（50～<10000毫帕秒）、特稠油（10000～50000毫帕秒）和超特稠油或称沥青（>50000毫帕秒）。

根据原油凝固点可分为：高凝油（≥40℃）、常规油（−10～<40℃）、低凝油（<−10℃）。

## ◎ 天然气的物理性质

天然气是无色、无味的气体。当天然气中混有硫化氢时，就会出现强烈的刺鼻臭味。

### ● 密度

天然气密度是指1立方米天然气在0℃及101325帕（1大气压）条件下的质量。密度单位为千克/米$^3$。天然气是多组分的混合物，各组分的密度也不相同。在地面标准状态下，天然气混合物的密度一般为0.7～0.75千克/米$^3$，随重烃含量增多密度增大。某些油田伴生气，其密度可达1.5千克/米$^3$。密度随压力增高而增大，随温度增高而变小。

天然气的相对密度是指在标准状况下，单位体积天然气的质量与同体积空气质量的比。

## ● 黏度

黏度是指气体分子内部质点运移的摩擦阻力，是研究气体的运移、开采和集输条件的重要参数，常用动力黏度（绝对黏度）表示，单位采用毫帕秒。也可用运动黏度，即动力黏度与密度的比值，单位以米$^2$/秒表示。黏度大小与其化学组成及所处环境有关。天然气的黏度一般随相对分子质量增加而减小，随温度和压力增高而增大。这是由于分子间的距离不能增加，而温度升高后会使气体分子运动加速，增加分子间碰撞的次数，导致黏度加大。

## ● 压缩性和溶解性

天然气是可压缩的。同体积的天然气，在地面与地下密度不同，质量也不同。天然气具有溶于水和石油这两类不同液体的能力，但易于与石油互溶而与水则不易互溶。

# ◎ 天然气的化学成分

天然气绝大多数是由气体化合物组成的混合体，由单一气体组分组成的较少见。

天然气中常见的化学组分有：烃类气、二氧化碳、氮气、硫化氢、汞蒸气、氢气、一氧化碳、氦、氩、氙等。

天然气的物理性质和化学性质与水和石油相比是完全不同的，通常为气态，容易流动。它的相对密度一般较空气小（相对密度为0.5~0.8），其中只有二氧化碳（1.519）和硫化氢（1.17）的相对密度较大。天然气一般情况下是无色的，但绝大多数都有特殊的气味，特别是非烃类气体如硫化氢组分更有特殊异味（臭鸡蛋味）。甲烷、乙烷等烃类气体可燃，无毒，但可使人窒息。二氧化碳、氮气等不可燃，硫化氢为毒性极强的气体，空气中极少的含量就可以使人致死。

烃类天然气以甲烷（$CH_4$）气为主，含少量的乙烷（$C_2H_6$）、丙烷（$C_3H_8$）、丁烷（$C_4H_{10}$）、戊烷（$C_5H_{12}$）和已烷（$C_6H_{14}$）等。一般碳数越大，含量越小。

非烃气以氮（$N_2$）、二氧化碳（$CO_2$）、硫化氢（$H_2S$）较为常见。另外，还含有一氧化碳（CO）、二氧化硫（$SO_2$）、氢（$H_2$）、汞（Hg）、氦（He）、氩（Ar）、氙（Xe）等。

## ◎ 天然气的分类

依据不同的原则，天然气有以下分类方式：

（1）按矿藏特点可分为气井气、凝析井气和油田气。前两者合称为油田非伴生气，后者又称为油田伴生气。

气井气，即纯气田天然气。气藏中的天然气以气相存在，通过气井开采出来，其中甲烷含量高。

凝析井气，即凝析气田天然气，在气藏中以气体状态存在，是具有高含量可回收烃液的气田气。其凝析液主要为凝析油，其次可能还有部分被凝析的水。这类气田的井口流出物除含有甲烷、乙烷外，还含有一定量的丙烷、丁烷及$C_5$以上的烃类。

油田气，即油田伴生气。它伴随原油共生，是在油藏中与原油呈相平衡接触的气体，包括游离气（气层气）和溶解在原油中的溶解气。从组成上亦认为属于湿气。

（2）按天然气的烃类组成，有两种分类形式。

一是按照$C_5$界定法，可分为干气和湿气。

干气指在1立方米（101.325千帕，20摄氏度）井口流出物中，$C_5$以上烃类液体含量低于13.5立方厘米的天然气。

湿气指在1立方米井口流出物中，$C_5$以上烃类液体含量高于13.5立方厘米的天然气。

二是按照$C_3$界定法，可分为贫气和富气。

贫气指在1立方米井口流出物中，$C_3$以上烃类液体含量低于10立方厘米的天然气。

富气指在1立方米井口流出物中，$C_3$以上烃类液体含量高于10立方厘米的天然气。

（3）按酸气（$CO_2$和硫化物）含量可分为酸性天然气和洁气。

酸性天然气指含有显著量的硫化物和$CO_2$等酸性气体。这类气体必须经处理后，才能达到管输标准或商品气气质指标。

洁气指含硫化物和$CO_2$甚微或根本不含的气体，它不需净化就可外输和利用。另外，把净化后达到管输要求的天然气称为净化气。

（4）根据天然气的加工类型可分为液化天然气、液化石油气和液化煤层气。

液化天然气（LNG）是天然气经压缩、冷却，在−160℃下液化而成。其主要成分为甲烷，用专用船或油罐车运输，使用时重新气化。

液化石油气（LPG）是由炼厂气或天然气（包括油田伴生气）加压、降温、液化得到的一种无色、挥发性气体。由炼厂气所得的液化石油气，主要成分为丙烷、丙烯、丁烷、丁烯，同时含有少量戊烷、戊烯和微量硫化物杂质。由天然气所得的液化气的成分基本不含烯烃。

液化煤层气（LCPM）是原料煤层气经过压缩、预处理（主要为去除水分、二氧化碳、硫化氢、汞等），再经低温换热后（终温−162℃）变成液态的煤层气。

## ◎ 石油、天然气的热值

热值系指单位质量燃料燃烧时所产生的热量，是评价燃料质量的重要指标，单位以兆焦／千克（MJ/kg）表示。平均低位发热量，石油为41.87兆焦／千克，天然气为38.97兆焦／千克，原煤为20.93兆焦／千克。国际上多以标准燃料应用的基热值（标准煤当量）29.27兆焦／千克计量。石油、天然气折算标准燃料系数分别为1.4286和1.33。

## ◎ 石油、天然气的差别

石油、天然气在元素组成、结构形式以及生成的原始物质和时序等方面，有其共性、亲缘性，也有其特性、差异性。

在化学组成的特征上，天然气相对分子质量小（小于20），结构简单，H/C原子比高（4～5），碳同位素的分馏作用显著。石油的相对分子质量大（75～275），结构也较复杂，H/C原子比相对低（1.4～2.2），碳同位素的分馏作用比天然气弱。

在物理性质方面，天然气基本是只含有极少量液态烃和水的单一气相；石油则可包含气、液、固三相而以液相为表征的混合物。天然气密度比石油小，既易压缩，又易膨胀。天然气黏度约为0.01～0.2毫帕秒，而石油黏度变化较大，一般为1～100毫帕秒，相差几个数量级。天然气的扩散能力和在水中的溶解度均大于石油。

在生成的条件方面，天然气比石油宽。天然气既有有机质形成，也有深层无机物质形成。沉积环境以湖沼型为主，生气母质以腐殖型干酪根（Ⅲ型）为主，生成的温度区间较宽，在浅部低温下即开始生成生物气。在中等深度（温度多数为65～90℃）范围内发生的有机质热降解作用而大量生成石油的“液态窗”阶段，也可伴之生成天然气。在深部高温条件下，有机质裂解主要是生成天然气。天然气对储层的要求也比石油要宽，一般岩石的孔隙度为10%～15%，渗透率为1～5毫达西也能成藏。由于天然气的活泼性，对盖层的要求比石油严格得多。因此，天然气分布的领域要比石油广，产出的类型、储集的形式也比石油多样，既有与石油聚集形式相似的常规天然气藏，如构造气藏、地层气藏、岩性气藏等，又可形成煤层气、水封气、气水化合物以及致密砂岩气、页岩气等非常规的天然气藏。煤层既是生气源岩，又是储集体的煤层气藏，已成为很现实的开采类型。

世界上已探明的天然气储量中，约有90%都不与石油伴生，而是以纯气藏或凝析气藏的形式出现，形成含气带或含气区。这说明天然气地质与石油地质虽然有某些共性，也有密切的联系，但天然气毕竟有它自身发生、发展、形成矿藏的地质规律。

## 第三节　石油的用途

### ◎ 石油是工业的“血液”

我们说石油是工业的血液，就是说工业处处离不开它。

石油是优质的动力燃料的原料。汽车、内燃机车、飞机、轮船等现代交通工具，都是用石油的产品——汽油、柴油作动力燃料的。新兴的超音速飞机、火箭，也都以石油提炼出来的高级燃料为动力。石油也是提炼优质润滑油的原料。一切转动的机械的“关节”中添加的润滑油，都是石油制品。

现代交通工业的发展与燃料供应息息相关，可以毫不夸张地说，没有燃料，就没有现代交通工业。金属加工、各类机械毫无例外需要各类润滑材料及其他配套材料，消耗了大量石化产品。建材工业是石化产品的新领域，如塑料建材、门窗、铺地材料、涂料，被称为化学建材。轻工、纺织工业是石化产品的传统用户，新材料、新工艺、新产品的开发与推广，无不有石化产品的身影。当前，高速发展的电子工业以及诸多的高新技术产业，对石化产品，尤其是以石化产品为原料生产的精细化工产品提出了新要求，这对发展石化工业是个巨大的促进。

金属、无机非金属材料和高分子合成材料，被称为三大材料。除合成材料外，石油化工还提供了绝大多数的有机化工原料。在属于化工领域的范畴内，除化学矿物提供的化工产品外，石油化工生产的原料，在各个部门大显身手。

石油浑身都是宝。就连炼油最后剩下的石油焦和沥青也都是宝贝。石油焦做炼钢炉里的电极，可以提高钢的产量；还可用它作为制造石墨的原料。沥青则可以制作油毡纸或铺路。石油被人们誉为工业的“血液”，是名不虚传的。

## ◎ 石油是重要的化工原料

石油化学工业简称石油化工，是化学工业的重要组成部分，在国民经济的发展中有重要作用，是我国的支柱产业部门之一。

石油是重要的化工原料。石油化工厂利用石油产品，可加工出5000多种重要的有机合成原料。常见的色泽美观、经久耐用的涤纶、尼龙、腈纶、丙纶等合成纤维，能与天然橡胶相媲美的合成橡胶，以及苯胺染料、洗衣粉、糖精、人造皮革、化肥、炸药等，都是由石油产品加工而成的。

石油经过微生物发酵，还可以制成合成蛋白。它是利用一种爱吃石蜡的嚼蜡菌，在吃食石蜡后，会以惊人的速度繁殖起来。嚼蜡菌自身含有丰富的蛋白质，每千克菌体含有相当于20只鸡蛋所含的蛋白质。如果将目前世界上年产30多亿吨石油中的石蜡（约占10%）的一半制成蛋白质，一年就可制得1.5亿吨人造蛋白。这是十分可观的人造蛋白资源。现在，人们已经用嚼蜡菌体作为饲料。不久的将来，它们会被用来制作味道鲜美、营养丰富的食品，送上餐桌。

石油化工可创造较高经济效益。以美国为例，以50亿美元的石油、天然气为原料，可生产出100亿美元的烯烃、苯等基础石油化学品，进一步加工可得240亿美元的有机中间产品（包括聚合物），最后转化为400亿美元的最终产品。当然，原料加工深度越深，产品越精细，一般来说成本也相应增加。

## ◎ 天然气是低碳经济的助力器

低碳经济是指在可持续发展理念的指导下，通过制度创新、技术创新、产业转型、新能源开发等多种手段，尽可能减少煤炭、石油等高碳能源消耗，

减少温室气体排放，达到经济、社会、环境相互协调发展的一种经济发展态势。低碳经济核心内容是减少温室气体的排放。在2009年的“哥本哈根全球气候会议”上，中国政府承诺到2020年，单位GDP碳排放强度在2005年的基础上降低40%～45%。

天然气是一种清洁高效的能源，具有燃烧效率高、使用方便、不产生废渣以及$CO_2$、$SO_2$等温室气体排放少等优点。在燃烧效率方面，天然气比煤炭高40%。在温室气体排放方面，天然气比煤炭排放的$CO_2$减少52.1%。天然气相对于煤炭具有巨大的资源优势。因此，它对低碳经济的发展，具有重大的推动作用。

## ◎ 石油化工是农业发展的“翅膀”

农业是我国国民经济的基础产业。石油化工提供的氮肥占化肥总量的80%。农用塑料薄膜的推广使用，加上农药的合理使用以及大量农业机械所需各类燃料，形成了石油化工支援农业的主力军。这对于提高农业产量，改善农业发展方式和发展质量，促进农业的飞速发展，无异于插上了“翅膀”。

## ◎ 石油天然气与人们的生活息息相关

只要你观察一下石油天然气与我们的生活，你就会感到震撼。石油实际上与我们每个人都有关系。相信我们每个人都坐过汽车，那么，每个人也就都消耗了石油。放在桌上的一瓶矿泉水，这瓶水经过发现水源、开采、净化、装瓶、运输等环节，最后摆在你面前，一共需要消耗1/3瓶石油。如果是果汁，那石油消耗将足足有半瓶之多。这样说来，我们每个人吃、穿、住、行的每个方面，都与石油息息相关。

我们每个人的一生要消耗掉多少石油呢?

就我们穿衣服讲，即使最前卫的服装，也离不开石油中提炼的纤维。有资料显示，人一辈子平均要“穿”掉290千克石油。

就我们所吃的食物讲，从培育、施肥、收割到物流，再到作成可口的美味端上餐桌，全过程都离不开石油及其衍生品的参与。人一辈子平均要“吃”掉551千克石油。

就我们的住来讲，我们房间里的生活装饰，让人体会到石油的无处不在：塑钢门窗、化纤壁纸、化纤布料等，都是石油的衍生品，人一辈子平均要

“住”掉3790千克石油。

就我们的行来讲，“行”与石油的关系最密切，最简单的就是交通。人一辈子平均要“行”掉3838千克石油。

那么，计算一下，我们每个人的一生，单从衣食住行来说，就要消耗掉8469千克石油。

## 第四节　石油在能源中的位置

### ◎ 石油是当今世界的“龙头”能源

随着社会生产和科学技术的发展，人类逐步扩大了对能源的使用范围。人类利用能源的历史，也是人类认识和改造自然、实现科学技术革命的历史。在历史上，人类社会经历了三个能源时期：以草木燃料、水力、畜力为主的能源时期；以煤炭为主的能源时期；以石油、天然气为主的能源时期。目前，世界正处于以石油和天然气为主的能源时期。根据2010年数据，世界一次能源构成中，石油居第一位，占40.28%；煤炭居第二位，为35.56%；天然气、核能、水电分别占28.58%、6.26%、7.76%。在中国一次能源消费结构中，石油年消费量达到了4.39亿吨，占世界石油消费总量的10.6%，占国内一次能源消费结构的17.6%。天然气年消费量达到了1090亿立方米，占世界天然气消费总量的3.4%，占国内一次能源消费结构的4%。

### ◎ 石油是第一位的战略物资

战略物资是对国计民生和国防具有重要作用的物质资料。1911年，丘吉尔在担任英国海军第一大臣时，就把石油推为了第一位的战略物资。目前，石油仍然是世界性的“战略物资”。世界各石油生产和消费大国，都在调整其石油战略，争夺世界石油资源的竞争将更加激烈甚至残酷。经济的、政治的、外交的和军事的手段，将被更加广泛和充分地运用在世界石油资源争夺的舞台上。

我国目前石油需求与生产的缺口将继续扩大。石油进口不仅面临全球石油

分配竞争日趋激烈的现实，还要面对价格经常波动的国际石油市场。

因此，无论是从全球看还是从国内看，石油是第一位的战略物资，地位没有改变。

## ◎ 石油关系国家经济安全

国家经济安全是整个国家安全的重要组成部分，是当前国家综合安全格局的突出之点。随着经济全球化趋势的加强，经济关系成为国际关系中最为突出的方面，国家间经济实力的较量逐渐成为国际竞争中的主导方面，从而使国家经济安全成为各国政府十分关心的中心问题。

石油作为重要的战略物资和特殊商品，对国家经济安全具有重大影响。

石油之所以同一个国家的经济安全关系重大，一方面是因为石油能源在当代国家经济生活中的作用十分巨大。能源是国民经济的命脉。在当代，石油消费占世界各国全部能源消费中的比例达到40%以上。如果减少了或失去了石油供应，与石油能源消费有关的各种经济社会生活以及政治、军事活动，都会受到很大冲击而造成巨大混乱和动荡。另一方面是因为石油产业以及与石油产业直接关联的上游产业和下游产业，涵盖了社会生产、流通、分配和消费的许许多多部门、行业和企业。它们加在一起，在整个国民经济构成中，占有相当大的比例。如果减少了或失去了石油供应，这些部门、产业、行业和企业就会受到严重冲击，甚至造成极大的混乱和动荡，从而给整个国民经济带来严重的损失。

石油与国家经济安全的关系是复杂的和多方面的。它既表现为对主要产油国经济安全的影响，也表现为对主要消费国经济安全的影响；既表现为对主要石油出口国经济安全的影响，也表现为对主要进口国经济安全的影响；既表现为对石油及石油化工产业安全的影响，又表现为对以石油及其化工产品为原材料和消费品，以及其他各个产业部门与经济社会生活方面安全的影响；既表现为对国家宏观经济安全的影响，也表现为对国家微观经济安全的影响；既表现为对国民经济或民用经济安全的影响，也表现为对国防经济或军事经济安全的影响等。

石油对国家经济安全的影响，主要是通过石油的供求、石油价格的波动这两个途径来实现的，而石油的供求与价格二者之间又是紧密相连的。

石油对国家经济安全的影响必然会波及一个国家的政治、军事、外交等方面，从而影响到一个国家的社会稳定、军事安全以及外交安全。

## ◎ 石油关系国家政治安全

石油与政治的关系主要表现在石油与国际政治格局特别是大国间的政治关系、石油与地缘政治、石油与地区政治稳定等方面。而这些政治问题又往往是交织在一起的，表现为石油与国际关系的关系。

一百多年来，“石油因素”始终是影响国际关系的一个重要方面。“美国石油公司”、“英荷石油公司”、“英国石油公司”都曾经是当时诸多世界政治事件及其复杂化的发起者，并且推动西方主要大国政府制定出极为重要的对外政策。现在，尽管石油大亨主宰世界事务的时期早已过去，但目前无论是世界强国还是发展中国家，其政策仍然受到能源尤其是石油因素的强烈影响。

石油问题之所以对国际关系格局产生重大影响，主要是国际关系格局与石油安全关系极为紧密，以及石油与地缘政治的因素。

“石油政治”、“石油工具”、“石油美元”、“石油战争”、“石油危机”、“石油风云”、“石油地缘政治”、“石油外交”、“石油俱乐部”、“石油输出国组织”、“石油战略储备”等，是近百年来广泛流行于世界的新概念，反映着当代世界石油与国家安全之间的紧密关系。石油不仅是一般商品，而且是一种“政治商品”。石油成了自20世纪初以来世界各国对外政治、经济、军事、外交工作的一个突出重点，是各国激烈争夺的一个重心。美国作家丹尼尔·耶金在《石油风云》中说道：现代战争史，在一定意义上就是石油资源的争夺史。石油作为战略资源，它与国家战略、国家实力和全球经济、政治、军事、外交紧密地交织在一起。事实证明，谁控制了世界石油资源，谁就掌握了控制世界的权柄。

## ◎ 石油关系世界稳定

石油是许多战争的起因，也是战争打击与夺取的目标，它影响着世界的安全与稳定。

石油是重要的战略物资，因此石油往往还成为战争的起因和一些国家发动战争的目的，也成为战争打击与控制的主要目标之一。1940年日本发动太平洋战争，主要目的就是为了获取石油和控制石油资源。20世纪的四次中东战争都是以石油为背景，为控制和夺取石油资源而发生的。海湾战争是因伊拉克与科威特的石油资源之争而引起，而美国、英国等国的军事介入，主要动机就是为了控制海湾丰富的石油资源，以保证其经济利益。美国以反恐的名义积极发动阿富汗战争，除了打击以本·拉登为首的恐怖主义、推进全球战略部署外，还有一个重要原因就是，看准了中亚地区存在的丰富的石油和天然气资源，想借反恐之机在中亚地区建立军事存在，以达到控制中亚地区乃至全球石油资源的目的。

此外，现代战争中，作为战争重要资本的石油，已成为敌对双方打击与破坏的重要目标。1980年的两伊战争中，石油及其设施成了打击破坏的重点目标。双方都将对方的油田、油管、炼油厂、石油装运站及其他石油设施作为首要打击目标，造成了严重的损失。就伊朗而言，当时世界上最大的、为伊朗提炼2/3原油的炼油厂被夷为平地；152个储油罐全部被摧毁或损坏；石油日产量由战前的600万桶（1桶＝158.9873升）锐减到50万桶，直接经济损失达50多亿美元。伊拉克8个炼油中心一半遭受袭击；出口石油的两个主要港口被严重破坏，无法运营；境内的所有油库及油田均遭袭击，破坏严重；石油日产量由350万桶减到100万桶，出口全部停顿，直接经济损失达40多亿美元。科索沃战争中，北约为消除南联盟的战争潜力，对其油料生产、储存设施和交通运输系统进行了精确打击。期间仅一天时间，就轰炸了南联盟的7个油库。空袭结束时，南联盟的炼油能力全部丧失，炸毁或严重破坏了南联盟41%的军用油库和57%的民用油库，连接前后方的所有油料补给线被切断，南联盟的油料供应量减少了70%。

# 第二章 中国石油

中国是世界上最早发现和利用石油、天然气的国家之一。说起她的沧桑，既有先期和早期的荣耀，又有近代的落后，更有当代的奋起。中国石油的发展史，是一部“U”字形的艰难奋斗史。

# 第一节　中国古代和早期的油气发现与利用

## ◎ 火井、洧水——天然气和石油的先期发现

中国人早在3000多年前，就发现并开始利用石油和天然气。在遥远古代中国发现油气苗的情形，曾被载入多种史书。中国周代的《易经·革卦》中有“泽中有火”的记载（图2.1）。公元前200多年的《山海经》记述：“……令丘之山。无草木，多火。”这些说的都是天然气逸散到地面后，发生燃烧的现象。《汉书》、《蜀都赋》等书、文记载着陕西和四川地区相继发现天然气和石油苗。地处陕西神木西南的鸿门，挖掘水井时获得天然气并发生燃烧，被称为火井，是最早有记载的一口天然气井。东汉《汉书·地理志》还记述了延安地区的石油苗：“高奴，有洧水，可燃。”是指在延安地区清涧河的水面上，有可燃烧的物质——石油。这些火井、洧水就是中国古代对天然气和石油的发现。在历朝历代的史书、地方志、奏章和私家著述中，对于石油天然气的记载，地理分布遍及当今行政区域20多个省、市、自治区。

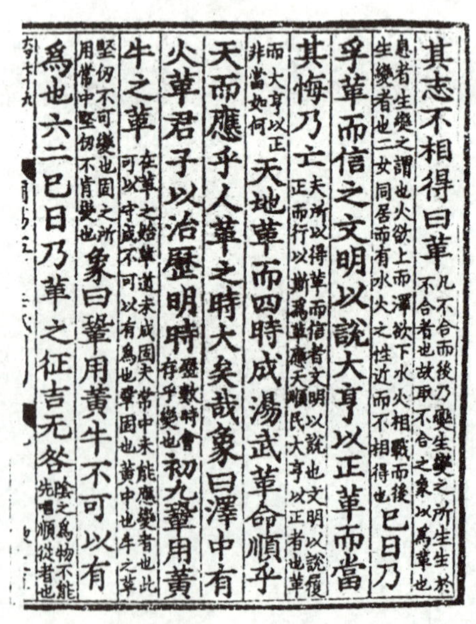
其志不相得曰革凡不合而後乃變生變之所生生於不合者也故取不合之象以爲革也
息者生變之謂也火欲上而澤欲下水火相戰而後生變者也二女同居而有水火之性近而不相得也巳日乃
孚革而信之文明以說大亨以正革而當
其悔乃亡夫所以得革而信者文明以說也文明以說履正而行以斯爲革應天順民大亨以正者也革
而大亨以正非當如何天地革而四時成湯武革命順乎
天而應乎人革之時大矣哉象曰澤中有
火革君子以治歷明時歷數時會存乎變也初九鞏用黃
牛之革在革之始革道未成固夫常中未能應變者也此可以守成不可以有爲也鞏固也黃中也牛之革
堅仞不可變也固之所用常中堅仞不肯變也象曰鞏用黃牛不可以有
爲也六二巳日乃革之征吉无咎陰之爲物不能先唱順從者也

图2.1 《易经·革卦》有关“泽中有火”的记载
（四部丛刊影印宋刊本，王观堂校批）

## ◎“此物后必大行于世”——沈括的伟大预言

北宋科学家沈括不仅写出了《梦溪笔谈》一书，为石油起了个名字，而且在他的实践生涯中，还对石油的产地、用途进行了考察。他在书中写道：“鄜、延境内有石油，旧说‘高奴县出脂水’，即此也。生于水际，沙石与泉水相杂，惘惘而出，土人以雉尾裛之，乃采入缶中，颇似淳漆，燃之如麻，但烟甚浓，所霑帷幕皆黑。予疑其烟可用，试扫其煤以为墨，黑光如漆，松墨不及也，遂大为之。其识文为‘延川石液者是也’”(图2.2)。并指出：“盖石油至多，生于地中无穷，不若松木有时而竭”。同时，他还戏作《延州诗》：“二郎山下雪纷纷，旋卓穹庐学塞人。化尽素衣冬未老，石烟多似洛阳尘”。

更为可贵的是，他尽管受时代的局限，对石油更多的用途知之甚少，但却指出：“此物后必大行于世”。

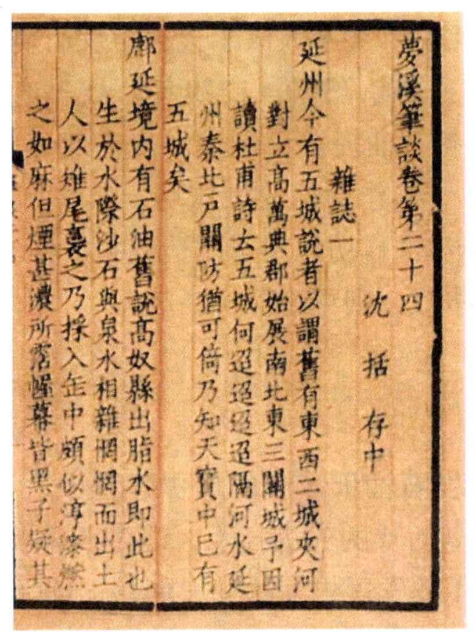

夢溪筆談卷第二十四　沈括存中

雜誌一

延州今有五城說者以謂舊有東西二城夾河

對立高萬興郡始展南北東三關城予因

讀杜甫詩云五城何迢迢迢遞隔河水延

州秦北戶關防猶可倚乃知天寶中已有

五城矣

鄜延境內有石油舊說高奴縣出脂水即此也

生於水際沙石與泉水相雜惘惘而出土

人以雉尾裛之乃採入缶中頗似淳漆燃

之如麻但煙甚濃所霑幄幕皆黑予疑其

图2.2　元刊《梦溪笔谈》关于石油的记载

他的这一预言已被后人实践所证明。

在那个时代，沈括能做出如此论断，可谓远见卓识。

## ◎ 煮盐、照明、治病或用作制造武器——天然气和石油的先期利用

石油和天然气在不断被发现并日益增多的情况下，逐渐进入社会生产和

人民生活之中。220—265年（三国时期），四川等地的人民已将天然气用于煮盐。据《太平广记》记述："火井一所，纵广五丈，深二三丈，在蜀都者，时以竹板投以取火。诸葛丞相往视后，火转盛热。以盆著井上，煮盐得盐"。可见用天然气煮盐迄今已有1760多年。265—420年（两晋、十六国时期），河西走廊一带人民在玉门发现石油。据《博物志》称：酒泉延寿（今玉门）南山（祁连山）流出的泉水"有肥，如肉汁"，盛入容器，由黄变黑，凝结成膏状，燃烧发光，极其明亮，人们用来照明，润滑车轴。561年，新疆发现石油。据《北史》记载：龟兹国（今库车一带）西北的大山中，有膏状物流出，长达数里，"状如醍醐"，甚臭，服用以后，头发和牙齿脱落者，能重新生长，治好了许多人的病。人们把这种膏状物当作宝贝，每年向朝廷进贡。

石油和天然气还被用于战争。587年（周武帝宣政元年）西北少数民族突厥的军队围攻酒泉城。城内守军用早已储存的玉门石油，从城头上泼下，燃起熊熊大火，焚烧攻城的军队。突厥人汲水灭火，反而烧得更加厉害，从而打退了敌军，守住了酒泉城。宋代（960—1279年）战争连年不断，除用石油作为制造火药的配方外，还将石油提炼后制造燃烧性武器。1068—1085年，宋神宗在中央政府设置了10个制作军器的大作坊。其中有一个作坊叫做"猛火油作"，是中国最早的一个炼油作坊，用于制造威力很强的武器。作战时，"中人皆糜烂，水不能灭。若水战，则可烧浮桥、战舰"。

## ◎ 顿钻钻井、康盆——天然气和石油的先期开采技术

在漫长的发现和开发石油天然气的历史进程中，中国人民依靠自己的勤劳和智慧，创造了许多划时代的先进技术。诞生于宋代（960—1279年）的顿钻钻井技术，就是石油工业发展史上的一大创举。据《丹渊集》记载，四川南部的井研县人民，自庆历（1041—1048年）以来，就在自流井气田用人力顿钻钻凿卓筒井（图2.3）。井眼中放置用竹子做的套管，吸取卤水煮盐。11世纪50年代至70年代，井研县用顿钻钻凿卓筒井已相当普及，富豪人家有一二十口井，次一点的也有七八口井，一家须雇佣工匠二三十人至四五十人。著名的英国科学家李约瑟在他所著《中国科学技术史》一书中说，这种凿井技术大约在12世纪前就已经传到西方各国。

明代（1368—1620年）中叶以后，由于浅层的卤水开始枯竭，浅层天然气也不足以煮盐，迫使人民向深部钻井。到明代万历年间（1573—1620年），

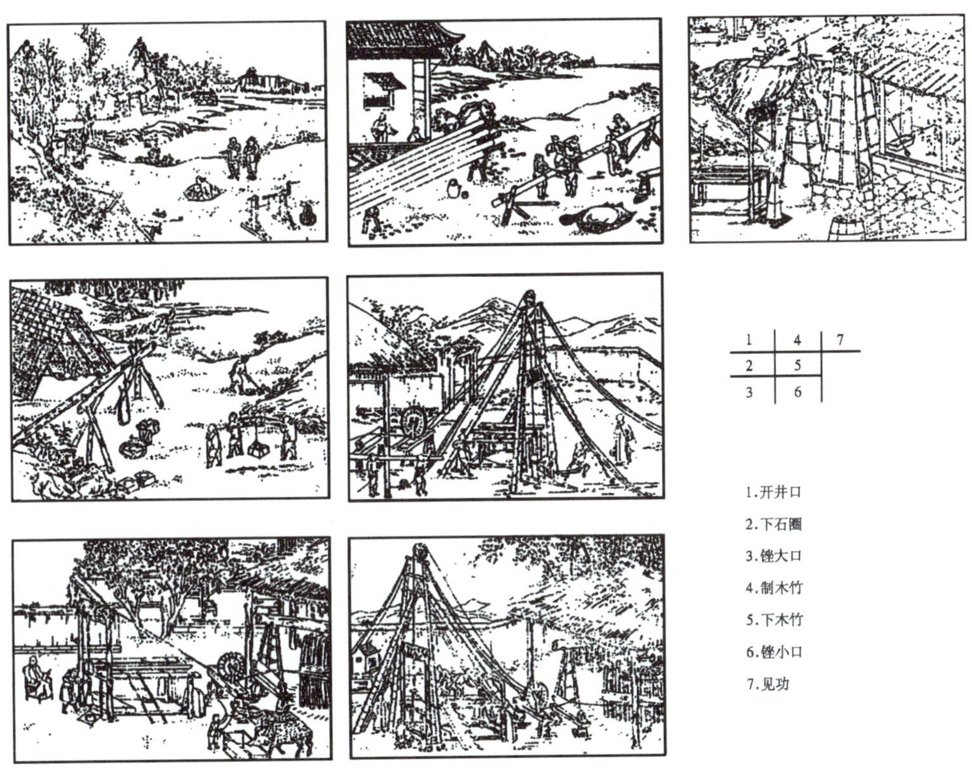


图2.3　卓筒井钻井程序

埋藏在深部的天然气田才被发现。在这一过程中，顿钻钻井技术取得重大进步。主要表现为：钻井过程趋于程序化；选用固井新材料，以增强套管柱的力量，有效地保护井壁；处理井下事故能力提高，创造了新的打捞工具及淘井工具。到了清代道光年间（1821—1850年），顿钻钻井技术逐步完善，在凿井工匠中开始划分山匠、碓工、辊工等工种；安装井口装置嵻盆；钻井过程中进行录井深度已超过千米，产气量大增，时有钻遇高压气层。1850年钻成的磨子井，井深1200米，发生强烈井喷，燃烧的火光远达30里以外，投产后日产天然气约5万立方米，是当时世界上最深的井。这时自流井气田的天然气年产量达1亿立方米以上。

经过改进完善的顿钻钻井技术，与近代顿钻相比，其主要构造和工作原理、各种钻头钻具、处理井下事故以及扇泥、测井、下套管等基本相同。不同之处，仅在动力方面停留在人力和畜力。美国丹尼尔·耶金博士在《石油风云》一书中写道："1830年左右，中国人的凿井方法就已进入欧美并被效仿……竭力想把钻盐井的方法用到钻油井上来”。1859年8月27日，美国人德雷克就是用以蒸汽为动力的顿钻，在宾夕法尼亚钻出了近代石油史上的第一口油井。

自流井气田的开发规模宏大，盐井和天然气井星罗棋布，数十米高的宝塔式的木质井架直耸云天，场面十分壮观。清朝温瑞柏在《盐井记》中写道：“其人有司井、司牛、司篾、司梆、司漕、司涧、司火、司饭、司草，又有医工、井工、铁匠、木匠；其声有人声、牛声、车声、梆声、放漕声、流涧声、汤沸声、火扬声、铲锅声、破篾声、打铁声、锯木声；其气有人气、牛气、泡沸气、煤烟气。气上冒，声四起，于是非战而群器贯耳，不雨而黑云遮天。一井如此，千井若何？一时如此，四时若何？”生动描绘了自流井气田钻井、采气的繁忙景象。

在自流井气田长期的开发实践中，劳动人民还创造了康盆采气技术。所谓康盆，盆的大小根据气井产气量的大小而定。气井钻成下竹木套管后，即安装康盆，进行采输作业。它具有阀门开关、安全阀、气水分离、弯头、减压、配气配风、测试等作用，既可安全采气、配气、输气、调节气流量，又可处理井壁垮塌、爆炸、空气倒灌等事故，且制作简单，操作方便。气田的天然气运输，均用竹木管道，非常精巧实用。

随着钻井技术的进步和自流井气田的开发，明清时期人们对石油天然气地质的认识也有一定的发展。如用“相山”、“看龙脉”的办法择定井位；“草拾土嗅之”的方法找矿。19世纪中叶，已开始建立气田的地层系统，并进行地层分类对比工作。

## ◎“洋油”输入——中国进口石油的开端

19世纪下半叶，当美国、俄国等已经采用现代方法大规模开采石油的时候，中国还停留在土法捞油的状态。美国、俄国等在国内石油生产过剩的情况下，利用鸦片战争强加给中国的不平等条约，开始向中国输入石油。最先是从倾销煤油开始的，当时民间称作为“洋油”。

美国是世界上最早大规模生产石油的国家，在中国市场倾销煤油也是美国商人首先开始的。1863年，美国商人向中国输入煤油2100加仑（约6.8吨），主要供应在华外国人照明用。后来输入量逐年增加，5年内增加近60倍，1868年达到113736加仑（约368吨）。与此同时，俄国石油工业迅速发展，也

开始向中国输入石油。从1863年至1937年的75年中，外国商人输入中国的各种石油产品约2880万吨，其中煤油约2318万吨，汽油约132万吨。

“洋油”输入，对中国社会经济产生了巨大的负面影响。由于灯用煤油逐步取代了以动物油作燃料的传统灯盏，因而豆油、菜子油、棉子油、花生油及蜡烛等销量日渐减少，影响了农民收入，危害了白蜡生产和蜡烛制造业，使许多农民、白蜡生产者和挑运脚夫失去了生计，生活陷于极端贫困的境地。

同时，随着煤油倾销量不断加大，加剧了贸易中的不平等性质，造成对外贸易长期入超。外商在中国市场大量倾销煤油，换取大量低价农副产品、手工产品、丝绸及白银，从中获得巨额利润。

但是，从另一个方面来讲，“煤油源源不断运进中国来，白银源源不断流到外国去”，也刺激着中国近代石油工业的诞生。

## ◎ 台湾苗栗——中国近代石油工业的发轫地

中国近代最早的油井出现在台湾。

1874年（清同治末年），钦差大臣沈葆桢在台湾得知苗栗出磺坑有一口3米的油井，日采石油数十斤，售给附近居民点灯和医用，主张收归官办（图2.4）。1876—1877年（清光绪年间），福州将军兼闽浙总督文煜和福建巡抚丁

图2.4　中国第一个油矿——台湾苗栗油矿

日昌上奏皇上，提出开发台湾石油，开办苗栗油矿。奏准后，从美国购回一台以蒸汽为动力的新式顿钻钻机，并转托在上海的美国商人布朗聘请两名美国技师。1878年春天，第一口井开钻，进展顺利。这口井是中国用近代钻机钻成的第一口油井，在井深115.8米处遇油层，获得油流，用了一个月时间钻成。投产一个月，共生产原油400担（约20吨），其中100担卖给榨蔗户作糖棚照明用，其余300担存放在后垄，既无销路，又运不出去。以后由于种种原因，这里刚刚开始的石油勘探陷于停滞状态。

## ◎ 陕西延长——中国内地最早的油矿

20世纪初，中国最早油苗记载的陕西延长，用近代钻机钻成了中国内地第一口工业油井。

图2.5　清光绪三十三年（1907年）建成的延长石油厂大门（20世纪40年代摄）

当时，中国人使用煤油灯已比较普遍，对国外煤油的需求量越来越大。1901年煤油的输入达43.1万吨，造成对外贸易大量入超，国内有识之士对开发本国石油的呼声日盛。陕西巡抚曹鸿勋等提出："以延长煤油与外国煤油争衡"，"以中国之财力，开中国之利源"。1904年11月，获准试办延长石油。两年后，购得日本顿钻设备1套，聘得日本技师左藤及工匠6名。1907年2月，人员与钻机相继到达延长，成立延长石油官厂（图2.5）。经过3个月准备，第一口井于6月7日开钻，9月10日钻至81米停钻，9月12日投产，初日产原油1～1.5吨。这是中国内地用近代钻机钻成的第一口油井（图2.6）。采出原油后，用小铜釜试炼，日产灯油12.5千克，送到西安检验，烟微光白，可

与进口煤油媲美。同年10月，从日本进口的炼油釜装置竣工投产，10斤原油可提炼6斤煤油，遂将所产煤油装箱运往西安销售。一时“内外传颂，交相称赞”。

开办延长石油获得成功。新任山西巡抚恩寿决定扩大办矿，在详细审阅有关资料，并派人调查以后，拨银20多万两，作为扩充油矿款项，并派出三名练习生去日本越后油厂留学，吸收国外开采石油的经验。

第一批工业油井出现后不久，台湾、新疆等地石油勘探均告中断，只有延长油矿坚持下来，成为中国内地第一个近代油矿。

图2.6 中国陆上第一口油井——延长1号井

1935年4月，刘志丹领导的陕北红军解放了延长油矿。5月，延长石油厂成立。1935—1946年，延长油矿共钻井20口，有16口见油，其中旺油井6口。其间，1940年八路军总部派汪鹏到延长进行石油地质勘查，发现了延长西南的七里村储油构造。随后钻凿的七里村一号井和三号井开始都是自喷井，一号井日产油曾达96吨以上，一时轰动全边区。1939—1946年，延长油矿共生产原油3000多吨，并为边区政府提供了汽油、煤油、柴油、机油、蜡烛等产品，为陕甘宁抗日根据地的建设和军需民用作出了贡献。

## ◎ 美孚入华——中国最早的涉外石油合作勘探开发

1914年2月，北洋政府与美孚石油公司签订《中美陕直二省石油合同》，合作勘探开发“陕西省延安府和直隶省承德府以及两处附连地方的石油”。这个合同是在袁世凯复辟帝制的大环境下达成的，具有不平等性质。当时的舆论界普遍认为，这是一个“将开发陕西和直隶油田的矿权让与外国利益集团的密约”。北洋政府为此成立“筹办全国煤油矿事宜处”，公布《矿业条例》，规定煤油矿为国家专办，商民不得私自经营，将商办各矿一律停办，收归国有。美孚石油公司首先对承德地区进行了调查，认为该处是“沥青石油，不是井油”，决定放弃。接着，中美双方派出地质人员调查陕西石油，美孚方面派出5名地质师及助手、测量人员等；中国方面派出10名矿业人员及服务人员、卫兵等。双方人员混合编队，于1914年初入陕，对陕北5万平方千米地区做了地质普查，测量线路约400千米。在延长、延安、延川的永坪、甘泉的石门子、宜君的东部及七里镇一带进行了地质详查，测成面积约100余平方千米的1∶12000的地形图，并予以评价。将潼关、宜君、洛川、甘泉、延安、安塞、安定、延长、延川、宜川等县，列为最有希望的产油区域，陆续提供了钻探井位。1915年2月，美孚石油公司地质师马栋臣撰写了《陕西地质调查总报告》。他在报告中肯定了四点：（1）陕西确系产油；（2）油质极佳；（3）分布极广；（4）产量足够供商业需要。

在进行地质调查的同时展开钻探。1914年6月，在延长成立了中美油矿事务所。9月，3台以蒸汽为动力的顿钻运到陕北，钻井技师同时到达。各钻机均配备中国工人。到1916年初，共钻探井7口，总进尺5958米，有2口井见少量油气，3口井见油气显示，2口井为干井。钻探未获工业油流。

根据钻探结果，美孚石油公司地质师阿世德于1916年2月撰写了《陕西地质调查最后报告》。其内容对马栋臣所写的报告肯定了前三点，否定第四点。他说：“以宜君一带地质而论固属极有希望，然陕北各区若延长、永坪等油田，实非可以产多量石油者。一年来经各技师详细观察，即小有希望之背斜亦无良果。陕西北部不但地面形势不宜聚油，即以石质论非能有整齐相同之砂石及页岩，而仅有零落之页岩和砂石。此皆不能聚油之证据”。这个报告直接影响到美孚石油公司的决策者，认为陕北钻探“所得油量甚属稀少”，“没有一口井的产量有工业价值”，兼以双方蹉定“中美合资公司章程遂无成议”等因，决定地质、钻探人员全部回国，标志着中美陕北石油勘探失败。

## ◎“中国贫油”——国外石油地质专家强加给中国的结论

美孚石油公司参加陕北石油勘探的某些地质师，回国后公开发表他们的报告，说陕北“没有一口井能生产足够的石油使其有利可图”。接着，一些从事理论研究的地质家也相继发表文章，评价中国石油地质。其基本观点是：中

国无论海相地层还是陆相地层，都不可能生产大量石油。其中最有代表性的是斯坦福大学教授布莱克维尔德。他在1922年纽约举行的美国矿冶工程师学会上发表论文，题为《中国和西伯利亚的石油资源》。文中说："山东半岛及辽东地区……大部分为古生界和更老的地层，构造复杂。这两个地区是否有石油，是极可怀疑的。中国东部大平原是一个近代沉降区，上有厚层的黄河及长江三角洲沉积覆盖，要在这个沉积区找到石油，那是偶然的"；"中国东南部，全为晚白垩世地层，并有大量火成岩侵入，在这个地区找到石油的可能性，不会比含油不利的阿帕拉契亚山更好些。西南部虽有厚层石炭、二叠和三叠纪沉积覆盖，但因褶皱强烈，故找到石油的可能性更为遥远"；"中国西北部，包括山西、陕北、甘肃……目前虽在生产少量的石油，但是，看来这里不会找到一个更为主要的油田"；"在西藏南部，虽然分布有中生界和始新统，但其构造情况与阿尔卑斯山类似，因此油气聚集的可能性是很少的"。文中还认为中国之所以缺乏石油是由于：（1）中新生界没有海相沉积物；（2）古生代大部分地层是不能生成石油的；（3）除西部和西北部某些地区外，几乎所有地质时代的岩石，都遭到强烈的褶皱、断裂，并受到火成岩不同程度的侵入。由此他的结论是："中国决不会生产大量石油"。这种全面否定的观点，固然受科学技术发展水平和勘探程度的局限，然而毫无疑问是极其片面的，起到了非常消极的作用。受这种观点的影响，当时有的国家曾估计中国的石油地质储量仅有1.91亿吨，被列为石油远景最小的国家之一。

## ◎ "石油不失为中国有希望的矿产"——中国石油地质专家的结论

对于中美陕北石油勘探的结果，中国地质家先后做出反应。1919年，丁文江首先指出："美孚石油公司在陕北的工作已经表明是一种失败。"1921年，丁文江、翁文灏联名发表《中国矿业纪要》，文中强调："中国油矿昔曾大促世人注意。自民国三年美孚合办探矿以后，乃颇以失望闻。然产油区域究属甚广，调查勘探亦究未详尽。则石油固自不失为中国有希望之矿产。"他们在分析陕西、甘肃、新疆、四川等省的储油希望后说："吾国尚坐拥此广大有希望之油田，详加勘探，诚今日之急务也。"1928年，李四光指出："美孚的失败，并不能证明中国无油可办。"谢家荣又进一步说："……未曾钻探之处尚多，倘能依据地质学原理，更作精密之调查，未必无获得佳油之希望，故一隅之失败，殊不能断定全局之命运耳。”中国的地质家坚信中国不是无油可办，而是勘探不周，石油仍是中国有希望的矿产。据此，他们结合中国的地质条件，展开研究探索，逐步认识到以下三个问题：

一是认识到陆相地层可以生油。首先涉足这个领域的是中国第一个地质学博士翁文灏，然后是潘钟祥。他们的大量相关精彩论述，为陆相地层可以生产大量石油提供了理论依据。

二是认识到中国各个时代地层都可生成石油，时代较新的地层油量较多，希望最大。以谭锡畴、李春昱、谢家荣、黄汲清等为代表，都对当时国外一些地质家所说中国不可能生产大量石油的观点进行了澄清。

三是认识到有利的含油区域几乎遍及大半个中国。以黄汲清、谢家荣、孙健初为代表，都对中国石油的生成、区域和发展前景寄予了很大希望。

他们的研究成果和学术观点，不仅拓宽了人们找油找气的视野，而且更重要的是，它显示了中国地质家对于在自己国土上勘探石油充满信心。

## ◎“石马”、“双枪”、“雁塔”、“锦鸡”——中国最早的石油产品商标

从20世纪初开始，直到30年代，延长石油官厂炼油除生产煤油外，还生产挥发油、擦枪油和石蜡等，设计了油品商标，分别命名为“石马”、“双枪”、“雁塔”、“锦鸡”等，进入市场销售。这是在中国市场上第一次见到有商标的国产油品。

## ◎ 石油圣火——最早“投身革命”的陕北石油资源

1935年4月28日，陕北红军解放延长，继而解放永坪，接管了陕北油矿探勘处本部及延长区、延长石油官厂。同年10月，中央红军北上先遣支队到达陕北。中华苏维埃共和国中央政府西北办事处国民经济部部长毛泽民，决定恢复延长石油厂的生产，以供应党中央机关和红军的需要，任命严爽为延长石油厂厂长，高登榜为特派员（党代表），迅速组织恢复延长、永坪两地的生产，将永坪采出的原油用毛驴驮运到延长炼制，炼出了煤油、擦枪油、蜡烛、石墨等产品，供应党中央机关和红军各部队。

在艰苦的抗日战争年代里，延长石油厂共生产原油3155吨，经加工生产

汽油163.94吨，煤油1512.33吨，蜡烛5760箱，蜡片3.98吨，以及擦枪油、凡士林、油墨、黄油等产品，满足了陕甘宁边区的运输、照明、印刷等需要。还以部分产品换取大量布匹和其他物资，实现了毛泽东关于“增加煤油生产，保障煤油自给，并争取部分出口”的指示，直接支援了抗日战争。

抗日战争胜利不久，内战爆发。延长石油厂职工在厂长张俊、政委万品山组织下，在最短时间内把机器、油井坚壁封存。在国民党军胡宗南部进犯陕北时，延长石油厂一部分职工撤退，一部分职工组成工人支队打游击。1948年4月，延长再次解放，延长石油厂职工立即恢复生产，不久采油、炼油全面开工，加紧生产，支援前线。当年生产原油158吨，汽油40吨。1949年，钻井工作恢复，打了一批新井投产，全国原油产量达到820吨，炼制汽油176吨，直接支援了前线，为解放大西北作出了贡献。

**知识链接：毛主席最早视察的石油企业**

1958年3月27日，中共中央主席毛泽东视察四川隆昌气矿，是大家熟知的毛主席视察过的石油企业。其实，早在1936年2月，毛主席视察了延长石油厂，这是毛主席最早视察的石油企业。

## ◎ 陈振夏——中国石油工业的第一位劳动模范

陈振夏，上海崇明县港东乡人。青年时代当过工人、司机、船员。1925年参加著名的“五卅”大罢工，被推选为上海中华电气制作所罢工委员会委员长。1937年，日本帝国主义发动侵华战争后，陈振夏投身于抗日救亡斗争，参加江阴沉船封港行动。同年底，他离开上海，奔赴延安，任延长石油厂厂长，成为在中国共产党领导下的石油战线上的第一任厂长。在战争年代，他和同志们一起排除万难，艰苦创业，先后开发10口新油井，修复2口旧油井，提炼汽油、灯油、柴油、润滑油等大量产品，保证了军用油的需要。1944年5月25日，毛泽东亲笔为他题词：“埋头苦干”，以表彰他的功绩（图2.7）。他还荣获陕甘宁边区政府劳动英雄和特等劳动模范的光荣称号。1945年2月，陈振夏加入中国共产党。新中国成立后，陈振夏带病先后在河北石家庄农机厂、石家庄动力厂和保定机床厂任副厂长、厂长，为社会主义工业建设继续奋斗。他1972年退休。1981年8月21日因患食道癌医治无效逝世，终年77岁。生前曾任河北省第四届政协常委、保定市第四届政协副主席和崇明县第五届政协常委等职。

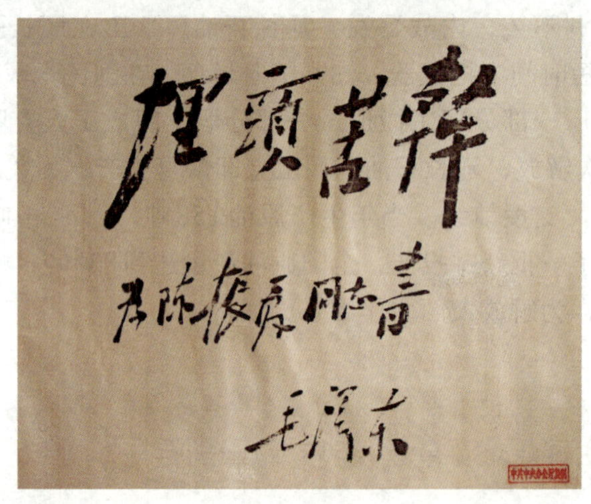


图2.7　毛泽东主席为陕甘宁边区特等劳模、延长石油厂厂长陈振夏的题词

## ◎ 玉门油田——中国第一个现代化油田

20世纪30年代末期国际国内形势的变化，使中国石油工业获得了难得的发展机遇。

位于甘肃西北部的玉门，被认为是加快开发国内石油资源的有利地区。

在近1000多年的多种典籍中，屡有关于玉门出产“石脂”、“石漆”的记载。早在19世纪中叶，当地居民就开始土法采油。20世纪20年代以来，先后有许多中外地质家对玉门进行考察，一致认为玉门石油具有开采价值。

1935年，由著名外交家顾维钧和一批富豪组成的“中国煤油探矿公司”，从国民政府实业部取得在甘肃、青海、新疆3省开采石油的特许权，并于1937年派出由美国地质家马文·韦勒、弗雷德·萨顿和中国地质家孙健初组成的“试探队”(图2.8)，在对包括玉门在内的甘肃、青海地区进行考察后，于1938年2月提出一份《中国西北甘肃青海两省地质考察报告》，其中对玉门石油河构造评价甚为明确：“目前已可断言，石油即将出现于甘肃之西北部，石油河背斜为一储油构造，如具备良好条件，可望获极佳产量。目前除钻探之外，尚

无其他办法可证明能提供多少石油，如能改善交通条件，此处毫无疑问将成为一个最具有价值的石油产地……”报告还论证了在石油河附近建设一座油矿的可能性，并指出，从国防角度看，在目前中日战争中开发西北油田，其重要意义不难想象，应“不惜任何代价钻探石油河构造，开发油田”。

图2.8　1937年9月，孙健初（左一）、韦勒（中）、萨顿（右一）等组成西北地质矿产“试探队”调查玉门石油

考察结果引起了国民政府经济部长兼资源委员会主任委员、资深地质学家翁文灏的重视，决定派出人员前往玉门开展工作。同时，也得到了中国共产党的重大支持。在十分困难的情况下，筹备处主任严爽、地质学家孙健初、测量员靳锡庚等老一辈玉门油矿的“拓荒者”，带领有关人员开始了艰难的寻矿开采之路。先后完成有关地质图、构造图，确定了一批井位，打出了一批油井，发现了老君庙的主力油层“L”层。从此玉门油田开发的序幕拉开，并逐步进入了新的发展阶段。

到1949年，玉门油田实际探明可采储量1700多万吨，年产原油7万多吨，在将近11年的开发中，共生产原油50多万吨，占全国同期产量的90%以上。炼制出汽油、煤油、柴油、润滑油等12种成品油，成为当时全国有数的大型现代企业，为中国石油工业的发展做出了必要的技术、经验和人才准备。

中国第一个现代化油田，出现在人迹罕至的荒山雪漠之间，坚定了中国人民开发祖国石油资源、建设自己石油工业的信心。

知识链接："玉门"的由来

玉门是古"丝绸之路"上的重镇。在其138万公顷广袤的土地上，千百年来留下世界人民交流往来的足迹，是华夏历史上经营西域的前哨，对祖国边塞的安全和民族团结建立了辉煌的功勋。

"玉门"的名称和汉代的玉门关有联系，又和嘉峪关的美玉密切相关。

敦煌县城西北约90千米处的玉门关，自汉、魏以后，是通往西域诸国的重要关隘，也是中外历史学家称为"丝绸之路"的必经关口，因西域和阗等地的美玉经此输入中原而得名。六朝以后，通西域常走新开辟的北路，玉门关址就东移了。到了唐代，玉门关在瓜洲的晋昌县（今瓜州县双塔一带）。东晋敦煌人《十三州志》云："汉罢玉门关屯，徙其人于此，故曰玉门县。"有据《汉书·食货志》记载，当时大搞军垦，驻玉门关的军队一部分开到今赤金堡一带屯田，开始叫玉门军，后废军化县，设置了玉门县。据史料记载，唐朝诗人王之涣的著名诗句："羌笛何须怨杨柳，春风不度玉门关"，不是指敦煌的玉门关，而是紧靠玉门市的双塔堡唐玉门关。另据宋乐史撰《太平寰宇记》：延寿县在酒泉郡西，金山在其东，至玉石障是也，汉遮掳障也。《西域考古录》也说，酒泉西60里有嘉峪关，因产美玉又叫玉石山。这个地方，在嘉峪关西北的石关峡，即汉代的玉石障，山上有石门，裁径20里，过去把石门也叫玉门。

## ◎ 护矿队——中国第一支油田护卫队伍

1949年春天，中国人民解放军在全国各大战场锐不可当，节节胜利，即将进军大西北。河西走廊的国民党残余势力，负隅顽抗，阴谋炸毁油矿，给共产党留下一个烂摊子。当时，玉门油矿驻有国民党军三个连，紧紧包围玉门油矿，炮口对准油矿，时刻准备采取行动。

当时油矿的主要负责人邹明，是中国石油有限公司甘青分公司的经理。他不忍心玉门油矿毁于一旦，决心和大家一道把油矿保护好。

他组织成立300多人的护矿队，要求除油矿职工外，其他任何人不得进入矿区，防止有人进入矿区搞破坏。为了防止出现严重后果，护矿队在保证生产的同时，将30多口油井全部用水泥和砖围砌起来，将炼油厂的主要机泵和贵

重仪表拆换并隐藏起来，将成品油库用钢条围护好。同时，积极寻求共产党和解放军的支持。

8月24日，兰州解放，国民党加紧了对玉门油矿的破坏力度。西北公署政工处处长上官业佑亲自上门，要求油矿拟定一个破坏计划。邹明一口堵死：油矿是国家的，绝不能破坏。并开玩笑地说：谁要破坏，工人护矿队决不会饶了他。西北公署行政长官刘任亲自打电话给邹明，要他去张掖面见。邹明做了最坏的打算，把工作安排好后，只身入虎穴来到张掖。刘任等人正对他威逼利诱时，得知解放军进军神速，已兵临城下，才匆匆逃走，邹明得以安全回矿。

回到玉门后，邹明深感形势严峻，护矿斗争非常激烈，立即召开紧急会议，对护矿事宜重新布置，即矿区内核心区全部交给护矿队守卫，矿外主要路段则交给关系较好的当地驻军负责。他们把库存的枪支弹药全部配发给了护矿队，矿区外主要路口设置了路障，矿场周围筑起了堡垒，护矿队日夜站岗放哨巡逻检查。当地国民党驻军和政府迫于形势压力，没有轻举妄动。

9月23日，解放军派黄诚为代表来到油矿，商量进驻事宜。25日，解放军以机械化部队开路，浩浩荡荡地开进了玉门油矿，使这个当时最大的石油基地，完好无损地回到了人民的手中。在经理邹明的领导下，全矿不仅生产一刻没停，而且还积存了10000多担粮食，金银现金约合银元30多万元。

玉门油矿解放后，为了嘉奖邹明领导的玉门油矿职工护矿队，西北军政委员会向护矿队颁发了奖旗，上面题写了19个金光闪闪的大字：发扬英勇护矿精神，为祖国建设事业百倍努力。

**知识链接：“四五事件”**

新中国成立前夕，由于国民党政府滥发纸币，物价飞涨，玉门油矿工人们原本就少得可怜的工资，此时只能维持最低生活了。按照惯例，油矿是每月的第一天发工资，可是1949年4月已到4日，仍未发工资，工人们十分焦急。因为按照每天都在变化的纸币与银元的兑换率计算，再拖下去，纸币就变成一堆废纸了。4月5日中午，一批炼油工人自发组织去找油矿代经理戈本捷（此时经理邹明在上海）要工资。但戈本捷不予答复。愤怒的工人要他当场答复，在场的矿警大队长范冠一掏出手枪威胁工人。工人们怒不可遏，按倒范冠一，围打戈本捷。

当晚全矿戒严。第三天，国民党河西警备司令部调来军警，逮捕了欧阳义、肖化昌、马世昌等32名工人，将他们押解至酒泉。此事在油矿引起很大震动，人称“四五事件”。

玉门一解放，工人们就强烈要求对此事件做出合理公正的处理。军管会成立了调查组，在全面掌握真实情况后，派军代表到酒泉接回了被押工人。康世恩代表军管会宣布“四五事件”是油矿工人反压迫、反剥削的正义行动，并对事件责任人分轻重主次进行了公正处理。在此基础上，全矿开展了“谈身世，吐苦水”的阶级教育，使一大批工人紧密团结在中国共产党的周围，一些知识分子和原油矿负责人也从中受到深刻教育。

# 第二节

# 在十分薄弱的基础上艰难起步（1949—1959年）

## ◎ 12万吨——盘点建国初期中国石油的家底

建国初期，中国的石油工业十分落后、十分薄弱。截至1949年10月31日，全国共有钻机8台，全年钻井9口，总进尺5000米，生产石油12.1万吨(天然原油7.0万吨、人造石油5.1万吨)、天然气1671万立方米，原油加工总能力为17万吨，实际加工原油11.6万吨，生产石油产品12种，产品总量3.5万吨，加工损失率16%。

## ◎ 玉门油田解放

1949年9月25日，是玉门油田历史上最为难忘的一天。这一天油矿获得解放，从此揭开了新的发展篇章。

这天，中国人民解放军第一野战军第一兵团司令员王震将军在进军新疆的途中，专程绕道玉门油矿视察。下午，第一野战军的装甲部队从积雪茫茫的祁连山麓穿过戈壁大漠，急速来到玉门油矿。已经守候在此三四个小时的石油职工，挥舞彩旗，热烈欢迎解放军。

9月28日中午，中国人民解放军第三军第九师政治部主任康世恩一行，从张掖急速行军抵达玉门。当天晚上，玉门油矿（此时还称作中国石油有限公司甘青分公司）召开员工大会。第三军军长黄新亭宣布玉门油矿解放，由康世恩任军事总代表，张守瑜任副总军事代表。兰州军管会派去的焦力人、张俊任副总军事代表。军事代表还有刘南、职若愚、詹石、杨文彬、雪凡、焦万海、张志华、任志恒等。玉门油矿解放前夕，中央曾指示第一野战军派得力干部去玉门当军事总代表。正在张掖的王震将军，知道第三军第九师政治部主任康世恩曾在清华大学学过地质，便向彭德怀推荐，得到批准。

根据中国人民解放军布告和党中央关于接管城市和工矿企业的政策，康世恩宣布接收油矿、恢复生产的政策和原则，主要有：按照不打扰原企业机构的原则，维持原职原薪原制度，原油矿管理人员和技术人员给予妥善安置，安定职工，搞好生产。这些政策受到了全体职工的拥护。整个矿区人心安定，秩序井然，油矿生产正常进行。进军新疆的装甲部队和运输车队，在这里加满油后，隆隆向西驰去。

玉门油矿的和平解放，使这个旧中国费尽九牛二虎之力建起的油田，完整无损地回到人民的手中。

**知识链接：千里行程找组织**

新中国成立后，在玉门油矿建立初期，也面临着一个亟待解决的问题，这就是玉门油矿由谁来管？军管会决定由焦力人和邹明及工程师史久光一起负责去找上级。他们先到酒泉向彭德怀汇报。彭总说：“我现在主要是管打仗的事情。你们到兰州去找张宗逊解决。”为了争取时间，彭德怀特地派他的飞机将焦力人一行送往兰州。兰州军管会主任张宗逊解决了玉门油矿5万银元的军油款，建议他们去西安找西北财经委员会。西北财经委员会主任贾拓夫听了焦力人等的汇报，面带难色地说：“玉门油矿是个大企业，西北经济困难，解决不了你们的问题。我给陈云同志写封信，你们直接去北京，向中央财经委员会汇报。”

这时中央已经成立了燃料工业部。部长陈郁和副部长李范一先后接见了焦力人等，明确玉门的业务工作归中央燃料工业部来管，困难和问题由中央燃料工业部解决，并同时决定，派涅来金、库金两位苏联专家到玉门工作。焦力人兴奋地说：“我们行程千里，终于找到了主管领导。”

## ◎ 建设玉门基地

1953年，在新中国国民经济经历了三年恢复期后，中国社会主义建设开始进入有计划的建设阶段，并开始执行第一个五年计划。这个五年计划的主要任务是：集中全国主要力量，建设156个重点大型项目，以此来奠定中国社会主义工业化的基础。玉门油矿被列入156个重点项目之中。计划要求玉门油矿在1953年至1957年期间，加强区域地质调查和综合研究工作，对有利地区进行钻探，尽快发现新的石油储量；钻井工程要采用新的先进的工艺技术，提高油井利用率，到1957年达到年产原油100万吨。经过5年的勘探、开发和建设，把玉门建设成为一个包括地震勘探、钻井、采油、原油加工、机械制造和科研教育等门类齐全的第一个天然石油工业基地，摸索出一套油田开发建设和油田管理的经验（图2.9）。

图2.9 20世纪50年代的玉门矿场一角

在当时的国民经济建设中，石油工业是最为薄弱的环节。1952年石油产品大体只能满足需要的四分之一，进口油品所花外汇上升至进口产品的第一位。

因此，摆在玉门油矿面前的紧迫任务就是赶快找油，尽快发现第二个老君庙油田。同时，中央对燃料工业部也作出明确指示：“迅速把地质勘探工作

提到首要地位，必须采取一切有效办法，迅速加强地质勘探力量，并做好基本建设工作。”玉门矿务局做出了在河西走廊甩开勘探的决策。

经过艰苦卓绝的大量工作，玉门油矿的地质勘探获得重大突破，相继发现了石油沟、白杨河、鸭儿峡3个新油田，使原油产量猛增。1957年，玉门油矿的原油产量达到75.54万吨，占全国当年原油产量的87.78%。在当时“大跃进”的背景下，1958年玉门油矿的原油产量达到100万吨，1959年更是达到了140万吨。这是玉门油矿的巅峰时期。在1953—1957年的“一五”计划期间，玉门油矿共生产原油223万吨，为共和国作出了巨大贡献。

与此同时，玉门油矿的城市建设也得到飞速发展。由全国总工会投资兴建的文化宫，坐落在油田中心，被称为中国石油文化第一宫。在酒泉新建的石油工人疗养院，也被称作中国石油第一疗养院。大批的职工住宅以前所未有的速度拔地而起，医院、学校、幼儿园、商店等配套设施很快建设起来。职工们利用业余时间，义务劳动修建起了油城公园。独具特色的双马路，从南到北将玉门油矿的工厂、学校、商店、住宅区串联起来。

玉门成为一座名副其实的石油城。

1957年10月8日，新华社从兰州发出电讯宣告：我国第一个天然石油基地，在玉门油矿基本建成。

## ◎ 石油师

为了保证完成中央下达的任务，并为未来石油工业的大规模发展培养一支队伍，1952年3月25日，燃料工业部西北石油管理局局长康世恩，给朱德总司令和陈郁部长写了《关于调拨一个建制师担任第一个五年计划发展石油工业基本建设任务的报告》，提出要完成年产350万吨天然油的任务，共需增加职工15690人，请求军委在整编部队时，一次拨一个建制师，加以训练，改编为工业建设大军。1952年8月1日，按照毛泽东主席的命令，中国人民解放军第十九军第五十七师7741人，改编为中国人民解放军石油工程第一师（图2.10）。随后一团、二团开进延长油矿和玉门油矿，到钻井、基建等现场进行技术培训。三团与西北石油管理局运输公司合并，成为新中国石油工业第一支专业运输队伍——玉门油矿运输处。后迁至敦煌成立石油运输公司，由张复振师长担任经理。1953年师政委张文彬被任命为燃料工业部西北石油管理局副局长。1955年张文彬参加了克拉玛依石油会战，担任新疆石油管理局局长兼党委第二书记。石油师转业队伍参加了石油工业一系列大型会战，是一支最能吃苦、最有战斗力的队伍。康世恩曾高度评价石油师对石油工业的贡献，亲自总结了石油师为社会主义建设顽强学习、有高度的组织纪律性、保持艰苦奋斗的优良传统等三大特色。20世纪60年代初朱德在视察大庆油田时，听到介绍石油师的卓越表现和成绩，高兴地说："解放军有好几个工程师转业参加工业建设，我看石油师是保持和发扬了部队的优良传统和作风。"

图2.10　中国人民解放军石油工程第一师

## ◎ 苏联专家参与油矿建设

在玉门油矿第一个天然石油基地的建设过程中，得到了苏联专家的大力支持，先后有40多位苏联专家在玉门工作，其中最令人难忘的是特拉菲穆克院士。是他首次确定了玉门油田的驱动类型，并由此开始边缘注水，使之成为中国的第一个注水开发的油田。

从1950年到1959年，中国石油系统先后聘请苏联专家、技术人员和工人434人。最早来华的是苏联专家组组长莫谢夫。他博学多才，不论地面与地下地质情况，都非常熟悉，很好地指导了玉门油矿的建设。

**知识链接："铁人"王进喜的师傅郭孟和**

郭孟和，1907年出生，1938年进乌苏油矿工作，1945年秋到玉门，很快就成为生产骨干，1950年2月加入中国共产党，成为玉门油矿解放后第一批入党人之一。

20世纪50年代初期，由于技术落后，郭孟和率领钻井队，冒着零下20多摄氏度的严寒，在海拔2600米的祁连山下凿冰打井，开创了我国石油史上冬季钻井的先例，被誉为"冬青树"。1951年荣获全国工业战线劳动模范称号，也是新中国第一位石油工人中的劳动模范。20世纪50年代，他的名字和鞍钢的孟泰、哈尔滨的马恒昌一起经常出现在《人民日报》上，是我国石油工业战线的一面旗帜。

1954年，郭孟和当选为第一届全国人民代表大会代表，1959年当选为第二届全国人民代表大会代表。1964年以后，连续担任第四届、第五届全国政协委员。

有着丰富钻井经验的郭孟和还自觉担负起培养年轻技术工人的任务，严格要求学徒。"铁人"王进喜就是他带过的许多学徒中的一个。1959年，王进喜也光荣地出席了全国群英会，和师傅郭孟和一样，成为全国劳动模范。

郭孟和先后担任玉门市总工会副主席，玉门石油管理局工会主席、机关党委书记。在领导工作岗位上，他始终保持一贯的作风，勤勤恳恳，严于律己，胸怀坦荡。1983年2月9日，他走完光辉的一生。

## ◎ 中国石油工业的摇篮

玉门油田建成中国第一个天然石油基地后，就立即负担了"三大四出"(大学校、大试验田、大研究所；出人才、出技术、出经验、出设备）的使命，充分发挥了石油工业摇篮的作用。1955年，数千名玉门石油工人挺进柴达木；1956年，成建制的队伍西出阳关，会战克拉玛依油田；1958年，3000多名职工东渡黄河，穿越蜀道，参加川中会战；1960年，以王进喜为代表的数万玉门石油人，一路急行军，在松辽盆地上演了一幕又一幕慷慨壮歌。此后，无论是渤海之滨的胜利油田，还是中原大地的华北油田、中原油田，无论是黄土高原的长庆油田，还是戈壁滩上的吐哈油田，到处都有玉门石油工人的身影。正如著名石油诗人李季所写的那样："苏联有巴库，中国有玉门，凡有石油处，就有玉门人。”在几十年间，有10万以上的玉门石油工人奋战在祖国大江南北的石油战线上。康世恩、焦力人、宋振明、闵豫、秦文彩、赵宗鼐、李敬等石油战线上的优秀领导人，都是从玉门走出来的；翁文波、童宪章、李德生、翟光明、田在艺、秦同洛等一大批院士和地质学家，也曾在此度过难忘的青春岁月；郭孟和、王进喜、薛国邦、马德仁等一大批全国著名的英雄模范，都是玉门石油的骄傲。因此，玉门被称为中国石油工业的摇篮。

## ◎ 老君庙——石油工人心目中不灭的殿堂

老君庙原本是祁连山下石油河边台地上的一座小庙（图2.11）。据说，在石油人来到这一带之前很久，这里曾经一度是淘砂采金的地方。有一个人鸿运高照，竟然在石油河里找到一块相当大的“狗头金”，发了点财，于是出资建了这么一座小庙，向太上老君表示感谢。

图2.11　老君庙（右下角为20世纪40年代的老君庙）

老君庙油田是中国石油工业的发源地。1931年，时任国民政府资源委员会专家的孙健初先生，乘着敞篷汽车，带领一批技术员，历时半月，从兰州来到玉门，在老君庙边、石油河畔扎下帐篷，开始了艰难的“找油”。至1939年“老一井”出油，油田进入正式开发。到1959年，大庆油田等其他大油田开发之前，玉门的老君庙油田当年原油产量达到180万吨，占当年全国原油总产量的80%以上。从1939年至1959年的20年里，老君庙油田的石油，有力地保证了抗日战争的油料供应，支援了新中国的建设。新中国成立后，朱德、彭德怀等都曾经到过这里。现在，这个油田——老君庙油田，已经是开发近70年的老油田。

在玉门油田60年矿庆时，油田曾经邀请700多位在全国各地以及海外的老一辈“玉门石油人”返乡，当时影响很大。有许多老石油人当时已经故去，是他们的后代捧着骨灰盒和遗照故地重游的。很多老石油人的部分骨灰就葬在了老君庙边的石油河畔。

## ◎ 全国第一次石油工业会议

1950年4月13—24日，第一次全国石油工业会议在北京召开。燃料工业部部长陈郁作关于《中国石油工业方针与任务》的报告，回顾了中华人民共和国成立前中国石油工业的发展史，陈述了中华人民共和国成立半年来石油工业的现状。会议通过了《第一次全国石油工业会议决议》，并确定了“石油工业恢复时期在三年内恢复已有建设，发挥现有设备效能，提高产量，有步骤、有重点地进行勘探与建设工作，以适应国防、交通、工业与民生需要”的基本方针。会议决定大力开发西北石油资源，尽快恢复东北人造石油工业；要有计划地向两地区调送大批优秀干部，同时大力培养和训练石油工业干部；成立石油管理总局，统一管理石油工业的勘探、开发和生产建设工作，逐步把由各地工业部门管理的石油企业集中起来统一管理；建议教育部在高等院校设立石油科系；号召从事石油工业的技术人员归队。中共中央书记处书记、中央人民政府副主席朱德对中苏合组石油公司的做法表示肯定，认为“是基于平等的友好精神订立的条约”，表达了鼓励引进外资、对外开放的思想。政务院政务委员兼财政部长、财政经济委员会副主任薄一波，作有关国家工业经济恢复及发展形势的报告。全国总工会副主席、政务院政务委员李立三和苏联专家也在大会上发言。政务院、中央人民政府财政经济委员会、全国总工会等中央部门，燃料工业部、中国石油有限公司和中国石油有限公司甘青分公司、四川油矿探勘处、石油运销公司、西北财政委员会、东北化工局、抚顺矿务局、大连中苏石油公司、北京大学、清华大学、中国科学院等单位的数十名教授、学者总计近200人出席会议。

## ◎ 石油计划经济体制的建立

在国民经济恢复时期，通过统一石油财政经济工作，石油工业开始形成高度集中的石油计划经济体制的雏形。到了“一五”计划时期，由于建设工作展开，资金需求量大，如果不集中有限的资金、物资和技术力量，是很难完成的。因此通过学习苏联经验，高度集中的计划经济体制的雏形有了进一步的发展，形成了高度集中的石油计划经济体制。这种体制有一个很大的特点，就是能够把有限的资金、物资和技术力量迅速集中起来，用于石油工业重点建设，从而比较快地形成新的石油生产力。因此，为进一步推动石油工业发展，加强石油工业管理，1955年7月30日，第一届全国人民代表大会第二次会议决定，撤销燃料工业部，分别成立石油工业部、煤炭工业部和电力工业部。任命李聚奎为石油工业部部长，开始对石油工业实行专业部门管理，统揽全国石油企业和石油生产建设工作，石油工业部遂成为石油计划经济体制的核心管理部门。

这个时期，高度集中的石油计划经济体制的内容主要体现在以下几个方面：

在石油企业管理方面，全国油气田和炼油企业全部纳入石油工业部直接管理，并采取石油工业两级行政管理体制，为实行高度集中的指令性计划管理提供了组织保障。

在石油工业基本建设项目管理方面，基本建设项目的审批权高度集中，500万元以上的石油建设项目须经国家建设委员会审核，国务院批准。

在石油计划管理方面，国家对石油企业实行直接计划管理，由国家向石油企业直接下达指令性生产指标。

在石油财务管理方面，国家对石油企业继续实行统收统支的财务管理制度。

在石油物资管理方面，将物资分为统配物资、部管物资和地方管理物资三类。一、二类物资都是按国家的计划价格组织调拨。

在劳动工资管理方面，企业可以在国家政策允许的限度内自行增减、择优录用职工，并有辞退职工的权利。

## ◎ 茫茫大地何处找油

打开中国的地理版图，群山起伏，江河奔腾，戈壁苍茫，大漠辽远。在如此锦绣的万里河山之下，中国到底有没有丰富的天然石油资源？陆相沉积地层到底能不能生成并储藏丰富的石油？这些重大问题，沉甸甸地压在中国地质工作者的心上。

1953年是中国第一个五年计划的头一年。这年年底，毛泽东主席、周恩来总理和其他中央领导同志把地质部部长李四光请到中南海，征询他对中国石油资源的看法。毛主席十分担心地说，要进行建设，石油是不可缺少的，天上飞的，地下跑的，没有石油都转不动。李四光根据数十年来对地质力学的研究，从他所建立的构造体系，特别是新华夏构造体系的观点，分析了中国的地质条件，陈述了他不同意“中国贫油”的论点，深信在中国辽阔的领域内，天然石油资源的蕴藏量应当是丰富的，关键是要抓紧做地质勘探工作。他指出，应当打开局限于西北一隅的勘探局面，在全国范围内广泛开展石油地质普查工作，找出几个希望大、面积广的可能含油地区。

1954年初，苏联派来了石油代表团，帮助中国找油。3月1日，石油管理总局局长康世恩邀请李四光到石油管理总局作了题为《从大地构造看我国石油勘探的远景》报告。李四光说：“我认为提出下面两点，对我们的石油勘探工作有很大关系：一是关于沉积条件，二是关于地质构造的条件。这两点不是孤立的，当然是有联系的。”他认为中国石油勘探远景最大的区域有3个：青康滇缅大地槽；阿拉善—陕北盆地；东北平原—华北平原。李四光明确指出：新华夏系的构造带，其主要走向为北18°至25°东，包括太平洋岛弧在内。他说：“可以这样考虑，从东北平原起，通过渤海湾，到华北平原，再往南到两湖地区，可以先做工作，先从新华夏系的旁边摸起，同时在覆盖地区着手摸底，物探、钻探都可以上，看来是有重要意义的。”

为了迅速扭转石油普查勘探工作的落后局面，1954年12月，国务院决定，从1955年起，除由燃料工业部石油管理总局继续加强对可能含油构造的细测和钻探外，并由地质部、中国科学院分别担任石油和天然气的普查工作和科学研究工作。还成立了石油普查委员会，主任由李四光兼任，刘毅担任党委书记，谢家荣、黄汲清为技术负责人。

1955年1月20日，地质部召开第一次石油普查工作会议。根据会议决议，组成了新疆、柴达木、鄂尔多斯、四川、华北5个石油普查大队。6月，又决定组织松辽平原踏勘组。

1955年是全国石油地质普查工作大丰收的一年，发现了很多可能储油的构造，同时通过对华北平原、松辽平原的概略普查，认为这两个地区有较好的含油前景，值得进一步开展工作。1956年1月下旬，地质部召开第二次全国石油普查工作会议。会议听取了松辽踏勘组的报告。他们认为："广阔的松辽平原的大地构造轮廓，与华北平原相似，是一个晚近的下沉地带，其中堆积着很厚的新沉积，包括白垩纪地层以及第三纪和第四纪的疏松沉积，其中可能有含油岩层。"

1956年3月26日，由地质部、石油工业部、中国科学院联合成立了全国石油地质委员会，作为全国石油地质的咨询机构，李四光任主任。这个委员会几乎汇集了全国优秀的地质学家。全国石油地质委员会组织了一些重要活动，如召开学术研讨会、组织地质考察等，对石油工业的宏观决策起了积极的作用，使中国油气勘探事业取得重大突破，而且也使中国的石油地质理论获得空前发展。

## ◎ 石油地质大调查

1953年后，石油勘探力量迅速壮大，全国成立了石油地质局和钻探局，下辖陕北、酒泉、潮水、青海等4个地质大队，以及玉门、延长、永坪、四郎庙、虎头崖等油矿和探区。但是勘探主力都是以地面地质调查为主，在中西部盆地寻找地质露头。总体上来说，勘探没有大的突破，还处在"茫茫大地，油在何处"的徘徊期。

1953年，中国决定从苏联引进技术和设备，在兰州建设一个大型现代化炼油厂，并列入苏联援建的156个重点项目之中。10月，苏联政府派以特拉菲穆克院士为首的专家组来华，帮助调查评价甘肃石油资源是否能满足将要建设的兰州炼油厂所需原油，并帮助制订中国石油工业的第一个五年计划。在北京短期工作结束后，专家们确定，要到玉门、陕北、四川、贵州、广东和广西等地作实地调查，对中国石油工业远景做全面探讨。已调任石油管理总局局长的康世恩，决定全程陪同专家组进行大范围的地质调查。

这次地质大调查，经历7个省，历时156天，足迹踏遍了大半个中国。

特拉菲穆克院士组织专家们认真总结，完成了长达537页约40万字的中国石油地质专著，名为《中国油气》。该书从石油地质的基本理论出发，对中国主要沉积盆地和全国含油气远景作了积极评价。

这次调查，无论是对中国的石油工业领导人来说，还是对中国的石油地质家来说，都是一个非常重要的转折，使他们了解了中国石油资源极其丰富这

个现实，对在中国大地上找油增强了信心。同时，在研究和部署石油勘探问题时，增加了战略眼光和整体观念。

## ◎ 赴苏学习

1955年9月10日，康世恩率团赴苏联参观考察。这是石油工业部成立后第一次向国外派遣大型考察团。

当时苏联的石油工业经过战后的迅速恢复和发展，进入比较发达的阶段，成为世界产油大国，年产石油5600万吨，无论理论水平还是技术水平，都比中国高很多。代表团访问期间，听取苏联著名石油地质专家介绍了苏联石油工业概况，苏联第二巴库发现杜依玛兹、罗马什金两个大油田的经过，以及石油地质地台理论，还介绍了中东、北非、法国、美国等国家和地区的盆地及油田，参观了苏联的几个不同类型的油田，讨论了如何在中国找油以及如何重视科学技术研究工作。

这次学习考察，对于中国石油工业的发展，无论从政治上、认识上、方法上，还是仪器的购置上，都产生了重要的历史意义。

## ◎ 石油工业的第一个突破——发现克拉玛依油田

1955年10月29日，位于新疆准噶尔盆地西北缘的黑油山1井完钻出油，标志着新中国成立后，自己勘探的第一个大油田——克拉玛依油田的发现，从而揭开了新疆石油工业大发展的序幕。

黑油山1井喷油后，石油工业部做出勘探重点由准噶尔盆地南缘转向西北缘，即由山前凹陷转向西北地区的决定，采取“撒大网，捞大鱼”的方针，在克拉玛依—乌尔禾长130千米、宽30千米的范围内，部署10条东西向大剖面，进行钻探，寻找新的有利勘探区。这是一个大胆而又符合实际的决策，是在战术上实行重点突破，又在战略上进一步扩大战果的成功尝试。钻探结果很快拿到了相当的油田面积和地质储量。

1956年5月11日，新华社向国内外发布消息：新疆维吾尔自治区的准噶尔盆地克拉玛依地区，已经证实是一个很有希望的大油田。到同年9月，有23口探井喷出了工业油流。

同月，在中国共产党第八次全国代表大会上，石油工业部部长李聚奎在发言中说：“新疆的克拉玛依油田，面积已达130平方千米，储油面积还在扩大，可采储量在1亿吨以上，克拉玛依已经具备了开发建设大油田的资源条件。”

10月1日，在国庆典礼中，克拉玛依油田的巨大模型在游行队伍中通过天安门广场，接受毛泽东主席以及其他党和国家领导人的检阅（图2.12）。此后，那首脍炙人口的《克拉玛依之歌》传遍全国，成为中国石油工业的第一曲壮歌。

图2.12　1956年10月1日，克拉玛依油田的模型在游行队伍中经过天安门

1958年克拉玛依油田年产原油33万多吨，1960年达到163万余吨，占当年全国原油产量的39%，是大庆油田发现以前全国最大的石油生产基地。1958年9月，中共中央副主席朱德视察克拉玛依时，高兴地说：“3年时间，在荒凉的戈壁滩上，建立起一座4万人口的石油城市，这是一个很大的成绩，也是一个动人的神话。”

克拉玛依油田的发现，打破了中国石油勘探长期沉闷的局面，是新中国石油勘探史上的第一个大突破。它用事实证明陆相贫油是不符合实际的，中国有着广阔的含油气远景。

**知识链接：克拉玛依的由来**

克拉玛依是全国唯一的以石油命名的城市，得名于市区东北侧约1千米的地方有一群天然石油沥青丘。克拉玛依是维吾尔语的音译，其含义是“黑油”。这里至今仍有黑色的原油自然外溢，成为石油城市独具特色的标志和“圣地”。

1955年10月29日，黑油山1号井出油，标志着一个新油田的发现。

1956年2月下旬，新疆维吾尔自治区党委第一书记王恩茂、自治区主席赛福鼎到油田视察工作，提议按照维吾尔语的读音，将黑油山油田更名为克拉玛依油田。

1956年5月11日，新华社发布消息，宣布“克拉玛依地区是个很有希望的大油田”，引起巨大轰动，从而使克拉玛依作为一个地名被介绍到国内外。

## ◎ 毛主席关心石油工业

1956年2月26日，李聚奎和康世恩到中南海勤政殿向毛主席汇报石油工业情况。在座的有毛泽东、周恩来、刘少奇、邓小平、李富春、李先念、薄一波等。周总理向毛泽东介绍了康世恩。毛泽东问康世恩是哪里人，问他的经历，然后开始汇报。康世恩照着提纲念了一段，毛泽东打断说，你就不要念了，我这里也有本本，就随便说吧。毛泽东先问地质年代如何划分，根据是什么？康世恩说主要是根据地球发展不同时期的地质标本，这是主要标志。毛泽东说对，那为什么叫第三系、白垩系、侏罗系呢？康世恩说，这是按照世界统一的化石标本来划分的。比如白垩系的代表地点是英国出露的地层；侏罗系由法国和瑞士之间的侏罗山而得名；震旦系来自中国的出露地层等。毛泽东听后点点头，又问石油是怎样生成的？康世恩讲了世界上石油生成的两派学说，一派是有机生成说，另一派是无机生成说。毛泽东问他赞成哪一种学说？康世恩说我赞成有机生成学说。毛泽东问，有机物为什么又变成石油呢？康世恩一一作了回答。“怎么找油呢？”“什么叫构造？”康世恩拿纸边说边画，说明各种不同类型储油构造。接着毛泽东又问原油出来后怎么炼制、怎么出汽油？汽油为什么要分标号？汽油的分子式怎么写？康世恩汇报了炼油的原理和过程，用笔写出汽油的化学分子式给毛泽东看。他还讲柴油由于含蜡多少不同，凝固点也不同，寒带要用低凝固点柴油，不然就冻结了。毛泽东说，这非常重要，中国严寒地带不少。

随后毛泽东又问中国怎么找油？康世恩着重汇报了西北地区石油勘探情况。当时新疆黑油山已有一口井出油，正在继续勘探；玉门老君庙油田是主要生产基地。毛泽东说，美国人讲中国地层老，没有石油，看起来起码新疆、甘肃这些地方是有油的，怎么样，石油工业部你也给我们树立点希望。康世恩汇报新疆、玉门都是戈壁、荒滩。毛泽东说，搞石油艰苦啦！看来发展石油工业，还得革命加拼命。毛泽东这些指示，成为石油工业发展的重要指导思想，鼓舞着石油战线广大职工不怕困难，艰苦奋斗，为以后克拉玛依油田的发现和大庆石油会战奠定了重要的思想基础。

康世恩还向毛泽东汇报他到苏联考察的5个多月，收益不小。毛泽东要他说说情况。康世恩谈起苏联老巴库油田，已开采100年，这个油田有几十个油层重叠在一起。毛泽东说，这是架起来的楼房啊，比单层油田更好，开起来更省钱，你们也要找几个楼房式的油田。后来在大庆、华北、辽河等地找到的油田，正是多油层的。康世恩还汇报找油从普查、详探到开发三个阶段，我国才开始第一步的普查。毛泽东说，看来你们需要一个县发一台钻机，叫他们到处凿一凿。毛泽东的意思，要在全国广泛开展石油勘探，这对以后打破石油只局限在西北一隅的局面有着重要的意义。

康世恩谈到苏联重视区域勘探，整体解剖，所以勘探成果大。而我们对区域勘探研究不多，因而还未能掌握寻找油田的规律。毛泽东说，你们要有全面规划。康世恩汇报到苏联一年打井很多，石油投资占总投资的12%。毛泽东问李富春，我们的石油投资占多大比重？李富春回答说只占百分之几。毛泽东说，我们全国一年要钻100万米进尺（注：1956年钻井进尺为51万米）。康世恩讲到石油工业部成立晚、干部少，毛泽东当即插话说，调一些干部给他们，各部门要平衡。在毛泽东和党中央的关怀下，先后调来大批干部和数万转业战士充实石油队伍，保证了石油工业发展的需要。

## ◎ 走进柴达木盆地

1954年3月，石油管理总局在西安召开的第五次全国石油勘探会议上，决定稳步开展柴达木盆地的地质勘探，并随即成立柴达木盆地石油地质勘探大队。

柴达木盆地位于青海省的西北部，总面积12万平方千米，被昆仑山、祁连山和阿尔金山环抱，海拔在2600～3200米之间，是典型的高原盆地，也是中国十大内陆盆地之一。地下蕴藏着丰富的石油、盐、铅、锌、石棉、硼砂、煤等矿产资源，素来享有“聚宝盆”的美誉。柴达木在蒙古语中是盐泽的意思。这里自然条件极其恶劣，年平均无霜期不到40天，民谣“天上无飞鸟，地上不长草，风吹石头跑”是其生动写照。

1954年春天，石油管理总局下属的青海民和地质大队约400余人，在300多峰骆驼的配合下，分三批进入柴达木盆地考察（图2.13），先后发现38个地面构造和9处油苗。

图2.13 1954年，阿吉老人带领首批石油勘探队伍进入柴达木盆地

1954年7月，石油管理总局局长康世恩决定亲自率领以苏联石油部总地质师安德列依柯为首的苏联专家组，赴柴达木盆地西部考察。这次考察的主要任务有四点：一是评价柴达木盆地含油气的地质条件及远景；二是实地考察盆地的地理自然环境和交通运输条件；三是考察勘探队伍在盆地的生存条件和基地的选择；四是通过实地考察提出勘探油气的工作量和勘探队伍的组建规范。

通过考察，增强了加快勘探开发柴达木盆地的决心和信心。随后，考察队立即向国务院、西北石油管理局、青海省作了关于勘探开发柴达木盆地油气资源的报告。国务院很快就批准了报告。1955年，青海石油勘探局成立，由张俊担任局长兼党委书记。并决定以西安石油地质局为主体，将酒泉地质大队、陕北枣园钻探大队、永坪大队、四郎庙钻探大队、民和大队、潮水勘探大队、铜川运输站的所属车队等，划归青海石油勘探局。

从此，拉开了开发建设柴达木的序幕。

## ◎ 川中会战的浮沉

山川秀丽、土壤肥沃的四川盆地，不仅有“天府之国”的美誉，而且是世界上最早发现和利用天然气的地方。被称为“世界石油钻井之父”和“中国古代第五大发明”的卓筒井技术，就是在四川诞生的。著名的川中会战也是在这里发生的。

新中国成立之初，共和国从旧政权接管下来的只有8台钻机，年产原油仅12万吨，石油天然气产业基础薄弱，举步维艰。油气勘探已关乎国家前途命运。

截至1958年，四川天然气井口产量仅9500余万立方米，原油产量不足1.2万吨。新中国已成立8年，四川盆地依然沉默，闻不到一点大油气田的气息。直到1958年3月10日，一声巨响打破令人窒息的沉寂。这天，天气晴朗，广安市武胜县龙女寺构造女2井，在大约1小时24分钟的时间里，喷出原油40吨。几天之后，蓬莱构造蓬1井和南充构造充3井也相继喷出了工业性油流。《人民日报》以《第二个克拉玛依》为题，报道了川中找到大油田的消息。

当得知川中这3口井相继喷油时，刚上任的石油工业部部长余秋里激动万分。他随即与石油工业部副部长康世恩一道，马不停蹄地赶赴四川，在喷油构造现场进行了考察。一个月之后，全国石油工业现场会在南充召开。石油工业部决定将勘探重点放在川中。余秋里部长指出：川中油区具有全国性意义，要求迅速成立川中、川南两个矿务局，改四川石油勘探局为四川石油管理局，进行川中夺油大会战。副部长康世恩亲任川中石油会战指挥部总指挥，提出了“苦战三年，拿下川中大油田”的会战口号。随即，石油工业部机关、玉门、克拉玛依、延长油矿等数十个单位，汇成的千军万马，呼啸入川，石油职工人数高达3万余人。新中国成立以来第一次声势浩大的夺油会战，在四川盆地的中部拉开了序幕。

然而，当川中会战正如火如荼地展开时，一个奇怪的地质现象出现了：女2井日产油60吨，一旦关井测压后再开井时，就不出油了。人们想不明白，于是就在这口井的周围像梅花一样又打出4口井，但仍然未能出油。充3井和蓬1井也出现了类似情况。此时，川中石油会战遭遇到了极其复杂的局面。一年后，在当时“大跃进”人定胜天的豪情壮志驱动下，川中会战人员由3万余人增加到了4万余人，钻井队由71个迅速增加到115个。到1959年2月，4个月内共钻探81口井，但获得的仍然只有6个低产油田。

川中这场“遭遇战”，让余秋里部长记了一辈子。《余秋里回忆录》中写道：“川中石油会战，可以说是我刚到石油工业部后打的第一场‘遭遇战’，也是转到石油工业战线后的第一次重大实践。在这次会战中，我们碰上了钉子，也学到了不少知识，得到了有益的启示，对我以后的工作大有好处。通过川中找油，我进一步认识了石油工业的复杂性。实践证明，一口井出油不等于整个构造能出油，一时出油不等于能长期出油，一时高产不等于能稳定高产。总之，川中会战经验教训是深刻的。我曾对四川石油管理局的同志说：‘感谢你们四川，川中是教师爷，教训了我们，使我们学乖了。’”

川中会战虽然以遭受挫折而结束，但它却使石油人加深了对四川复杂地质条件下钻井的认识，发现了裂缝性储层油藏，从而推动了对四川钻油气层井相关技术的发展。更重要的收获在于，川中石油大会战锻炼了队伍，学到了集中优势兵力打歼灭战，用大会战方式拿下大油田的经验和途径。同时，深刻地认识到，从事石油工业，一定要尊重客观，尊重科学，掌握和研究油气活动的规律，避免主观性。这些经验教训给随后的大庆石油会战提供了不可多得的宝贵经验。

## ◎ 邓小平指示战略东移——石油勘探的重大决策

对于新中国的石油工业来说，20世纪50年代末期到60年代初期，是一个具有深远意义的重大转变时期。石油工业在经历了50年代的起步发展后，形势依然严峻，国内石油产品只能自给40%。在国家社会主义建设的第一个五年计划中，石油工业部是国家各工业部门中唯一没有完成任务的部门。1957年全国石油产量仅145万吨，天然油和人造油的产量是“平分秋色”。这导致了一个问题，就是中国发展石油工业，是靠天然油，还是靠人造油？面对这样一个问题，主管石油工业的中共中央总书记邓小平当机立断，指出：“中国这样大的国家，当然要靠天然油。”党中央决策要在全国更大的范围内开展勘探，把石油勘探布局向东部转移，以改变中国石油工业偏居西北一隅的不合理局面。

1958年2月27日和28日，石油工业部部长李聚奎、勘探司司长唐克以及翟光明、王纲道同志，就天然油的勘探问题向邓小平进行了汇报。汇报会上，当谈到第二个五年计划的重点地区时，邓小平指出：“石油勘探工作应当从战略方面考虑问题”，在“第二个五年计划期间，能够在东北地区找出油来就很好……把钱花在什么地方是一个很重要的问题。总的来说，第一个问题是选择突击方向，不是十个指头一般齐，全国如此之大，二十、三十个地方总是有的……选择突击方向是石油勘探的第一个问题。”邓小平明确指出，要对松辽、华北、东北、四川、鄂尔多斯地区多做些工作。邓小平的这次谈话，大大加速了我国石油勘探东移的进程，对中国石油工业实现大发展，实现质的飞跃意义非同寻常。

就此开始，石油工业部和地质部都从西北地区调遣大批勘探队伍，充实东部勘探力量，东部勘探普查工作大规模地全面展开。

石油勘探战略东移，对大庆油田的发现，是一个关键性的决策。

## ◎ 黎明曙光——松辽盆地第一口发现井松基3井喷油

1959年9月26日，位于松辽盆地的松基3井喷油（图2.14），宣告了大庆油田的诞生，也是中国石油工业的曙光。

图2.14　松基3井喷出工业油流

松基3井的钻井任务由松辽石油勘探局32118钻井队承担。队长是包世忠，副队长乔汝平，地质技术员朱自成。

9月26日，该井试油时，用8毫米油嘴开井后，原油大量喷出，经测试日产原油13.02吨。

在场的专家、工人，还有当地蜂拥而来的老乡们，看着从井口喷出的棕褐色油柱，情不自禁地欢呼跳跃，忍不住热泪盈眶。

这一特大喜讯，迅速传遍松辽盆地，传向哈尔滨、长春，又以最快的速度传向北京。在建国十周年大喜日子的前夕，在松辽盆地发现了具有工业价值的油流，怎能不叫石油工人们欣喜若狂呢！

1997年，在全国科学大会上，松基3井的发现，被列为国家特等奖。

## 第三节 在石油会战中高速发展（1960—1978年）

### ◎ 大庆石油会战

20世纪50年代末，在东北松辽平原发现了石油，面积多大，储量多少，都还是个未知数。国家组织了石油大会战，集中兵力打歼灭战，采取了边勘探、边开发、边建设的“三边”方针，在这片古老的黑土地上吹响了石油会战的号角。

大庆石油会战是在比较困难的时期、比较困难的地区、比较困难的条件下开始的，并在战胜各种困难中取得了胜利。在当时的历史条件下，西方资本主义国家对中国实行经济封锁，苏联撤走专家、撕毁合同。很明显，依靠外援这条路走不通。当时国家由于实行“大跃进”经济政策造成的失误，以及连续三年自然灾害，使国民经济陷入困境，拿不出足够的资金开发大庆油田。而且大庆油田地处东北，冬季严寒，夏季泥泞，吃住都成问题，自然环境恶劣。为此，石油工业部决定集中优势兵力，以打“歼灭战”的形式，组织石油会战。这一重大举措，立即得到党中央的批准和支持。1960年2月20日，中共中央批准了石油工业部《关于东北松辽地区石油勘探情况和今后工作部署问题的报告》。2月22日，中共中央作出了“从当年退伍兵中动员3万人交给石油工业部参加开发大庆地区新油田工作”的决定。不久，中央军委又决定给大庆分配3000名转业军官。1960年3月，1万多名由新疆、玉门、四川、青海等老油田来的石油职工和3万多名解放军转业官兵及大专院校学生，从祖国的四面八方云集大庆。国务院各部门和黑龙江省支援石油会战的干部工人，也陆续到达大庆地区，揭开了气壮山河的大庆石油会战的篇章。

会战伊始，来自全国各地的参战队伍，陆续到达指定的区域，自己动手搭起了帐篷，有一字形的，有院落式的，还有重叠式的，在这个大草原上安营扎寨，投入会战的洪流之中。路在何方？茫茫大草原一望无际，人烟稀少，几乎没有现成的路可走。由于会战人员、车辆的来来往往，逐渐形成了纵横交错的小道和大路，给草原勾画出了新的交通线。

大庆石油会战初期，遇到了生产不配套、生活条件差的矛盾和困难。面对这些矛盾和困难，是迎着困难前进，还是畏难不前？4月29日，大庆石油会战万人誓师大会在萨尔图草原上召开（图2.15）。“铁人”王进喜代表5万多名石油会战职工吼出了“宁肯少活二十年，拼命也要拿下大油田”的钢铁誓言。一场千军万马战大庆的艰苦创业历史，从这一天开始谱写。石油会战职工夏季站在没膝深的雨水中施工，冬季在零下30多摄氏度的野外坚持生产。水，在会战中是多么重要。没有现成的水井，多是就地挖井，或是在附近的水泡内取水。虽然水质不好，但还是解了燃眉之急。开钻打井要用水就从邻近的水泡内取水，有时候是由人排成长蛇队形，用脸盆、水桶从水源向井场传递，以保证钻井用水。

图2.15　1960年4月召开大庆石油会战万人誓师大会

从全国各地调运来的设备、物资器材，都要在萨尔图车站集散，使这个区区弹丸之地，只有三股道岔的末等车站，不堪重负。站内站外，凡是能卸货的地方几乎都堆满了物资器材。为了减轻车站的压力，昼夜有人员值班，货车随到随卸，并把卸货地点从萨尔图车站向东西延伸到让胡路、龙凤、安达等车站。同时还组织人员采取了蚂蚁搬家式的战术，凡是人能扛得起、搬得动的货物，都由几个人甚至几十个人靠人力去完成。那些笨重的机械设备则由少数的吊车、卡车吊装外运，尽量减少在车站积压的时间。在会战中已经没有休息日和工作日的区分了，日出而作，日落而息。晚上还有近2小时的班务会，总结当日工作，布置次日工作。在那会战的日日夜夜，严寒酷暑，都不曾阻止会战的脚步。为石油拼搏，为国家作贡献，虽苦犹荣，累而无怨，这是会战队伍的心声。

“干打垒万岁！”在一次万人大会上，是石油工业部康世恩副部长喊出的铿锵有力而又充满激情的一个口号。也正是那数以万计的干打垒房屋，使会战职工家属在这茫茫大草原度过了第一个严冬，没有冻坏一个人、一台设备。干打垒施工进入高潮之时，也是雨季来临之际。一批房打起来了，一场大雨使它们顷刻间化为一摊泥土。大雨过后，清理了现场又继续打。就是这样打打塌塌，塌塌打打，经过几个月的拼搏，一幢幢干打垒房屋在战区拔地而起，为草原增色不少，为石油会战解决了后顾之忧。在生活条件极其艰苦的情况下，“天当房屋地当床，棉衣当被草当墙，五两三餐保会战，为国夺油心欢畅”。通过大规模的油田勘探，迅速探明了一个面积达860多平方千米、储量达22.6亿吨的特大油田，打破了陆相沉积贫油的观点。与国外同类油田相比，美国拿下东得克萨斯油田用了9年，苏联拿下罗马什金油田用了3年，而大庆油田从第一口井喷油到1960年底探明大庆长垣储油面积，只用了1年零3个月，“高速度、高水平”拿下了大庆油田。

按照“边勘探、边开发、边建设”的方针，在全面勘探的同时，又开展了油田开发试验工作。油田规模不断扩大，原油产量不断上升。1960年6月1日，大庆油田首车原油外运（图2.16）。1960年底，生产原油97万吨，缓解了国家缺油的局面，解决了会战资金不足的困难。到1963年底，原油年生产能力达到500万吨，生产原油439.3万吨，占全国原油总产量的67.8%，为中国石油自给奠定了坚实的基础。1963年12月3日，周恩来总理在第二届全国人民代表大会第四次会议上向全世界庄严宣告：由于大庆油田的发现和建成，中国需要的石油已经基本自给，中国人民依靠“洋油”的时代，即将一去不复返了！大庆油田的发现，打破了中国是“贫油国”的论调。大庆石油会战为改变中国石油工业面貌，做出了重大贡献。

气壮山河的大庆石油会战，在中国石油工业发展史上谱写了光辉夺目的篇章，至今仍在深刻地影响着我国石油工业的发展。它的历史功绩怎么评价也不为过，人们将它概括为三大历史性贡献。

图2.16　1960年6月1日，石油工业部副部长康世恩为大庆第一列车原油外运剪彩

第一，大庆会战创造了巨大的经济价值，有力地支持了我国国民经济度过20世纪50年代末、60年代初的严重经济困难时期。当时国家被迫中断“二五”计划，实行经济调整，大批工厂和项目“下马”，全国人民勒紧裤腰带过紧日子。就在这个时候，苏联当局又撕毁合同、撤走专家，从苏联进口石油产品锐减，全国成品油供应紧张，城市公共汽车背上煤气包，军队执勤、训练受到严重影响，国家安全遭遇空前威胁。也就在这个时候，大庆石油会战只用一年零3个月时间探明22.6亿吨石油地质储量，并在三年半时间里建成600万吨/年原油生产能力和100万吨/年炼油加工能力，生产原油1166.2万吨，上缴利润和折旧10.7亿元，实现了国内石油产品基本自给。从而有力地支持了国家度过严重困难，顶住反华势力的压力，大长了中国人民的志气，坚定了全国人民独立自主建设社会主义的决心和信心。

第二，大庆石油会战创造的集中兵力打歼灭战的会战模式，是在当时经济体制下对中国工业化道路的探索。大庆石油会战充分发挥了社会主义制度能够集中力量办大事的优势，促进了中国石油工业的高速发展。

第三，大庆石油会战中形成的“爱国、创业、求实、奉献”的大庆精神、铁人精神和“三老四严”、“四个一样”的优良作风，激励和培育着一代又一代石油人，成为中国石油工业发展的强大精神力量。“铁人”王进喜成为一代石油人的楷模，大庆精神成为一代石油人的共同价值观。石油职工发扬“爱国、创业、求实、奉献”的大庆精神，攻坚克难，越战越强，夺取了一个又一个胜利。

### 知识链接：大庆油田名字的来历

1959年9月26日，松基3井喷油，揭开了大庆油田开发的序幕。这一时间刚好是中华人民共和国国庆十周年前夕。时任黑龙江省委第一书记的欧阳钦，提议把大同镇改名大庆镇。从此，大同镇长垣改为大庆长垣。由这个长垣所圈定的油田，命名为大庆油田。

### 知识链接：毛主席号召“工业学大庆”

大庆石油会战取得的成绩及成功经验，得到毛泽东主席的高度评价。1964年1月25日，《人民日报》一版头条通栏刊登毛泽东的号召：“工业学大庆”。2月5日，中共中央下发《通知》，要求各地将《石油工业部关于大庆石油会战情况的报告》全文和录音传达到基层。由此，全国工业战线掀起了学习大庆精神、学习大庆油田管理经验的热潮。

1964年4月20日，《人民日报》第一次刊发关于大庆石油会战的长篇通信《大庆精神大庆人》，首次向全世界公布中国发现了大庆油田，报道了以铁人王进喜为代表的大庆人的英雄壮举。随后，首都各大报刊相继发表了《永不卷刃的尖刀》、《在岗位上》等一系列报道，使“工业学大庆”的热潮迅速在全国掀起。

### 知识链接：大庆精神

大庆精神是大庆企业职工共同的价值观念以及工作作风、道德准则的集中体现，是大庆企业文化的核心。其早期的主要内容有：发愤图强，自力更生，以实际行动为中国人民争气的爱国主义精神和民族自豪感；无所畏惧，勇挑重担，靠自己的双手艰苦创业的革命精神；一丝不苟，认真负责，讲究科学，“三老四严”，脚踏实地做好本职工作的求实精神；胸怀全局，忘我劳动，为国家分担困难，不计较个人得失的献身精神。概括地说就是“爱国、创业、求实、奉献”精神。

以后，石油系统广大员工和各级领导，根据新的形势和新的实践，不断赋予大庆精神新的内涵。

### 知识链接：铁人精神

铁人精神内涵丰富，主要包括：“为国分忧、为民族争气”的爱国主义精神；“宁可少活20年，拼命也要拿下大油田”的忘我拼搏精神；“有条件要上，没有条件创造条件也要上”的艰苦奋斗精神；“干工作要经得起子孙万代检查”，“为革命练一身硬功夫、真本事”的科学求实精神；“甘愿为党和人民当一辈子老黄牛”，埋头苦干的奉献精神等。

### 知识链接：“两论”起家

1960年4月10日，大庆石油会战一开始，大庆会战领导小组以石油工业部机关党委的名义，作出了《关于学习毛泽东同志所著＜实践论＞和＜矛盾论＞的决定》，号召广大职工学习毛泽东同志的《实践论》和《矛盾论》以及其他著作，以马列主义、毛泽东思想指导石油大会战，用辩证唯物主义的立场、观点、方法，认识油田规律，分析和解决会战中遇到的各种问题。油田广大职工通过认真学习“两论”，掌握了认识世界、改造世界的强大思想武器，认识了大庆油田的具体实际和开发建设的规律。广大职工说，我们的会战是靠“两论”起家的。

### 知识链接：“两分法”前进

1964年初毛泽东主席发出“工业学大庆”号召。同年2月5日，中共中央又正式发出通知，肯定大庆石油会战成果和基本经验。此后，首都及地方新闻单位对大庆做了大量报道。为保持清醒的头脑，正确对待成绩和荣誉，大庆于1964年1月至3月、1965年3月至7月，两次集中组织干部群众学习“两分法”，要求学会用“两分法”看问题。要求会战员工在任何时候，对任何事情，都要运用两分法。成绩越大，形势越好，越要一分为二，越要把工作干好。“两分法”是大庆人面对成绩和挫折、顺境和逆境的考验，胜不骄，败不馁，锐意进取的制胜法宝。

### 知识链接："三老四严"

"对待革命事业，要当老实人，说老实话，办老实事；对待工作，要有严格的要求，严密的组织，严肃的态度，严明的纪律。"这一提法源于1962年，1963年形成完整表述。这一作风是大庆石油工人高度的主人翁责任感和科学求实精神的具体体现，是大庆油田企业文化融汇中华民族优秀文化传统最基本、最典型、最生动的概括和总结。

### 知识链接："四个一样"

"对待革命工作要做到：黑天和白天一个样；坏天气和好天气一个样；领导不在场和领导在场一个样；没有人检查和有人检查一个样"。

"四个一样"于1963年由李天照任井长的采油一厂二矿五队5-65井组首创，得到周恩来总理的高度赞扬，并与"三老四严"一同写入当年颁布的《中华人民共和国石油工业部工作条例（草例）》，作为工作作风的主要内容颁发。"四个一样"是党的优良作风和解放军的"三大纪律八项注意"同油田会战具体实际相结合的产物，是大庆油田广大职工自觉坚持标准、严细成风的真实写照。

### 知识链接："六个传家宝"

在大庆石油会战以及后来的油田开发建设中，大庆人发扬爱国主义精神，以"有条件要上，没有条件创造条件也要上"的英雄气概，不畏重重困难，艰苦奋斗，逐步形成了人拉肩扛精神、干打垒精神、五把铁锹闹革命精神、缝补厂精神、回收队精神、修旧利废精神。这是大庆艰苦创业传统的重要内容，被大庆人称为艰苦创业的"六个传家宝"。

### 知识链接：大庆会战时期的“五面红旗”

1960年7月，大庆石油会战初期党的临时办事机构——石油工业部机关党委作出《关于开展学习“王、马、段、薛、朱”运动的决定》，称赞他们是全战区的“五面红旗”，号召全体参战职工向他们学习（图2.17）。

“五面红旗”中除了著名的“铁人”——1205钻井队队长王进喜，还有1202钻井队队长马德仁、1206钻井队队长段兴枝、采油队队长薛国邦、水电指挥部副大队长朱洪昌。

“五面红旗”的树立，对于加快油田开发、夺取石油大会战的胜利，产生了巨大的推动作用。

图2.17 1960年7月，松辽石油会战树立的“五面红旗”
（右起为王进喜、马德仁、段兴枝、薛国邦、朱洪昌）

## ◎ 华北（含胜利、大港和渤海海上）石油会战

1961年4月16日，石油工业部华北石油勘探处在山东东营地区钻探的华8井获得工业油流。当年10月，石油工业部党组决定，在抓紧大庆外围勘探的同时，将华东石油勘探局与华北石油勘探处合并，集中力量加强渤海湾沿岸地区的勘探工作。1962年9月23日，又在东营凹陷上的营2井获得高产油流。经过两年多地球物理普查和钻探，到1963年下半年已有10多口探井出油。地质部第一石油普查大队在黄骅凹陷羊三木构造钻探的黄3井，也于1963年12月喷出工业油流。

基于开展华北石油会战的条件已经成熟，1964年1月22日，石油工业部党组向中共中央书记处呈报《关于组织华北石油会战的简要报告》。1月25日，中共中央批转这个报告，同意组织华北石油勘探会战，指出“这是继松辽石油会战之后的又一次重要的会战”。石油工业部抽调大庆、青海、新疆、玉门等油田的2万多名职工，在南部的济阳坳陷和北部的黄骅坳陷两个主战场，同时展开石油勘探会战，并开始组建队伍在渤海海域开展海上物探和钻探。

华北石油会战的一个重要成果，是在南部济阳坳陷迅速探明和开发了胜利油田。到1965年5月，仅用了11个月时间就拿下了胜坨油田。到1966年，共发现了9个油田，原油产量达134万吨。此后，胜利油田进一步加强勘探，把勘探范围从东营凹陷扩大到整个济阳坳陷，相继开发建设了东辛、孤岛、临盘、义和庄等20个油田，发现了利津、梁家楼、大王庄等18个油田。1978年原油产量达到1946万吨。

华北石油会战的另一个重要成果，是在北部黄骅坳陷探明和开发了大港油田。1964年12月和1965年2月，首先在港东的港5井、港7井获得工业油流，只用1年多时间初步探明了港东油田。1965年7月，港西地区相继有11口探井发现良好油气显示。1966年大港油田原油产量达到11.5万吨。1967年渤海海上第一口油井出油。大港油田后经进一步勘探开发，1971年原油产量达到169.23万吨，1978年达到300万吨。

### 知识链接：胜利油田的别称

胜利油田的别称为“九二三厂”，因1962年9月23日华8井喷油纪念日而得名。

### 知识链接：大港油田的别称

大港油田的别称为“六四一厂”，因1964年1月中共中央批准石油工业部党组《关于组织华北石油勘探会战的简要报告》而得名。

### 知识链接：“五忽”现象

对于渤海湾盆地地质的复杂性，康世恩先是用了一个形象的比喻来说明。他说：“渤海湾地区的地质情况，就像一个摔在地上的破盘子，又被人狠狠地踢了一脚，搞得七零八碎，对不起来”。后来，又进一步把它概括为“五忽”油田。他说：“东营探区复杂的地下情况，可以概括为‘五忽’现象，具体讲就是：油气层忽有忽无；目的层忽水忽油；油井产量忽高忽低；油层厚度忽薄忽厚；原油性质忽稀忽稠。‘五忽’就是矛盾的具体体现，要通过现象看本质，从‘五忽’中找出规律。”

### 知识链接：“马拉开波湾”

1965年春，在北京和平宾馆召开的石油工业部一年一度的局厂领导干部会议上，时任石油工业部石油科学研究院地质室主任的王涛提出一个大胆的遐想。他把中国的渤海湾与委内瑞拉的著名产油地马拉开波湖进行了比较，认为两者颇有相似之处。他的发言，引起了康世恩的极大兴趣。他以睿智的语言激昂地说：“委内瑞拉能找个马拉开波湖，我们中国的石油工人为什么不能找出个牛拉开波湾、马拉开波湾来？我看，渤海湾就有大油区的味儿。对此，我坚信不疑。”

**知识链接：草原明珠**

位于内蒙古高原中部的锡林郭勒大草原，被地质学家称之为二连盆地。二连盆地是我国陆上九大沉积盆地之一。它东起大兴安岭西麓，西至乌拉特中后旗，北接中蒙边境，南起阴山山脉，东西长1000千米，南北宽20～200千米，总面积约10万平方千米。行政区跨越锡林郭勒、乌兰察布、巴彦淖尔、二连浩特三盟一市的部分地区。从20世纪70年代开始，华北油田在这里展开了石油勘探和开发建设。几多征战苦，草原绽新姿。锡林郭勒大草原的蒙古包旁，竖起了参天井架，轰鸣的钻机声，给这块神奇的土地注入了新的生机和活力。一个新兴的能源基地在草原深处巍然屹立，坐落在阿尔善矿区的完善文化设施，为草原增添了一道亮丽的风景。二连油田被称为“草原明珠”。

## ◎ 四川“开气找油”会战

1965年初，美国侵略越南的战争爆发。党中央发出加强战备的指示，要求第三个五年计划“以国防建设为第一，加速三线建设，逐步改变我国现有的工业布局”。当年5月，毛泽东主席在中央工作会议期间，同国家计委第一副主任余秋里谈话时明确提出：“在西南地区光搞煤炭不行，要搞点石油，搞点天然气”。此后有多位中央领导同志8次谈到在四川找油找气的问题。

根据中央的指示，1965年6月1日，石油工业部成立四川石油会战领导小组，从西北、东北、华北10多个石油企业调集4000多名职工，以威远构造和泸州古隆起为主战场，开展“开气找油”会战，到1966年12月，因“文化大革命”而被迫中断。历时1年半的四川“开气找油”会战，在42个构造上先后钻探井125口，发现10个气田和两个小油田，并建成4条天然气长输管线。1966年底四川天然气井口产量达到10.4亿立方米，同时生产原油3.3万吨。后经扩大勘探，1978年天然气产量达到60.8亿立方米，原油产量达到9.4万吨。

## ◎ 江汉石油会战

1965年底，经地质部第五石油普查大队和石油工业部江汉石油勘探处在江汉盆地潜江凹陷多年并肩勘探，潜深4井和潜深5井分别获得高产油流。为了加快三线找油步伐，1966年7月，石油工业部向国务院呈报《关于在江汉地区组织石油大会战的报告》。这个报告因“文化大革命”开始而夭折。

1969年初发生珍宝岛事件，战备成为压倒一切的政治任务，江汉石油会战被重新提上议事日程。同年2月2日，石油工业部军管会向中共中央和国务院提交《关于在湖北省江汉地区组织石油勘探会战的报告》。经毛泽东、周恩来同意，6月26日国务院正式批准在江汉地区开展大规模的石油会战，并决定会战由武汉军区和湖北省统一领导、统一指挥。7月25日，国家计委、国家建委发出《关于支援江汉石油会战的通知》。8月1日，江汉石油会战指挥部成立。

这次石油勘探会战是在特殊年代组织的一场特殊会战。参加会战的队伍计有40多个石油企事业单位职工共5.28万人，武汉军区和湖北省军区复员军人2.56万人，国务院有关部委1.21万人，地方民兵师3.74万人，石油工业部等机关干部1250人，总数高达12.9万人。到1972年5月会战结束，累计钻井1059口、进尺198万米，发现6个小油田，探明石油地质储量5021万吨，建成原油生产能力100万吨和年加工能力250万吨的荆门炼油厂。1978年生产原油105.7万吨。

## ◎ 辽河石油会战

在渤海湾北部的辽河坳陷，地质部和石油工业部勘探队伍从1955年就开始普查勘探工作，1964—1965年有多口探井获工业油流。1967年，“文化大革命”达到高潮，铁路运输和煤炭生产几乎瘫痪。为保证鞍山钢铁公司（简称鞍钢）战备用特种钢材生产，国务院紧急决定尽快在距鞍钢最近的辽宁省辽河地区勘探开发天然气资源，以解决炼钢燃料问题。为此，石油工业部指示大庆油田组织一支约1000人的勘探队伍，南下辽河开展调查。到1969年底，辽河油气勘探取得重大进展，34口探井中有19口获得工业油气流。石油工业部经过现场调研后，及时向国务院提交《关于加速辽河盆地石油勘探的报告》。1970年2月24日，国务院下发文件，批准石油工业部的报告。石油工业部随即组织大港、江汉、长庆等油田的3.6万名职工，于3月22日起展开辽河石油勘探会

战。当年6月10日，油田生产的天然气就通过管道正式输往鞍钢。到1975年底，先后发现黄金带、于楼、热合台、兴隆台等油田，累计建成原油生产能力316万吨，1975年生产原油270.3万吨、天然气10.3亿立方米。1978年原油产量达到355万吨，天然气产量达到16.5亿立方米。

**知识链接：辽河油田的别称**

辽河油田的别称为“三二二厂”。起因是1970年3月22日，在3241钻井队兴4井井场召开辽河石油会战誓师大会，辽河会战开始，“三二二”油田由此得名。

**知识链接：争当“油老三”**

1984年5月3日晚，时任中共中央总书记的胡耀邦在前往朝鲜访问途中，专程取道沟海线，在盘锦火车站听取了辽河油田的工作汇报。听完汇报后，胡耀邦对辽河油田的工作给予充分肯定，提出了殷切的希望：“希望你们解放思想，开阔视野，继续努力前进，争当个‘油老三’。”中共中央和国务院对石油工业的殷切期望，使辽河油田职工群众深受鼓舞。争当“油老三”成为辽河油田第六个五年计划的奋斗目标。

## ◎ 陕甘宁石油会战

1958年以后，石油工业部在陕甘宁盆地开展系统的区域勘探，相继发现一批含油气构造。1969年10月，根据中央关于“三线建设要抓紧”的指示，石油工业部决定以玉门石油管理局为主，成立陕甘宁石油勘探会战筹备组，加强陇东地区石油勘探。1970年8月，陇东地区的庆3井等一批探井获得工业油流。为便于跨省区组织会战，9月15日，燃料化学工业部向国务院提交《关于请兰州军区组织陕甘宁地区石油会战的请示报告》。10月12日，国务院、中央军委批转这个报告。11月成立“兰州军区长庆油田会战指挥部”，组织石油企业职工、军队复转军人、军队干部、地方干部共5.24万人投入会战。到1975

年9月，历时5年的会战探明和开发了马岭、红井子等油田，扩大了南部侏罗系含油范围，初步搞清了南部中生界天然气储量。1975年原油生产能力达到47万吨，1978年生产原油60.7万吨、天然气1477万立方米。

**知识链接：“磨刀石上闹革命”口号的早期提出**

1973年，长庆油田发动职工群众开展了“压裂年”活动。最早提出了“改造低渗透，磨刀石上闹革命”的口号。

## ◎ 冀中石油会战

1969年，大港石油会战指挥部成立冀中会战前线指挥部，在河北霸县、河间一带展开钻探。1974年6月，位于高家堡构造的家1井，试油获得工业油流。1975年7月和10月，任4井、任6井先后试油，均获日产千吨级高产油流，发现了古潜山油田。为加快冀中石油勘探，1976年1月28日，石油化学工业部向国务院报送《关于组织冀中地区石油会战的报告》。1月30日，国务院批准这个报告。2月26日，河北省委、天津市委和石油化学工业部党组开会，决定成立华北石油会战指挥部，从大港、吉林、胜利、长庆、江汉、四川、新疆、玉门、大庆等油田，以及解放军基建工程兵、河北省地方企业等，组织抽调72台大型钻机、3万多人的会战大军，开展冀中石油勘探会战。到1977年底会战结束，两年内共发现14个油气田（藏）。1977年原油产量1230万吨，1978年达到1723万吨。

**知识链接：古潜山——“金娃娃”**

1975年7月，任4井试产喷油，任丘油田被发现。这是石油勘探者们在冀中坳陷转战十余年，历尽艰辛、千呼万唤出来的“金娃娃”。

任丘油田的发现，为我国石油地质学的研究打开了一扇新的大门。它的明显特点就是古潜山构造。这个重大发现，丰富了石油地质理论，在我国石油勘探开发史上竖起了一个新的里程碑。

**知识链接：曾经的“油老三”**

任丘油田投产后，原油产量迅速上升。1976年5月，有5口油井投产，原油日产突破1万吨；6月底，有8口油井投产，原油日产突破2万吨；到9月底，有13口油井投产，原油日产突破3万吨。到1976年底，在不到一年的时间内，建成年产1000万吨的生产规模，当年生产原油600万吨，做到了当年开发、当年建设、当年投产、当年回收国家投资。这样的高速度、高水平、高效益、高效率，在我国石油工业的发展史上是前所未有的。1978年，任丘油田原油年产量突破1000万吨，最高时达到1700万吨，一跃成为全国继大庆、胜利之后的第三大油田，并将“油老三”的地位连续保持十年之久，为石油工业年产上亿吨作出了巨大贡献。但由于古潜山油田的特殊性，原油产量大起大落明显，20年后递减到年产400万吨。然而，这个油田的开发还是很成功的。

## ◎ 吉林石油勘探会战

1959年9月29日，石油工业部松辽石油普查大队在扶余3号构造钻探的扶27井获得工业油流，由此发现吉林油田。由于石油工业部当时集中力量组织大庆石油会战，扶余油田的勘探开发移交吉林省管理。由于资金、技术力量所限，发展比较缓慢，至1966年生产原油仅10.7万吨。为加速吉林油田勘探开发，1970年初，吉林省和石油工业部决定，组织力量进行石油会战，全面开发扶余油田，同时加强石油勘探。吉林省立即抽调万余名知识青年和近千名解放军官兵，开展扶余油田开发会战。1973年，燃料化学工业部从江汉油田抽调3000多名职工和相应设备，1975年从大庆油田抽调500名职工，先后参加吉林油田会战。到1975年底，在全面开发建设扶余油田的同时，先后探明红岗、木头、新北、新立等4个油田，发现双坨子、大安、新民等含油构造，建成原油生产能力200万吨/年。1978年生产原油185.1万吨、天然气7943万立方米。

**知识链接：吉林油田的别称**

吉林油田的别称为“扶余油化厂”(1961年之前)、“七〇油田”(因1970年8月改名)。

## ◎ 河南石油会战

1970年4月，江汉石油会战第一战役结束，会战工委决定组织部分队伍到河南南阳地区开展石油勘探。1971年8月，南阳凹陷南5井获得工业油流。经燃料化学工业部批准，江汉石油会战指挥部于1972年5月1日成立南阳石油勘探指挥部，加强南阳地区石油勘探。1973年11月7日，燃料化学工业部决定将南阳石油勘探指挥部改名为河南石油勘探指挥部，直属燃料化学工业部领导，实施“立足南阳，着眼全河南”的勘探方针，在抓紧南阳盆地勘探的同时，甩开勘探泌阳、东濮、中牟等凹陷。到1977年初，先后发现双河、王集、下二门等油田。石油化学工业部又从江汉、大庆、玉门、新疆、长庆等油田先后抽调1.5万多名职工，于1977年5月1日展开河南石油勘探开发会战。1978年，河南油田生产原油167.4万吨。

**知识链接：三羊（阳）开泰**

地震资料提供的泌阳凹陷新构造图上，有一个双河构造，位置有利，处在生油区附近，地质人员就在构造顶部确定了泌4井井位。1976年5月，泌4井获得116.7吨的高产油流，泌阳凹陷勘探取得重大突破。从第一口探井开钻到第三口探井出油，也刚好是一年零两个月。石油化学工业部部长康世恩高兴地对河南石油勘探指挥部领导说，你们干得好，三年牵回了三只大肥羊（阳），这叫三羊（阳）开泰，一片光明嘛！三只大肥羊（阳）改写了河南的历史，使她不仅是产粮、产煤大省，而且后来居上成为产油大省。

## ◎ 江苏石油勘探会战

1958年8月和10月，石油工业部和地质部先后成立华东石油勘探局和江苏石油普查勘探大队。经过多年石油勘探，1974年11月，苏北盆地真武构造苏58井喷出工业油流。燃料化学工业部党组决定，从胜利、青海、长庆、新疆、四川等油田抽调3600名职工，开展江苏石油会战。1975年4月23日，江苏石油勘探开发会战指挥部成立。经过两年多艰苦奋斗，先后发现曹庄油田和刘庄气田，1978年生产原油26.2万吨、天然气1097万立方米。

## ◎ 濮阳石油会战

中原地区油气勘探始于1955年。1975年7月在濮阳构造带的濮参1井获得工业油流。10月石油化学工业部决定由胜利油田、河南油田和石油物探局组织队伍，成立东濮石油勘探会战指挥部（当时隶属胜利油田），集中力量对东濮凹陷进行勘探。1978年，进一步扩大勘探范围，发现和证实了47个局部构造，展示了东濮凹陷的油气资源前景，为后来发展为中原油田创造了良好开端。

**知识链接：中原油田的别称**

中原油田的别称是“东濮油田”，因地跨山东省东明县和河南省濮阳县而得名。

**知识链接：梦里挑灯看图**

1976年初，任丘油田在古潜山打出高产油井。胜利油田党委决定加强新区会战，把副书记、副指挥李晔调到前线全面负责东濮会战。李晔曾任余秋里的秘书。他亲眼目睹了余秋里的工作作风，上任后的第一件事就是抓地质，天天晚上召集地质技术座谈会。地质技术人员是“座上宾”。会议通常开到深夜。大家累了、饿了，李晔叫炊事员给每人做一碗面，炒一盘辣子，吃完饭继续论战。李晔曾风趣的吟到：“梦里挑灯看图，梦醒鼓角连天，请地质家指点江山。”

## ◎ 石油工业年产原油突破1亿吨

经过百万石油人的拼搏奋斗，1978年底，全国原油产量首次突破年产亿吨大关，达到1.04亿吨，使中国成为当时世界上第八个产油大国。

1949年解放时，全国的原油年产量仅有12万吨。经过29年的努力，把原油年产量提高到1亿吨。这翻天覆地的变化，令人感慨万千。其中经历了茫茫大地何处找油的困惑；经历了新疆克拉玛依油田发现的喜悦和四川石油会战失利的痛苦思索；经历了大庆石油会战创业的艰辛；经历了“文化大革命”中顶住压力、高速发展的特殊历史时期，迎来了石油工业蓬勃发展的新阶段。

## 第四节
## 在改革开放中持续前进（1979—1997年）

### ◎ 1亿吨原油产量包干

1978年，我国原油年产量突破一亿吨，成为世界石油生产大国。但由于长期资金投入不足，1979年之后原油生产连续两年徘徊不前，呈下降之势。作为国民经济的支柱产业和出口创汇的重要来源，稳产一亿吨原油成为石油工业发展的紧迫任务。为此，石油工业部向中央提出了一亿吨原油产量包干的改革建议。中央很快批准，从1981年起对石油工业实行一亿吨原油产量包干政策，在完成原油生产任务后，可将超产原油按国际市场价格出售，价差收入由石油工业部留用。这一政策大大地调动了石油企业的生产积极性，缓解了发展资金短缺的矛盾，促进了原油产量的稳步提高，使我国原油产量1985年即达到1.25亿吨。这项重大政策在执行过程中曾有过调整，但从总体上一直延续到1994年。

### ◎ 中国海洋石油总公司的成立和改革开放

中国海洋石油勘探始于1957年，由于一直沿用陆上勘探的办法，进展十分缓慢。1982年1月30日，《中华人民共和国对外合作开采海洋石油资源条例》(以下简称《条例》)和对外合作开采海洋石油的《标准合同》经国务院批准，同时颁布实施。2月15日，中国海洋石油总公司（简称中国海油）正式挂牌成立（图2.18）。海洋石油对外合作之路由此开启，近海海域石油勘探开发成为我国第一个对外开放的重要产业领域。

海洋石油对外合作的显著特点是立法先行，率先建立起配套的法规体系，明确对外合作重大政策、职责、权限等。这就划清了政府主管部门与国家石油公司的职责，使对外合作一起步就走上法制化、规范化的轨道，也使中国海油

图2.18 1982年2月15日，中国海洋石油总公司正式挂牌成立

在国内石油企业中第一个基本摆脱计划经济体制的束缚，成为能够按照国际规则和惯例独立运作的市场主体和法人实体。

海洋石油勘探开发坚持实行对外合作与自营勘探并举。从1982年2月第一轮招标开始，经过4轮招标和3次招商，到1997年底，中国海油对外合作总共签订131个石油合同和协议，勘探区域遍及我国渤海、黄海、东海和南海海域，完成勘探费用32.2亿美元，开发投资45.9亿美元，建成投产22个油气田。与此同时，中国海油在对外合作油田作业承包中积累资金、技术和管理经验，逐步壮大实力的基础上，从非合作区自营勘探开发起步，实行对外合作与自营勘探“两条腿走路”的方针。到1997年底，海上已探明油气储量中，自营勘探成果占一半以上，自营油气田年产原油、天然气分别占总产量的17%和9%。

中国海油在对外合作遇到的体制机制摩擦和碰撞中，认识到我国原有石油企业业务结构和管理体制存在的弊端。因此，从20世纪80年代开始，就积极推进内部改革，实行油公司、专业公司、基地服务系统“三条线”管理，分离主业和非主业。到90年代又按照“油公司集中统一、专业公司相对独立、基地服务系统逐步分离”的路子，逐步建立与国际接轨的油公司体制。1997年以后，油公司职能全部集中到总公司。10个专业公司经过两次重组，全部从地区公司分离出来，实行内部模拟市场、承包经营。

海洋石油率先对外开放，在引进资金和技术的同时，引进了先进的经营理念、管理模式和国际商业规则，给海洋石油工业的发展注入了动力和活力。从1982年到1997年，中国海油国有资产总量从28.3亿元增加到318亿元，增长10.2倍，累计上缴国家税收80亿元。1997年，海上生产原油1628万吨、天然气40.5亿立方米。“十一五”期间，中国海洋石油已胜利建成“海上大庆”。海洋石油的快速发展，对陆上石油工业的改革开放也起到了示范和推动作用。

## ◎ 中国石油化工总公司的成立和投入产出承包

1982年9月，党的十二大确定了到2000年实现工农业生产总值翻两番的战略目标。用好1亿吨原油资源，振兴石油化学工业，是中央确保翻两番的重大战略举措之一。在石油工业部和有关部委深入调查研究的基础上，1983年2月10日，国家经委、国家计委、国家体改委、财政部联合上报关于成立中国石油化工总公司的报告。2月19日，中共中央、国务院批转了4部委的报告，决定组建中国石油化工总公司（以下简称中国石化总公司）。中央规定：中国石化总公司是具有企业法人资格的独立经营管理、独立核算、盈亏自负的经济实体，对所属企业的人财物、产供销、内外贸实行统一领导，统筹规划，统一管理。7月12日，中国石化总公司在北京成立，作为部一级经济实体，直属国务院管理。通过这一改革，打破了“条条”和“块块”的分割，将原来分别归属石油工业部、化学工业部、纺织工业部和若干省区市管理的39个重要炼油、化工、化纤企业，组成了一个行业性总公司。这对优化生产要素组合、用好1亿吨原油资源、振兴石油化学工业起到了重大的推动作用。

1984年10月19日，国务院批转中国石油化工总公司《进一步推进改革，提高经济效益的方案》，确定1985—1990年中国石化总公司实行“四定”、“四保”、“四包”为主要内容的投入产出承包。目标是6年内累计完成投资300亿元，实现利税900亿元，其中1990年实现利税200亿元。在胜利完成首轮承包任务的基础上，国家对中国石化总公司又实行了1991—1995年的第二轮投入产出承包，其主要内容是“五包”、“五定”、“三保”①，目标是5年累计完成投资545亿元，实现利税1000亿元。到1995年也都超额完成了承包指标。

中国石油化工总公司在两轮投入产出承包过程中，充分运用承包经营的机制作用和中央给予的支持政策，多方筹措资金，建成投产了20世纪70年代

① “五包”指企业包原油产量、包原油统配商品量、包外供天然气量、包新增地质储量、包新增生产能力。“五定”指定包干时间、定油田勘探开发区域、定资金、定包干分成比例、定包干分成资金的使用。“三保”指部级保统配和部管物资供应、保原油外运和销售、保用电指标。

末成套引进的包括4套30万吨乙烯在内的10个大型石油化工项目；充分发挥集中统一管理的体制优势，搞好原料互供，优化资源配置，落实企业经济责任制，调动企业积极性，有力地促进了石油化工生产力的解放和发展。1997年与1983年相比，中国石化总公司的原油加工能力从9705万吨/年扩大到17875万吨/年，增长84.2%；乙烯生产能力从60.64万吨/年扩大到295.7万吨/年，增长3.88倍；主营业务收入从272.49亿元增加到2364亿元，增长7.7倍；实现利税从99.5亿元增加到316亿元，增长2.2倍。15年累计上缴中央财政2119亿元。

## ◎ 中国石油天然气总公司的成立和承包经营

1988年3月，全国人大七届一次会议审议通过《国务院机构改革方案》，决定撤销石油、煤炭、电力3个工业部，成立能源部，将石油工业部的政府职能并入能源部，并在原石油工业部的基础上，组建中国石油天然气总公司。经国务院同意，8月29日，国务院办公厅转发能源部《关于组建中国石油天然气总公司的报告》，规定："总公司建立以后，原石油工业部在国家陆地全境石油、天然气的生产建设和经营管理职能，由总公司行使"；"总公司具有法人资格，保留正部级待遇，并逐步过渡到按经济实体经营；在国家方针、政策指导下，自主经营，独立核算，统负盈亏"；"总公司由能源部归口管理，在国家计划中单列户头"。9月17日，中国石油天然气总公司成立，迈出了从政府部门向经济实体转变的第一步（图2.19）。与此同时，原来由石油工业部负责业务管理的中国海洋石油总公司，归口能源部直接管理。

中国石油天然气总公司成立当年，就面临两大严峻挑战：一是陆上石油发生全行业政策性亏损，当年亏损7.4亿元，到1990年累计亏损130.3亿元；二是储量接替不上，原油产量徘徊不前，连续4年停滞在1.36亿~1.37亿吨水平。

为解决陆上石油工业巨额亏损问题，推动油气生产走上良性循环轨道，国务院在加大政策扶持力度的同时，决定从1991年到1995年期间，对中国石油天然气总公司实行"四包"(包新增石油地质储量、包新增天然气地质储量、包原油产量、包天然气产量）和"两定"(定石油工业建设总工作量、定原油生产亏损总额）的承包经营责任制。

从产量包干责任制、生产经营责任制到资产经营责任制的改革，促进了

图2.19　1988年9月，中国石油天然气总公司成立，部分新老领导合影

石油企业管理理念、管理方式和经营机制的转变，推动石油企业从以生产为中心转向以提高经济效益为中心，从产品生产者转变为商品经营者，逐步走上自负盈亏、自我发展的道路，出现了产量和效益同步增长的好势头。1991—1997年，中国石油天然气总公司的原油产量从1.37亿吨增加到1.43亿吨，天然气产量从148.4亿立方米上升为171.8亿立方米，分别增长4.4%和15.8%；销售收入从536.1亿元提高到1678.3亿元，增长213.1%。1994年结束了连续6年的政策性亏损，1997年实现利润102.6亿元，恢复了全国工业企业利税大户地位。

## ◎ 陆上石油“三大战略”的提出

经过20世纪80年代的改革开放，到90年代初，中国石油工业的内外环境和条件已经发生了重大变化。国际上连续8年的两伊战争使油价猛涨、供应短缺，围绕石油资源的争夺更趋激烈。国内经济持续快速发展，石油需求不断增长。随着出口减少、进口增加，中国再次成为石油净进口国。东部主力油田逐渐进入递减期，石油资源战略接替问题日趋紧迫。通过对外合作和引进国外技术、装备，我国石油企业的经济技术实力迅速提升，向西部地区和海外发展的条件趋于成熟。这一切都显示，中国石油工业发展已经到了重

要的战略转折关头。

中国石油天然气总公司党组经过深入思考、反复酝酿，作出了“八五”计划期间和今后10年陆上石油工业实施“三大战略”的重大决策：一是实施“稳定东部、发展西部”战略，稳定和发展以东部为重点的老油区生产，加快西部地区勘探、开发工作，解决好油气资源的战略接替，保证全国原油天然气的持续增长；二是实施“扩大对外合作、开展国际化经营”战略，积极扩大对外经济技术合作与交流，扩大各种形式的对外贸易，努力开拓国际市场，在参与国际竞争中发展和壮大自己；三是实施“多元开发、多种经营”战略，运用市场调节机制，积极发展油气加工综合利用，进行钻遇共生矿藏的开发，发展多种经营，进一步增强石油工业自我发展的能力。

## ◎ 启动对外合作与国际化经营

继海洋石油勘探对外开放之后，1985年2月，国务院批准石油工业部《关于对外合作开采陆上石油资源的请示》，决定南方11省（区）部分地区的陆上石油勘探首先对外开放，对外开放面积约200万平方千米，由中国石油开发公司（以下简称中油开发）具体负责陆上石油对外合作的实施。到1992年底，已同美国、英国、法国、日本、加拿大等20多个国家签订经贸合同7100多个，引进价值近40亿美元的各类技术装备和专用器材，并兴办了一批合资企业和合作项目。还从国外雇佣了地震、钻井、测井、测试等专业队伍40多个，参与陆上油气勘探开发和施工作业。

1993年2月，国务院批准中国石油天然气总公司《关于扩大陆上石油对外合作的请示》，决定将陆上石油可以与外国公司进行风险勘探和合作开发的地区进一步扩大到北方10省（区）的12个地区。这些地区有油气前景的沉积岩盆地面积达42万平方千米，具有相当的资源潜力。按照国际惯例，这类合作由外方单独承担勘探风险，发现商业性油气田后，由中外双方合资开发或外方独资开发，产品按合同规定分成。对少数确需采用特殊勘探、开发技术的区块，也可以采取双边谈判的方式签订合同。同年10月7日，国家又批准发布《中华人民共和国对外合作开采陆上石油资源条例》，进一步推动了陆上石油对外合作的进程。

技术引进和对外合作促进了国内的油气勘探开发，同时也为石油企业“走出去”创造了条件。1991年，中国石油天然气总公司开始进行“走出去”

的准备，1993年实施“走出去”战略，当年首次中标泰国帮亚区块合作项目和秘鲁塔拉拉7区块，获得加拿大北湍宁油田部分股权，从提高老油田采收率项目起步，探索开展国际石油合作的路径。经过几年实践积累，1995年9月，中国石油天然气总公司与苏丹签订6区石油合同；1996年11月，中标苏丹1/2/4区块项目并担任作业者，参与全面的风险勘探和合作开发，在不到两年的时间内，苏丹项目建成1000万吨/年原油生产能力。1997年，通过竞标获得哈萨克斯坦阿克纠宾油气公司60%股份和乌津油田开采权益，在委内瑞拉英特甘布尔油田项目和卡拉莱斯油田项目相继中标，国际化经营获得重要突破。

## ◎ 进口原油加工的突破与发展

进入20世纪80年代以后，随着国民经济的持续快速发展，我国成品油和合成材料的消费需求不断增长，石油资源不足的情况逐渐显露，缺口日益增大。特别是1985年以后，成品油供不应求的状况继续发展，而国内许多炼化企业和装置因原油不足而“吃不饱、开不好”，不能发挥最佳效益。因此，原油资源问题已逐渐成为炼油和石油化工发展的重大制约条件。

针对这种情况，中国石化总公司首任总经理陈锦华在1983年7月首次直属企业经理（厂长）会议工作报告中就提出：“借助国外资金和先进技术，以加快我们的发展，利用国外资源和国际市场以提高我们的效益，应该成为我们组织生产经营活动的一个重要方针。”按照这一方针，一些沿海、沿（长）江炼油企业开始在国家计划之外，通过多种渠道，采用补偿贸易、来料加工等形式，少量加工进口原油。

1987年12月，中国石化总公司进一步指出：要在继续依靠国内资源的同时，积极研究探索利用进口原油加工、保证生产持续增长的新路子。这一思路得到了党中央、国务院的肯定和支持，从此开始了较大规模地利用国内、国外两种石油资源，着眼于国内、国外两个市场发展石油化工的探索过程。1996年以后，国民经济快速、稳定发展，社会对油品和石化产品需求旺盛。进口原油加工以平均每年1000万吨的数量增加，到1997年中国石化总公司进口原油达到3546.97万吨，占当年原油加工量的23.1%。进口原油加工的快速发展，较好地满足了我国经济和社会发展对油品的需求。与直接大量进口成品油相比，其经济意义更为突出。

## ◎ 谋划“油公司”体制

从20世纪80年代初期开始，中国海洋石油总公司就按照国际惯例，开始对渤海和南海西部这两个老地区公司的管理模式进行专业化改造，划分出油公司、专业公司和基地系统三大块，使其按照自己的性质和职能开展工作。90年代以来，该公司又借鉴国际石油重组、联合和集约化经营管理经验，实施了“油公司集中统一，专业公司相对独立，基地系统逐步分离”的改革，以实现企业组织结构由“大而全”的旧体制向以“油公司”为核心的现代公司新体制的变革。这一改革，触及了改革计划经济体制和转换企业经营机制等一系列敏感问题，闯出了一条集结构调整、人员分流、规模经济与老企业改造于一体的新路子。海洋石油对外开放和陆上石油对外合作，国外油公司体制模式引入中国石油工业，推动了石油企业改革从承包经营、转换机制向体制和管理创新深化。从80年代末开始，陆上石油也提出走“油公司”的路子，并进行了一系列的有益探索。

## ◎ 塔里木石油会战的“两新两高”体制

1988年12月开始的塔里木石油会战，是陆上油气田企业建立油公司体制的试验田。1989年4月，中国石油天然气总公司总经理王涛在塔里木石油勘探开发指挥部成立大会上宣布：塔里木石油勘探开发“要建立新的油公司管理体制，不搞‘大而全、小而全’，要广泛采用新工艺、新技术，力求打出高水平、高效益”(简称“两新两高”)。此后，塔里木会战指挥部建立起精干高效的油公司主体，实行开发公司和作业区两级直线管理；不组建专业施工队伍，通过建立服务市场，吸引石油系统最好的队伍和设备参加会战；推行工程项目管理和甲乙方合同制，指挥部以甲方身份实施全方位全过程监督；不组建生活后勤服务队伍，后勤保障尽量依托社会；人事管理实行固定、借聘、临时工“三位一体”的劳动用工制度。新体制新机制创造出高水平高效率，钻井速度和质量接近世界先进水平，经济效益综合指数居全行业第二。

**知识链接：克拉2井——塔里木勘探开发史上的一个里程碑**

依奇克里克，是1958年在南疆发现的第一个油田。后来因资源枯竭，这个名噪一时的石油小城，灰飞烟灭，成为一片历史的遗迹。

谁承想到，40年后，塔里木石油会战的大场面，又出现在这里。

1998年9月17日晚17时，从位于塔里木盆地库车坳陷北部直线背斜西段克拉苏—依奇克里克构造带上的克拉2井，传出振奋人心的好消息：该井试油完毕，用7.94毫米油嘴求产，获得日产天然气66万立方米。

克拉2井气田规模大，气层厚度大，储层物性好，测试情况十分理想，是一个非常难得的高丰度、高产能的大型天然气田（图2.20）。其储层之厚，储量之高，在全国名列前茅，是塔里木石油会战10年来从未有过的，也是中国近年来天然气勘探开发最重大的一次突破。

图2.20　克拉2气田雄姿

望着熊熊燃烧的巨大火焰，已经在塔克拉玛干奋战了10个春秋的塔指工委书记兼指挥邱中建激动地说："这口井井位定得好，打得好，测试得好。克拉2井大气田是塔里木油田的一颗明珠，也是塔里木石油勘探开发史上的又一个里程碑。"他当即赋诗一首：彩虹呼啸映长空，克拉飞舞耀苍穹。弹指十年无觅处，西气东输迎春风。

## ◎ 中原油田以“油公司”为核心的管理体制改革

1993年7月，中国石油天然气总公司召开油气田改革工作会议，把塔里木新区经验推广到东部老油田，要求各油气田解体“大而全、小而全”，建立以油公司为核心的油田企业集团管理体制。中原石油勘探局于1994年率先行动，全面解体小而全，重组油公司和若干专业集团；实行甲乙方合同制，建立内部市场，将生产经营单位作为模拟法人推向市场；成立投资管理中心和财务结算中心，实行资金集中管理和会计一级核算，强化监督管理；改革劳动人事制度，建立内部社会保险制度，推行竞争上岗。中原油田的改革探索，得到吴邦国、邹家华等国务院领导同志的充分肯定。1996年8月，中国石油天然气总公司在中原油田召开改革与管理经验交流会，系统总结和推广了中原石油勘探局的做法。

## ◎ 新疆瓜果之乡发现新油田——吐哈油田

吐鲁番盆地，现称为吐鲁番—哈密盆地，简称吐哈盆地。盆地面积5.3万平方千米，四周环山，属北天山的山间盆地，位于新疆东部。盆地中央的艾丁湖，号称世界第二低地，低于海平面156米。

1988年9月2日，在吐鲁番盆地钻探的台参1井钻到4466.88米，在八道湾组的煤层卡钻，被迫完井。由北京石油勘探开发科学研究院负责电测资料解释，在侏罗系解释出7层46.4米油层，决定试油5层。1989年1月5日凌晨5时50分，台参1井在试到第4层中侏罗统三间房组时，喷出高产油气流。经测定，日喷原油35立方米。现场的工人们激动得热泪盈眶，互相拥抱着欢呼雀跃。消息传到北京，中国石油天然气总公司领导高兴地说，这是中国石油工业1989年的“第一枝报春花”。

从此，在新疆东部的千古戈壁上，发现了第一个油田。这就是鄯善油田。以后，又相继发现了丘陵油田、温吉桑1号油田、温西1号油田。

吐哈发现大油田的消息，迅即传遍大江南北。首都各大新闻媒体争相报道，吐哈盆地世人瞩目。1991年，党中央、国务院在制订“八五”规划时，将吐哈盆地作为中国石油“稳定东部，发展西部”的重点战场。为了加快吐哈盆地的油气勘探和开发，中国石油天然气总公司决定集中人力、财力、设备，在吐哈盆地开展20世纪90年代的石油大会战。经过短短的4年时间，吐哈石油会战取得了重大进展。1995年8月2日上午10时，完全按照国际水平建设的丘陵油田正式投产。巴喀、丘东、葡北、鄯善、红南、伊拉湖、艾丁湖等一系列油气田的相继发现和建设，向南来北往的人们宣告：吐哈油田，已经进入了全国十大油田的行列（图2.21）。从1989年1月5日台参1井中侏罗统喷油发现了鄯善油田，到1997年，在侏罗系已发现油田14个，气田2个，石油地质储量18709万吨，天然气地质储量266.7亿立方米，凝析油地质储量631.8万吨，年产油300万吨，累计采油848万吨。

图2.21　吐哈油田

火焰山，不再仅仅是那个神话故事中的名字；吐鲁番也不再仅仅是地理教科书中那个盛产葡萄的全国最低的地方。这里已经矗立起一座大型的现代化石油生产基地。同时一座非常富有现代气息的石油城，也在短短几年内，耸立在哈密市城边的一片戈壁上，并且成为国家级优秀文明生活小区。

20世纪80年代末，吐哈盆地在侏罗系发现了工业油气流，并发现了一大批大、中型油气田，当时在中国石油界震动不小。

**知识链接：邓小平的期望**

1958年5月27日，邓小平在听取石油工业汇报时指出："中国这样大的国家，要有更多的石油，当然要靠天然油。第二个五年计划的末期，新疆至少要搞200万吨油，可能的话，要搞到300万吨。"当听到玉门石油管理局已经开始组织吐鲁番石油勘探时，邓小平说："吐鲁番就在铁道线上，搞出油就很好。"吐哈油田的发现和建设，实现了邓小平的期望。

**知识链接：东山再起**

从1958年开始，玉门油田就在吐鲁番盆地做了大量的地质勘探工作，并在全国“大跃进”时期，他们高唱着“我们向大地宣战”的战歌，进军吐鲁番盆地，展开了为期五年的轰轰烈烈的找油会战。但后来因为支援大庆会战，在吐鲁番盆地找油中止。从1986年开始，他们重上吐鲁番，并发现油田。玉门人把这段经历称作“东山再起，再现青春”的二次创业时期。

**知识链接：大漠女儿杨拯陆**

杨拯陆（1936—1958年），1936年3月12日出生在陕西西安，是著名爱国将领杨虎城的女儿，18岁时加入中国共产党，1955年大学毕业后到新疆搞地质勘探，在极其艰苦的环境中工作。1957年，杨拯陆担任117队队长，也是地质队中唯一的女队长。

1958年，她带领勘探队员完成了准噶尔盆地东部克拉美丽探区1950平方千米的地质详查。同年9月，为了三塘湖地区普查新任务，杨拯陆推迟了婚期。当完成了1.02万平方千米的地质普查后，收尾工作途中杨拯陆和队员遭遇强寒流风暴，年仅22岁的她不幸遇难。

杨拯陆牺牲后，党组织称赞她是“党的优秀儿女，知识分子的优秀代表，坚强不屈的模范共产党员”，并追认为革命烈士。1959年，她的骨灰葬入西安南郊烈士陵园。1982年中国地质学会把她勘察的三塘湖盆地的一个含油地质构造命名为“拯陆背斜”。2008年11月28日，在杨拯陆牺牲的地方——吐哈三塘湖盆地，吐哈油田公司竖立了杨拯陆烈士铜像。

## ◎ 中标秘鲁——中国石油走向海外初试身手

1993年，中国石油天然气总公司面临众多竞争对手，中标秘鲁塔拉拉六、七区块。塔拉拉六、七区，是一个具有“老、密、少”特点的区块。老，塔拉拉油田是世界上最早开发的油田之一，六区块自1903年投入开发，有近百年的历史，生产高峰期在20世纪50年代；七区块有120多年的历史，生产高峰期在20世纪二三十年代。密，在六区块近160平方千米的区域内，已钻井1612口，井网密度高达每平方千米10.4口；在七区块184平方千米区域内，已钻井3325口。两个区块含油层系多，断块多而小，油藏类型多，均属于复杂断块油田。少，六区块能生产的油井有260口，日产油1140多桶，平均单井日产仅为4.2桶；七区块能产油的井只有270口，日产油720多桶，平均单井日产仅为2.7桶。很多石油专家都认为，这两个区块已到了废弃的边缘。

中国石油人通过精细的地层对比研究，发现两个区块与国内东部油田相似，同属典型的复杂断块油田。于是，他们将国内成功经验与秘鲁石油地质特点有机结合，通过地质研究，重新认识地层厚度，重新分析油水界面，获得了勘探上的新突破。地质研究人员通过研究储量动用情况及油气水层分布规律，总结出六区块四大油气富集规律，优选出主攻地区和层位。地质人员通过研究掌握整体构造格局，并在井网密集的井区搞清断块构造情况，采取“总体部署，优化实施，及时调整，逐步完善”的滚动勘探开发方案，不断扩大了战果。

正确的思路取得了良好的回报。他们先后打出了一批高产油井。特别是在六区4226井获得日产3302桶特高产量，成为秘鲁历史上措施产量最高的一口井，在秘鲁石油界引起极大轰动。经过持续不懈地努力，六、七区成为秘鲁塔拉拉地区唯一在1994年至1997年产量持续增长的区块，1997年最高日产达到7000多桶，年产油达到196.2万桶，引起秘鲁石油界的瞩目，在国际上树立起了中国石油天然气总公司的良好形象。

## ◎ 在委内瑞拉——中国石油创造奇迹

继秘鲁之后，委内瑞拉项目是中国石油人海外创业的又一成功尝试。

风景如画的委内瑞拉位于南美洲北端，直面加勒比海和大西洋，是世界主要产油国之一，2000年为世界第四大石油输出国，也是欧佩克组织的五个创始国之一。委内瑞拉石油工业发展初期由西方成熟的大石油公司控制，管理比较严格。早在1913年，壳牌石油公司（Shell）便在委内瑞拉的马拉开波湖畔立起了井架，并在1922年获得重大发现，掀起了找油狂潮，引来大批石油公司和石油探险家。1976年，委内瑞拉实行石油国有化政策，由国家石油公司完全取代西方大的石油公司，但其管理风格不变，在世界上的国家石油公司中，是公认的管理水准较高的油公司。1993年，委内瑞拉通过立法，重新对外开放石油工业，以国际招标方式选择外国石油投资者。并于1995年、1996年进行了两轮招标，引起国际石油界的热烈反响。通过这两轮招标，委内瑞拉加强了对本国资源的保护，招标条件越来越苛刻。有人指出，要求严格的委内瑞拉是国际石油公司角逐的比赛场。

1997年，委内瑞拉拿出20个正在生产的老油田进行第三轮国际招标，中标者可以获得油田20年的生产经营权，并从油田增产的原油中取得投资回报。尽管这是边际油田的开采项目招标，仍吸引了260多家石油公司。正式投标的公司囊括了埃克森美孚（ExxonMobil）、阿莫科（Amoco）、壳牌（Shell）、雪佛龙（Chevron）、德士古（Texaco）等主要的国际油公司。中国石油也跻身其中。揭标后，中国石油中标两块，即委内瑞拉东部陆上的高莱斯油田和西部马拉开波湖上的英特甘博油田，总标值3.59亿美元，相当于每桶可采储量0.48美元，比此次中标的平均值低很多。

中国石油两度中标，在国际石油界引起强烈反响和诸多议论。有人甚至放言，中国人可以开餐馆，但搞石油行吗？

1997年7月18日，中国石油天然气勘探开发公司下属的中油国际委内瑞拉公司（简称中委公司）在加拉加斯成立，同时在油田所在地成立了两个作业区，于1998年2月和5月分别接管了两个油田。初来乍到的中国石油人很快理清了老油田的复杂地质情况，提前两个月上交了油田20年开发方案。针对委内瑞拉对外国石油公司的监管手段既严密又复杂的情况，中委公司制定了一系列有效的工作程序，按时拿到各种批件，使各工程项目按计划实施。

接管油田后，中国石油人发挥在地质上精雕细琢、研究工作扎实到位的优势，把国内地质研究的优势与国外的先进技术结合起来，取得了一系列显著的效果。

中委公司接管两个油田后，产量年年翻番。从1998年接管时的4905桶/日，增加到2000年年底的4万桶/日，生产能力是原来的8倍。中国石油在所有第三轮招标中标的公司中，生产成本最低，增产幅度最大，得到了其他油公司的认同和赞扬，用事实改变了他们对中国石油公司的看法。委内瑞拉石油公司总裁由衷地说，在第三轮招标的20个区块中，中国人干得最好。

委内瑞拉项目投资不多，风险不大，但却是中国石油的“敲门砖”。通过这些项目的运作，中国石油公司基本熟悉了国际惯例，锻炼了队伍，培养了人才，为今后在国际舞台上大展身手储备了力量。

# 第五节 面向国际竞争深化改革和结构调整（1998年至目前）

## ◎ 石油石化企业大重组

1997年9月12日，中共中央总书记江泽民在党的十五大报告中明确指出："要着眼于搞好整个国有经济，抓好大的，放活小的，对国有企业实施战略性改组。以资本为纽带，通过市场形成具有较强竞争力的跨地区、跨行业、跨所有制和跨国经营的大企业集团"。根据党的十五大精神，国务院拟定了石油行业战略性改组方案，作为国务院机构改革方案的一部分，提请全国人民代表大会审议。

1998年3月10日，第九届全国人民代表大会第一次会议通过《国务院机构改革方案》，其中关于石油行业体制改革的内容是："将化学工业部、中国石油天然气总公司、中国石油化工总公司的政府职能合并，组建国家石油和化学工业局，由国家经贸委管理。化工部和两个总公司下属的油气田、炼油、石油化工、化肥、化纤等石油和化工企业以及石油公司和加油站，按照上下游结合的原则，分别组建两个特大型石油石化企业集团和若干大型化肥、化工产品公司"(图2.22)。据此，国家经贸委拟订了石油、石化集团公司组建方案和公司章程。1998年7月21日，国务院分别批复同意石油、石化两个集团公司组建方案和公司章程。7月27日，石油、石化两个集团公司同时在北京成立。全国各省、市、自治区石油公司及其所属单位和加油站分别划入两个集团公司。

这次行业重组，一是实现了政企分开和上下游、内外贸、产运销一体化经营，解决了过去多年来未解决的石油石化产业链脱节的弊端，使中国石油集团、中国石化集团都基本具备了国际大石油石化公司的业务结构。重组后的石油、石化集团公司，在经营业务上还保持了各自的优势和特点，同时又引入了竞争机制，为两个集团公司以后的快速发展创造了重要的体制环境。二是明晰了国有产权，实现了出资人到位。重组当年财政部决定，将划转给两个集团公司管理的所属企业的国家资本金，合并作为集团公司的国家资本金，并以此作

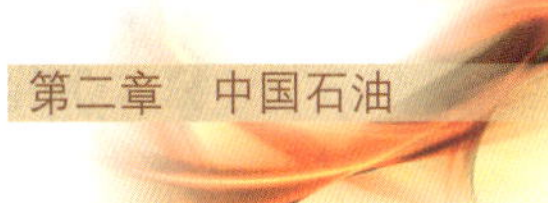

为对所属企业的长期投资，从而明晰了集团公司与所属企业的产权关系，在集团内部实现了国有资本出资人到位，为内部重组改制、建立现代油公司体制奠定了产权基础。

1998年石油石化行业重组是改革开放以来，石油石化工业部门最重大的一次体制改革，从此形成了中国石油天然气集团公司、中国石油化工集团公司和中国海洋石油总公司三大国家石油公司共同主导我国石油工业的基本格局。

图2.22 1998年5月26日，中国石油天然气集团公司总经理马富才（前排左）、中国石油化工集团公司总经理李毅中（前排右）在划转企业交接协议签字仪式上

## ◎ 三大石油公司改制上市

党中央、国务院对三大国家石油公司的改制问题十分重视，多次作出批示。1998年11月23日，国务院副总理吴邦国在听取石油、石化两个集团公司工作汇报时，强调指出："从石油、石化两大集团看，解决发展问题首先还是要考虑整体改制上市"。在国务院领导同志的大力推动和支持下，中国石油天然气集团公司、中国石油化工集团公司、中国海洋石油总公司从1999年11月开始，相继展开内部业务、资产、机构和人员的大重组，将油气勘探与生产、炼油与化工、储运与销售等油公司业务和资产剥离出来，独家发起设立股份有限公司，并分别于2000年4月、2000年10月和2001年2月，在香港和美国等

境外资本市场发行股票、挂牌上市。

改制上市后的中国石油天然气股份有限公司（简称中石油）、中国石油化工股份有限公司（简称中石化）和中国海洋石油有限公司（简称中海油），按照境内外相关法律及监管规定，分别建立和完善法人治理机构，建立健全各项经营管理制度，加强投资、经营、财务、内控、HSE(健康、安全、环境）和质量、设备等各方面的管理工作。同时充分发挥股份制企业的体制优势，通过投资、合资、收购等方式，大力发展石油上下游等主营业务，推动了三大公司业务的整体发展。

## ◎ 实施“新的三大战略”，努力建设综合性国际能源公司

“十一五”期间，中国石油以科学发展观为指导，着力加快转变增长方式，着力提高自主创新能力，提出了加快实施“资源、市场和国际化”三大战略、努力建设具有较强竞争力的综合性国际能源公司的目标，并计划分两步实施。

第一步：“十一五”期间，坚持持续有效快速发展，集中发展核心业务，不断拓展新兴能源业务，保持公司综合实力的国内领先地位，努力把本公司建设成为国际能源公司。

第二步：到2020年，进一步巩固国内领先地位，国际化经营获得质的飞跃，世界石油公司综合排名进一步提升，利润增长和投资回报达到同行业国际水平；国际市场竞争力明显增强，成为全球石油石化产品重要的生产商和销售商之一；综合跨国指数大幅提升，建成具有较强竞争力的国际能源公司。

三大战略的内涵为：

资源战略。以谋求油气资源最大化、多元化和有序接替作为战略的基点，坚持油气并重、加强国内、扩大境外、拓展海域、增强储备、发展替代的原则，实现油气产量快速增长，新兴能源取得突破，巩固上游业务在国内的主导地位，不断增强本公司持续发展的基础。

市场战略。谋求持续的市场主导地位和最大效益，充分利用规模经济优势和上下游一体化的优势，巩固成熟市场，扩大高效市场，开拓战略市场，发展国际市场，不断增强在国内外市场的竞争能力。

国际化战略。按照积极稳妥、互利双赢的原则，按照引进来和走出去相结合，资源、市场、技术和资本相结合的思路，以发展油气业务为主，加大国际

合作和资本运作力度，重点加强海外油气勘探开发，谨慎、有效、适度发展中下游业务，积极推进资源进口来源多元化，扩大国际油气贸易的规模，形成国际竞争力较强的跨国公司。

## ◎ 大庆油田持续稳产谋百年

大庆油田在半个世纪里，用20多亿吨“黑色血液”，为民族经济巨轮提供了澎湃持久的前进动力，如今依然保持着每年4000万吨原油的高产稳产。他们创造了辉煌业绩，还在继续创造辉煌，于2004年提出了“持续有效发展、创建百年油田”的发展战略。

大庆建设“百年油田”主要分为三个战略步骤：从2005年到2010年为基础发展阶段，将提高现有资源利用率，加大地质勘探力度，油气当量保持在4200万吨；2011年到2020年为战略调整期，进一步优化产业结构，油气当量保持在4000万吨；2021年到2060年为第三个阶段，这是大庆油田可持续发展阶段，将保持油气当量2000万～2500万吨。

大庆油田目前正在展开一场新的“大会战”。其目标是在未来10年内，原油生产稳定在年产4000万吨水平。大庆油田以自主创新为本，靠科技“延年益寿”，传承铁人精神，脚踏实地艰苦创业，开展信息化建设，打造“数字油田”，从“资源型企业”到综合性公司，各项业务稳健发展。2010年底，大庆油田在连续27年稳产5000万吨的基础上，又实现了连续9年稳产4000万吨以上。

## ◎ 长庆油田努力建设“西部大庆”

2008年，面对新的形势，长庆油田规划了实现油气当量5000万吨、建设西部大庆的目标，一场静悄悄的会战正在这里紧锣密鼓地展开，长庆油田进入了加快发展的新阶段。2009年油气当量跨越3000万吨，成为我国第二大油气田和我国陆上天然气管网的中心枢纽。到2010年底，长庆油田油气当量达到3500万吨，2011年油气当量突破4000万吨。目前，长庆油田生产建设等各项工作顺利推进，资源、技术、业务、人员等结构布局基本完成，正在向建设“西部大庆”目标阔步前进。按照发展规划，预计在2013年前实现油气当量5000万吨。届时，长庆油区将建成我国重要的油气生产基地、技术创新基地、工程技术服务基地、装备制造基地和全国天然气枢纽中心，成为“贡献突出、技术领先、管理现代、绿色和谐、持续发展”的“西部大庆”。

**知识链接："三低油田"**

安塞油田位于延安北部，是张思德烈士当年烧木炭牺牲的地方。这里沟壑纵横，梁峁交错，交通不便，干旱少雨，自然环境十分恶劣。而且安塞油田是典型的"三低油田"：一是低渗透，油层物性极差，平均渗透率仅为0.49毫达西，俗称"磨刀石"；二是低产，油井射孔后几乎无自然产能，必须靠压裂改造油层，平均单井日产量不足2吨；三是低压，油田整体压力系数仅为0.7左右，低于静水柱压力。这类油田开采难度很大。

**知识链接：长庆油田的"四化管理模式"**

长庆油田属于典型"三低"油气田。为确保低渗透油气藏的规模效益开发，长庆油田在坚持管理创新、技术创新和深化改革基础上，探索形成了"标准化设计、模块化建设、数字化管理、市场化运作"为主要内容的"四化管理模式"，推动了勘探开发、生产建设、经营管理等各项工作良性发展，实现了新增油气储量、油气产量的大幅度增长，步入油气总当量实现5000万吨发展的快车道。

**知识链接："好汉坡"**

"好汉坡"是安塞油田王三计量站员工每日巡井的一道陡峭山坡，海拔1300米，坡度70°，463级台阶，当地人称之为"阎王坡"、"无人沟"。20世纪90年代初站上的员工以"不到长城非好汉"的气魄，在阎王坡上踏出了一条创业之路，"好汉坡"因此得名。

以"艰苦创业、勇攀高峰"为内涵的"好汉坡"精神，集中体现了长庆人攻坚啃硬、拼搏进取的优秀品质和优良作风。目前，"好汉坡"已成为长庆油田员工思想教育、精神培育、文化打造和活动引导的文化阵地，还先后被中国石油天然气集团公司、中国延安干部学院、解放军西安政治学院、西安石油大学等确立为"企业精神教育基地"和"社会实践教学基地"。

## ◎ 海外业务突飞猛进

在中国石油天然气集团公司新的三大战略指引下，中国石油的海外业务突飞猛进。

初步形成了“五大油气合作区”。到2010年，公司海外油气业务分布在全球29个国家和地区，管理和运作81个油气合作项目，中亚—俄罗斯、非洲、中东、美洲、亚太“五大油气合作区”初步形成。截至2010年底，公司在海外拥有合同区面积70.4万平方千米，石油剩余可采储量40.7亿吨，原油生产能力8500万吨/年，天然气生产能力150亿立方米/年，炼油能力1160万吨/年。已建成输油（气）管线5962千米，年输油能力6600万吨，年输气能力202亿立方米，加油站63座，成品油库8座，基本形成了集油气勘探开发、管道运营、炼油化工、油品销售于一体的油气产业链。2010年实现收入126亿美元，利润总额41.7亿美元。

顺利启动和建设了“四大油气战略通道”，即西北通道、东北通道、西南通道和海上通道。西北通道从中亚及俄罗斯西西伯利亚等地进口油气资源，并在我国西北地区入境，已建成中亚天然气管道A、B线，建成中哈原油管道一期工程；东北通道是指从俄罗斯东部进口油气资源，并在我国东北地区入境的进口通道，已建成中俄原油管道（漠河—大庆原油管道），今后还将规划建设中俄东线天然气管道；西南通道是指从中东和缅甸进口油气资源，并在我国西南地区入境的进口通道，2010年6月，中缅油气管道缅甸段已开工，国内配套建设的油气管道同时开展前期工作；海上通道是指我国沿海地区进口油气通道，目前江苏LNG项目、大连LNG项目、唐山LNG项目、深圳LNG项目等一批和海上通道配套项目正在实施。

正在努力建设“三大油气运营中心”。这三大运营中心集贸易、加工、仓储和运输功能“四位一体”。一是亚洲油气运营中心，二是欧洲油气运营中心，三是美洲油气运营中心。

## ◎“十一五”再造一个“中石油”

《人民日报》2011年1月12日报道：中国石油资产总额从“十五”末的1.17万亿元增长到2.5万亿元，实现了翻番。短短5年时间，中国石油相当于为国家再造了一个“中国石油”，不仅实现自身平稳较快发展，而且对保证国内能源供应，缓解能源紧张，保障国民经济又好又快发展做出了巨大的贡献。

## 第六节　中国石油工业的体制沿革

### ◎ 建国初期从多方分管到中央统管过渡

旧中国遗留下来的石油工业基础薄弱，天然石油主要集中在西北，天然气主要在四川，人造石油厂则集中在东北。由于中国共产党领导的解放战争，是从点到面逐步推向全国的，各地从国民党政权统治下获得解放的时间有先有后，接管石油厂矿也有早有晚。前国民政府的中国石油有限公司位于上海的总部，于1949年5月上海解放后由解放军军管；分散在各地的石油厂矿企业，有些是由地方人民政府工业部门直接接管，如东北的炼油厂；有些由解放军军管会进行管理。由于全国解放前各革命根据地（老解放区）分散而不连片，在当时的困难条件下，各根据地只能自主地进行经济建设，财政上则实行自收自支。这种体制沿用到全国解放初期，造成了石油厂矿由各地接收、分散管理的局面。但也有一个例外，即玉门油矿经过一段兰州军管会和燃料工业部双重领导之后，于1950年8月即改名为玉门矿务局，隶属于燃料工业部石油管理总局西北石油管理局。

新中国建立不久，财政经济分散管理的弊病就显露出来，统一财政经济管理势在必行。1950年3月3日，政务院发布关于统一国家财政经济工作的10条决定，其中，对于国家所有的企业划分为三种：第一种是属于中央政府各部直接管理的企业，第二种是属于中央所有、委托地方管理的企业，第三种是划归地方政府管理的企业。从此，国有企业管理体制从以分散管理为主转向以统一管理为主。

在这种大背景下，1950年4月，全国第一次石油工业会议在北京召开。会议决定成立燃料工业部石油管理总局（图2.23），徐今强任代理局长，统一领导石油工业的勘探和生产建设工作，逐步把由各地工业部门管理的石油厂矿集中起来统一管理。石油管理总局下设西北石油管理局，石油厂矿开始从分散管

理逐步走向集中统一管理。大体可分为三个阶段。

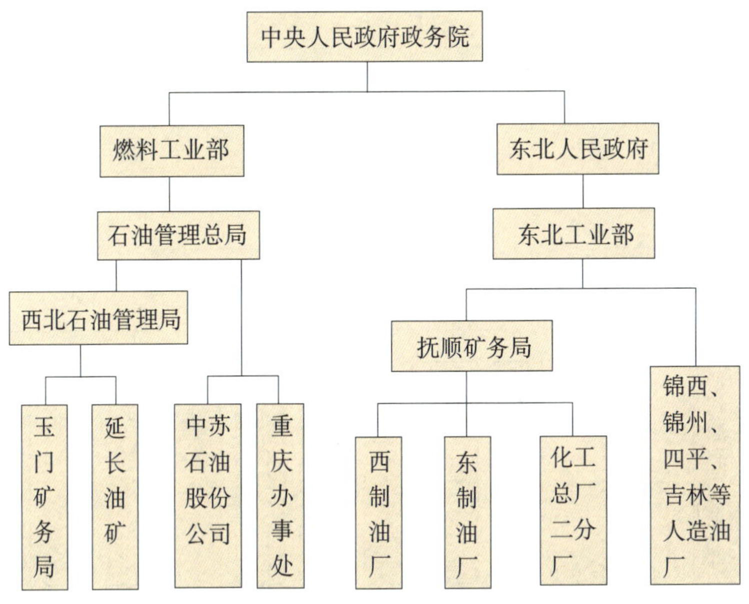


图2.23 1950年末中国石油工业组织管理机构图

第一阶段为1950年。石油管理总局认真贯彻第一次石油工业会议的决定，到年底，天然石油已由燃料工业部石油管理总局统一管理，形成了天然油气与人造石油分开管理的格局。其中，独山子油矿于1950年9月由中苏石油股份公司接管，中苏双方各占50%股份，燃料工业部石油管理总局为中方股东代表。另外，大连中苏石油精制股份公司原国民政府股东已不复存在，实际上由苏方单独经营。

第二阶段为1951年至1953年末。1951年1月1日，大连中苏石油精制股份有限公司苏方股权移交中方，由中方独自经营，并改名为大连石油厂。1952年9月，东北人民政府将东北地区人造油厂和炼油厂整编为10个石油厂，并改名为石油一厂至石油十厂，由东北石油管理局统一管理（图2.24）。同年，燃料工业部石油管理总局重庆办事处划归西南军政委员会工业部，并改名为西南石油勘探处。1953年，国家开始实行第一个五年计划，财政经济管理学习苏联实行集中统一的计划经济管理体制，燃料工业部石油管理总局西北石油管理局和东北人民政府东北工业部东北石油管理局相继撤销，各石油厂矿都划归燃料工业部石油管理总局统一管理。石油管理总局增设地质局、钻探局和设计局，加强地质勘探力量，石油工业统一管理体制初步确立（图2.25）。

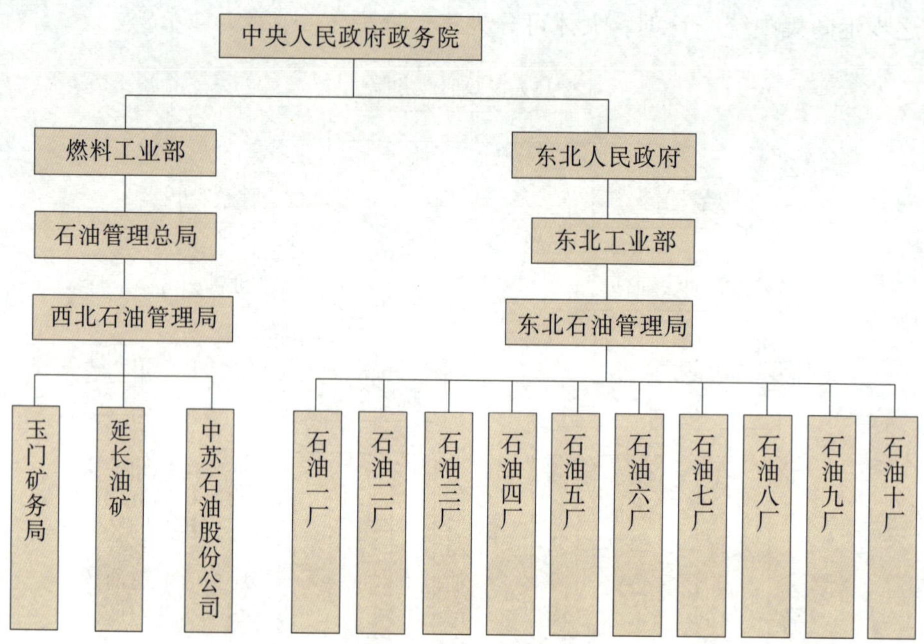


图2.24　1952年末中国石油工业组织管理机构图

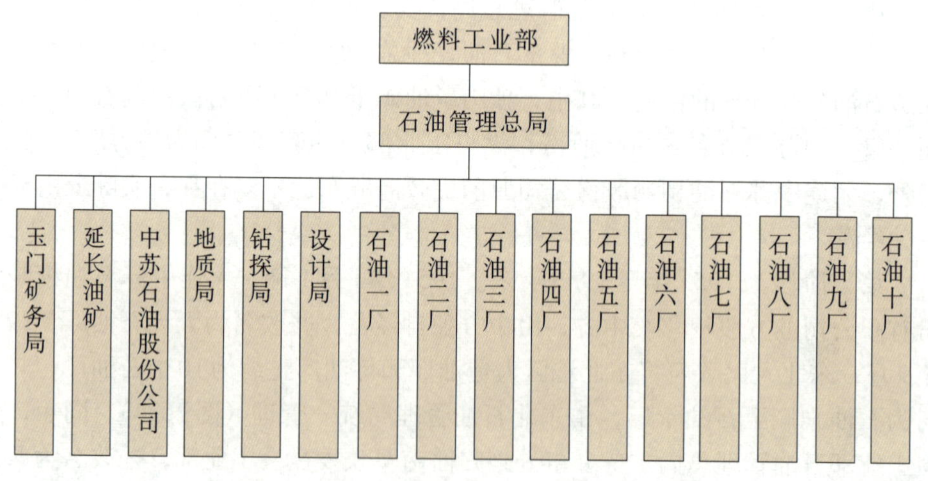


图2.25　1953年末中国石油工业组织管理机构图

第三阶段是从1954年到1955年石油工业部成立。1955年1月，中苏石油股份公司苏方股份移交中方，并改名为新疆石油公司，隶属燃料工业部石油管理总局。1955年7月，燃料工业部撤销，成立石油工业部，石油工业管理体制

由三级（部、总局、厂矿）管理改为两级（部、局或厂矿）管理，中间层次减少，集中统一管理逐步加强。当年11月，西南军政委员会工业部西南石油勘探处划归石油工业部，并更名为石油工业部四川石油勘探局。至此，新中国石油工业与计划经济相适应的两级组织管理体制基本形成，并一直延续到20世纪80年代。

## ◎ 石油工业部成立后的集中管理

1955年7月，第一届全国人民代表大会第二次会议决定撤销燃料工业部，分别成立石油、煤炭、电力3个工业部。石油工业部是在石油管理总局的基础上成立的。

1970年6月22日，煤炭工业部、石油工业部、化学工业部合并，组成燃料化学工业部（简称燃化部）。燃化部下设15个组（相当于司局），组下又设小组（相当于处）。

1975年1月，第四届全国人民代表大会第一次会议决定，将燃化部分为煤炭工业部和石油化学工业部（简称石化部）。

1978年3月5日，第五届全国人民代表大会第一次会议决定撤销石油化学工业部，分别设立石油工业部和化学工业部。由此，石油、化工的行业主管部门再次分开，形成了各自独立的管理体系。

1982年2月15日，中国海洋石油总公司在京成立。公司隶属石油工业部，从事海上石油、天然气开采和对外合作。

1983年2月19日，中共中央、国务院决定成立中国石油化工总公司，将原来分属石油工业部、化学工业部、纺织工业部管理的39个石油化工企业划归中国石油化工总公司领导。

1988年4月，第七届全国人民代表大会第一次会议通过国务院机构改革方案，撤销石油工业部，成立能源部，作为石油工业的主管部门。能源部后来又于1993年3月召开的第八届全国人民代表大会第一次会议上撤销。

## ◎ 从政府部门管理到行业性总公司管理

1988年9月17日，经国务院批准，原石油工业部改组为中国石油天然气总公司，直属国务院领导。1988年5月，中国海洋石油总公司分立，直属国务院领导。

1998年3—7月，国务院决定改组中国石油和中国石化两大公司。7月27日，两大集团公司同时挂牌成立。

2001年2月19日，国家石油和化学工业局撤销；2001年4月28日，中国石油和化学工业联合会宣布成立。

## ◎ 中国石油工业管理体制沿革和石油石化系统历届主要领导

中国石油工业管理体制沿革图见图2.26。

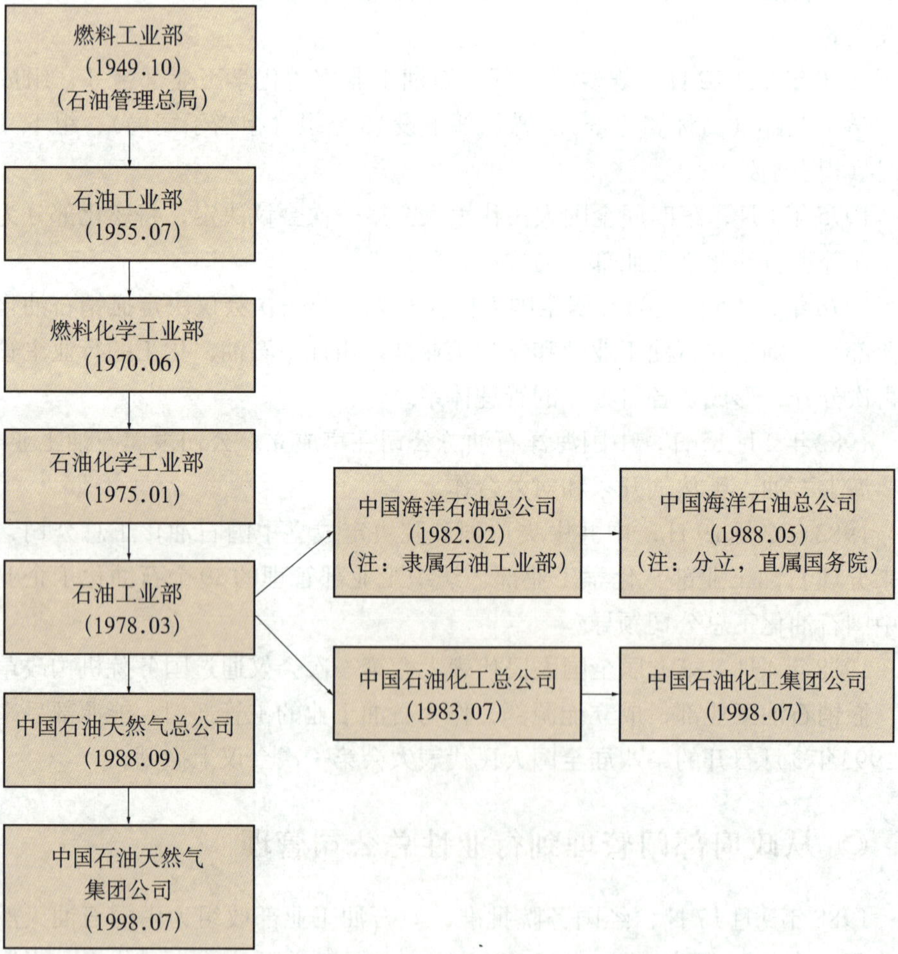

燃料工业部（1949.10）（石油管理总局）
→ 石油工业部（1955.07）
→ 燃料化学工业部（1970.06）
→ 石油化学工业部（1975.01）
→ 石油工业部（1978.03）
→ 中国石油天然气总公司（1988.09）
→ 中国石油天然气集团公司（1998.07）

石油工业部（1978.03）→ 中国海洋石油总公司（1982.02）（注：隶属石油工业部）→ 中国海洋石油总公司（1988.05）（注：分立，直属国务院）

石油工业部（1978.03）→ 中国石油化工总公司（1983.07）→ 中国石油化工集团公司（1998.07）

图2.26　中国石油工业管理体制沿革图

石油石化系统历届主要领导：

陈　郁：1949—1955年，任燃料工业部部长。
李聚奎：1955—1958年，任石油工业部部长。
余秋里：1958—“文化大革命”初期，任石油工业部部长。
康世恩：1975—1978年，任石油化学工业部部长；
　　　　1981—1982年，任石油工业部部长。
宋振明：1978—1980年，任石油工业部部长。
唐　克：1982—1985年，任石油工业部部长。
王　涛：1985—1988年，任石油工业部部长；
　　　　1988—1996年，任中国石油天然气总公司总经理。
周永康：1996—1998年，任中国石油天然气总公司总经理。
马富才：1998—2004年，任中国石油天然气集团公司总经理。
陈　耕：2004—2006年，任中国石油天然气集团公司总经理。
蒋洁敏：2006—2011年，任中国石油天然气集团公司总经理；
　　　　2011年起，任中国石油天然气集团公司董事长。

陈锦华：1983—1990年，任中国石油化工总公司总经理。
盛华仁：1990—1998年，任中国石油化工总公司总经理。
李毅中：1998—2003年，任中国石油化工集团公司总经理。
陈同海：2003—2007年，任中国石油化工集团公司总经理。
苏树林：2007—2011年，任中国石油化工集团公司总经理。
傅成玉：2011年起，任中国石油化工集团公司董事长。

秦文彩：1982—1987年，任中国海洋石油总公司总经理。
钟一鸣：1987—1992年，任中国海洋石油总公司总经理。
王　彦：1992—1998年，任中国海洋石油总公司总经理。
卫留成：1998—2003年，任中国海洋石油总公司总经理。
傅成玉：2003—2011年，任中国海洋石油总公司总经理。
王宜林：2011年起，任中国海洋石油总公司董事长。

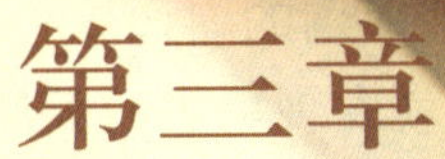

# 第三章 世界石油

谈起石油，要从古老的中国说起。论现代石油工业史，少不了说说美国。

美国在世界上是一个年轻的国家，充其量不到300年的历史。追溯其早期对石油和天然气的发现和利用，简直无从谈起。但是，世界现代石油工业史的序幕，却在这里拉开，并演绎出了全球许许多多、形形色色的石油天然气“话剧”。

说完美国石油，就要说全球石油。

# 第一节　世界早期的石油发现与利用

## ◎ 中国是世界上最早发现和利用石油的国家之一

中国最早发现、开采和利用石油及天然气，应从3000多年前的周代算起。《易经》中有“上火下泽”、“泽中有火”等记载，说明那时就发现可燃的天然气在地表湖沼水面上逸出气苗。

1900多年前，班固的《汉书 · 地理志》记载：“高奴有洧水可燃”，是说在陕西延安一带的水面上有像油一样的东西可燃烧。

中国也是最早开凿油井的国家。4世纪或更早，中国人在开凿岩盐的过程中，无意凿出油井。

在浩如烟海的历史文献中，关于中国人民认识、利用石油和天然气的记载有很多。

由此可以看出，中国已有至少2000多年利用石油天然气的历史。

但是，整体上中国古代石油科技的发展极其缓慢，对石油的开发与利用也只限于对现成原油的开采与使用，未能对石油的来源及其产生的地质条件进行研究。

在中国发现和利用石油天然气的过程中，世界上其他国家和地区也在不断发现、不断利用石油天然气。古波斯遗留下的石板记录中，有上层贵族使用石油照明或治病的记录；7世纪的日本，将石油称为“可燃水”；8世纪，巴格达街道上铺有天然沥青；9世纪，阿塞拜疆的巴库油田已有投产的记录。

## ◎ 古代中国的石油手工业走在了世界的前列

早在古代，石油和天然气就已开始用于照明、熬盐、润滑、防腐、制墨、治病以及武器等，而古代中国的石油手工业远远走在了世界的前列。

北魏时郦道元所著的《水经注》，成书年代大约是512—518年。书中介绍了从石油中提炼润滑油的情况，说明早在6世纪，我国就萌发了石油炼制工艺。北宋时期，我国建立了世界上最早的炼油车间——“猛火油作”，对石油进行粗加工，生产出当时被广泛应用到军事上的“猛火油”。英国著名科学史专家李约瑟在有关论文中指出：“在10世纪，中国就已经有石油而且大量使用。

由此可见，在这以前，中国人就对石油进行蒸馏加工了。”

世界上第一口天然气井，于公元前250年前后在四川成都双流一带凿成；北宋时期出现的卓筒井钻井技术，实现了世界上第一次钻井技术革命；四川富顺县的自流井气田，是世界上开发最早的天然气田，当时天然气的最主要用途就是熬盐。

到了19世纪中叶，自流井气田木制的输卤管道有12条，总长超过150千米。它们纵横交错、翻山越涧，形成输卤网络，把卤水输送到烧锅煮盐的工地，从而推动了气田的开发，使当时的天然气年产量达到7000多万立方米，数十万人从事天然气和盐业的生产。自贡成为中国西南年产15万吨盐的盐都。

这些充分说明，现代石油工业的雏形在古代中国就已形成。

## ◎ 沈括是世界石油科学专家第一人

《梦溪笔谈》是我国北宋科学家沈括的传世著作，其中所记述的许多科学成就均达到了当时世界的最高水平。李约瑟称《梦溪笔谈》是“中国科学史上的坐标”。

沈括不仅是一位杰出的石油地质学家，而且根据许多资料记载，他还是一位杰出的石油炼制专家。可以说，沈括是世界石油科学专家第一人。

## ◎ 煤油灯时代的开始

世界是从什么时候进入煤油灯时代的？一种说法是从1782年算起，法国人发明了煤油灯。1784年，新式的煤油灯照亮了法兰西，标志着煤油灯时代的开始。1849—1856年，罗马尼亚和波兰相继建设了3座灯油炼厂——在第一个油田出现之前，就出现了世界上最早具有工业意义的灯油厂。另一种说法是1856年，年轻的法国人迪格多·郎塔尼，在法国北部布莱地区的日尔贝路瓦的一个村庄里发明了煤油灯。这比上述时间晚了74年。两种说法，在人类进入煤油灯时代的时间点上，虽然有差异，但有一点是相同的：法国人发明了煤油灯（图3.1）。

图3.1 18世纪80年代的煤油灯

### ◎ 世界上最早的炼油技术革命

世界上炼油技术革命的先导，是印第安纳标准石油公司的威廉 · 柏顿发明了热裂化工艺，就是用对原油加热的方法（454℃以上），使原油中比较大的分子裂解为比较小的分子。1911年，建成世界第一座热裂化炉。1921年，建成了工业化连续性热裂化装置。热裂化可使原油的轻油收率达到40%～50%。

柏顿的热裂化激起了连锁反应，各大石油公司纷纷开展研究试验，寻求新的工艺技术。真空石油公司和太阳石油公司支持法国人尤金 · 德利，研究成功了用催化剂实现重质原油裂解的催化裂化工艺，并于1937年开发出第一种催化剂——硅酸铝催化剂，建成世界第一套日产能力1.2万桶（60万吨 ／年）的催化裂化装置。第一代装置是固定床催化裂化，3年后第二代移动床催化裂化工艺成功问世。1943年，建成第一批两座移动床催化裂化装置，日加工能力1万桶（50万吨 ／年）。催化裂化使轻油收率大大提高，达到70%以上，经济效益显著。

另外一批石油公司另辟蹊径，1941年开发出流化催化裂化工艺，1942年建成第一套商业化装置。很快，第二代“下流式”流化催化裂化装置取代了“上流式”装置。20世纪40年代末50年代初，相继出现了第四、第五代流化催化裂化工艺，并几乎成为所有炼油厂二次加工的基本工艺流程。

20世纪50年代以来，催化裂化的技术进步主要集中在催化剂的创新、回收等方面。

催化剂的应用开辟了炼油工业的新纪元，这是炼油工业的第二场技术革命。

## 第二节　世界现代石油工业的兴起

### ◎“1859”——世界现代石油工业的里程碑

1859年8月27日，美国德雷克上校在宾夕法尼亚州打出第一口现代工业油井。从此，石油走向现代经济舞台。150多年过去了，从北美到非洲，从陆上到海洋，笔直林立的钻塔、绵延万里的管道、闪着银光的反应塔，无不勾勒

出石油版图的壮美和雄阔。因此，世界石油史学家习惯上把1859年作为世界现代石油工业的开端。

## ◎ 德雷克井——现代石油工业第一井

雄厚的资金、先进的技术和一流的人才，是石油工业赖以发展的三大要素。1783年，新建立起来的美国以其优越的地理条件、较高的工业化程度、大量的游资等，为石油工业的兴起准备了“良田沃土”。

1854年，以美国律师乔治·比斯尔和詹姆斯·汤森（银行经理）为首的投资群体，成立了世界第一家石油公司——宾夕法尼亚石油公司。比斯尔从画有几座像盐井一样的钻井塔的药剂广告中获得灵感，试图把凿井采盐水的技术直接用到采油上。公司派遣德雷克去宾夕法尼亚州做公司总代理，主持原油生产。

德雷克把钻井井架设在泰特斯维尔石油溪附近一块有石油流出来的农田上，几经周折，雇到了具有打盐井经验的史密斯当钻工。工程进度缓慢，投资人越来越感到不耐烦，而德雷克却坚持他的计划毫不动摇。后来，汤森成了投资人当中唯一一个相信他们的投资项目会取得成功的赞助者，而且当计划投资的资金告罄时，他开始自己掏腰包付账。到后来他也绝望了。他给德雷克寄去了最后一笔汇款，叮嘱德雷克付清账单就结束钻探。这是1859年将近8月底的事。

德雷克钻的这口井，井位离石油溪只有150英尺（1英尺 = 0.3048米）。钻到水面以下后，溪水就往井眼里渗透，不管泵怎么抽，水还是不停地渗进井眼。于是，德雷克找来一根10英尺长的管子，用锤子往地下敲打，穿过砂层和黏土层，有效地隔住了水，8月中旬恢复了正常钻井。这开创了下套管的新方式。

1859年8月27日，是个星期六。那天下午油井钻到69英尺深的时候，钻到一个隙缝，接着又下滑了半英尺。因为已是周末下午，史密斯就停工休息了。第二天，史密斯到钻台时，发现有一股黑色液体经管道流到水面上来了。他舀起浓厚的黑色液体看了看，立即欣喜若狂。星期一，德雷克来到井台，看到澡缸、脸盆和圆桶都盛满了石油。就在那一天，他收到了汤森寄给他的汇款和嘱咐停工的命令。如果汇款单和停工的命令早一个星期收到的话，他是会遵照汤森的命令行事的。德雷克的锲而不舍在恰到好处的时刻得到了回报：他钻出了石油，钻出了第一口现代工业油井。这口井用一台蒸汽机驱动的油泵

图3.2 德雷克井

抽油，井深21.7米，日产原油35桶（约5吨），被命名为“德雷克井”(图3.2)。

石油溪一带的农民涌到泰特斯维尔欢呼雀跃。消息像野火般传播四方，想得到一块地盘开井采油的人蜂拥而来。泰特斯维尔这个山村小镇，一夜之间人口猛增、地价飞涨，成为现代石油工业的发源地。

这是世界上首次以工业或商业为目的钻探石油的活动，标志着现代石油工业的开端。

## ◎ 关于“石油工业之父”的争议

苏联人曾认为，世界第一口油井是老沙皇时代的一个叫谢苗诺夫的工程师，于1848年在黑海的阿普歇伦半岛的比比和埃巴德两地边境处开凿的。有一个叫洪拉沃夫的苏联人写了一本叫《石油的故事》的书，竟然说：俄国是世界石油工业之父、祖父和曾祖父，分布在世界上的石油井架都是巴库石油井架的孙子和曾孙。

而美国人宣布，1859年8月27日，美国人埃德温·德雷克，在美国宾夕法尼亚州泰特斯维尔小镇打出的一口深21.7米油井是世界上第一口油井，并曾准备在1959年第五届国际石油会议期间，举行所谓世界第一口油井开凿100周年纪念活动。由于这一口日喷20桶乌黑闪光石油的油井，在当时美国社会环境下，经济和商业意义十分重大。后人称其“揭开了世界石油工业的序幕”，是“近代石油工业的发端”。

实际上，世界上最早的气井和油井都为中国人所开凿。李约瑟在其所著《中国科学技术史》一书中写道：“今天在勘探油田时所用的这种钻控井或凿洞的技术，肯定是中国人的发明”，并且说，这种古代深井钻井技术于11世纪前后传入西方，甚至1900年以前，世界上所有的深井基本上都是采用中国人创造的方法打成的。

中国历史上的油井见于元明时代。据《元一统志》记载："延长县南迎河有凿开石油一井，其油井燃，兼治六畜疥癣，岁纳壹佰壹拾斤。又延川县西北八十里永平村有一井，岁办四百斤，入路之延丰库。"《元一统志》成书于1286—1303年。我们可以推断，石油井约在宋朝时代就已经存在了。所以说，在距今700多年以前，中国人已经开凿出油井了。

这样说来，苏联人所说沙皇时代谢苗诺夫1848年打出的第一口油井，距今不过164年，而美国人德雷克1859年打出的油井，距今才153年。它们出世的时间都远远晚于中国人开凿的油井。

## ◎"世界石油大王"——约翰·洛克菲勒

约翰·洛克菲勒是石油工业和现代企业发展史上很重要的人物，也是世界上最早最大的跨国企业——美孚石油公司的创始人（图3.3）。

图3.3　约翰·洛克菲勒
（引自《石油世纪》）

洛克菲勒1839生于美国纽约州乡下，幼年时，对有关钱的数字有浓厚兴趣。中学读书时，数学成绩最好。7岁时就学习做生意，16岁时当过营销员，20岁时和别人合伙办公司。

洛克菲勒具有一般资本家所特有的果断、冷酷、奸诈的特质，而且长于心计，精于商道，有经营和管理才能。

洛克菲勒是怎样从石油业发迹的？

1859年，美国人德雷克在宾夕法尼亚州打出了第一口工业性油井后，偏僻的泰特斯维尔小镇一时人口剧增，地价飞涨，石油公司纷至沓来，油价瞬息万变。在那强手如林的石油狂潮中，精明的洛克菲勒没有随波逐流。他发现卖一加仑煤油所得等价于卖2桶原油。于是，他果断地从石油行业的下游入手，1865年收买了与他合伙的英国人克拉克的炼油厂，获得了很大的效益回报，在石油上站住了脚跟。19世纪70年代，美国和欧洲资本迅速发达，急需石油，洛克菲勒清醒地意识到，谁控制了石油运输，谁就控制了石油。于是，他通过各种关系，笼络铁路运输人员，降低成本，甚至采取一些不道德行为，逐步垄断了美国石油加工和经销业。正当他在炼油上春风得意时，由于石油市场的扩大，竞争日趋激烈，油价剧烈暴跌，

图3.4 洛克菲勒中心大楼

炼油业开始陷入困难。1867年，洛克菲勒从一位破产商人发迹中领悟到：在难以预测的市场变化中，走“合作经营”道路可以减少风险。1870年，他创立了美孚石油股份公司（也叫标准石油公司）。到1871年，经营环境继续恶化，炼油业陷入一片恐慌。在这令人焦虑的时刻，他又有了一个大胆的设想——实现炼油业的更大联合，即成立炼油业和铁路运输的联合体“南方改良公司”。后来，有位传记作家写到：“在所有美国工业家们想出来的办法中，这是最残酷、最致命的。”

洛克菲勒通过他过人的经营运筹才能和对市场发展的预测与谋略，不断战胜各种经营和技术的外界冲击，冲破一些石油商人和垄断资本家对他不正当经营手段的诉讼。最后终于实现了从原油生产、加工、运输到销售的一整套石油生产经营系统。到19世纪末，美孚石油公司的经营触角已伸到了世界各个角落。洛克菲勒及其高层次决策者坐在当时纽约百老汇大街26号的一幢大厦里（图3.4），指挥着这个世界上独一无二的“石油王国”。洛克菲勒以其在公众中低调形象，以及在现代资本主义和商业发展中的巨大成就，被载入现代石油工业发展的史册。

## ◎ 世界上第一个石油垄断企业——标准石油公司

1870年1月10日，洛克菲勒创建了资本额为100万美元的标准石油公司。所谓“标准”，意思是标榜他们生产的石油是顾客可以信赖的“符合标准的产品”。当时，市场上销售的煤油质量参差不齐。

洛克菲勒首先回到俄亥俄州的克利夫兰，合并了家乡的整个炼油行业，又在全国范围内发起了一场声势浩大的兼并运动，几乎控制了美国所有的炼油行业。1878年，标准石油公司的炼油能力占全美的95%。

洛克菲勒专心致力于巩固他的事业——扩充工厂设备，保持和改进质量，注意控制成本。他向工业一体化迈出了第一步，使供销的职能纳入企业范围，使全面的经营管理不受市场变化的影响，以加强企业的竞争地位。

随着石油帝国的发展，因本身庞大而导致的危险性也越来越大。洛克菲勒清醒地看到这一弊病并十分重视。此时，洛克菲勒恰巧在一本刊物上发现一篇文章，里面写道："小商人时代结束，大企业时代来临。"这与他的垄断思想不谋而合。他对文章予以高度评价，并以高达500美元的月薪聘请文章的作者多德为法律顾问。多德千方百计地为洛克菲勒的公司寻找法律上的漏洞。一天，多德在研读《英国法》中的信托制度时，产生灵感，提出了"托拉斯"这个垄断组织的概念。在"托拉斯"理论的指导下，洛克菲勒如愿以偿地创建了一个史无前例的联合企业——托拉斯。19世纪80年代，标准石油公司把石油市场从欧洲扩展到亚洲，进而扩展到全世界。1884年，洛克菲勒把标准石油公司总部迁到纽约市百老汇大街26号，建立了全世界最大的石油集团企业。洛克菲勒成了享誉海内外的"世界石油大王"。

1888年，公司开始进入上游生产，收购油田。1890年，标准石油公司成为美国最大的原油生产商，垄断了美国95%的炼油能力、90%的输油能力、25%的原油产量。标准石油公司对美国石油工业的垄断一直持续到1911年。

1890年，美国国会通过了反托拉斯法。洛克菲勒对托拉斯采取明撤暗存的办法，把重心转移到新泽西标准石油公司，因为新泽西州的法律允许该州的公司持有其他州公司的股权，从而在"合法"旗帜下，把"队伍"重新集合起来，注册资本从1000万美元扩大到1.1亿美元。1899年，新泽西标准石油公司改组为控股公司，原先标准托拉斯的成员公司基本上变成了它的子公司。1911年，联邦最高法院裁定它违背反托拉斯法，把它解体为34家公司。这是石油史上第一次采用法律手段进行的反垄断。

## ◎"石油教父"——约翰·费希尔

约翰·费希尔生于锡兰（今斯里兰卡）一个贫穷的英国农场主家庭。1854年，13岁的他作为一名军校学生加入了英国皇家海军，以其聪明才智、严谨及坚强的意志，很快得到了升迁。他最早是作为鱼雷专家闻名于海军的。

后来他进行过潜艇、驱逐舰、舰炮火力和海军飞机等方面的研究，1904年起担任了6年的海军大臣。最后，他将目光转到了石油应用的问题上。后来，马库斯·塞缪尔一直将其作为“石油教父”来怀念。

费希尔有着执著的信仰。在海军中，他是一位提倡技术进步的重要人物。他的“黄金规则”是：决不能“让我们自己被别人超越成为‘等外品’”。他早在1901年时就提出：“燃料油肯定将使海军战略革命化。这是事关‘唤醒英国’的问题。”他要舰队用石油取代煤作为动力，好处是能够提高军舰的速度、效能和机动性。

他的主要目标始终不变——使皇家海军进入工业时代，以便战争来临时有备无患。他比大多数人都更早地确信：英国的敌人将是欧洲大陆兴起的可怕的工业对手——德国。他推动皇家海军和英国政府开发石油。因为他深信石油燃料在未来的世界冲突中，不可避免地会是关键性的因素。费希尔在海军部成立石油委员会，寻求可靠的油源。

可以说，费希尔是第一个意识到石油燃料将对英国工业产生巨大影响的人，也正是他建议丘吉尔使英国皇家海军改用石油燃料的。

19世纪在军舰发展史上占有特殊的地位，在动力、船体、火炮等方面完成了由古代战船向现代军舰的演变。19世纪也诞生了很多著名的军舰，如美国的“德莫罗哥斯号”和英国的“紫石英号”。但是，这些军舰都不是靠石油燃料驱动的（主要是以煤为燃料）。19世纪末20世纪初，石油工业发展迅速，石油被运用到军舰上，为军舰发展提供了新鲜的血液。

## ◎ 第一船煤油出口欧洲——石油工业从一开始就是国际性产业的标志

1859年的“德雷克井”，宣告了现代石油工业的诞生。其后不到两年，即1861年，第一船煤油出口欧洲，意味着石油工业从一开始就是以世界市场为目标的国际性产业。

尽管世界其他地方在等待着来自美国的“新光明”，但把第一船油运往欧洲却不是件容易的事。用船装运煤油可能爆炸起火，这让水手们不胜恐惧。终于，在1861年，费城的一位船主用酒将水手灌醉，几乎是把他们挟持到了即将起航的船上。此船最后安全到达伦敦。全球贸易的大门由此打开。美国石油迅速在整个世界赢得市场。各地的人们开始享受煤油带来的好处。所以，几乎从一开始，石油就是一项国际性事业。如果没有国外市场，美国石油不可能发展到它后来所拥有的规模和水平。在欧洲，经济增长、工业化和城市化进程，以及数十年来困扰着欧洲大陆国家的动植物油短缺，使得对美国石油产品的需求迅速增长。美国驻欧洲国家的领事也热衷于推介这种“美国人的发明”。有时他们还自己掏钱买油，分给客户。这样更加速了各地市场的开拓。试想一下全球需求意味着什么？整个世界使用的这种照明物质，不仅只产自一个国家，而且大部分只产自一个州——宾夕法尼亚。后来再也没有一个地区能如此控制原料供应。几乎一夜之间，出口贸易对新兴的美国石油业和整个国民经济变得极为重要。19世纪70年代和80年代，煤油出口占美国石油产量的一半以上。煤油成为美国最大的出口制成品，第四大出口商品。欧洲是其最大的市场。

到19世纪70年代末，处于统治地位的不仅是一个州，而且是一家公司，即美孚石油公司——至少90%的煤油由美孚公司出口。它对自己的绝对优势地位充满信心，并准备以美国为基地去征服全球。的确，洛克菲勒把“我们的计划”推向全世界。该公司的对外总代表说：“在世界贸易史上，从来没有一种来自一个地方的产品像石油那样征服了文明国家和非文明国家的那么多角落。”

## ◎ 石油成为第一战略物资的开端

1911年，丘吉尔受命担任英国海军第一大臣。他上任伊始，就立志全力以赴整顿英国的军备，以应付迟早要发生的与德国海军的摊牌之战。他面临的一个非常重要并有争议的问题，就是要不要把英国海军从一向以煤作燃料改成以石油作动力资源。

许多人认为改变燃料的做法是彻底的蠢事，因为这么一来海军就不再依赖安全可靠的威尔士煤，而去依靠遥远的波斯石油。丘吉尔说：“让海军以石油作燃料是势在必行，确实会‘招来无限的麻烦’。但是这在战略上却有许多明显的优点，如更快的速度和更节省人力。”于是，他决定把英国的“海军优势建立在石油之上”。丘吉尔的这个信念在以后的几十年中得到了验证。这应验了丘吉尔的那句话：“主宰本身就是冒险的奖赏。”

1911年5月，英波石油公司与英国政府签订了两份合同：政府向英波石油公司投入200万英镑资金，持有公司51%的股份；公司今后20年内向海军部供应4000万桶燃料油，从1914年7月开始。

就这样，英国海军在1911年夏天和石油完全结合在一起了，英国政府承担起英波石油公司主要股东的角色。石油第一次但绝不是最后一次成为国家政策的一个工具，成了第一位的战略商品。

## ◎ 旅行世纪——汽车的革命

1919年，一位名叫德怀特·艾森豪威尔的美军上尉情绪低落。在他看来，和平时期的军旅生涯就是漫长、单调乏味的清贫生活。他考虑离开军队，去印第安纳波利斯，接受战友提供给他的一份工作。但后来，他听说军队需要一名军官参加一个横贯美国大陆的拉力车队。组织这次活动，是为了向美国人民展示汽车运输的巨大潜力，让人们清楚地看到美国需要更好的高速公路。只是为了摆脱他的无聊，为了在西部安排一次花销不多的家庭度假，他报了名。他后来说："在当时的情况下，从东海岸开到西海岸是一次真正的冒险。"在他的记忆中，这是一次"乘坐卡车和坦克穿过最黑暗的美国"的旅行。

1919年7月7日，在白宫草坪南边的零千米路碑处举行了致辞仪式，然后旅行开始。车队共有42辆卡车，5辆供参谋、观察和侦察人员用的客车，还有摩托车、救护车、坦克卡车、野战炊事车、活动修理车，以及信号兵的探照灯车。从这些司机的业务知识和开车技术来看，至少是对艾森豪威尔来说，他们对内燃机车队倒不如对马队更熟悉。头3天，车队每小时行进9千米。艾森豪威尔说："不怎么样，和最慢的运兵军用火车差不多。"这种速度就再也没有快过。在旅途中，不是车轴和皮带断了，就是火花塞出了问题，再不就是刹车失灵。而道路呢？按艾森豪威尔的话说：简直是各式各样，"从马马虎虎有条路，到无路可寻。在有些地方，沉重的卡车陷进路面，我们得用履带拖拉机把它们一辆一辆地拖出来。有些日子，我们原指望每天走60、70或100英里（1英里＝1.6千米），但结果只走了三四英里"。

从7月7日离开华盛顿，直到9月6日，这支拉力车队才到达旧金山。车队在欢呼人群的簇拥下游行了一圈之后，加利福尼亚州州长致祝词。他把司机比作"不朽的49人"。艾森豪威尔则看到了未来。他回忆说："这个老车队使我开始考虑到修建条件好的双车道高速公路。"这导致了35年后，他作为美国总统，积极倡议修建一个庞大的州际高速公路网。总之，1919年，艾森豪威尔一行的这次慢腾腾的"穿越黑暗的美国"的旅行，标志着一个新时代的开

端——美国人的摩托化。

1916年，迪特丁曾给在美国的一名壳牌高级董事写道："这是一个旅行的世纪。战争造成的不安分会使旅行的愿望更为强烈。"他的预言在战后的年代里很快得到证实。其结果不仅改变了石油工业，而且改变了美国乃至全世界的生活方式。

这场转变以惊人的速度发生着。1916年，也就是迪特丁作出预言的那一年，大约有450万辆车在美国注册。但是，到了20世纪20年代，组装线上的汽车便以令人炫目的速度滚滚而来。20年代末，美国的注册车辆已激增至2310万辆。这当中的每一部车都一年比一年跑得更远。1919年，车辆的平均行车里程为4500英里，1929年达到7500英里，并且每辆车都是用汽油驱动的。

美国的面孔由于汽车大规模地出现而发生了变化。在《仅仅是昨天》一书中，费德里克 · 艾伦描述了20世纪20年代的新面貌："铁路边上那些曾经繁荣一时的村庄，其经济开始萧条。而靠近61号公路的村庄却刹时兴盛起来。到处可见车库、加油站、热狗摊、饭店、茶馆、旅行者之家、露营地，以及一派热闹富足的景象。市区电车营运衰减下去。一条又一条的铁路支线被遗弃了。20年代初，大多数的城镇只需在主要街道上安排一名交通警，就足以控制市内的交通。可是，到20年代末，发生了多么巨大的变化啊！红绿灯、闪光信号灯、单行道、干道车站、越来越严格的停车法都出现了。每一个周六和周日的下午，中心街道上的车辆络绎不绝。它们一辆接一辆，有时能排满几个街区……蒸汽时代已被汽油时代所代替。"

在美国，这场汽车革命的影响远比世界其他任何地方都要大。到1929年，世界上78%的机动车集中在美国。那一年，美国每5个人就拥有一辆车，而英国平均每30个人才有一辆，法国是每33人一辆，德国每102人一辆，日本每702人一辆，苏联每6130人一辆。毋庸置疑，美国是最大的汽车之邦。

## ◎"新光明"让位给"新燃料"——汽油的时代

美国进入机动车文明时代，还伴随着一个重要的发展，这就是遍布全国各地的汽车加油站的出现。20世纪20年代以前，大部分汽油由商店出售。他们把汽油装入罐子或其他容器，放在柜台下面或者商店的后院里。产品没有商标，开车人无法知道他得到的是汽油，还是掺了廉价石脑油或煤油的劣质产品。除此之外，这种销售方式是令人讨厌的和繁重的，速度也很慢。机动车时代之初，一些零售商试图用汽车将油送到每一户。这个主意从来没有真正实现，主要原因是这种车常常会爆炸。

需要有一种更好的办法，那就是开车进入式加油站。建立世界上第一个加油站的荣誉应属于好几个不同的发起人。但根据《全国石油消息》报道，其中最突出的是1907年在圣路易斯的汽车汽油公司。这家石油出版物在内页登了一则小消息，题目是《为开车人设立的车站》。文章说，圣路易斯的汽车汽油公司成功地试验出一种直接供应汽车用油的方法。后来，该报编辑参观了该公司设在圣路易斯的第二个加油站。在他眼里，这个加油站完全是一堆破烂。一个简陋小屋，堆着几桶汽油。屋外有两个破旧的热水罐安在高高的支架上。每个罐子都接着长长的浇花园用的水管，利用高低落差将汽油注入汽车的油箱。这或多或少就是早期加油站的面貌：门面狭小，空间拥挤，肮脏不堪，破破烂烂，只有一两个油罐，而且还要通过一条狭窄的土路，汽车才能勉强地开到大街上去。

直到20世纪20年代，加油站才得到真正的发展和壮大。1920年出售汽油的销售点绝对不超过10万个，其中一半是杂货店、百货店和五金商店。10年后，这类商店很少继续出售汽油了。据估计，1929年汽油零售点数目已经增至30万个。它们几乎全部是加油站或汽车修理行。开车进入式加油站从1921年的1.2万个增加到1929年的14.3万个。

加油站遍布各地，大城市的街角，小城市的主要街道上，乡间的十字路口处，到处都是。在得克萨斯州的沃思堡，一个受人欢迎的高级加油站开张了。它有8个油泵和3条通向大街的道路。但加利福尼亚，特别是洛杉矶才算得上是真正的现代化加油站的诞生地。那里有带有巨大标志的标准建筑，有休息室、阳棚、优美的环境和柏油路。由壳牌首创的“饼干盒”式加油站，以惊人的速度遍布全美国。到20世纪20年代末，壳牌不仅从汽油销售中赚钱，而且还从轮胎、电池和附件的销售中获利。印第安纳美孚石油公司，把加油站变成一个高大的商店，除了汽油，还出售全套石油产品。从摩托车油到家具上光蜡，从缝纫机油到吸尘器油，无所不有。一种新型的油泵很快传遍全国。这种油泵先将油打入上方的一个玻璃杯中，让顾客看看汽油的成色。然后，再注入顾客的汽车油箱里。

随着加油站的发展，竞争也日趋激烈。它们高高打出新时代的种种标志和记号：德士古的五角星，壳牌的扇形贝壳，太阳公司的闪光钻石，联邦公司

的“76”，菲利浦的“66”，索科尼的飞马，海湾公司的圆碟，印第安纳美孚公司的红色皇冠，辛克莱的雷龙，新泽西美孚石油公司的具有爱国象征意义的红、白、蓝三色等。竞争迫使各个石油公司设计自己的商标，以保证自己的商品在全国各地都可以被识别。这些商标都变成了非宗教的偶像。当司机们沿着遍布美国并且不断延长的道路驾车奔驰时，看到这些标志，他们感到亲切熟悉，充满信心，富有安全感以及归属感。

加油站激发了石油公司对道路交通图的发展。一位专家将其称为“美国对制图学的独特贡献”。第一张专门指导车辆的路线图可能是1895年《芝加哥时代先驱报》上登出的一张图，它被用来指导该报社赞助的一次54英里的汽车比赛。然而，1914年，交通图才正式出现。海湾公司在匹兹堡设立了第一个加油站，一位当地广告界人士建议在加油站免费分发地图。到了20世纪20年代，这个主意迅速传播开来，地图成了大量销售的东西。

当然，还有其他许多吸引顾客的设施和花样。1920年加利福尼亚壳牌分公司为加油站的工作人员免费提供制服，而且每周报销三次洗衣费，但禁止工作人员在工作期间看杂志和报纸，禁止收取小费。到1927年，那些被称为“加油站推销员”的人要问顾客：“我可以帮您检查一下轮胎吗？”公司不允许他们在工作时有“个人的观点和偏见”。“推销员在为东方人和拉美人服务时，应该小心谨慎，和他们谈话不能用支离破碎的英文。”

这一切表明，这一时期不仅是全球汽油零售的第一次高峰，也是汽油时代的开端。

## ◎ 委内瑞拉发现洛斯巴罗索油田

20世纪20年代，委内瑞拉还是个人口稀少、贫困的农业国。1922年12月，壳牌石油公司在委内瑞拉马拉开波盆地拉罗萨油田的巴罗索油井，突然冒出了无法控制的油流，从而打开了拉美的石油生产大门（图3.5）。这一发现开始了石油大狂热。一百多批人，大部分是美国人，也有一些是英国人，不久就在这个国家里活跃起来。从全球最大的公司起到像威廉 F. 巴克利这样的独立石油经营者都有。石油开发高速进行。1921年，委内瑞拉仅生产140万桶石油。到1929年，它生产了1.37亿桶石油，从而使它在总产量方面仅次于美国。那年，石油为委内瑞拉提供了出口收入的76%和政府财政收入的一半。这个国家已成为皇家荷兰壳牌石油公司石油生产的一个最大的来源。到了1932年，委内瑞拉成为英国最大的石油供应者，其次是波斯，然后是美国。

图 3.5　1922 年的大井喷（引自《石油世纪》）

## ◎ 联邦石油保护委员会

第一次世界大战后，国内石油枯竭的预测震动了美国。1919 年，包括美国地质调查局局长在内的许多人发表了充满忧虑的预测：美国的石油将在 9 年内耗尽。面对这种甚嚣尘上的歇斯底里般的叫嚣，1924 年，美国总统古利格设立了“联邦石油保护委员会”，起草相关法规来保护国家的石油资源。

**知识链接：茶壶山风波——石油大博弈**

“茶壶山丑闻”是20世纪20年代发生在美国政界和舆论界关于石油的一场博弈，是美国最著名、最奇特的丑闻之一，也是美国历史上很不光彩的一页。丑闻沸沸扬扬，吵了6年之久，反映和暴露了政府高官同石油商人互相勾结、收受贿赂、损害国家利益的真相。

## ◎ 诺贝尔家族成为俄国的“洛克菲勒”

19世纪70年代，瑞典人路德维格·诺贝尔获得了一个为俄国政府生产来复枪的大规模合同。制造枪托需要木材，路德维格派遣其兄罗伯特·诺贝尔（化学家、炸药大王）南行去高加索寻找胡桃木。1873年3月，罗伯特·诺贝尔来到巴库，正遇到巴库原油产量大增。他用路德维格交给他采购胡桃木的“胡桃木资金”买下了一座小型炼油厂。诺贝尔家族于是进入了石油业。1878年，注册诺贝尔兄弟石油公司。到19世纪末，诺贝尔兄弟公司开采了9320万普特（约15.27万吨）原油，占整个俄国石油总产量的17.7%，占世界石油总产量的8.6%，成为俄国的“洛克菲勒”。

## ◎ 巴库油田的兴衰

巴库是阿塞拜疆共和国首都，位于里海西岸阿普歇伦半岛南部。其面积约2200平方千米，人口近170万。阿塞拜疆盛产石油和棉花。阿塞拜疆人骄傲地称之为“黑金和白金”。在其共和国的国徽上，刻着石油井架与棉铃图案，是这个国家两大经济支柱的象征。实际上，巴库是一座非常古老的城市，其最早的历史可追溯到5世纪，18世纪成为巴库汗国的都城。1806年并入俄国，1920年成为苏联阿塞拜疆共和国的首都。直到20世纪初，巴库还是一座落后的城市，城里没有树木，满街烟尘滚滚。俄国十月革命以后，随着里海石油的大规模勘探开发，巴库的城市面貌焕然一新，逐渐建设成为一座高楼林立、绿树成荫的现代化城市。1940年，巴库的石油生产达到高峰，其产量占当时苏联总产量的71.5%。此后，巴库原油产量开始下滑，但直到1950年，它仍然是苏联的第一大油田，石油产量占苏联总产量的39.2%。20世纪50年代后，由于储量日益衰减，原油产量在累计开采12亿吨之后走向衰退，生产形势急转直下。1955年原油产量占全苏联的比重降为15%，1970年跌至5%左右。到20世纪80年代，其所占比重不到2%，随之而来的是城市的发展速度大为减慢，地位不断下降。

## ◎ 苏门答腊——皇家荷兰壳牌公司的结缘地

东印度几百年前就发现石油矿苗，当地人很早就使用少量的"地油"来缓解"四肢僵硬"及其他病痛。1880年的某一天，东印度苏门答腊烟草公司的经理埃尔科·詹斯·齐吉尔根到苏门答腊海边狭长的沼泽地，察看烟草种植场。当地一个监工燃起了一根火炬，吸引住了齐吉尔根。后来他在当地采集了一些黏糊糊的物质进行化验，结果是：这种物质含有59%～62%的煤油。于是，他从当地获得石油租借地，取得了石油开采权，1885年钻出了第一口成功的油井。然后，他在家乡荷兰争取到前荷属东印度总督和前东印度中央银行首脑等名人的支持。荷兰国王威廉三世同意授予这项投机事业在名称上冠以"皇家"称号的特权。1890年，皇家荷兰石油公司成立。公司扩大海外市场，积极建立自己的销售组织，摆脱中间商。皇家荷兰石油公司的业务以惊人的步伐向前发展：在1895年到1897年之间，产量增加了5倍。这家公司经过几年的奋斗，成功地在苏门答腊的丛林中打开了一条生财之路，开拓了世界上第三个重要产油区。

英国商人马库斯·塞缪尔创立的壳牌贸易公司，从事英国和远东之间的贸易。1890年他参观巴库油田后，开始经销罗思柴尔德家族布尼托公司的俄国石油，参考诺贝尔公司的油轮设计，定制了多条散装油轮。1892年，第一条油轮"骨螺号"通过了苏伊士运河。壳牌公司1895年在东印度群岛获得了石油租借地。1879年2月，第一口井出油。1898年打成一口自喷井，建起了炼油厂和管道。塞缪尔把所有的石油业务合并为一家新公司——壳牌运输和贸易公司。

标准石油公司为了垄断市场，欲出高价收购壳牌公司。壳牌公司选择了与皇家荷兰石油公司联合，来对付强大的标准石油公司。但由于马库斯·塞缪尔1902年11月10日就任伦敦市长，无暇顾及公司的发展。当皇家荷兰石油公司的业务蒸蒸日上之际，壳牌公司却每况愈下。壳牌公司不得不把管理权交给皇家荷兰石油公司。真正的合并在1907年完成，从此诞生了皇家荷兰

壳牌集团。

## ◎ 沙特和科威特发现油田

1933年英国在沙特阿拉伯（以下简称沙特）发现油田，1934年在阿联酋发现石油，1938年在科威特发现石油。而在此之前，中东基本上被认为是一片荒漠。

沙特曾经是一个土地贫瘠、资源匮乏、地广人稀的沙漠之国。1938年在达兰地区发现了石油，沙特的历史从此发生了根本变化。依靠对石油资源的开发和利用，沙特从一个贫穷的国家发展成为一个人均收入位居世界前列、实力雄厚的新兴国家。

科威特国土面积虽不足1.8万平方千米，但油气资源十分丰富。科威特的油井大多分布在与沙特和伊拉克接壤的边界地区。

## ◎ 墨西哥的石油国有化运动

20世纪头20年，墨西哥曾是仅次于美国的世界第二大石油生产国。当时墨西哥石油大部分由外国公司控制，外国公司不向墨西哥政府缴税，却向其本国的政府缴税。1937年5月，墨西哥石油工人罢工，要求提高工资，其他工会准备举行全国总罢工来支持，而在墨西哥的外国石油公司拒绝这些要求，并提出起诉。

1938年3月18日，卡德纳斯总统召开内阁会议，决定把石油收归国有，没收外国公司的石油资产。这一举动使墨西哥之鹰石油公司首先起来反抗，组织全球性的石油禁运，不让墨西哥石油出口，企图扼杀墨西哥的经济。英国政府表示支持，要墨西哥政府归还墨西哥之鹰石油公司的资产。由于英国的禁运，墨西哥成为德国和日本最大的石油进口国。为了不把墨西哥推入德、意、日法西斯轴心国的怀抱，美国罗斯福政府认为争取墨西哥是战略性的大事，石油公司的资本是小问题，于是要求石油公司不要采取过激行为。最终由墨西哥象征性地作出一些补偿以了结此事。

墨西哥国有化运动使得墨西哥的石油国有化，促进了本国石油工业的出现和迅猛发展，为本国的经济发展作出了巨大的贡献。墨西哥国有化运动，带动了其他发展中的产油国家与不合理的石油经济秩序作斗争，使得其他产油国家后来也相继发动了石油国有化运动。

## ◎ 马歇尔计划与石油

马歇尔计划是第二次世界大战后美国对被战争破坏的西欧各国进行经济援助、协助重建的计划。

第二次世界大战欧洲战场胜利后，美国凭借其在第二次世界大战后的雄厚实力，帮助其欧洲盟国恢复因世界大战而濒临崩溃的经济体系，以抗衡苏联和共产主义势力在欧洲的进一步渗透和扩张。当时欧洲经济濒于崩溃，粮食和燃料等物资极度匮乏，美国用其生产过剩的物资援助欧洲国家。马歇尔计划最初曾考虑给予苏联及其在东欧的卫星国以相同的援助，苏联可以为欧洲提供大量的石油、矿产等经济建设必需的资源。但事实上，美国担心苏联利用该计划恢复和发展自身实力，因此故意提出许多苏联无法接受的苛刻条款，最终使其和东欧各国被排除在援助范围之外。

第二次世界大战后，欧洲能源结构巨变，1950—1960年欧洲消耗煤炭由85%降到47%，石油则从15%上升到51%。经济建设的上游是能源。第二次世界大战后，欧洲消耗的中东石油1947年占43%，1948年占66%，1950年占85%。1948年4月至1952年4月，美国援助西欧的131亿美元中，有13.896亿用于石油。到1950年，西欧各国生产已达到战前水平。1952年，英国、法国、德国、意大利等国工业生产分别比战前增长13%、29%、48%和115%。马歇尔计划原定期限为5年，由于西欧经济恢复较快，到1951年底就提前结束了。这一切得益于中东廉价的石油。

## ◎ 伊朗石油国有化运动的失败

伊朗是位于波斯湾北岸盛产石油的国家，1954年它的石油蕴藏量达19.95亿吨，由英伊石油公司掌握其石油开采权。1933年签订的《英伊石油协定》规定，伊朗政府仅能获得利润的20%。英伊石油公司形成“国中之国”。它由英国军警管辖，伊朗法律在此不能应用。伊朗工人备受剥削，却无罢工权利。第二次世界大战后，美国、英国、苏联军队先后从伊朗撤出，但英国在伊朗仍享有巨大的权益。美国势力也大力向伊朗渗透，企图取代英国。

有压迫就有反抗。委内瑞拉实现石油利润对半分成，墨西哥1938年实现石油国有化，1950年秋沙特阿拉伯与阿美公司五五分成，在此背景下，伊朗石油国有化运动爆发。1950年3月，马术尔港石油工人罢工，学生、职员游行声援。4月22日，国王巴列维派军警镇压。在议会中，摩萨台主张国有化，而总理拉兹马拉在演讲中反对国有化，4天后被暗杀。教育大臣也遇刺。国王的实力被削弱。1951年3月14日，伊朗国民议会通过民族民主运动领导人摩萨台提出的石油国有化法案。4月28日，议会选举摩萨台为新首相。4月30日，成立伊朗国家石油公司，将英伊石油公司收归国有。为了对抗伊朗的石油国有化法令，英国政府对伊朗实行经济封锁，美国调停，趁机控制其石油。1953年8月，美国、英国支持巴列维国王的政变成功，摩萨台被捕入狱，后来死在狱中，轰轰烈烈的反英民族主义运动被镇压了下去。西方国家石油公司组成伊朗石油参股组织（IOP），取代英伊石油公司，英国占股权的40%，美国占40%，壳牌占14%，法国占6%。1954年10月29日，经艰苦谈判后双方承认，石油资源、设施原则上归伊朗所有，美国、英国等进行管理、经营、销售和出口。

## ◎ 苏伊士运河危机带来了什么影响

1956年，埃及总统纳赛尔宣布，把苏伊士运河收归国有。英国、法国两国勾结以色列对埃及发动战争，造成苏伊士运河关闭。这就是苏伊士运河危机。苏伊士运河的国有化刺痛了英国和法国。它们不仅失去了运河的殖民利益，而且失去了对这条黄金通道的控制权。20世纪50年代的英国和法国，石油消费量迅速上升，而其国内基本上不生产石油。它们所需要的石油主要来自中东，而且主要依靠苏伊士运河运输。英国石油公司和法国石油公司这两家大石油公司的原油几乎全部产自中东，全部要通过苏伊士运河运到英国、法国。

运河堵塞了，这条石油的黄金通道中断了，西欧的石油要绕道非洲南端的好望角，航程要增加5500海里（1海里＝1852米）。为此，需要巨大的油轮，后来日本制造出了30万吨的油轮。这无疑是苏伊士运河事件意外催生出来的。叙利亚切断了伊拉克石油公司输往地中海的管道；沙特阿拉伯对英国、法国两国实行了石油禁运；科威特的供油系统停止了运行。西欧其他国家对此表示强烈不满。这是阿拉伯国家第一次动用石油武器，也是西方国家第一次尝到石油禁运的滋味。这次石油危机使得欧洲国家认识到石油储备的重要性，特别是受到重创的日本，加快了本国石油储备的建设；同时也使欧洲国家认识到石油对自身的制约性，它们开始开源节流，积极开发本国石油资源和新能源，减少对石油的依赖。这种意识得到了广泛的认同。

## ◎ 苏联发动出口石油的竞争

1955年，苏联发动出口石油的竞争。

冷战时，苏联的工业品主要在社会主义阵营和亲近苏联的国家之间销售。这种工业品贸易带来的外汇比对西方出口能源获取的外汇要少得多，不能满足苏联从西方进口本国短缺物资的需求。为此，苏联把扩大能源出口作为发展外贸的基本政策。到20世纪60年代，石油和石油产品已经成为苏联对西方出口换取外汇的主要项目。

## ◎ 艾森豪威尔实施石油进口限制

20世纪50年代到80年代初，美国政府的保守主义能源战略是以石油进口和价格管制的政策为核心的。20世纪50年代初，美国还是石油净出口国，其石油的剩余产能足以保证西欧国家应对石油供应出现的临时性短缺。但是，随着美国经济的发展，石油的进口量不断上升，美国逐渐由石油净出口国变成石油进口国。美国本土的石油生产商纷纷要求政府对石油进口加以管制，以保护本国石油工业。1957年和1959年，艾森豪威尔政府先后颁布了《限制石油进口计划》和《强迫限制石油进口计划》，对进口石油采取进口配额制。但在第一次石油危机爆发前，美国的石油进口量已经占到总消费量的36%。1973年，尼克松政府为了鼓励国内石油生产，减少石油进口，提交国会通过了《石油紧急配置法案》，使得联邦政府有权对石油价格、生产、调配和销售进行管制。

## ◎ “石油禁运”与“石油武器”

1967年6月5日早晨7时45分，以色列出动了几乎全部空军，对埃及、叙利亚和伊拉克的所有机场进行了闪电式袭击。空袭半小时后，以色列地面部队也发动了进攻，阿拉伯国家进行抵抗。至10日战争结束，阿拉伯国家失败。这就是第三次中东战争，也称“六五战争”或“六天战争”。在这次战争中，阿拉伯国家损失惨重，不但伤亡了几万人，而且加沙地带、西奈半岛、约旦河西岸、耶路撒冷旧城和叙利亚的戈兰高地均被以色列占领，100万阿拉伯人被迫逃离自己的家园，沦为难民。于是，阿拉伯国家拿起石油武器，对支持以色列的西方国家采取石油禁运。

此次禁运的最大量约为每日150万桶——等于正常情况时运往3个遭禁运国家（美国、英国和德国）的数量。由于损失的150万桶可以在极短时期内补上，因此，到1967年7月，“六天战争”后仅一个月，“阿拉伯石油武器”和“有选择的禁运”明显失效。

## ◎ 国际上的两次石油危机

第一次危机（1973年）：1973年10月6日是犹太人的赎罪日，阿拉伯人利用这个时机发动了打击以色列、收复失地的新的中东战争。与此同时，阿拉伯产油国同外国石油公司进行提高石油标价的谈判。10月14日谈判破裂。10月16日，海湾五个阿拉伯产油国和伊朗的代表在科威特开会，决定单方面把每桶石油的标价提高70%。几十年来国际石油资本寡头垄断集团控制石油市场价格的局面宣告终结。10月17日，阿拉伯产油国的石油部长决定逐步削减对美国、日本和欧洲的石油供应量。美国没有重视这一举措，10月19日宣布对以色列提供22亿美元的紧急军事援助，这一举动激怒了主要产油国。当天，利比亚首先宣布对美国禁运石油。10月20日，沙特等海湾阿拉伯产油国停止向美国供应石油。到12月，世界市场每天的石油供应量减少了500万桶。12月下旬，欧佩克德黑兰会议决定再次提高石油价格。

提价、减产和禁运同时发生，使西方国家经济出现一片混乱。提价以前，石油价格每桶只有3.011美元，两个月后，到1973年底，石油价格达到每桶11.651美元。石油提价大大加大了西方大国的国际收支赤字，最终引发了1973—1975年的世界经济危机。

第二次危机（1979—1980年）：1978年底，当时的世界第二大石油出口国伊朗发生推翻巴列维国王统治的“伊斯兰革命”。1978年12月26日至1979年3月4日，伊朗石油出口全部停止，世界石油供应突然减少了500万桶／日，再加上西方各国政府和石油公司竞相在现货市场上抢购石油，造成石油供应短缺，石油价格飞涨，从每桶13美元猛升至34美元，引发了第二次“石油危机”。紧接着，1980年9月22日，伊拉克突袭伊朗。两伊战争的爆发使伊朗和伊拉克的石油出口一度完全中断，国际市场石油价格一度暴涨到每桶42美元。但由于1979年以来持续一年多的抢购，使西方国家有了较充足的石油储备，加上沙特阿拉伯迅速提高了本国石油产量，所以到1981年油价终于稳定在每桶34～36美元的欧佩克标价范围内。

这两次油价暴涨给发达国家的经济带来严重影响，同时也推动了发达国家在非欧佩克地区的石油勘探开发。因此，1982年以后，世界石油市场出现了石油供大于求。

## ◎ 石油“七姊妹”

石油“七姊妹”是西方石油工业中常见的一个词汇，指当初洛克菲勒的标准石油公司解散后，成立的三家大石油公司和另外四家有国际影响力的石油公司。1975 年，一位英国记者写了一本关于石油历史的书。这本书中提出了“Seven Sisters”一词。自此，“七姊妹”成为西方石油工业巨头的代名词，也被称为国际石油卡特尔。

这脱颖而出的石油“七姊妹”，有三家是标准石油公司的血缘至亲，即埃克森（新泽西标准石油公司）、美孚（纽约标准石油公司和真空石油公司）、雪佛龙（加州标准石油公司）；两家来自欧洲资本，就是皇家荷兰壳牌集团和英国石油公司；另外两家是美国资本的德士古和海湾石油公司。“七姊妹”相互勾结，相互利用，明争暗斗，你争我夺，在盘根错节的利益关系中，控制着风云变幻的石油世界。

当时，这七家石油巨头实际上代表着一种利益的联盟，垄断着石油市场。

## ◎ 石油公司的合并浪潮

20世纪70年代，欧佩克国家实现石油工业国有化。这使得那些大跨国石油公司失去了90%的上游资产，上、下游严重失调。它们急于通过企业兼并，获得大量储量和产量。1981—1982年，美孚等几家公司企图兼并较大的石油公司（大陆、马拉松），美国政府以反垄断为名不予支持，以致有两家大石油公司投入到非石油公司的怀抱。但是，从1983年起，美国政府不但不干预，反而同意更大石油公司间的兼并。这是因为，世界经济实现了全球化，大公司的兼并不会形成对世界石油市场的垄断，而合并更有利于增强公司在世界石油市场上的竞争力。

20世纪80年代中期和90年代末，世界大跨国公司进行了两轮大兼并、大改组。这些兼并，在世界石油工业乃至整个世界经济中产生巨大反响。经过上述重组活动，石油行业的原有格局彻底改变了，多年来一直被石油界称为“七姊妹”的世界七大石油公司演变为五巨头：埃克森美孚、皇家荷兰壳牌、英国

石油（BP）公司、雪佛龙德士古、道达尔菲纳埃尔夫。

强强联合，实现规模化、上下游一体化，使得超大型石油公司的力量得到进一步加强。同时，强强联合为这些超级石油公司带来了巨大的协同效益，总额每年超过100亿美元，将节省的成本资本化，可以给股东创造近1000亿美元的价值。BP公司通过一系列的合并收购，每年节省成本58亿美元；埃克森与美孚合并后，仅2000年便节省开支46亿美元；雪佛龙与德士古合并后，年削减成本20亿美元。

## ◎ 石油巨头——跨国石油公司

“石油巨头”，顾名思义是指世界上叱咤风云的大跨国石油公司。在150多年的世界石油工业史中，石油巨头大体上经历了三代。

第一代是约翰·洛克菲勒的标准石油公司，曾经垄断美国石油炼制、石油运输、成品油销售量的90%及原油产量的90%，垄断了美国以外油品销售市场的80%。其市场除美国外，油品消费的主要市场在欧洲。

第二代是著名的石油“七姊妹”——埃克森、美孚、壳牌、雪佛龙、德士古、英国石油和海湾石油这7家。它们组成了垄断资本主义石油市场的卡特尔。在美国以外资本主义世界，它们垄断了80%以上的石油租借地，90%的原油储量和几乎全部石油贸易量。它们决定着市场的价格。

第三代是20世纪90年代末以来，经过结构重组后形成的6个超级石油巨头——埃克森美孚、英国石油（BP）、皇家荷兰壳牌、雪佛龙、道达尔和康菲（Conocophillips）。它们的年营业额均在2000亿美元以上，位列世界500强前茅。

## ◎ 国家石油公司——世界石油舞台上的“国家队”

国家石油公司是指那些由国家投资组建、以实施国家战略目标为使命的石油公司。世界上曾有80多个国家成立过国家石油公司。目前，国家石油公司仍然在世界石油工业中发挥着极其重要的作用，与国际大石油公司一并成为世界石油勘探开发领域的主力军。国家石油公司有以下几个特点：

首先，都有本国政府的大力支持做后盾。政府在外交、政策、税收、金融等方面对国家石油公司的发展给予大力支持。同时，国家石油公司代表国家对本国的油气资源进行管理和经营，维护国家权益，利税上缴国家。

其次，都依托上游逐步建立起一体化的产业链条，实力大增。通常，石油储产量是国家石油公司的最大优势。世界上拥有石油储量最大的10大石油公司都是国家石油公司。国家石油公司初创之时，下游非常薄弱，受制于跨国公司。以后，许多国家石油公司大力发展下游业务，而且还打入欧、美发达国家开拓业务，有些业务能力甚至超过了一些国际大石油公司。

其三，以国际化经营带动公司快速发展。一些发展中国家的石油公司打破只在本国范围内"守摊"的局限，先后走出国门，到国际大舞台上去参与竞争。在上游参与全世界油气资源的再配置，在下游争取、巩固和扩大市场份额，并以国际化促进上下游一体化。

历经几十年的摸索发展，各国国家石油公司凭借其资源禀赋优势，凭借其多年来在石油技术、人才和管理等方面的积累和储备，凭借其在开展国际合作和跨国经营中的丰富经验，已具备相当雄厚的实力，成为世界石油舞台上一支颇具影响力的"国家队"。

**知识链接：世界上最早的国家石油公司**

阿根廷是发展中国家创建国家石油公司的先驱。1907年和1918年，阿根廷先后在打水井时发现了石油。政府为了摆脱以"七姊妹"为首的国际大石油公司的控制，专门成立了石油矿产局，以自我开发油田。这个机构后来改组为国家石油公司（YPF），负责国内外石油勘探开发活动。

## ◎ 混合型国家石油公司的兴起

混合型国家石油公司是全球油气领域一个新的公司门类，兼有国有公司、私营公司和跨国公司某些方面的特征。

部分传统型国家石油公司在业务不断向外扩张的过程中，悄然转型成为混合型国家石油公司。这使其兼有国有企业的政府支持优势和私营企业的积极进取优势，并成为其他传统型国家石油公司效仿的对象。然而，向混合型国家石油公司转型的过程充满挑战，需要平衡政府对财政收入和解决就业的要求与企业运营对资本投资及经营效率的要求。从传统型国家石油公司过渡到混合型国家石油公司，关键是全面提升公司内部治理、采购、建立联盟与合资企业三个方面的能力，并与东道国政府建立更灵活的关系。在公司治理方面，关键在于明晰政府与公司管理人员之间的管理责任，以便公司管理人员专注于公司运营，并实现对公司所有股东的平等对待和高度透明；在采购管理方面，公司需要健全采购和供应链流程；在建立联盟与合资企业方面，合伙经营模式正在成为一种新的趋势。

## ◎ 全球六类石油企业

全球六类石油企业在资源、技术、金融、市场四方面特点各异。

第一类是提供资源的公司。它们拥有足够的储量，可以满足国内需求，而且是主要的油气出口商。这类企业一般是国家资源的拥有者，对谋求海外上游资产不太积极。如沙特、伊朗、委内瑞拉的国家石油公司和俄罗斯天然气公司。

第二类是寻求资源的公司。它们在当地的储量不能满足本国需求，因此在积极开展国内勘探的同时，也在寻求海外资源。这类企业一般是国家石油公司。它们的任务是开发国内外储量，以保证供应安全。如印度石油天然气公司、中国石油、中国海油。这一类中也包括跨国公司，它们寻求资源是为了保证公司的价值。

第三类是技术提供公司。跨国公司和商业化国家石油公司正在成为技术提供商而不仅是资源开发商。如俄罗斯天然气公司在什托克曼气田项目上选择挪威国家石油公司，就是看重该公司在极地近海开发的经验，而不是请来做资源开发的合伙人。

第四类是技术需求公司。他们在技术上比较欠缺，需要先进技术勘探开发它们所控制的资源。这类企业多为资源丰富的国家石油公司，如尼日利亚、科威特、委内瑞拉的国家石油公司，以及俄罗斯天然气公司。

第五类是寻求市场的公司。他们积极寻找市场来出售本国或海外油气，以图获得最大价值。跨国公司一直努力要把全球经营的油气以最好的价格卖出去。大型国家石油公司也属于这类企业，如印度石油天然气公司、中国石油，但它们的重点是国内市场。

第六类是寻求资本的公司。他们拥有丰富的资源可以满足国内需求，但缺少资金进行勘探和开发。这类企业由于经济体制缺乏透明度和信用度，在国际市场融资困难，多为一些提供资源的大型国家石油公司，如墨西哥、委内瑞拉、尼日利亚、印度的国家石油公司。

在这些企业中，最具有竞争力的是既能提供资源又能提供技术的公司，最差的是既要找资源又缺技术的公司。

## ◎ 石油“新七姐妹”

“七姊妹”时代才过了半个世纪，权力格局就发生了深刻的变化。英国《金融时报》2007年3月12日发表专文《“新七姐妹”让油气巨头相形见绌》，认为在过去4年里，国际油价猛增了3倍，一批新的石油天然气公司在此过程中崛起，出现了“新七姐妹”。而在第二次世界大战后出现的控制中东石油的欧美石油大公司即老石油“七姊妹”却在走下坡路，有的陷入生存危机。

“新七姐妹”是指那些在经合组织以外国家的最有影响力的能源公司。“新七姐妹”名单是英国《金融时报》在咨询了很多业界高层人士后确定的。她们是：沙特阿拉伯国家石油公司（Saudi Aramco）、俄罗斯天然气公司（Gazprom）、中国石油天然气集团公司（CNPC）、伊朗国家石油公司（NIOC）、委内瑞拉国家石油公司（PDVSA）、巴西国家石油公司（Petrobras）和马来西亚国家石油公司（Petronas）。

这些国有石油公司控制着世界三分之一的石油天然气产量，并且还拥有超过三分之一的全球油气总储量。原来老的“七姊妹”在20世纪90年代合并后，变成了4家，只剩下美国的埃克森美孚、雪佛龙，欧洲的BP和壳牌集团。她们的石油天然气产量约占世界总量的10%，而只控制着总储量的3%。由于这4家公司业务上下游一体化，即不仅从事石油和天然气生意，而且还出售汽油、柴油和石化产品。这使得她们的收入明显高于那些市场新成员。

## ◎ “归核化”战略——集中发展核心业务

不断调整产业链，充分挖掘不同产业链环节之间的协调经济，实现企业整体资源优化配置，是近年来国际石油公司应对外部环境变化最重要的手段之一。“多元化”和“归核化”是国际大石油公司在不同时期，通过“拨动”产业链，实现最大利润目标的发展战略。20世纪50年代，国际大石油公司开始实施多元化战略；80年代末到90年代中期，“归核化”战略又成为石油巨头全球化经营的主要模式。

进入新世纪以来，随着市场竞争日趋激烈、寻找新的利润增长点和分散风险的需要，多元化战略再次得到石油巨头的重视。国际金融危机爆发后，过

长的产业链成为跨国公司经营的负担，石油巨头开始纷纷出售和剥离非核心业务，以确保资源集中，现金流充裕。然而随着世界经济缓慢走出低谷，“归核化”战略再次成为新时期石油巨头的主要经营模式。埃克森美孚、壳牌、BP等石油巨头，近期的经营活动正向油气核心业务集中，期望通过强化核心业务，提升其国际竞争力。

进入21世纪以来，全球6大石油公司（埃克森美孚、壳牌、BP、康菲石油、道达尔、雪佛龙）都纷纷从多元化浪潮中扩张起来的非油气领域中退出，将经营活动集中到油气上游的核心业务上。2009年，受金融危机导致的石油需求减少以及下游优化调整影响，全球6大石油公司原油加工量和油品销售量分别为1696万桶／日和2832万桶／日，比上年分别下降3.6%和2.9%。从资本支出结构看，2010年，6大石油公司继续“争上游”，大幅度削减下游和化工投资。2010年前9个月，除康菲石油外的其他5大石油公司，上游资本支出总额801.34亿美元，同比增长21.7%，上游投资占总投资的比重为85%；下游资本支出112.23亿美元，同比下降26.4%；化工资本支出27.69亿美元，同比下降34%。

## 第三节　世界油气资源及分布情况

### ◎ 世界石油天然气资源状况

据 IHS(Information Handling Service) 能源集团统计，截至2009年，世界已发现石油储量3531.7亿吨、天然气储量311.7万亿立方米；剩余石油可采储量1905.5亿吨，剩余天然气可采储量211.9万亿立方米；当年生产石油394953万吨、天然气31951亿立方米。

### ◎ 世界石油资源分布情况

据美国《油气杂志》2011年12月数据显示，世界原油的分布从总体上来看极端不平衡：从东西半球来看，约3/4的石油资源集中于东半球，西半球占1/4；从南北半球看，石油资源主要集中于北半球；从纬度分布看，主要集中在北纬20°～40°和50°～70°两个纬度带内。波斯湾及墨西哥湾两大油区和北非油田均处于北纬20°～40°内，该带集中了51.3%的世界石油储量；50°～70°纬度带内有著名的北海油田、俄罗斯伏尔加及西伯利亚油田和阿拉斯加湾油区。

## 中东波斯湾沿岸

中东海湾地区地处欧、亚、非三洲的枢纽位置，原油资源非常丰富，被誉为“世界油库”。据美国《油气杂志》2011年12月数据显示，世界原油剩余探明可采储量为2086亿吨。其中，中东地区的原油剩余探明可采储量为1095亿吨，约占世界总储量的52%。在世界原油储量排名的前十位中，中东国家占了五位，依次是沙特阿拉伯、伊朗、伊拉克、科威特和阿联酋。其中，沙特阿拉伯已探明的原油剩余可采储量为365.78亿吨，居世界首位；伊朗已探明的原油剩余可采储量为207.08亿吨，居世界第四位。

## 北美洲

北美洲原油储量最丰富的国家是加拿大、美国和墨西哥。加拿大原油剩余探明可采储量为237.84亿吨，居世界第三位。美国原油剩余探明可采储量为28.33亿吨，主要分布在墨西哥湾沿岸和加利福尼亚湾沿岸，以得克萨斯州和俄克拉何马州最为著名。阿拉斯加州也是重要的石油产区。美国是世界第三大产油国，但因消耗量过大，每年仍需进口大量石油。墨西哥原油剩余探明可采储量为13.92亿吨，是西半球第三大传统原油战略储备国，也是世界第七大产油国。

## 欧洲及欧亚大陆

欧洲及欧亚大陆原油剩余探明可采储量为151.73亿吨，约占世界总储量的7.3%。其中，俄罗斯原油剩余探明可采储量为82.2亿吨，居世界第八位，但俄罗斯是世界第一大产油国，2011年的石油产量为5.16亿吨。中亚的哈萨克斯坦也是该地区原油储量较为丰富的国家，已探明的剩余可采储量为41.1亿吨。挪威、英国、丹麦是西欧已探明原油剩余可采储量最丰富的三个国家，分别为7.29亿吨、3.87亿吨和1.23亿吨，其中挪威是世界第14大

产油国。

### ● 非洲

非洲是近几年原油储量和石油产量增长最快的地区，被誉为“第二个海湾地区”。2011年底，非洲探明的原油剩余可采储量为170.15亿吨，主要分布于西非几内亚湾地区和北非地区。

利比亚、尼日利亚、阿尔及利亚、安哥拉和苏丹排名非洲原油储量前五位。尼日利亚是非洲地区第一大产油国。目前，尼日利亚、利比亚、阿尔及利亚、安哥拉和埃及等5个国家的石油产量占非洲总产量的85%。

### ● 中南美洲

中南美洲是世界重要的石油生产和出口地区之一，也是世界原油储量和石油产量增长较快的地区之一。委内瑞拉、巴西和厄瓜多尔是该地区原油储量最丰富的国家。2011年底，委内瑞拉原油剩余探明可采储量为289.27亿吨，居世界第二位；巴西原油剩余探明可采储量为19.16亿吨。巴西东南部海域坎坡斯和桑托斯盆地的原油资源是巴西原油储量最主要的构成部分。厄瓜多尔位于南美洲大陆西北部，是中南美洲第三大产油国，境内石油资源丰富，主要集中在东部亚马孙盆地。另外，在瓜亚斯省西部半岛地区和瓜亚基尔湾也有少量油田分布。

### ● 亚太地区

亚太地区原油剩余探明可采储量约为62.14亿吨，也是目前世界石油产量增长较快的地区之一。中国、印度、越南和马来西亚是该地区原油剩余探明可采储量最丰富的国家，分别为27.88亿吨、12.24亿吨、6.03亿吨和5.48亿吨。中国和印度虽原油储量丰富，但是每年仍需大量进口。

## ◎ 世界天然气资源分布情况

根据 BP 世界能源统计数据，2010年底世界天然气剩余探明可采储量187.1万亿立方米，平均储采比58.6左右，高于世界石油46.2的平均储采比。

世界天然气资源的分布并不均衡，图3.6显示了2010年底世界天然气剩余探明可采储量的分布情况，从中可以看出，世界天然气资源主要集中在中东和前苏联地区。

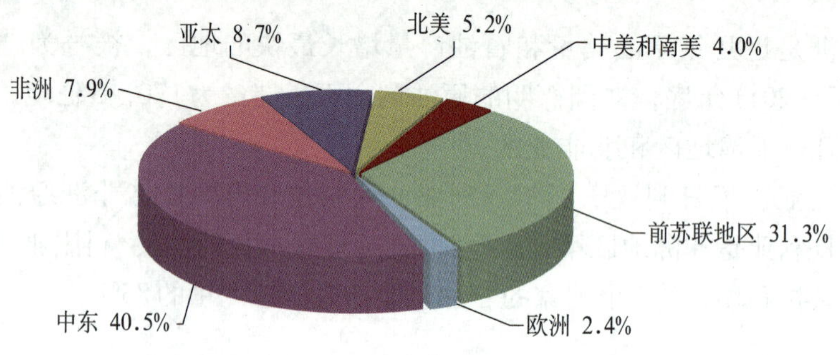


图3.6　2010年底世界天然气剩余探明储量

# 第四节　世界石油组织和会议

## ◎ 国际能源机构——发达国家的能源“俱乐部”

1973年第一次石油危机使西方经济遭受了沉重的打击。为了对付可能出现的新的石油危机，石油消费国政府间的经济联合组织——国际能源机构诞生了。1974年2月召开的石油消费国会议决定成立能源协调小组，以指导和协调与会国的能源工作。同年11月15日，经济合作与发展组织各国在巴黎通过了建立国际能源机构的决定。11月18日，16国举行首次工作会议，签署了《国际能源机构协议》，并开始临时工作。1976年1月19日，该协议正式生效。总部设在法国巴黎。其宗旨是协调成员国的能源政策，发展石油供应方面的自给能力，共同采取节约石油需求的措施，加强长期合作以减少对石油进口的依赖，提供石油市场情报，拟订石油消费计划，石油发生短缺时按计划分享石油，以及促进其与石油生产国和其他石油消费国的关系等。

国际能源机构的主要活动包括：（1）在出现石油短缺时，该机构在成员国间实行“紧急石油分享计划”，即当某个或某些成员国的石油供应短缺7%或以上时，该机构理事会可作出是否执行石油分享计划的决定；（2）该机构要求各成员国保持一定数量的石油库存，即不低于其90天石油进口量的石油存量；(3) 在加强长期合作计划方面，该机构采取了加强能源供应的安全，促进全球能源市场稳定，在节约能源上保持合作，加速替代能源的发展，建立新能源技术的研究与发展，改革各国在能源供应方面立法上和行政上的障碍等措施；(4) 开展石油市场情报和协商制度，以便使石油市场贸易稳定和对石油市场未来发展有较好的信心，以及加强与产油国和其他石油消费国的关系；(5) 对能源与环境的关系采取应有的行动，如限制汽车、工厂和燃煤的火力发电厂的排放物，对较洁净的燃料进行研究；(6) 定期对世界能源前景作出预测，供全世界参考。

## ◎ 欧佩克——捍卫产油国权益的战略联盟

1960年9月，发展中国家的产油国成立石油输出国组织，简称欧佩克(OPEC)，现有12个成员国：阿尔及利亚、伊朗、伊拉克、科威特、利比亚、尼日利亚、卡塔尔、沙特阿拉伯、阿拉伯联合酋长国、委内瑞拉、安哥拉和厄瓜多尔。总部设在奥地利首都维也纳。欧佩克石油蕴藏量最新达到8190亿桶，占世界总储量的近80%。其成员国的石油、天然气产量分别占世界石油、天然气总产量的40%和14%。但是，欧佩克成员国出口的石油占世界石油出口量的50%以上，对国际石油市场具有很强的影响力。特别是当其决定减少或增加石油产量时。

欧佩克旨在保持石油市场的稳定与繁荣，并致力于向消费者提供价格合理的稳定的石油供应，兼顾石油生产国与消费国双方的利益。欧佩克并不能控制国际石油市场。欧佩克通过自愿减少石油产量，或在市场供应不足时增加石油产量的方法，来达成上述目标。

欧佩克大会是该组织的最高权力机构。各成员国向大会派出以石油、矿产和能源部长（大臣）为首的代表团。大会每年召开两次，如有需要还可召开特别会议。大会奉行全体成员国一致原则，每个成员国均为一票，负责制定该组织的大政方针，并决定以何种适当方式加以执行。欧佩克大会同时还决定是否接纳新的成员国，审议理事会就该组织事务提交的报告和建议。大会审议通过对来自任何一个成员国的理事的任命，并选举理事会主席。大会有权要求理事会就涉及该组织利益的任何事项提交报告或提出建议。大会还要对理事会提交的欧佩克预算报告加以审议，并决定是否进行修订。

欧佩克理事会类似于普通商业机构的理事会，由各成员国提名并经大会通过的理事组成，每两年为一届。理事会负责管理欧佩克的日常事务，执行大会决议，起草年度预算报告，并提交给大会审议通过。理事会还审议由秘书长向大会提交的有关欧佩克日常事务的报告。

欧佩克各成员国的代表（主要是代表团团长）在欧佩克大会上对该组织的石油政策加以协调、统一，以促进石油市场的稳定与繁荣。欧佩克秘书处负责该组织的日常事务，接受理事会的指令，由秘书长直接领导。欧佩克下设的经济委员会、部长监察委员会等多个执行机构，则履行咨询、磋商、协调等多项职能。欧佩克成员国对当前形势和市场走向加以分析预测，明确经济增长速率和石油供求状况等多项基本因素，然后据此磋商在其石油政策中进行何种调整。

欧佩克组织条例要求该组织致力于石油市场的稳定与繁荣。因此，为使石油生产者与消费者的利益都得到保证，欧佩克实行石油生产配额制。如果石油需求上升，或者某些产油国减少了石油产量，欧佩克将增加其石油产量，以阻止石油价格的飙升。为阻止石油价格下滑，欧佩克也有可能依据市场形势减少石油的产量。

## ◎ 世界石油大会——全球石油天然气论坛

世界石油大会（WPC）是非政府性的国际石油技术组织，总部设在伦敦。创建人是曾任英国石油技术学会主席的杜赫斯特（1881—1973年）先生。在他任学会主席期间，作出了组建世界石油大会机构的决定，并于1933年在伦敦召开了首届世界石油大会。1937年召开第二次大会时，已有奥地利、比利时、德国、法国、荷兰、加拿大、美国、墨西哥、苏联、委内瑞拉、意大利和英国共12个成员国。第二次世界大战期间，该组织曾中断活动。1951年恢复工作，至20世纪80年代末，每4年召开一次大会（自第12届大会后，改为每三年召开一次大会）。1962年又有日本、伊朗加入。1968年修改章程规定，上述14国为“创建成员国”。该组织只吸收国家委员会。参加该组织时，必须在国内先成立国家委员会。1979年9月，中国派出了以石油工业部副部长闵豫为团长的代表团，参加了在罗马尼亚布加勒斯特召开的第10届世界石油大会。经过艰苦努力，使该组织常任理事会通过决议，同意中华人民共和国国家委员会为中国唯一合法的国家委员会，并接纳为常任理事会成员。

2003年底，共有57个国家委员会参加该组织。

依据2002年9月修改的章程，其组织机构是：（1）理事会（Counci1），由每个国家委员会中的3名代表组成。除每届大会召开时举行一次会议外，每年要召开一次工作例会。主要任务是：修改章程；审议接纳新的成员；确定大会及地区会议的时间及地点，批准大会的主题；选举该组织主席、高级副主席、大会规划副主席、财政副主席、公关 / 地区会议副主席及会员副主席等官员；任命总干事长；批准财务预算、决算及中期财务报告；确定审计人等。会议期间有关事宜通过秘密投票决定。（2）执行委员会（EC），由大会6大主要官员、下届和上届大会主办国组织委员会主席及总干事长组成，负责处理理事会休会期间一切事务，一般每年至少举行两次例会。（3）科学规划委员会（SPC），由主席、大会规划副主席及下届主办国代表、总干事长等组成，一般每年召开两次会议。其主要任务是确定每次大会的科学技术内容，并确定大会的开幕式、闭幕式及社会活动方案。（4）世界石油大会秘书局，由总干事长领导，处理日常行政事务。此外，每次会议的主办国要成立主办国组织委员会，确定大会组织管理、财务、注册，以及成立组委会秘书局、大会筹备委员会。

每一届大会都要选出新的大会主席、高级副主席及负责规划、财务、公关和会员等的副主席各1人，还要确定总干事长。中国的王涛于1994年（第14届）、1997年（第15届）当选为世界石油理事会副主席，2000年（第16届）、2002年（第17届）当选为世界石油理事会高级副主席。2005年9月离任，获世界石油大会“杰出成就奖”。中国的吴耀文于2005年（第18届）、2008年（第19届）当选为世界石油理事会副主席。中国的周吉平于2011年（第20届）当选为世界石油理事会副主席。

## ◎ 国际能源论坛——全球能源生产国与消费国的对话平台

国际能源论坛，简称 IEF，2000年前被称为“国际能源会议”，是在全球范围内能源生产国与消费国定期举办的一个重要的能源对话会，为各国在非正式场合讨论能源问题提供平台，以便在各主要能源生产国和消费国间建立信任、信息交流和加深对潜在的、具有世界性影响的能源问题的理解。近年来，IEF 越来越多地探讨石油天然气发展中全球共同面对的问题。

根据会议制定的程序，IEF 每年召开一次，每次持续2～3天，会议地点设在同意主办论坛的国家，东道国应在上一次会议上表达主办的愿望，并为来自世界不同地区的能源工业领袖们提供就预先选择的三个现实问题发表意见的机会。

## ◎ 能源宪章——区域能源合作组织的典范

能源宪章组织是一个由西欧、东欧和前苏联地区国家及加拿大、日本、澳大利亚等52个成员国组成，并包括中国等19个观察员国在内的政府级致力于区域能源合作的国际组织。其以《能源宪章条约》(简称 ECT)为核心，指导、规范各成员国和观察员国之间妥善处理有关能源问题，并借此促进一个真正开放、平等且相对稳定的国际能源市场的形成。

《能源宪章条约》是一个在加强国际社会能源领域合作方面具有重要意义的多边协议，是能源宪章的灵魂和基础。它为所有缔约方之间的能源贸易和在能源投资、过境运输、能源效率、能源环境以及能源供应安全性等领域的合作创造了一个良好的环境。其主要条款的实施为欧亚地区的能源出口国、能源进口国和过境国之间的合作提供了国际法基础，提供了发展欧亚地区多边能源合作的各种实施机制。随着世界能源贸易规模的不断扩大，能源过境运输数量的增加，过境运输的地理情况日益复杂，过境运输的可靠性日益受到政治、经济、技术等各方面风险的影响。《欧洲能源宪章过境运输议定书》为双边和多边的过境能源运输提供了国际性的法律基础，有助于保证国际过境运输路线的畅通性和可靠性，因而在国际能源合作中发挥了重要作用。

此外，《能源宪章条约》还规定其最高领导和决策机构为代表大会。代表大会常设秘书处位于比利时首都布鲁塞尔。代表大会是政府间组织，所有缔约国均是大会成员。代表大会每年召开两次例会，以讨论缔约国在能源合作中存在的问题，总结条约及有关议定书的执行情况，研究讨论可能签署的有关能源问题的文件和草案，批准秘书处的工作和财务计划。同时，代表大会将下设投资、贸易、运输和能源效率四个工作组，分别负责处理各自相关领域内的事务，并于每届代表大会之前召开工作组例会。

《能源宪章条约》自1998年4月生效以来，积极努力改善与 OPEC 等国际组织的关系，吸引国际大能源公司对能源宪章的兴趣，同时全力确保能源过境运输议定书谈判的成功，为世界范围内能源合作的良性发展起到了巨大推动作用，国际影响力随之不断提升，日益成为世界能源舞台上不可忽视的角色。因此，我国政府也于2001年成为能源宪章代表大会的观察国，并于2002年派

观察员赴能源宪章秘书处参与工作。

## ◎ 其他国际石油组织和会议

### ● 世界能源理事会

世界能源理事会，简称 WEC，成立于1924年7月11日，是一个非政府、非商业性国际组织，总部和永久秘书处设在伦敦。其前身为世界动力大会，后来逐步发展为涉及石油、天然气、电力（水电、热电和核电）、可再生能源及能源效率等方面的国际能源组织，是全球最重要的多元化能源组织，由全球90多个国家和地区的成员组成，每三年举办一次世界能源大会。其宗旨是：为了全人类的最大利益，推进能源的可持续供应和利用。

### ● 国际天然气联盟

国际天然气联盟，简称 IGU，是世界天然气行业权威的、非营利性的国际组织，创建于1931年。在瑞士沃韦注册，秘书处设在丹麦荷尔绍姆。目前已有67个国家的天然气行业协会加入了该联盟，也就是说该联盟实际上代表了全世界绝大部分天然气生产和消费地区。其宗旨是：促进世界天然气行业的技术和经济进步，支持天然气供应链每一环节的革新，推动会员国之间和国际组织之间的交流。国际天然气联盟工作委员会每三年召开一次世界天然气大会。其涉及的领域包括：(1) 天然气勘探、开发和处理；(2) 地下储气；(3) 液化天然气；(4) 天然气输送；(5) 天然气分配；(6) 家庭和商业天然气的利用；(7) 天然气的工业利用和天然气发电；(8) 环境、安全和健康；(9) 天然气战略、经济和法规；(10) 天然气对发展中国家的经济影响。

### ● 海湾阿拉伯国家合作委员会

海湾阿拉伯国家合作委员会，简称“海湾合作委员会”(GCC)，总部设在沙特阿拉伯的利雅德。1981年5月25日，由沙特阿拉伯、科威特、阿曼、阿拉伯联合酋长国、巴林和卡塔尔在阿拉伯联合酋长国首都阿布扎比建立。因这六国地处海湾地区，以此得名。其宗旨是：加强成员国在各领域里的协调、合作和一体化，以促进海湾各国的政治稳定和经济繁荣，维护海湾地区的和平与

安全。由于海湾合作委员会的成员国多数是重要石油生产国，因而石油问题也是该机构经常和主要讨论的话题。

### ● 阿拉伯石油输出国组织

阿拉伯石油输出国组织，简称 OAPEC，是阿拉伯石油生产国为维护自身利益、反对西方石油公司的垄断和剥削而建立的组织。1968年1月9日，科威特、利比亚和沙特阿拉伯三国在贝鲁特创建了阿拉伯石油输出国组织，总部设在科威特城，共有11个成员国：阿尔及利亚、利比亚、巴林、埃及、伊拉克、科威特、卡塔尔、沙特阿拉伯、叙利亚、突尼斯、阿拉伯联合酋长国。其宗旨是：协调成员国间的石油政策，协助交流技术情报，提供培训和就业机会，探讨成员国之间在石油工业方面进行合作的方式和途径，利用成员国的资源和潜力，建立石油工业各个领域的联合企业，维护成员国的利益。其原则是：不干涉和不违背石油输出国组织权威性机构讨论决定的石油政策。

## 第五节　世界著名石油公司

### ◎ 沙特阿拉伯国家石油公司

沙特阿拉伯国家石油公司成立于1988年，总部设在沙特阿拉伯的达兰，是沙特境内唯一从事石油勘探和开发业务的公司。目前，沙特阿拉伯国家石油公司是世界最大的石油生产公司和世界第六大石油炼制商，业务遍及沙特王国和全世界。它主要从事石油勘探、开发、生产、炼制、运输和销售等业务，拥有世界最大的陆上油田和海上油田。不论从收益、人力，还是从资产看，该公司都是中东地区最大的石油公司。

### ◎ 伊朗国家石油公司

伊朗国家石油公司成立于1951年，总部设在德黑兰，代表伊朗政府主管石油工业各方面的业务活动。公司下设6家子公司，分别为伊朗国家海洋石油

公司、伊朗国家钻井公司、伊朗国家油轮公司、伊朗国家石油产品公司、卡拉有限公司和国家石油工程与开发公司。另外还有一家附属于伊朗国家石油公司的 Naftiran 国际贸易公司。公司经营范围包括石油勘探、开发与生产、石油炼制。

## ◎ 埃克森美孚公司

埃克森美孚公司前身分别为埃克森和美孚，于1999年11月30日合并重组。该公司也是埃克森、美孚及埃索全球分公司的母公司。此外，埃克森美孚、壳牌与英国石油公司同为全球三大石油公司。埃克森公司建于1882年，是美国最大的石油公司，也是世界上最大、历史最悠久的7大石油公司之一。埃克森美孚公司是一家集石油勘探开发、炼油和石油化工为一体的综合性跨国公司。

## ◎ 委内瑞拉石油公司

委内瑞拉石油公司成立于1975年8月30日，是委内瑞拉最大的国有企业，也是整个拉丁美洲最大的企业。委内瑞拉国家石油公司是一家跨国能源公司，在国内外从事作业和商业经营，其范围包括：油气勘探、开发、炼制、运输和配送，以及奥里乳化油、化工、石化和煤炭业。

## ◎ 中国石油天然气集团公司

中国石油天然气集团公司于1998年7月在原中国石油天然气总公司基础上组建。中国石油天然气集团公司是一家集油气勘探开发、炼油化工、油品销售、油气储运、石油贸易、工程技术服务和石油装备制造于一体的综合性能源公司，总部设在北京，属于国家石油公司。

## ◎ 英国石油公司

1909年，英国石油公司由威廉·诺克斯·达西创立，最初的名字为Anglo Persian 石油公司，1954年改称英国石油公司，1998年与阿莫科合并，2000年收购阿科，总部设在英国伦敦。英国石油公司是目前世界第四大上下游一体化经营的跨国石油公司，业务遍及世界100多个国家和地区，范围包括油气勘探及开采、炼油和营销、石油化学品三个主要领域，还涉及金融、太阳能等其他方面。

## ◎ 皇家荷兰壳牌集团

1907年，为了与当时最大的石油公司——美国的标准石油公司竞争，皇家荷兰石油公司与英国的壳牌运输贸易有限公司合并，成立了皇家荷兰壳牌集团。皇家荷兰石油公司占60%股份，壳牌运输和贸易公司占40%的股份。皇家荷兰壳牌集团是所谓的“七姊妹”之一，至今依然是石油、能源、化工和太阳能领域的重要竞争者，拥有五大核心业务，包括石油勘探和生产、天然气及电力、煤气化、化工和可再生能源，在全球140多个国家和地区拥有分公司或业务。

## ◎ 美国雪佛龙公司

雪佛龙公司是美国第二大石油公司。2001年10月，雪佛龙以390亿美元兼并了其主要竞争对手之一德士古，并以雪佛龙德士古作为公司的名称，总部设在美国。2005年5月9日，雪佛龙德士古宣布，更名为“雪佛龙公司”。公司业务遍及全球180个国家和地区，是当今具有相当竞争力的全球能源公司之一，涉足于油气产业的每一个领域，其中包括油气勘探、开采、炼油、销售和运输、化学产品的生产和销售，以及发电。

## ◎ 美国康菲公司

康菲公司是由美国康纳和石油公司与菲利普斯石油公司于2002年8月30日合并而成立，总部设在美国得克萨斯州的休斯敦市。合并后的新公司承袭了原来两家公司在能源行业的丰富经验和在石油领域的优越技术，成为当今世界杰出公司之一。康菲石油公司主要从事油气勘探、生产、加工和营销，以及化工和塑料产品的生产和销售。

## ◎ 道达尔石油公司

道达尔石油公司成立于1924年。1998年11月，法国道达尔石油公司与

比利时菲纳石油公司合并。2000年3月，道达尔菲纳石油公司对法国埃尔夫公司购并，总部设在法国巴黎。2003年5月7日，全球统一命名为“道达尔”。旗下由道达尔、菲纳、埃尔夫三个品牌组成。公司主要从事油气的勘探、生产、炼制，成品油、颜料和特殊化学产品的销售、贸易，原油及其衍生物的船运及天然气的运输和销售。

# 第六节

# 中国石油在世界最大50家石油公司中的地位

## ◎ 石油储量排名

根据美国《石油情报周刊》2011年12月发表的资料显示，2010年中国石油天然气集团公司石油储量36亿吨，在50家石油公司中排名为第8位。

## ◎ 天然气储量排名

根据美国《石油情报周刊》2011年12月发表的资料显示，2010年中国石油天然气集团公司天然气储量33078亿立方米，在50家石油公司中排名为第9位。

## ◎ 石油产量排名

根据美国《石油情报周刊》2011年12月发表的资料显示，2010年中国石油天然气集团公司石油产量14200万吨，在50家石油公司中排名为第5位。

## ◎ 天然气产量排名

根据美国《石油情报周刊》2011年12月发表的资料显示，2010年中国石油天然气集团公司天然气产量829亿立方米，在50家石油公司中排名为第7位。

## ◎ 炼油能力排名

根据美国《石油情报周刊》2011年12月发表的资料显示，2010年中国石油天然气集团公司炼油15710万吨，在50家石油公司中排名为第4位。

## ◎ 油品销量排名

根据美国《石油情报周刊》2011年12月发表的资料显示，2010年中国石油天然气集团公司油品销量为9609万吨，在50家石油公司中排名为第14位。

## ◎ 综合排名

根据美国《石油情报周刊》2011年12月发表的资料显示，2010年按石油储量、天然气储量、石油产量、天然气产量、炼油能力、油品销售量六项指标综合排名，中国石油天然气集团公司在50家石油公司中综合排名为第5位。

## ◎ 其他排名

根据美国《石油情报周刊》2011年12月发表的资料显示：中国石油天然气集团公司2010年总收入2548亿美元，在50家石油公司中排名为第6位；净利润144亿美元，排名第8位；总资产3990亿美元，排名为第1位；职工人数167万人，排名为第1位。另据全球领先的能源咨询顾问公司 PFC Energy 公布的全球能源企业50强年度排名显示，中国石油以3531亿美元的市值排名第1位。

# 第四章 油气勘探

油气勘探，也叫石油地质勘探，是指在油气田形成模式与分布规律理论的指导下，运用各种手段和方法进行资料的采集、处理与综合分析，判断油气田形成的基本条件是否存在，不断缩小勘探靶区，最终发现和探明油气田的过程。这是教科书里的定义。其实，用老百姓的话说，就是运用什么方法、手段去找油，到哪里去找油，怎样找到油。

## 第一节　从哪里找油找气——油气地质

### ◎ 给地球做个剖面——地球的构造

地球是一个近似椭圆的球形体，赤道半径约为6378千米。它分为三个圈层：地壳、地幔、地核（图4.1）。

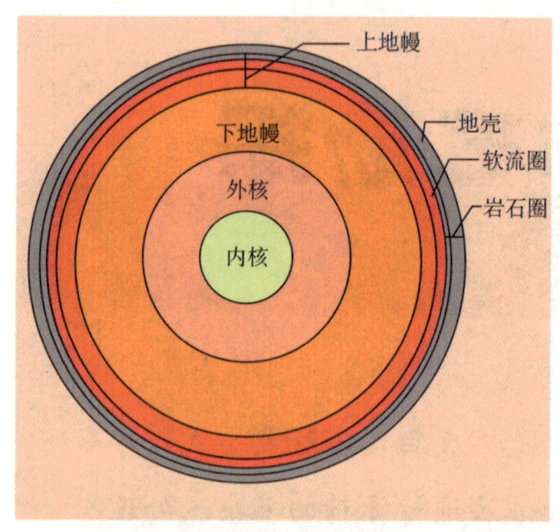

图4.1　地球剖面图

#### ● 地壳

地壳是固体地球的最外一圈，主要是由富含硅和铝的硅酸盐岩石所组成的硬壳。地壳厚度变化较大：大洋地壳较薄，平均厚6千米，最薄处不到5千米；大陆地壳较厚，平均厚35千米，最厚处可达70千米（我国青藏高原）。整个地壳平均厚33千米。地壳具有双层结构：上层叫硅铝层，主要化学成分为硅、铝，密度为2.7～2.8克／厘米$^3$；下层叫硅镁层，主要化学成分为硅、镁、铁和铝，密度为2.9～3.0克／厘米$^3$。大陆地壳硅铝、硅镁层都有，而大洋地壳缺失硅铝层，只有硅镁层。

#### ● 地幔

地幔厚2900千米。以1000千米深度为界，地幔可分为上、下地幔。上地幔主要由含铁、镁多的硅酸盐物质组成，平均密度为3.5克／厘米$^3$。由于随深度增加温度升高，大约在离地表100～150千米范围内温度近于岩石的熔点，地幔物质处于塑性流动状态，称为“软流圈”。地震波通过软流圈时，波速随深度增加而降低，故该圈又称“低速带”。它是岩浆活动的发源地。下地幔成分比较均一，与上地幔相似，但随深度增加，铁的含量增加，平均密度为5.5克／厘米$^3$。

## ● 地核

地核厚3473千米。据推测地核物质由铁、镍组成，温度和压力非常高，密度大，可达9.98～13克／厘米$^3$。

## ◎ 地球的外衣——地球表面的圈层结构

地球是人类生活的家园。它是一个圈层结构十分复杂的天体。它的各个圈层都和我们息息相关，而且它们之间时时刻刻都进行着物质交换并相互作用。

在地球科学中，地球表面圈层结构划分为大气圈、水圈、生物圈及岩石圈。

大气圈：是人类和地球生物的保护圈。它吸收太阳的超紫外线、扩散光线，还能使地球表层免受陨石的直接袭击。

水圈：是指地球表面的海洋、河湖以及地下水。海洋面积占地球表面积的71%，其容积约为13.7亿立方千米。太平洋、大西洋和印度洋的主体部分，平均深度都超过4000米。

生物圈：地球上存在生物有机体的圈层。它包括大气圈的下层、岩石圈的上层、整个水圈和土壤圈全部。

岩石圈：是地球的表层结构，绝大部分由岩石组成。岩石圈包括地壳和上地幔的一部分，是一个厚度不均的圈层。

大气圈、水圈、生物圈和岩石圈组成了地球表面最基本的圈层。它们彼此之间有着密切的关系。水圈和大气圈通过水的蒸发、凝结、降水和气体的溶解、挥发等作用相互渗透和影响。固体地球界面上下是大气和水最为活跃的场所。岩石圈的物质也在不断运动，并通过火山喷发等形式进入水圈和大气圈。生物生存在岩石圈、水圈和大气圈的交接带，它们消耗着资源和能源，之后又产生出新的物质。石油和天然气等能源正是地球各个圈层长期相互作用的产物。

## ◎ 大洋“泛舟”——漂移的大陆

我们生活的地球每时每刻都在自转，并围绕着太阳公转。除此之外，地壳也在不停地运动。但是，地球太大了，以至于我们几乎不能察觉到大地的运动。如果你注意一下世界地图，就会发现南美洲的东海岸与非洲的西海岸是彼此吻合的，好像是一块大陆分裂后，南美洲漂出去后形成的（图4.2）。

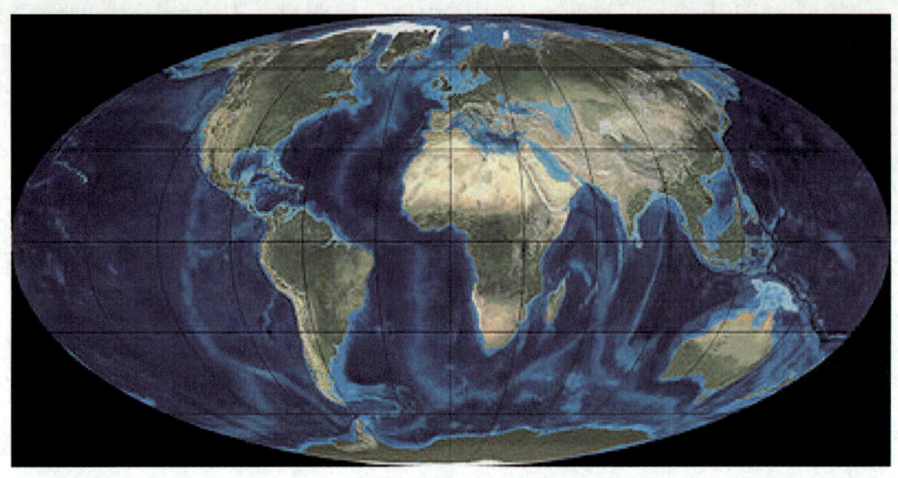

图4.2　南美洲与非洲大陆的位置

1910年，德国气象学家魏格纳偶然发现了这一现象。此后经研究、推断，他在1912年发表《大陆的生成》，1915年发表《海陆的起源》，提出了大陆漂移学说。他的学说认为，在古生代后期（约3亿年前），地球上存在一个“泛大陆”，相应的也存在一个“泛大洋”。后来泛大陆分裂，地表的硅铝层比深部的硅镁层轻，就像大冰山浮在水面上一样，又因为地球由西向东自转，南美洲、北美洲相对非洲大陆是后退的，而印度和澳大利亚则向东漂移了。泛大陆的解体始自石炭纪，经二叠纪、三叠纪、侏罗纪、白垩纪和古近—新近纪的多次分裂漂移，形成现在的七大洲四大洋，逐渐达到现在的位置。他认为，大陆漂移的动力机制与地球自转的两种分力有关，即向西漂移的潮汐力和指向赤道的离极力。较轻硅铝质的大陆块漂浮在较重的黏性的硅镁层之上，由于潮汐力和离极力的作用使泛大陆破裂并与硅镁层分离，而向西、向赤道作大规模水平漂移。

现代科学的发展，为大陆漂移提供了更直接的证据：精确的大地测量数据证实，大陆仍在缓慢地持续水平运动；古地磁的资料表明，许多大陆块现在所处的位置并不代表它的初始位置，而是经过了或长或短的运移。然而早期他们提出的证据，未能使地学界相信大陆漂移的真实性。直到20世纪60年代末，随海洋地球物理调查的开展，一度沉寂的大陆漂移说以洋底扩张的形式东山再起，这就是板块学说。60年代初，美国地质学家赫斯（Hess）提出了海底扩张的概念，并得到古地磁学、地球年代学，以及海洋地质学和地球物理学等方面一系列新证据的支持。三种不同的现象：熔岩序列中磁极性转向的年代、深海岩心中剩余磁化转向的深度、平行于海洋中脊的线状磁异常的宽度，都以同样的比率变化着，都是由于扩张海底的地壳从洋中脊迁移而造成的。地学界普遍接受了活动论的观点，并逐渐形成了板块运动学说。

由于板块构造学说的进展，迄今被视为不解之谜的地球活动大多得到了解释。20世纪70年代以来，以证实板块构造学说为目的的世界规模的地球观测蓬勃开展。通过这些观测，海底的年代分布被详尽确定，弄清了以往地质时期板块运动的过程，更由于空间观测技术的发展，就连每年一厘米的板块运动，也能够连续数年进行观测。

## ◎ 沧海桑田——大自然的巨变

大自然中的一切都在变化着，从生物的诞生到消亡，从黄土高原的风雨剥蚀到南极、北极冰块的崩落……但最大的变化莫过于“沧海桑田”了。

中国的华北平原在4亿多年前曾是一片汪洋大海，在随后整体隆起了近2亿年，没有保存下任何沉积物。以后，海水时有光顾，形成了大片的沼泽，发育了极为繁茂的森林。在随后的地质变迁中，形成了大量的煤层。青藏高原在大约6000万年前还是一片大海，由于印度次大陆的挤压、碰撞，使得它以极快的速度“拔地而起”，成为高耸入云的“世界屋脊”。

在一些高山上，可以见到成层的蚌、螺壳，那是以前古河道甚至古湖泊的遗迹。干旱的黄土高原、戈壁滩也许就是以前的古湖泊。由于地壳的抬升，气候变暖，古湖泊退化，湖泊中丰富的动、植物和微生物形成了煤、石油、天然气等矿产资源。这些改变都是源于地质作用。

地质作用是指形成和改变地球物质组成、外部形态特征与内部构造的各种自然作用。

依据主要驱动力源，地质作用通常分为内力地质作用和外力地质作用。所谓内力地质作用，就是由地球通过各种方式释放其内部的能量（如重力能或放射性元素蜕变产生的热能等），所引起的并主要发生在地球内部的作用，包括岩浆作用、火山作用、地壳运动、变质作用、成矿作用和地震活动等。由地球外部的驱动力引起的地质作用则为外力地质作用，主要由太阳能以及日月引力能通过大气、水等多种因素引起，包括风化作用、剥蚀作用、搬运作用、沉积作用、成岩作用等。

在地质作用下，一些地质过程产生的地质现象十分复杂。从性质上看，有物理的、化学的、生物的；从规模上看，大到全球的宏观现象，小到原子和离子的微观过程。地质作用发生和延续的时间一般都很长，例如海底扩张、海陆变迁、山脉隆起、湖泊沉积、风蚀地貌等过程，多以百万年为单位。喜马拉雅山从海底隆起至今已经历约2.5亿年，大西洋的形成至今已2亿年。但有些地质作用则是突发性的，并往往造成地质灾害，如火山、地震、海啸、山崩、雪崩、山洪和泥石流等。

外力地质作用对地质地貌的改造通常非常缓慢。但日久天长、年复一年，其结果却是十分显著的。其总趋势是“削高填平”，把高山峻岭破坏掉，把它们的碎片搬到低洼的地方，使得地表变平坦。我国东部的松辽平原和华北平原，就是经剥蚀—搬运—沉积作用而形成的。

可以这样理解，内力作用与外力作用是一对矛盾的统一体。一方面在破坏旧的，另一方面在建设新的，而新、旧两者又是互为依存、彼此转化的。人类处在大自然之中，自然就会有“三十年河西、三十年河东”、“沧海变桑田”的体验。

## ◎ 难耐寂寞的地球——地壳运动

由内营力引起地壳结构改变、地壳内部物质变位的构造运动叫地壳运动。或者说，地壳运动是由于地球内部原因引起的组成地球物质的机械运动。

地壳运动按运动方向可分为水平运动和垂直运动。水平运动指组成地壳的岩层，沿平行于地球表面方向的运动，也称造山运动或褶皱运动。该种运动常常可以形成巨大的褶皱山系，以及巨形凹陷、岛弧、海沟等。垂直运动又称升降运动、造陆运动，它使岩层表现为隆起和相邻区的下降，可形成高原、断块山及坳陷、盆地和平原，还可引起海侵和海退，使海陆变迁。地壳运动控制着地球表面的海陆分布，影响各种地质作用的发生和发展，形成各种构造形态，改变岩层的原始状态。总起来说，地壳运动以引起岩石圈的演变，促使大陆、洋底的增生和消亡，并形成海沟和山脉，同时还导致发生地震、火山爆发等。所以有人也把地壳运动称为构造运动。按运动规律来讲，地壳运动以水平运动为主，有些升降运动是水平运动派生出来的一种现象。

地壳运动按运动的速度可分为长期缓慢的构造运动和较快速的运动。长期缓慢的构造运动如大陆和海洋的形成，古大陆的分裂和漂移，形成山脉和盆地的造山运动，以及地球自转速率和地球扁率的长期变化等，它们经历的时间尺度以百万年计。较快速的运动以年或小时为计算单位，如地极的张德勒摆动，能引起地壳的微小变形。

另外，外力地质作用如风化作用、剥蚀作用、搬运作用、沉积作用和固结成岩作用等，也会对地壳起到改造作用。

关于地壳运动的学说很多，主要有：收缩说、膨胀说、地球自转速度变化说、地幔对流说、大陆漂移说、板块构造说。

## ◎ 岩石活动留下的踪迹——构造地貌

构造地貌是地质构造和地壳构造运动所形成的地貌。也就是说，由地球内力作用直接造就的和受地质体与地质构造控制的地貌。构造地貌学就是研究地质构造与地表形态关系的学科，是地貌学的重要分支。

构造地貌是主要由岩石圈构造运动造成的地表形态，即通过地壳变动、岩浆活动和地质构造所形成的地貌。由于它是地球内部物质运动的产物，所以也称为内营力地貌。按构造地貌的规模可分为三级：全球构造地貌——大陆和洋底；大地构造地貌——如大陆上的褶皱山脉、大型拱起的高原、洋底的洋中脊、海岭和深海平原等，是地壳运动、大地构造的表现；地质构造地貌——指由断裂、褶皱和火山等作用形成的地貌，有的是地质构造经外力剥蚀出露的产物。

对于全球构造地貌的形成，根据新生代的构造运动特点，可将地球表面分为带状分布的构造活动带和位于构造活动带之间的相对稳定区。全球有三条规模巨大的构造活动地貌带：(1) 环太平洋大陆边缘带；(2) 地中海—喜马拉雅山脉带；(3) 洋脊裂谷带。他们的共同特点是地形高差起伏悬殊，新生代岩层发生显著形变错位，火山与岩浆活动强烈，岩层显著变质以及频繁的地震活动等。

法国地质学家勒比雄还将全球分为六大板块——太平洋板块、欧亚板块、印度洋板块、非洲板块、美洲板块和南极洲板块。除太平样板块完全属洋壳构成外，其他五个板块范围兼包陆壳和洋壳部分。板块之间的边界活动带是由上述三大构造活动带所组成。这些边界地貌反映了两侧板块性质与活动的特点。洋脊裂谷带的生成反映了两侧洋壳板块的分离，环太平洋大陆边缘主要反映了洋壳板块与陆壳板块的汇聚，喜马拉雅山突出反映了两侧陆壳板块的碰撞过程。

板块的分离与汇聚运动是以地球内部物质对流运动为基础的。整个地壳和上地幔组成的岩石圈板块是随地球内部物质对流运动而运动。由于对流运动在大洋中脊轴部上涌，使两侧板块发生平移分离运动，而在对流下沉区则发生板块汇聚和碰撞，以致形成三种板块边界构造活动带不同的构造和地貌特征。

## ◎ 翻阅大地的档案——地质构造

地质构造是指地壳中的岩层在地壳运动的作用下发生变形与变位而遗留下来的形态。也就是说，组成地壳的岩层和岩体，在内外力地质作用下（多为构造运动），发生变形和变位后形成的几何体，或残留下的形迹。

地质构造可依其生成时间分为原生构造与次生构造。次生构造是构造地质学研究的主要对象。而原生构造一般是用来判断岩石有无变形及变形方式的基准。

构造也可分为水平构造、倾斜构造、断裂和褶皱。

地质构造的规模，大的上千千米，需要通过地质和地球物理资料的综合分析和遥感资料的解释才能识别，如岩石圈板块构造。小的以毫米甚至微米计，需要借助光学显微镜或电子显微镜才能观察到，如矿物晶粒变形、晶格的错位等。

关于构造的学说很多。中国地处环太平洋构造带和特提斯构造带的丁字接合处，具有中国特色的大地构造特征。“波浪状镶嵌构造学说”、“地质力学”、“多旋回构造”、“地洼说”和“断块构造说”，是老一辈地质学家对中国大地构造特征的总结，被称为“中国五大地质构造学派”。

## ◎ 地质构造的区域单位——构造单元

构造单元是一个区域尺度的地域，是地质构造的基本单位，其中的地壳物质组成、构造组合，以及地球物理和地球化学场，明显不同于相邻地域，表明它具有自己的地壳演化历史而有别于周缘地区。这样的一个地域，就是一个大地构造单元。地槽学说基于地壳活动和稳定性的差别，将地壳的一级构造单元划分为地槽（褶皱系）和地台；板块构造则将六大板块作为全球的一级构造单元，并将分隔它们的边界也作为构造带看待。事实上，上述的每一种一级构造单元内部，还可以进一步划分出次一级，乃至更小的构造单元。

各个行业根据自己的行业需要，对各个区域的构造单元，都有自己的划

分标准。中华人民共和国石油天然气行业标准也根据有关原则，对我国的含油气盆地构造单元划分制定了标准（表4.1）。

表4.1 构造单元划分对照表

| 基本构造单元 | 一级构造单元 | 二级构造单元 | 亚二级构造单元 | 三级（局部） 构造单元 |
|---|---|---|---|---|
| 断陷盆地 | 隆起、坳陷、斜坡 | 凸起、凹陷 | 断阶带、断鼻带、断裂构造带、单斜带、次凹 | 背斜、半背斜、鼻状构造、断鼻构造、断块、潜山、构造群 |
| 坳陷盆地 | 隆起、坳陷、斜坡 | 背斜带（长垣）、构造带（阶地）、单斜带、超覆带、凹陷 | | 背斜、半背斜、鼻状构造、断鼻构造、断块、向斜、构造群 |

## ◎ 褶皱与断层——地壳活动形式的“两兄弟”

褶皱（图4.3）与断层（图4.4）就是地壳活动的直观标志，通过地质观测我们可以发现岩石活动的踪迹。

通常岩层形成时是水平的。岩层在构造运动作用下，因受力而发生弯曲，一个弯曲称褶曲，如果发生的是一系列波状的弯曲变形，就叫褶皱。

图4.3 褶皱

图4.4 断层

岩石中面状构造（如层理、劈理或片理等）形成的弯曲，单个的弯曲也称褶曲。褶皱的面向上弯曲，两侧相背倾斜，称为背斜；褶皱面向下弯曲，两侧相向倾斜，称为向斜。如组成褶皱的各岩层间的时代顺序清楚，则较老岩层位于核心的褶皱称为背斜；较新岩层位于核心的褶皱称为向斜。正常情况下，背斜呈背形，向斜呈向形，是褶皱的两种基本形式。单个褶皱大者可延伸数十千米，小者可见于手标本或在显微镜下才能见到。

在一个完整的背斜构造中，我们可以看到由外到内地层逐渐变老。发育于地下的背斜构造，是石油工作者最喜欢的储油圈闭，一些世界级大油田就是在背斜构造中找到的。

自然界里岩层的断层是地壳构造断裂变动产生的结果，会造成岩层发生破裂并沿断裂面两侧发生明显的位移，即同一岩层沿破裂面拉开发生上下或左右移动，造成同一岩层面被拉开而移动一段距离。地壳中断层广泛分布，种类繁多，规模不一。常用下面几个基本断层术语对断层形态、空间上的分布特征进行描述和分类。

在地质图上，断层线表示断层面与地面的交线，它表明断层延伸的方向。断层面两侧的两个岩层块体，叫做断层的两个盘。相对于倾斜着的断层面而言，断层面上边的叫上盘，下边的叫下盘。人们依据断层两盘的位移情况，习惯上把相对上升的一盘叫上升盘，反之相对下降的一盘叫下降盘。这与上盘和下盘的概念在内涵上是有区别的。

断距是指示断层大小的重要数据，它一般表示两盘相对位移的距离，可分为垂直断距和水平断距等。显然，断距大的断层大，就像摩天大楼顶面与地面的高差远大于平房与地面的高度一样。

依据断层两盘沿断面相对移动的方向将断层分成三类（图4.5）：

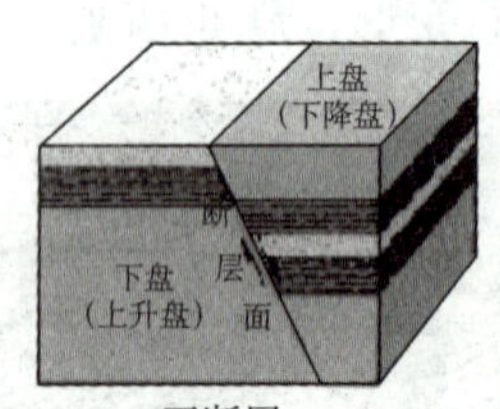

正断层

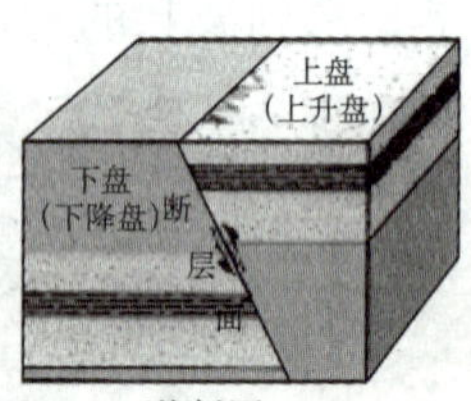

逆断层

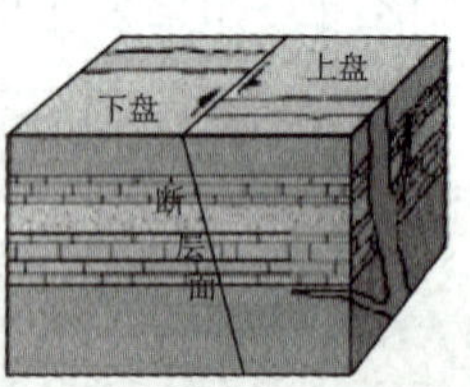

平移断层

图4.5　各种断层示意图

正断层，指沿倾斜断层上盘向下滑动，形成对下盘的错开。正断层一般是构造在拉张应力作用下产生的，是最常见的断层类型。如在松辽盆地、渤海湾盆地的断层绝大多数都属于此类断层。

逆断层，与上述特征相反，是上盘沿倾斜断面向上滑动，形成对另一盘的掩覆。当推覆作用大时形成逆掩断层，它们常常是因地壳构造运动的挤压应力而形成的。

平移断层，又叫走滑断层，它是由断层两盘沿断层线的走向方向发生的相对位移，表现为平面上同一岩层的相对错动，而垂直方向上一般没有大的错动。平移断层是比较少见的一种断层。

断层与地震密切相关，可以说，有断层的地方就有地震。日本以及我国

台湾省地震多发的原因就是由于其正好处在太平洋板块与欧亚大陆板块交会、碰撞的地带，各种大大小小的断层时有出现，地震也就频频发生了。

## ◎ 有家族有辈分的地质名词

### ● 隆起、凸起

隆起：泛指地壳上不同成因的上升构造，是盆地内的正向一级构造单元。

凸起：大型盆地内一级构造单元的亚一级正向构造单元。与其相对应的负向构造单元是凹陷。

### ● 坳陷、凹陷、洼陷

坳陷：泛指地壳上不同成因的下降构造，是盆地内的负向一级构造单元，是与隆起并列而性质相反的构造单元。

凹陷：大型盆地内一级构造单元的亚一级负向构造单元。与其相对应的正向构造单元是凸起。

洼陷：指凹陷内的次级洼地。

### ● 古潜山、断块山、褶皱山

古潜山：指不整合面以下被新沉积岩所覆盖的古地形高点。通俗点说，就是埋藏在新地层之下的古老山头。古潜山可形成各种构造圈闭和地层圈闭油气藏。由于古地形长期经受风化、剥蚀和地下水的溶滤作用，下伏岩层尤其是碳酸盐岩的孔隙度和渗透率大大增加，可形成大的裂隙或溶洞。此外，古潜山的不整合面是油气运移的通道。

断块山：又称断层山，因地壳断裂上升而形成，是受断层控制的岩块，呈整体抬升或翘起抬升形成的山地。断块山地的山麓地带发育断层崖、断层三角面。

褶皱山：指地表岩层受垂直或水平方向的构造作用力而形成岩层弯曲的褶皱构造山地。新构造运动作用下，形成高大的褶皱构造山系，是褶皱地貌中最大的类型。

## ● 背斜、向斜、斜坡、背斜带、单斜带

背斜：指岩层发生褶曲时，其形状向上凸起者（图4.6）。也就是说，在地壳运动的强大挤压作用下，岩层会发生塑性变形，产生一系列的波状弯曲，叫做褶皱。褶皱的基本单位是褶曲。褶曲有两种基本形态：一种是背斜，另一种是向斜。背斜是褶皱构造中褶曲的基本形态之一，外形上一般是向上突出的弯曲。

向斜：与背斜相对（图4.7）。

斜坡：指地壳表部一切具有侧向斜面的地质体。

背斜带：指位于褶皱区内由侧压应力水平挤压作用形成的若干背斜构造（图4.8）组成的构造带，简称背斜带。

单斜带：指地层均向一个方向倾斜的地带。

图4.6　背斜

图4.7　向斜

图4.8　背斜构造（南澳大利亚弗林德斯山脉）

### ● 断块、断裂构造带、断阶带、断鼻带

断块：被断裂作用所切割和围限的区块。

断裂构造带：即断裂构造地带。断裂构造又称断裂，是指岩石因受地壳内的动力，沿着一定方向产生机械破裂，失去其连续性和整体性的一种现象。

断阶带：断裂阶梯状构造带的简称。是由两条以上主断层切割的、沿下降盘级级下掉的岩体所构成的阶梯状断裂构造带。

断鼻带：即断鼻构造地带。断鼻构造指鼻状构造上倾方向被断层切割遮挡形成的构造圈闭，简称断鼻。

### ● 构造带、构造群

构造带：指坳陷或凹陷内的同一区域构造部位上，由两个以上成因、形态近似的局部构造组成的呈带状分布的构造单元。

构造群：即构造群落，是同一变形条件下所产生的那些具有成生联系，属于同一构造变形相，并组合成一个统一整体的各种构造形迹的总合。

## ◎ 史密斯——编写地球史的司马迁

地球在其形成、演化的漫长岁月中，伴随着海陆变迁、生物演替以及沉积地层的叠覆，留下了大量反映地球演化和生物发展、演化轨迹的地质历史记录。

早在18世纪中叶，法国科学家在调查巴黎盆地时，以特殊的沉积岩和生物化石对巴黎盆地地层逐层作了深入研究。后来，又有学者系统研究了维拉雷山脉的地层和化石，提出存在着由老到新的五套地层。根据生物进化史上的从低级到高级的发展，进化的不可逆特征（比如：鱼类可以进化为两栖动物、爬行动物，而哺乳动物却不可能退化为爬行动物），而且这些特征可以保存在岩石层中。这样，就逐渐形成了用化石特征和沉积物的性质恢复过去地质历史环境的基本方法，并建立了“历史地质学”这门重要学科。

英国人史密斯在18世纪末，首先突破了地层划分和对比这一难关。19世纪初，史密斯调查研究了威尔士到泰晤士河广大地区的地层和化石，出版了专著《用生物化石鉴定地层》，从而奠定了地层学、地史学的基础。在他之后，地质学家们尝试以化石为基本依据，用“纪”来确定地质历史时期大的

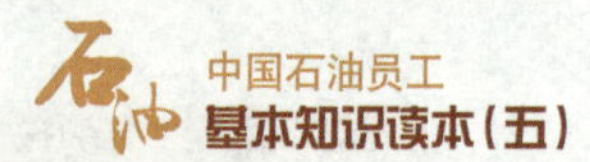



时间单位，同一时期形成的地层用“系”来表示。在“纪”的基础上，科学家们发现还能区分出更大一些的时间单位和地层单位。英国地质学家菲力普斯归纳了前人的工作，将寒武纪、奥陶纪、志留纪、泥盆纪、石炭纪、二叠纪几个纪合并称为古生代；将三叠纪、侏罗纪、白垩纪三个纪合并称为中生代；将古近纪、新近纪与第四纪合并称为新生代，从而产生了认识地球历史的地质年代顺序。

由史密斯倡导的生物地层学方法一直沿用至现在（图4.9）。这种方法的理论根据是：在地球历史的发展过程中，生物总是由低级到高级、由简单到复杂不断地变化着，例如由无脊椎动物发展到低等脊椎动物，进而演化到爬行动物和哺乳动物，直至出现人类。这种演化过程绝不会逆向发展。

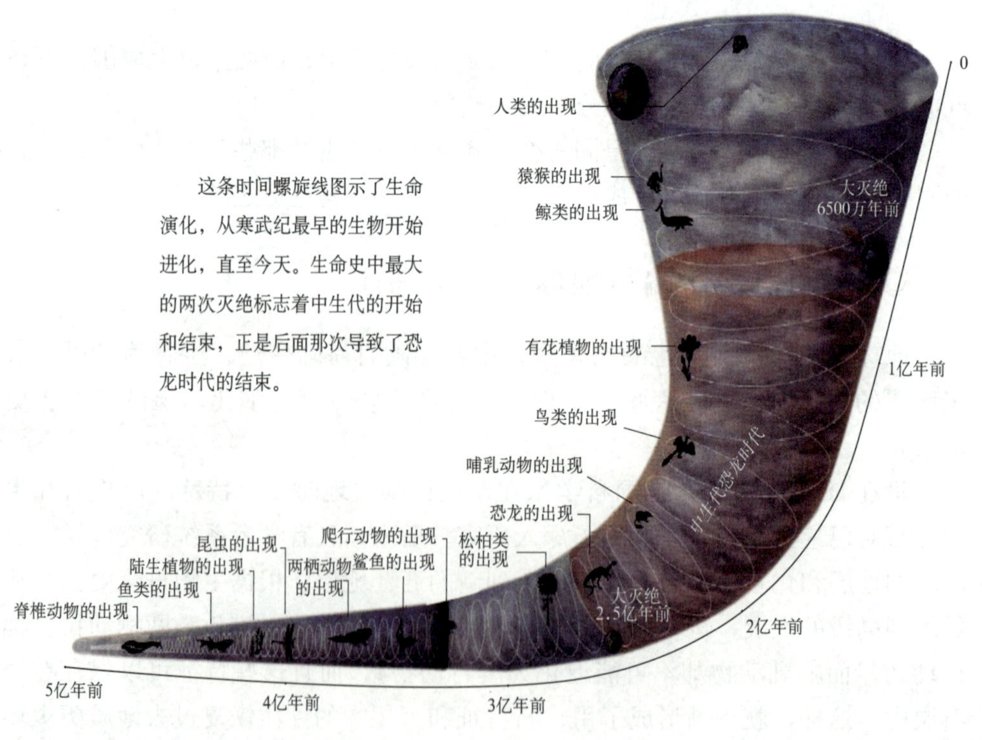


图4.9 生命进化史

这样，根据生物的发展阶段可以把地球的历史划分为若干时代，并编制成完整的地质年代表。世界上不同地区的各种地层，都可以用古生物或其他方法，定出它属于地质年代中哪一个地质时代。这是世界上时间跨度最大的年代

表，堪称鸿篇巨制的编年史。

这样，以生物演化为依据，人们建立了能反映地球相对年龄的地质年代表。在这个表上，最大的时间概念是宙，其次是代、纪、世、期。如古生代包括寒武纪等六个纪。其中，寒武纪又可进一步分为早寒武世、中寒武世和晚寒武世三个世，每个世还可以分成若干个期。与地质时代相对应，代表每一地质时期的地层也建立起地层单位。寒武纪时形成的地层就被称为寒武系，奥陶纪期间形成的地层则被称为奥陶系，以此类推。

在讨论地球发展史时，往往还需要确切知道所涉及的地质时代的“绝对年龄”。科学家们可以通过同位素测定法，准确地得到地球上岩石形成时的“绝对年龄”。这样，人们就能够获得地球不同时期绝对年龄值和各个地质时代的准确时限。比如，寒武纪约始于5.4亿年前，结束于约5亿年前。

有了地球的相对年龄和绝对年龄，人们对地球历史的认识就更加全面、准确。这最伟大的“编年史”也就更加准确、详细、系统了。

## ◎ 测试岩石的年龄——地质年代学的兴起

人们已经为地球的历史编出了详细的地质年代表。比如恐龙的最繁盛时代为距今约200百万年前的侏罗纪，灭绝于65百万年前的白垩纪末期，三叶虫的繁盛时期为距今约530百万年前的寒武纪等。这些动物生存的时代是怎么定出来的呢？地球的46亿年历史又是怎么定出来的呢？

地质学家和地球化学家们发现，当岩石或矿物在一次地质事件中形成时，放射性同位素以一定的形式进入岩石、矿物，之后便不断地衰减，随之蜕变成的子体逐渐增加。所以，通过准确地测定岩石、矿物中放射性同位素母体和子体的含量，就可以根据放射性衰变定律计算出该岩石、矿物的地质年龄。这种年龄测定，称作同位素计时或放射性计时。计时的基本原理就是天然放射性同位素的衰变规律。测定的地质事件或宇宙事件的年龄就是“同位素地质年龄”。

目前，在地学界应用的同位素测定方法比较多，不同的方法有不同的应用范围。比如，由于碳同位素的半衰期相对较短，$^{14}C$ 法可测的年龄一般不超过5万年，最大限度是7万年。因此凡是几万年以来曾经在地球生物圈、大气圈和水圈中生存过的含碳生物均可作为样品进行测定，包括动植物的残骸（如木头、木炭、果实、种子、兽皮、象牙等）、含同生有机质的沉积物（泥炭、淤泥等）和土壤、生物碳酸盐（贝壳、珊瑚等）和原生无机碳酸盐（石灰华、苏打、天然碱等）、含碳的古代文化遗物（纸、织物、陶瓷、铁器）等。$^{14}C$法主要适用于考古学研究。

进行“同位素地质年龄”测定的岩石，必须尽可能地“新鲜”。在有蚀变的岩石内，氩易丢失，所以测出的年代不准确。钾—氩法的最佳测定范围在10万年至10亿年之间，铷—锶法的最佳测定范围为1000万年至1亿年之间，所以这两种方法适用于中—新生代地层的测定；铀—铅法的适应范围在1000万年至10亿年以上，铀—钕法也在2亿年以上。所以，这两种方法较适用于古生代或更古老地层时代的研究。

有了精确的同位素地质年龄，地质学家们就可以编制用来进行地层划分与对比的“地质年代表”了。

早在1911年，年仅21岁的英国地质学家A．霍尔梅斯就提出了用矿物中铀—铅同位素的比值来测定地层年龄的设想。1937年，经过20多年的工作，他发表了世界上第一份具有数字年龄的地质年代表。

第二次世界大战结束后，欧美各国以及苏联的地质学者加强了同位素地质年龄的研究力度。进入20世纪80年代以后，地质年代表发展得很快，目前在国际地学界有影响的地质年代表主要有 PTS年表、GTS年表、NDS年表、COSUNA年表和CGR年表等。

值得一提的是，迄今为止，绝大多数“同位素地质年龄”是从火成岩或火山凝灰岩中测定的，而地球上相当多的岩石是沉积岩。所以，这就造成了同位素地质年代学研究的局限性。对于地质学家，尤其是石油地质学家来说，对含有丰富石油与天然气的沉积岩的“同位素年龄”测定，就成为一个极有挑战意义的课题。

## ◎ 同庚年轮——地质、地层、岩石的时间单位

按照地壳上不同时期的岩石和地层在形成过程中的时间（年龄）和顺序，“地质年代时间单位”表述为：宙、代、纪、世、期、阶；“地层时间单位”表述为：宇、界、系、统、组、段（表4.2）。另外，以地层的岩石特征和岩石类别作为划分依据的地层单位，称作“岩石地层单位”，表述为：群、组、段、层四级。

## 表4.2 中国区域年代地层（地质年代）表

| 宇（宙） | 界（代） | 系（纪） | 统（世） | 距今时间（百万年） |
|---|---|---|---|---|
| 显生宇（宙）PH | 新生界（代）Cz | 第四系（纪）Q | 全新统（世）Qh | 0.01 |
| | | | 更新统（世）Qp | 2.60 |
| | | 新近系（纪）N | 上新统（世）$N_2$ | 5.3 |
| | | | 中新统（世）$N_1$ | 23.3 |
| | | 古近系（纪）E | 渐新统（世）$E_3$ | 32 |
| | | | 始新统（世）$E_2$ | 56.5 |
| | | | 古新统（世）$E_1$ | 65 |
| | 中生界（代）Mz | 白垩系（纪）K | 上（晚）白垩统（世）$K_2$ | 96 |
| | | | 下（早）白垩统（世）$K_1$ | 137 |
| | | 侏罗系（纪）J | 上（晚）侏罗统（世）$J_3$ | |
| | | | 中侏罗统（世）$J_2$ | |
| | | | 下（早）侏罗统（世）$J_1$ | 205 |
| | | 三叠系（纪）T | 上（晚）三叠统（世）$T_3$ | 227 |
| | | | 中三叠统（世）$T_2$ | 241 |
| | | | 下（早）三叠统（世）$T_1$ | 250 |
| | 古生界（代）Pz | 二叠系（纪）P | 上（晚）二叠统（世）$P_3$ | 257 |
| | | | 中二叠统（世）$P_2$ | 277 |
| | | | 下（早）二叠统（世）$P_1$ | 295 |
| | | 石炭系（纪）C | 上（晚）石炭统（世）$C_2$ | 320 |
| | | | 下（早）石炭统（世）$C_1$ | 354 |
| | | 泥盆系（纪）D | 上（晚）泥盆统（世）$D_3$ | 372 |
| | | | 中泥盆统（世）$D_2$ | 386 |
| | | | 下（早）泥盆统（世）$D_1$ | 410 |
| | | 志留系（纪）S | 上（晚）志留统（世）$S_3$ | |
| | | | 中志留统（世）$S_2$ | |
| | | | 下（早）志留统（世）$S_1$ | 438 |
| | | 奥陶系（纪）O | 上（晚）奥陶统（世）$O_3$ | |
| | | | 中奥陶统（世）$O_2$ | |
| | | | 下（早）奥陶统（世）$O_1$ | 490 |
| | | 寒武系（纪）$\in$ | 上（晚）寒武统（世）$\in_3$ | 500 |

续表

| 宇（宙） | 界（代） | 系（纪） | 统（世） | 距今时间（百万年） |
|---|---|---|---|---|
| 显生宇(宙)PH | 古生界（代）Pz | 寒武系（纪）$\in$ | 中寒武统（世）$\in_2$ | 513 |
| | | | 下（早）寒武统（世）$\in_1$ | 543 |
| 元古宇(宙)PT | 新元古界（代）$Pt_3$ | 震旦系（纪）Z | 上（晚）震旦统（世）$Z_2$ | 630 |
| | | | 下（早）震旦统（世）$Z_1$ | 680 |
| | | | | 1000 |
| | 中元古界（代）$Pt_2$ | | | 1800 |
| | 古元古界（代）$Pt_1$ | | | 2500 |
| 太古宇(宙)AR | 新太古界（代）$Ar_3$ | | | 2800 |
| | 中太古界（代）$Ar_2$ | | | 3200 |
| | 古太古界（代）$Ar_1$ | | | 3600 |
| | 始太古界（代）$Ar_0$ | | | |

## ◎ 岩石——矿藏的温床

石头的学名是岩石，它是自然形成的由一种或几种矿物组成的固态集合体。

岩石都是有一定形态的，有的呈层状、片状，有的呈块状、球状、柱状，形状各异，而且各种岩石都有各自的物质组成和结构。那些没有固结的松散沉积物，如沙漠、戈壁、河道泥沙、湖沼淤泥、土壤黏土、火山灰、海底沉积物等，都不算在岩石之列。虽然岩石的面貌是千变万化的，但是从它们形成的环境，也就是从成因上来划分，可分为三大类：沉积岩、岩浆岩和变质岩。

沉积岩：是在地表或近地表不太深的地方形成的一种岩石类型。不论哪种风化作用形成的碎屑物质都要经历搬运过程，然后在合适的环境中沉积下来，经过漫长的压实作用，石化成坚硬的岩石，这就是沉积岩。石灰岩、砂岩和泥页岩等都是典型的沉积岩（表4.3）。

岩浆岩：也叫火成岩，是地壳深处的岩浆侵入到地壳上部，或者喷到地表冷却固结再经过结晶作用而形成的岩石。花岗岩、玄武岩等都是常见的火成岩（表4.4）。

表4.3 沉积岩分类表

| 分类 | 碎屑岩 | | | 火山碎屑岩 | | | 黏土岩 | 化学岩及生物化学岩 |
|---|---|---|---|---|---|---|---|---|
| 结构 | 碎屑结构 | | | 碎屑结构 | | | 泥质结构 | 生物结构或化学结构 |
| 粒径（毫米） | 砾状结构 | 砂状结构 | 粉砂状结构 | >100 | 2～100 | <2 | <0.005 | |
| | >2 | 2～0.05 | 0.05～0.005 | | | | | |
| 岩石名称 | 砾岩 | 砂岩 | 粉砂岩 | 集块岩 | 火山角砾岩 | 凝灰岩 | 泥岩、页岩 | 铝质岩、铁质岩、锰质岩、硅质岩、磷质岩、盐岩、碳酸盐岩、可燃性有机岩（煤、石油、油页岩等） |

表4.4 火成岩分类表

| 分类 | 超基性岩 | 基性岩 | 中性岩 | 酸性岩 |
|---|---|---|---|---|
| 二氧化硅（%） | <45 | 45～52 | 52～66 | >66 |
| 主要矿物 | 橄榄岩、辉石、角闪石 | 钙长石、辉石、角闪石 | 中长石、角闪石、黑云母 | 钾长石、钠长石、石英、黑云母 |
| 色率 | >78 | 78～35 | 35～20 | <20 |
| 喷出岩：斑状、玻璃质、隐晶质结构，具气孔、杏仁、流纹构造 | 科马提岩 | 玄武岩 | 安山岩、粗面岩 | 流纹岩 |
| 浅成岩：细粒、斑状或隐晶质结构，块状或气孔构造 | 少见 | 辉绿岩 | 闪长玢岩、正长斑岩 | 花岗斑岩 |
| 深成岩：全晶质、中—粗粒或似斑状结构，块状构造 | 橄榄岩、辉岩 | 辉长岩 | 闪长岩、正长岩 | 花岗岩 |

变质岩：在地壳形成和发展过程中，早先形成的岩石（如沉积岩、岩浆岩）由于后来地质环境和温度、压力等物理化学条件的变化，在固态情况下发生了矿物组成调整、结构构造改变甚至化学成分的变化而形成一种新的岩石，这种岩石就被称为变质岩。例如沉积岩中的石灰岩经过变质作用就转变成了大理岩，花岗岩变为片麻岩等。由于经历过变质作用，这种岩石的结构和构造与沉积岩和岩浆岩完全不同（表4.5）。

表4.5 变质岩分类表

| 分类 | 接触变质岩 | 气成水热变质岩 | 动力变质岩 | 区域变质岩 |
|---|---|---|---|---|
| 岩石名称 | 石英岩、角砾岩、大理岩 | 矽卡岩、云英岩、蛇纹岩 | 碎裂岩、糜棱岩 | 石英岩、板岩、大理岩、千枚岩、片岩、片麻岩 |

岩石是天然产出的，但却不是永远不变的。每一种岩石都有自己的发生、发展和破坏的过程。

各种地质作用会使岩石蕴藏丰富的矿藏，很多岩石和矿藏有密不可分的伴生关系。比如，煤、石油、天然气和油页岩产在含丰富有机质和化石的沉积岩层中；铁、锰、铝、磷和盐类等矿藏也多产在沉积岩中；铬铁矿、镍矿一般分布在基性、超基性岩石中；很多有色金属和稀土元素矿床分布在花岗岩中；原生金刚石只产在金伯利岩中。在中国的古老变质岩地层中，金、银等贵金属比较丰富，这是因为变质作用使它们富集成矿的结果，很多著名的宝石如“祖母绿”、“翡翠石”等，也产于变质岩中。变质作用也能形成矿床，如碳质页岩或煤经过变质作用可以形成石墨矿；高铝黏土经变质作用可以变成刚玉矿。除了以上情况之外，有些岩石本身的组分就是矿物，比如菱镁矿主要由碳酸镁组成，石灰岩主要由方解石组成，白云岩由白云石组成。

沉积岩、岩浆岩和变质岩都可以形成高大雄伟的山峰，比如有“世界屋脊”之称的喜马拉雅山的主峰，就是由4亿多年前的海相沉积岩构成的。西岳华山则是由火成岩、变质岩构成的。

## ◎ 沉积岩——有机矿藏的家园

沉积岩类是由江河湖海中的碎屑物沉积或各种盐类化学沉淀而形成的(图4.10)，分布十分广泛。与石油和天然气、煤等这些有机矿藏有关的沉积岩，主要是碎屑岩和碳酸盐岩。两者的成因、形成过程明显不同。

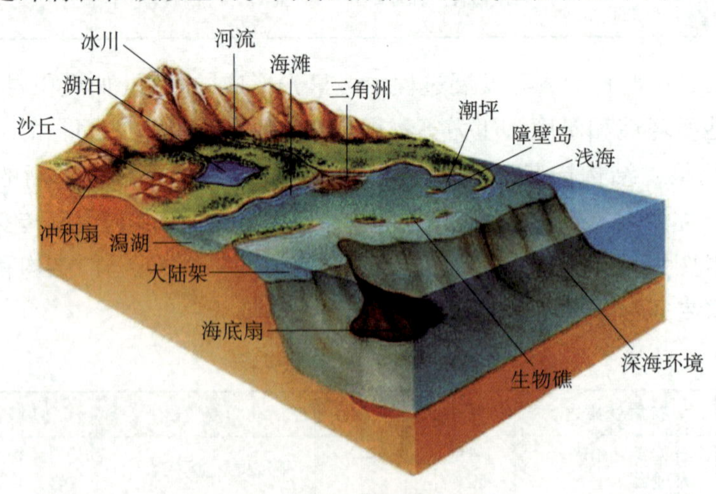


图4.10 沉积岩的形成环境

地表先前形成的岩石是碎屑岩形成的原始物质来源，称为碎屑岩的母岩。它们可以是先前形成的沉积岩、火山岩和变质岩甚至砂、泥等。母岩长期暴露在地表，在温度变化、大气（风）、流水、生物等因素作用下，发生机械破碎、化学分解，由此产生的大小不一的碎屑物质，除少部分残留在原地外，大部分都被搬运到江河湖海中沉积下来。搬运碎屑物质主要由水流、大气、冰川和生物来完成的，其中最主要的是水流的搬运。最常见的搬运碎屑物质的水流是河流，碎屑物质在河流中以各种方式向低地前进：大的碎屑物靠滑动或滚动前进，中等的碎屑跳跃着前进，小的碎屑悬浮着向前移动。有些碎屑经过长途跋涉，有的经历短暂的旅行，到达最终的沉积场所堆积下来。沉积场所包括河流、平原、湖泊、海洋等。堆积的碎屑物质被上覆堆积的碎屑物质埋藏后，开始进入成岩阶段。在这时，碎屑物质经受机械压实，使颗粒之间胶结、交代、矿物生长变大等变化，最终成为坚硬的碎屑沉积岩。

碳酸盐岩主要形成于海洋咸水的环境中，特殊的咸水湖泊环境也可以形成碳酸盐岩。碳酸盐岩可在咸水中直接进行化学沉淀作用而形成，如常见的石灰岩，但大多数是由生物作用形成的，如各种生物礁。碳酸盐岩的生物成因作用在地质历史演变中也有不同，在6亿多年前的海水中，镁、钙比值可能较高，pH 值较低，这就阻止了钙质骨骼和介壳生物的形成。因此，当时的碳酸盐岩显然不是由生物分泌的介壳形成的，而是由藻类的生物化学作用形成的。从5.4亿年前开始，海水由酸性变为碱性，海水中的氧含量也大大增加，介壳生物逐渐繁盛起来，生物成因的碳酸盐岩逐渐超过了化学成因或生物化学成因的碳酸盐岩。

近代地球科学证实，石油、天然气和煤，都形成并大多聚集于沉积岩中。石油和天然气可在沉积岩中进行数千米的运移。这种运移，必定会在沉积岩中留下各种蛛丝马迹。人们正是根据这些痕迹来认识、了解石油的生成、运移、聚集、成藏的规律，找到它并进行开采的。

## ◎ 沉积相——水的“孩子”

沉积岩的来源——母岩在水中搬运会发生变化。随着水流的变远，岩石颗粒会由大变小，由有棱角变为圆滑。地质研究中，用“相”来表示沉积环境与沉积物的变化。可以形象地说水是沉积相的母亲，沉积相是水的“孩子”。

科学家把沉积相定义为沉积物的生成环境、生成条件和其特征的总和，也可以说是在一定的沉积环境中所形成的岩石组合。

沉积环境包括岩石在沉积和成岩过程中所处的自然地理条件、气候状况、生物发育、沉积介质的物理化学性质及地球化学条件。岩石组合是指岩石的颜色、结构以及各种岩石的相互关系和分布情况等。

成分相同的岩石组成同一种相，在同一地理区的则组成同一组。沉积相主要分为陆相、海陆过渡相和海相（表4.6）。这主要取决于这些岩石的生成环境。不同的沉积环境，所形成岩石的成分组合不同；一定的岩石组合又反映了一定的沉积环境。二者之间有紧密的内在联系。鉴定这些岩石不仅依靠其古代生成的环境，岩石的组成结构，还可以依据其中包含的生物、微生物的化石等。

石油天然气的生成和分布与沉积相的关系密切。尤其是储油层的形成和分布，更是受一定的沉积相所控制。因此，研究沉积相对寻找油、气田有重要意义。

表4.6　沉积相的分类

| 相组 | 陆相组 | 海相组 | | 海陆过渡相组 |
|---|---|---|---|---|
| | | 碎屑岩 | 碳酸盐岩 | |
| 相 | （1）残积相 | （1）滨岸相 | （1）滨岸相 | （1）三角洲相 |
| | （2）坡积相 | （2）浅海相 | （2）台地相 | （2）潟湖相 |
| | （3）洪积相 | （3）半深海相 | （3）台地边缘相 | （3）海滩相 |
| | （4）河流相 | （4）深海相 | （4）台地斜坡相 | （4）潮滩相 |
| | （5）湖泊相 | （5）浊积扇相 | （5）半深海相 | （5）河口湾相 |
| | （6）沼泽相 | | （6）深海相 | |
| | （7）风成相 | | | |
| | （8）冰川相 | | | |

Walther(沃尔索）曾经指出："只有那些没有间断的、现在能看到的相互邻接的相和相区，才能重叠在一起"。换句话说，只有在横向上成因相关且紧密相邻而发育着的相，才能在垂向上依次叠覆出现而没有间断。这就是通常所说的相序连续性原理或相序递变规律。有人也称为沃尔索相律，这是相分析的基础。

但无论哪种类型，其形成过程都离不开水的作用。

以相序递变规律为基础，以现代沉积环境和沉积物理特征的研究为依据，从大量的研究实例中，对沉积相的发育演化加以高度的概括，归纳出带有普遍

意义的沉积相的空间组合形式，称为沉积相模式。

## ◎ 盆地——油气的“聚宝盆”

盆地主要是由于地壳运动形成的。在地壳运动作用下，地下的岩层受到挤压或拉伸，变得弯曲或产生了断裂，就会使有些部分的岩石隆起，有些部分下降。如下降的那部分被隆起的那些部分包围，盆地的雏形就形成了。

在那些隆起的地方，有的是地壳中比较软弱的部分，或者是岩石层中比较容易被风化剥蚀的部分，受到挤压时剧烈地弯曲成褶皱，升起成为环绕盆地的山脉；有的是地壳中比较坚硬的部分，被挤压时整块地抬升，形成了高原。盆地内部的地壳或者岩石层，通常是地壳或岩石层中比较稳定的部分，在发生地壳运动时，常常会大面积地缓慢上升或下降。抬升的结果可以形成高原，而下沉则形成盆地。盆地形成以后，经过了风化、水流、生物等自然力的改造，使得盆地四周突出的部分被侵蚀、破坏得较快，其产物被风、水流携带到盆地内部又沉积了下来，使得盆地内部会慢慢地被充填，“盆底”变高了。如果盆地形成以后，当地的地壳运动依然很强烈，就可以迅速地把盆地填满。但这个“快速过程”也往往需要上百万年！

许多盆地在形成以后还曾经被海水或湖水淹没过，像四川盆地、塔里木盆地、准噶尔盆地等，都遭遇了这样的经历。后来，随着地壳的不断抬升，加上泥沙的淤积，盆地内部的海、湖慢慢地退却干涸，只剩下一些河水或小溪了。但是，那些曾经存在过的海、湖中，曾经生活过的大量生物死亡以后被埋入淤泥中，就会成为形成石油、煤炭的物质基础，这就是科学家们非常关注盆地研究的重要原因。盆地中的岩石沉积大多相对比较完整而连续，生活在那里的动物、植物死后也比较容易保存成化石，所以盆地也是古生物学家们寻找化石的好去处。

另外，还有一些盆地，主要是由地表外力，比如风力、雨水等破坏作用而形成的。

石油和天然气的形成和富集成藏也与构造运动有着十分密切的关系。油气通常形成并赋存在沉积岩中，相对独立连片分布的沉积岩，往往被油气勘探者称为“含油气盆地”。这种含油气盆地的形成与分布是构造运动的必然产物。我国已故地质学家黄汲清早就指出：“找油的一个前提是按地质构造特点进行构造分区，然后按构造单元讨论生油、储油和含油气远景”。石油和天然气作为地壳中的流体部分，其形成、运移和保存受控于地质体的发展变化，人们对地质体的构成和演化认识越深刻，油气地质的特殊性也越容易被掌握。

## ◎ 油气运移——油气的“流徙”

地下一座座“天然仓库”，虽然具备了储藏油、气的条件，但库里却不一定有油、气，只有当油、气被运进来后，它们才能成为油、气藏。油气有两次运移，即初次运移和二次运移。

初次运移：是指生油层生成的石油、天然气，向邻近有孔隙、裂缝、溶洞等储集空间的储层的运移。运移的方向，可以向上、向下或向四周，把分散的星星点点的石油、天然气，初步集中起来。

目前研究认为油气初次运移动力主要有压实作用、毛细管力作用、欠压实烃源岩中的异常高压、构造应力、渗透压力和分子扩散力。因此，油气初次运移的动力是多方面的。

二次运移：是指油气在储层中的运移。来自生油层的“油滴”、“气泡”，在储层中微细的通道中运动着，走着弯弯曲曲的道路，克服前进中的阻力，运移的速度是很缓慢的。二次运移的通道主要是孔隙、裂缝、溶洞、不整合面和断层。储集条件良好的海相砂岩，油气运移阻力小、速度快、运移距离长。物性差的储层，油气运移十分艰难，运移距离短，在生油区及周边的圈闭即可形成油气聚集。

二次运移的动力有浮力、水动力、地层压力等。浮力来自油气本身，油气的密度比水小，在水中有浮升作用。油气进入含水的储层后，就在浮力作用下，朝着储层的高处运移和集中，如果有圈闭就聚集形成油气藏。储层出露地表，地表水进入储层，在压差作用下，驱动油气向一定方向运移，这就是水动力驱动油气运移。地层压力由浅至深加大，深部高压油气可通过断裂等通道，运移到浅部储层，这就是压力驱动的油气运移。

油气运移方式是指运移过程中油气的状态。油气不容易溶解在水中，而在高压状态下，它们可溶解在水中，水携带其运移。但是，油气运移多以“油滴”和“气泡”的形式，在含水的岩层中运移，水就是油气运移的“载体”。浮力、水动力驱动着油气运移。

## ◎ 储油层——石油的“着床”

石油是一种深埋地下的液体矿床。在地层压力充足下，能像喷泉一样从地下通过油井喷出地面，或像水井的水一样从井底被人们抽提上来。石油储藏在地下具有孔隙、裂缝或孔洞的岩石中，储藏石油的岩石就是油层。

岩石的种类很多，已经被人们认识的就有100多种，如花岗岩、大理岩、玄武岩、石灰岩、生物灰岩、砾岩、砂岩、页岩等。但是，并不是所有的岩石都能成为油层。能够形成油层的岩石必须具备两个条件：一是具有孔隙、裂缝或孔洞等石油储存的场所；二是孔隙之间、裂缝或孔洞之间相互连通，构成石油流动的通道。当前，世界上常见的油层种类很多，但主要的有以下几种：

（1）砂岩油层。砂岩主要由各种岩石碎块或矿物小颗粒组成，这些小颗粒就是通常所说的砂粒。砂粒堆积在一起被其他物质所固结成为砂岩。石英、长石等矿物颗粒是砂岩的主要组成部分，泥质、钙质、铁质、硅质等固结物质是砂岩颗粒之间的胶结物。大多数砂岩的胶结物是泥质的。

（2）砾岩油层。砾岩是由各种小砾石与较细的砂泥颗粒组成的。这些小砾石成分比较复杂，有花岗岩、变质岩以及沉积岩等碎块。而作为胶结物的砂泥颗粒有石英、长石等矿物和泥质、钙质等较细的物质组分。砾石直径一般大于2毫米，变化范围由2毫米到256毫米。

（3）泥岩裂缝油层。由直径小于0.005毫米的颗粒固结而成的岩石叫泥岩。泥岩的颗粒直径比较小，所以，孔隙小，一般不具备孔隙储油的条件。但由于地质构造运动的作用，泥岩受外力作用可产生不同方向的裂缝和节理，造成相互连通的空间，因而，也可以形成泥岩裂缝油层。

（4）碳酸盐岩油层。主要指各种石灰岩油层，在世界油田中占有很重要的位置。到目前为止，已发现的碳酸盐岩油层中的油气储量占已发现石油总储量的一半，产量占总产量的60%以上，而且日产上千吨的高产油井多半是在碳酸盐岩的油田中。

（5）基岩油层。古老的岩石（如岩浆岩、变质岩）在地表受风化剥蚀作用后，形成风化孔隙带，或是在构造运动的作用下产生断层、节理、裂隙，经过风化后，形成更广阔的孔隙空间。这些岩石抵抗风化的能力各有不同，抵抗风化能力强的形成凸起的地形，抵抗风化能力弱的形成凹下的地形。被不渗透的岩层覆盖后，形成良好的储油空间，这就是基岩油层。

（6）火山岩油层。火山岩是火山爆发时，从地下深处喷发出来的炽热岩流冷却形成的岩石。火山岩流在冷却过程中放出气体，发育很多气孔和裂缝。气孔和裂缝相互连通形成的储油层，就叫做火山岩油层。

## ◎ 油气藏——石油天然气的地下宝库

油气藏是油气在地壳中聚集的基本单位，由圈闭内聚集了一定数量的油气后而形成。一个油气藏存在于一个独立的圈闭之中，具有独立压力系统和统一的油—水（或气—水）界面。只有油聚集的称油藏，只有天然气聚集的称气藏。油气藏具有工业开采价值时，称工业性油气藏，否则称非工业性油气藏。工业性和非工业性的划分标准是相对的，它取决于一个国家的油气资源丰富程度及工艺技术水平。

油气藏按圈闭的成因分类，可分为以下几类：（1）构造油气藏，包括背斜油气藏、断块油气藏、构造裂缝油气藏和岩体刺穿油气藏；（2）地层油气藏，包括地层不整合遮挡油气藏、地层超覆油气藏和生物礁油气藏；（3）岩性油气藏、包括岩性上倾尖灭油气藏；砂岩透镜体油气藏；（4）水动力油气藏，包括构造鼻型水动力油气藏和单斜型水动力油气藏；（5）复合油气藏，包括构造—地层复合油气藏、构造—岩性复合油气藏、岩性—水动力复合油气藏等。

除上述分类外，还有过去流传较广的布罗德分类。根据储层的形态，把油气藏分为：（1）层状油气藏，包括背斜穹隆油气藏和遮挡油气藏；（2）块状油气藏，包括构造突起油气藏、侵蚀突起油气藏和生物成因突起油气藏；（3）不规则油气藏，包括在正常沉积岩中的透镜体油气藏、在古地形凹处的砂岩体油气藏、在孔隙度和渗透率增高地带中的油气藏以及在古地形的微小突起中的油气藏。

形成油气藏必须具备以下基本条件：具有充足的油气来源；具备有利的生储盖组合；具备有效的圈闭；具备必要的保存条件。

油气藏的破坏主要是由构造作用引起的。构造作用首先破坏圈闭的严密性，引起油气逃逸或遭受氧化和水力冲刷，使油气藏部分或全部被破坏。原生油气藏破坏后，也可能形成次生油气藏。地下深处的高温、高压作用也能使油气藏遭到破坏。

## ◎ 油气藏的形成——地质条件“六字诀”

油气藏是油气聚集的基本单位，是油气勘探的对象。石油和天然气在形成初期呈分散状态，存在于生油气地层中，它们必须经过运移、聚集才能形成可供开采的工业油气藏。这就需要具备一定的地质条件，这些条件概括为：“生、储、盖、圈、运、保”六个字。

生油气层：是指具备生油条件的地层。它富含有机质，是还原环境下沉积的，结构细腻、颜色较深，主要由泥质岩类和碳酸盐类岩石组成。生油气层可以是海相的，也可以是陆相的。另外生油气层还必须具备一定的地质作用过程，即达到成熟，才能有油气的形成。

储层：是能够储存石油和天然气，又能输出油气的岩层。它具有良好的孔隙度和渗透率，通常由砂岩、石灰岩、白云岩及裂隙发育的页岩、火山岩及变质岩构成。

盖层：指覆盖于储油气层之上、渗透性差、油气不易穿过的岩层，它起着遮挡作用，以防油气外逸。页岩、泥岩、蒸发岩等是常见的盖层。

圈闭：就是油气在运移过程中，遇到某种遮挡物，使其不能继续向前运动，而在储层的局部地区聚集起来，这种聚集油气的场所就叫圈闭。如背斜、穹隆圈闭，或断层与单斜岩层构成的圈闭等。

运移：指油气在生油气层中形成后，因压力作用、毛细管力作用、扩散作用等，使之转移到有孔隙的储油气层中，一般认为转移到储油气层的油气呈分散状态或胶状。由于重力作用，油气质点上浮到储油气层顶面，但还不能大量集中，只有当构造运动形成圈闭时，储油气层的油、气、水在压力、重力以及水动力等作用下，继续运移并在圈闭中聚集，才能成为有工业价值的油气藏。

保存：油气要保存，必须有适宜的条件。只有在构造运动不剧烈、岩浆活动不频繁、变质程度不深的情况下，才利于油气的保存。相反，张性断裂大量发育，剥蚀深度大，甚至岩浆活动的地区，油气是无法保存的。

## ◎ 油气藏的类型——多姿多彩的油气宝库

由于沉积环境及受构造运动影响的不同，使得能够储存油气的各个天然“仓库”从内部构造到外部结构都各不相同。再加上生油母质的不同，油气生成后的经历不同，保存情况不同，在各个天然油气库中储存的油气，在性质上也不完全相同。所以，无论是油气藏还是油气田，都是各不相同的。

比较典型的油气藏有以下几类。

背斜油气藏：是由于构造运动使储油层、盖层和底层向上隆起，形成了圈闭油气的条件。这种油气藏是各种油气藏中最常见的，因而也最有代表性。

断块油气藏：即在断层圈闭中形成的油气藏。它也是构造油气藏的一种。地壳发生褶皱运动时，有些地方因受力太大，使地层产生了断裂。地层断裂后也有一个断裂面。两断裂面之间的裂开空间如果未被不渗透物质充填、堵死，它就可以成为油气运移的通道。断层圈闭的形成条件是断层必须起封闭作用。

低渗透油气藏：一般是指渗透性能低的储层。国外一般将低渗透储层称之为致密储层。具体来说，低渗透油气藏是指油层孔隙度低、喉道小、流体渗透能力差、产能低，通常需要进行油藏改造才能维持正常生产的油气田。目前低渗透储层的岩石类型包括砂岩、粉砂岩、砂质碳酸盐岩、石灰岩、白云岩以及白垩等，但主要以致密砂岩储层为主。

稠油油藏：稠油是沥青质和胶质含量较高、黏度较大的原油。通常把地面相对密度大于0.943、地下黏度大于50毫帕秒的原油叫稠油。因为稠油的密度大，也叫做重油。稠油油气藏即主要是含有稠油的油气藏。

凝析油气藏：其烃类流体在原始条件下呈单相气态，含有一定量的汽油馏分、煤油馏分以及少量胶质、沥青质等高分子烃类化合物。在降压开采过程中，当地层压力低于露点压力时，一部分乙烷至已烷的中间烃以及 $C_{7+}$ 重质成分从气相中析出，成为液态的凝析油，地下气态的烃在地面条件下生成油、气两种产品，这样的气藏称为凝析气藏。是介于油藏和纯气藏之间的复杂类型的特殊油气藏。

地层油气藏：地层油气藏主要由经过沉积间断以后，新沉积的不渗透地层遮挡形成的油气藏。这类油气藏的圈闭条件实际是由沉积成岩作用和构造运动相结合形成的。

隐蔽油气藏：隐蔽油气藏是泛指在油气勘探中难以识别和难以发现的油气藏。它不是专指石油地质界所说的非背斜或非构造油气藏，而是指那些不管什么原因形成的所有的复杂而又难以识别和发现的油气藏。

岩性尖灭油气藏：一种沉积岩相变为另一种沉积岩的现象，叫做岩性尖灭。当一储油层（如砂岩）在其上倾方向逐渐尖灭成不渗透岩层（如泥岩）时，尖灭现象就成了阻挡油气沿储层继续运移、流失的“坝”。油、气被水流携带

到这种地段，就沿倾斜岩层上浮聚集，形成岩性尖灭油气藏。

砂岩透镜体油气藏：也属于岩性油气藏，是由于油、气在被泥岩包围的透镜状砂岩中聚集而得名。这种砂岩中间厚，四周薄，从中间向外逐渐尖灭为泥岩，就像被泥岩包裹着的一片片凸透镜。而包围着“透镜”的泥岩就是生油层。在成岩过程中，泥岩中的油、气一方面在毛细管力的作用下，置换砂岩中的水，另一方面在上覆岩层的强大压力下被压进透镜体。这种透镜体多为河道砂体。

火山岩油气藏：包括火成岩潜山风化淋滤型和溶蚀、裂缝型油藏，单个油藏不大，形态十分复杂，勘探之初很难识别，多属勘探时的意外收获。

复合型油气藏：在我国东部屡见，如断层和浊积砂体复合油藏，见于胜利油区梁家楼油田。

# 第二节

# 怎样找油找气——油气勘探技术与方法

## ◎ 野外石油地质调查——从寻找油气苗开始

天然油气藏深埋在地下，我们要怎么样才能找到它呢？第一步，就是野外石油地质调查。所谓“野外石油地质调查”，顾名思义，就是地质工作者携带简单的工具，通常包括地形图、指南针（罗盘）、小铁锤、经纬仪等，在事先选定的地区内，按规定的路线和要求跋山涉水，穿越林海，或者是踏戈壁，卧沙漠，整日风餐露宿，艰苦工作，完全是以徒步“旅行”，来进行找油找气的实地考察和测量。这项工作既是找油田的开端，又是为实施其他技术奠定基础的工作。

野外地质调查一般要经过三个步骤。首先对情况不明的大面积的新地区进行普查；然后再缩小普查范围，选出最有希望的地区进行详查；最后在详查基础上，选出最有可能储藏油气的构造或地区进行细测。

野外地质调查的主要任务和工作方法是：搞清一个地区的地层状况；发现

地质圈闭和调查其他地质构造状况；发现和调查油气苗状况；采集样品；提出有利的找油地区及可供钻探的地质圈闭。

油气藏在地下有很多因素可能导致它被破坏，比如地壳的运动，这时油气就有可能溢出到地表形成地表油气苗，比如克拉玛依的黑油山就是有名的例子。地表油气苗表明地下有油气存在，有可能存在油气藏，所以寻找地表油气苗是野外石油地质调查的内容之一。

要准确地找到油气藏，还要做很多工作。油气往往储存在比较疏松的岩石里，比如砂岩，不是所有的岩石都可以储集石油的，在疏松的岩石上面和周围还必须有致密的岩层，否则油气无法长期保存。所以，在野外，地质学家必须通过观测和丈量，或利用其他的施工坑道，分析这里到底有没有存在油气的可能，以及可能存在油气的地层年代等，为下一步的勘探打好基础。

## ◎ 地震勘探技术——给地球做“心电图”

地震勘探技术是通过人工震源（如钻眼放炮等）产生地震波，在地面或井下接收和观察地震波在地层中传播的信息，以查明地质构造、地层等，为寻找油气田（藏）或其他勘探目的服务的勘探方法。它是油气勘探工程中最重要的勘探方法之一，其优点是精度高、分辨率高、探测深度大、勘探效率高。图4.11为地震队在野外施工。

图4.11 地震队在野外施工

地震波可分为纵波（P 波）、横波（S 波）和面波（瑞利波）。纵波的质点运动方向与地震波的传播方向一致，它使得介质的质点局部密集或局部分开，产生一密一疏的交替变化，并以这种方式进行波的传播，又称疏密波。横波的质点运动方向与地震波的传播方向相垂直，伴随着波的传播，它使介质发生剪切变形，又称剪切波。面波是一种沿地表传播的干扰波，主要使质点做长轴垂直于地面的、逆时针方向转动的椭圆运动。

地震勘探方法分为反射波法、折射波法和透射波法。反射波法是在离震源较近的若干测点上，测定地震波从震源到不同弹性的地层分界面上反射后回到地面的旅行时间，获得反射时间界面，多个时间界面就构成一个反射时间剖面。这种方法在地震勘探中广泛应用。折射波法是研究在速度分界面上滑行波所引起的振动，从而了解速度界面的深度和速度信息，这种方法仅在普查或特殊环境下使用。透射波法是研究透过不同弹性分界面的地震波，根据透射波的传播时间，可以测定钻井或坑道附近地质体的形态及波在介质中的传播速度。

数据采集方法可分为一维、二维、三维和四维。

工作内容包括三个方面：地震数据采集（图4.12）、地震数据处理和地震成果解释。

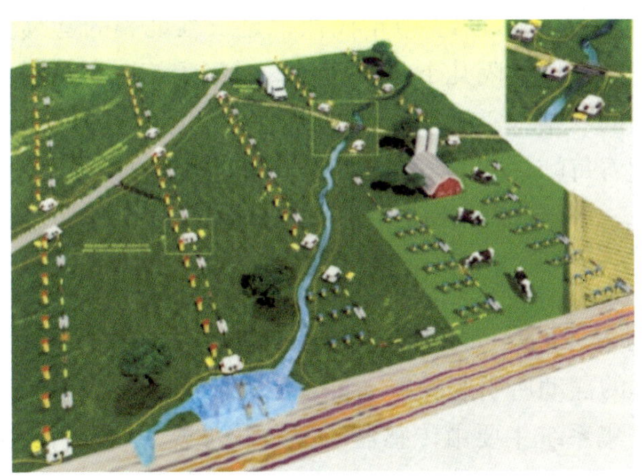

图 4.12　石油地震勘探数据采集示意图

## 一维、二维、三维和四维地震勘探

维是构成时空理论的基本概念。构成时空的每一个因素（如长、宽、高、时间）都是一个维度。地震勘探方法按照维的不同，可分为一维地震、二维地震、三维地震、四维地震等四种勘探方法。

地震勘探中的一维勘探是观测一个点的地下情况。二维勘探是观测一条线下面的地下情况。三维勘探是观测一块面积下面的地下情况；若在同一地区不同时间重复做三维地震勘探，则可称之为四维地震勘探。四维是观测同一块面积下面不同时间的地下变化情况。根据地质任务和要达到的目的不同，可采用不同维的勘探方法。

一维地震勘探：将检波器由深至浅放在井中不同深度，每改变一次深度在井口放一炮，记录地震波由炮点直接传到检波器的时间。这种只在一口井中观测的方法，叫一维地震勘探。它能测出该井孔中地层的速度，借此可以确定各个地层的深度和厚度。

二维地震勘探：将多个检波器与炮点按一定的规则沿一直线（称测线）排列，在测线上打井、放炮和接收。采集完一条测线再采集另一条测线。最后得出反映每条测线垂直下方地层变化情况的剖面图。

三维地震则是将多道（必要时可达上千道、上万道）检波器布成十字状、方格状、环状或线束状等，炮点与检波点在同一块面积上，形成面积形状接收由地下返回地面的地震波。

四维地震勘探始于20世纪90年代初，是三维地震的延续。它要求在同一块工区不同时间（可能相隔几个月或几年，时间为第四维）用相同的采集和处理方法将所得到的三维地震勘探成果进行比较。犹如将人物传记的立体电影一帧帧放一遍，细看每帧之间的不同就可以看出人物的成长过程一样。

## ● 地震检波器

接收微弱地震波的第一步，是用灵敏度很高的地震检波器。它甚至能将其旁边一根小草的摆动所引起的振动记录下来。

地震数据采集系统主要由传感器（又称检波器）和数字地震仪（图4.13）组成。检波器是埋置于地面的装置，把地震波引起的地面震动转换成电信号并通过电缆将电信号送入地震仪；数字地震仪将接收到的电信号放大、经过模数转换器转换成二进制数据、组织数据、存储数据。

地震检波器是一种将机械振动转换为电能的机电转换装置。由于各种检波器的设计不同，因而，灵敏度和频率特性也不同，所以，形成了不同的检波器型号。

图 4.13　数字地震仪

● **地震道**

在每个观测点上记录地震波，都必须经过检波器、放大系统和记录系统三个基本环节。它们连在一起总称“地震道”。为了提高生产效率和便于识别地震波，每次人工激发地震波时，都在许多观测点上同时接收。所以，地震仪一般是多道的。为了便于解释记录，地震仪中还设有不包括检波器在内的专用辅助地震道。

## ◎ 重力勘探技术——重拳出击找“情报”

大约在100多年前，人们才开始把地面重力加速度的变化和地球内部物质密度不均匀性联系在一起，由此产生了重力测量。重力勘探是在重力测量的基础上发展起来的一门应用科学。

地面重力加速度的变化，主要取决于测点的纬度、高度、地形、地球潮汐和地球内各种岩石密度差异等五大要素。而从重力勘探的目的而言，这五种因素中的最后一个因素所引起的重力变化对于找矿才有意义。因为，一般情况下，地下岩石密度的不均匀性往往和某些地质构造或某些矿产分布有关。所以，地下岩石密度的不均匀所引起重力加速度的变化，可以作为研究地下地质构造或寻找某些有用矿产的地球物理信息，这就是重力勘探的基本原理。

人们为了纪念重力加速度的发现者伽利略，把重力加速度的测量单位，以1厘米／秒$^2$为一“伽”。重力勘探中的重力，就是这种加速度，它是重力勘探中要测量的量。重力测量的基本单位定为“毫伽”(即千分之一“伽”)。以其编制的图件，称为“布伽重力异常图”。

测量重力大小的仪器叫重力仪，是根据静力平衡原理制成的。它有较高的灵敏度，能够测出微小的重力变化；同时它还具有一定的精确度，使平衡体的位移不受重力以外其他因素的干扰。重力仪的测读机构具有较高的放大能力，操作员可容易地读出平衡体微小位移所引起的格值变化。所以，重力仪能灵敏而准确地测出地球重力场的相对变化。重力场总强度为980000毫伽，一般重力仪能测至十分之一毫伽。

重力勘探包括野外资料采集和室内资料整理。野外资料采集是根据地质要求布置重力测线，按要求测量的网点在野外测取各个网点的重力值，记录到数据表上。回到室内对测取的重力值进行必要的校正，消除与地下岩石密度变化无关的干扰因素的影响，这叫“重力异常校正”。经过校正而得出的重力值，就是与地下岩石密度变化有关的地质信息了。

重力勘探成果能解决哪些问题呢？一是研究地壳深部构造包括康式面（地壳内硅铝与硅镁层分界面）和莫霍面（地壳与地幔的分界面）的起伏；二是划分盆地区域构造单元，诸如凹陷、凸起、斜坡、大的火成岩侵入体；三是确定区域性深大断裂，布格重力异常图上的重力线密集带，通常是深大断裂的位置；四是研究油气聚集的构造圈闭。这需要重力测线十分密集，网点众多的高精度重力测量。

## ◎ 磁力勘探技术——给地球做“磁共振”

组成地壳的岩石有着不同的磁性，可以产生各不相同的磁场，它使地球磁场在局部地区发生变化形成磁异常。利用仪器测定这些磁异常，研究它与地质构造的关系，根据磁异常特征作出关于地质构造及矿产分布的预测，这就是磁力勘探的实质和主要任务。

根据对各种岩石的测定，火成岩、变质岩磁性比较大，而沉积岩几乎没有磁性。因而通过测量磁力值的变化，就可以大致确定火成岩或变质岩离地面的深浅。

磁力勘探所用的仪器就是磁力仪。它的灵敏度很高，只要约有相当于普通小块吸铁石的千分之一到万分之一的磁性，就能被测量出来。飞机携带航空磁力仪，可在不同高度的飞行中测量地面磁力值的变化，大大提高了工作效率。

磁力勘探包括地面磁测、航空磁测、海洋磁测和井中磁测等。磁力勘探也要根据地质要求部署测线，测量测线上各点的磁力值，并据此编制磁力异常图。勘探家对地质、地震、重力、磁力、电法等各种图件进行综合分析，得出必要的结论，以指导勘探。磁力勘探在确定火成岩分布和区域地质结构上有较好的效果。精密磁力勘探可以确定地质构造，和地震勘探寻找圈闭有异曲同工之处。

## ◎ 电法勘探技术——电流在地球中的妙用

电法勘探是根据不同岩层具有不同的导电性的特点来研究地下构造形态的方法。一种叫大地电流法，是通过测定地球内部的天然电流大小来研究地下构造。另一种较常用的叫垂向测深法，是人工向地下通入电流（即人工电场），再在地面上测定人工电场的电位变化。这些电位变化与岩层的性质和构造有关，因而可以用来研究地质构造。

垂向测深法能大致确定地下构造的形态和埋藏深度，供勘探家研究参考。大地电流法可为研究盆地区域结构、基底起伏状况等提供一定信息。

## ◎ 遥感技术——遥为地球摄影

遥感技术是从人造卫星、飞机或其他飞行器上收集地物目标的电磁辐射信息，以判认地球环境和资源的技术。它是20世纪60年代在航空摄影和判读的基础上随航天技术和电子计算机技术的发展而逐渐形成的综合性感测技术。任何物体都有不同的电磁波反射或辐射特征。航空航天遥感就是利用安装在飞行器上的遥感器感测地物目标的电磁辐射特征，并将特征记录下来，供识别和判断。把遥感器放在高空气球、飞机等航空器上进行遥感，称为航空遥感。把遥感器装在航天器上进行遥感，称为航天遥感。完成遥感任务的整套仪器设备称为遥感系统。航空和航天遥感能从不同高度、大范围、快速和多谱段地进行感测，获取大量信息。航天遥感还能周期性地得到实时地物信息。因此航空和航天遥感技术在国民经济和军事的很多方面获得广泛的应用。例如应用于气象观测、资源考察、地图测绘和军事侦察等。

“遥感”从词义上讲就是遥远的感知。遥感技术是指从远距离、高空或外层空间平台上，利用可见光、红外、微波等探测器，通过摄影、扫描方式，对电磁辐射（包括发射、反射、吸收和透射）能量的感应、传输和处理，从而识别目标物的性质和运动状态的系统技术。例如航空摄影就是一种遥感技术。人造地球卫星发射成功，大大推动了遥感技术的发展。现代遥感技术主要包括信息的获取、传输、存储和处理等环节。完成上述功能的全套系统称为遥感系统，其核心组成部分是获取信息的遥感器。遥感器的种类很多，主要有照相机、电视摄像机、多光谱扫描仪、成像光谱仪、微波辐射计、合成孔径雷达等。传输设备用于将遥感信息从远距离平台（如卫星）传回地面站。信息处理设备包括彩色合成仪、图像判读仪和数字图像处理机等。

在地球上空日夜飞行的地球资源卫星，不断向地球发回照片，既反映了地球各区域的地形、地物，也反映了地质构造和岩石矿物特征，为地质研究和勘探提供十分宝贵的信息，从而创立了一门崭新的科学——遥感地质学。野外地质是近距离观察，而遥感地质，则是运用遥感技术的远距离观察。

遥感为野外地质调查插上了“翅膀”。地球资源卫星给地面拍摄的相片，是按一定比例缩小了的、客观的、真实的地表自然景观的详细记录。放大以后，就是一幅立体的地形图。按照地质工作的需要，采取合适的遥感所拍摄下来的卫星照片，能够把地形和各种岩石分布、地质现象、构造现象等一览无余地记录下来，还能把地下一定深度的地质构造等反映出来。这些照片经过地质解释和绘制工作，就成为勘探人员所需要的“地质图”。因此，遥感地质在一定程度上代替了野外地质人员跋山涉水，人工填图，特别是在地形艰险、高寒缺氧的“生命禁区”，给地质人员带来了福音。卫星在地球上空拍摄照片，可以说是“居高临下”、“高瞻远瞩”，人在地面上看不到的地质现象、矿产露头，卫星都能“看到”并且忠实无误地拍摄下来（图4.14）。

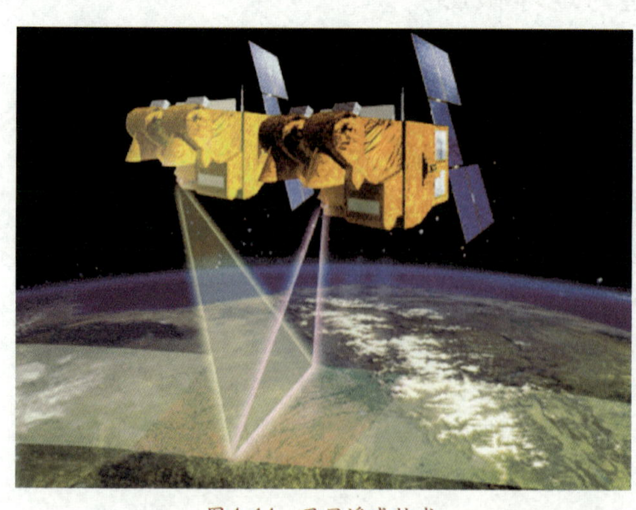
图4.14 卫星遥感技术

## ◎ 地质录井技术——深入地球的“眼睛”

野外地质调查、地震、重力、磁力、电法、遥感等勘探技术的运用，都是为了寻找可能含有石油、天然气的地质圈闭，也就是通常说的勘探目标。但是，地质圈闭是否含有石油、天然气，还需要通过钻井来解决。在探井钻探过程中，为了及时捕捉住油气层，要小心谨慎地进行地质录井，包括岩屑录井、钻时录井、钻井液录井、气测录井、岩心录井等。地质录井有两项任务：一是了解地层岩性，了解钻探地区有无生油层、储层、盖层等；二是了解地层含油气情况，包括油气性质、油气层压力、含油气丰度等。

## ◎ 地球物理测井技术——“井下诊断”

井下地层是由各类岩石所组成的，不同的岩石具有不同的物理、化学性质，为了研究各类岩石的物理性质及井下地层是否含有石油天然气和其他有用矿产，建立了一门实用性很强的边缘学科——测井学，简称“测井”。它以地质学、物理学、数学为理论基础，采用计算机信息技术、电子技术及传感器技术，设计出专门的测井仪器，沿着井身进行测量，得出地层的各种物理化学性质、地层结构及井身几何特性等各种信息，为石油天然气勘探、油气田开发提供重要数据和资料。测井的井场作业由测井地面仪器、绞车和电缆组成，通过电缆把下井仪器放到井底，在提升电缆过程中进行测量（图4.15）。地球物理测井包括以下方法：

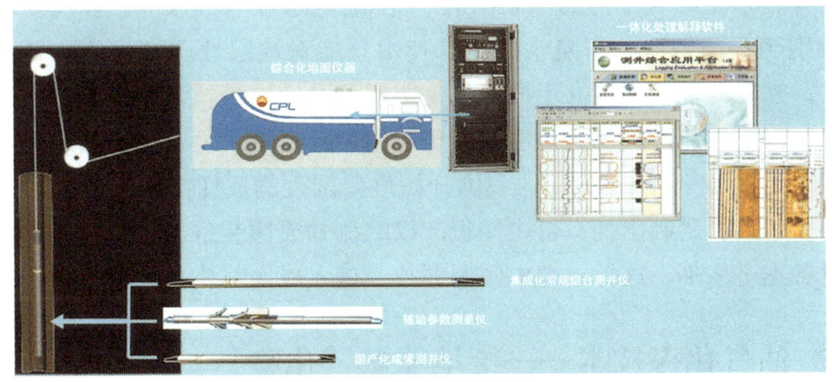


图4.15 EILog–5成套测井装备

(1) 电测井，如视电阻率测井、侧向测井、感应测井、阵列感应测井等，能在各种井眼条件下测量地层电阻率。

(2) 电磁波传播测井，测量岩石介电常数，利用地层电阻率和介电常数能准确地划分出油气层。

(3) 地层倾角测井，确定井下地层的产状和构造。

(4) 全井眼地层微电阻率扫描成像测井，能研究地层结构、层理及裂缝等，并能给出井壁成像。

(5) 声波测井，如声速测井、阵列声波测井、偶极声波成像测井等，可用于确定地层孔隙度、渗透率、裂缝及机械特性等。井下声波电视可提供井壁图像，是成像测井系列的重要方法之一。

(6) 核测井（放射性测井），自然伽马测井用于测量岩石的自然放射性，自然伽马能谱测井可确定岩石中铀、钍、钾的含量。用伽马射线源照射地层可确定地层的岩性和密度，称为岩性密度测井。用中子源照射地层可研究地层的中子特性，包括中子测井、中子寿命测井、碳氧比测井、中子活化测井等，用于确定井下地层的岩性、孔隙度及含油饱和度，是划分油、气、水层的重要方法。

(7) 近年来又兴起一种新的测井方法——核磁共振测井，能测量地层孔隙度、束缚水及可动流体饱和度。

(8) 热测井，测量井下地层温度。

在油井生产过程中测量各地层的油气产量的方法统称生产测井。

地球物理测井已成为勘探地下油气藏及其他有用矿产的重要方法，在能源、矿产资源生产建设中起着重要作用。

测井技术是油气勘探的“眼睛”。中国的隐蔽性油气藏多，客观要求这双眼睛特别明亮、敏锐，可是常规测井技术只能对地层性质做大致的划分，精度不够，需要一种新的测井手段，就是成像测井。这种技术采集信息多，精度高，不受干扰，能准确确定地层的真正电阻率，是解决复杂储层测井评价的有力手段。从20世纪90年代起，我国开始进口国外的成像测井装备。后来，中国测井技术人员研制出拥有自主知识产权的测井成像装备，整体性能达到国际在用设备先进水平。这标志着中国测井技术进入成像时代。

## ◎ 油气化探技术——给地球做“化验”

地球化学勘探法简称油气化探，是利用化学分析方法对岩石、土壤、气体和水中的各种成分进行分析，测定地下油气的扩散所引起的各种化学变化，分析地下油气存在与分布情况，通过地球化学异常的线索，寻找油气矿产资源的一种方法，包括气测法、沥青法、水化学法和细菌法。

气测法是利用灵敏的气体分析仪测定土壤、表层岩石或水中的碳氢化合物气体含量的方法。当地下油气藏存在时，油、气就会向地表扩散，使其上部的地表出现气体异常，碳氢化合物气体含量较其他地区高。气测法也是在钻井中判断油气层位的一种有效方法。

沥青法包括测定发光沥青、氯仿沥青“A”测井等方法。各种方法在地面和井下测得异常时，说明本地区存在油气生成、运移、扩散和氧化的过程，可用来评价该区、该层的含油气远景。

水化学法主要是研究水中所含盐类、微量元素、其他成分的含量、水型以及它们在地表的分布情况，以进行含油气可能性的判断。

细菌法是一种间接的地球化学方法。由地下运移、扩散至地表的某些烃类（如甲烷、乙烷、丙烷）在油藏上方形成相对富集带，而某些细菌对某种烃类有特殊嗜好，则在这些地区常大量繁殖。通过采样进行细菌培养，可反映烃类异常区，用作寻找油气藏及评价含油气远景的重要指标。

## ◎ 石油地质综合研究技术——石油地质研究的“集成电路”

石油地质综合研究水平，关系石油、天然气勘探开发的速度和效益。现代油气勘探是从石油地质综合研究开始的。就是说，应用新技术、新理论和创新思维的石油地质研究人员，对有勘探前景的沉积盆地进行综合评价，计算油气资源量；研究盆地、凹陷油气藏成藏条件，指出富油气凹陷的有利区带和勘探目标，制订钻探计划，力争用较小的投入、较短的时间取得勘探突破，特别是找到大油气田。世界各大石油公司，为取得高额利润，在国际竞争中取得主动权，十分重视石油地质综合研究，不惜投入巨额资金，开展基础性或生产性研究。石油公司与科研院所和大学实施产学研一体化，使科研成果迅速应用到勘探生产活动中，转化为现实生产力，取得事半功倍的效果。

“油气田首先是在地质家的头脑里”，是一句至理名言。其实质是：富有创造精神的地质家，对各种方法获得的资料、信息进行深入研究和体察，经过去粗取精、去伪存真、由表及里、由此及彼的改造升华，对沉积盆地的油气聚集规律有了比较符合实际的认识，并运筹帷幄、制订勘探方案，迅速找到有商业开发价值的油气田。地质家头脑里的“油气田”，变成现实的油气田。石油地质综合研究，包括各门类各专业的研究，可概括为以下八类：

(1) 板块构造研究，包括区域构造、二级构造带、断裂、古构造研究等。

(2) 地震地层学、层序地层学研究，包括沉积相、储集体、旋回、韵律、生储盖组合研究等。

(3) 生油岩（烃源岩）与生油条件研究，包括海相、陆相生油母质、有机质热演化、生烃机理、煤成油、低熟油、生物气、油气运移机理研究等。

(4) 地球物理勘探技术方法研究，包括地震、重力、磁力、电法、遥感、测井等各种勘探方法的开拓创新，在各种复杂地质条件下的应用。

(5) 含油气体系、成藏动力学研究，包括对各种类型盆地的油气生成、运移、聚集全过程地质动力条件、物理化学变化等进行地质模拟或分析，力求能较准确地预测各层系油气聚集特点和规律。

(6) 盆地分析与资源评价研究，包括盆地演化史、成藏史、单元评价、油气聚集规律研究等。

(7) 油气勘探规划部署研究，包括近期、中长期勘探方向，储量、产量增长预测，油气田周围的滚动勘探与甩开勘探部署等。

(8) 油气勘探经验研究，包括中国和世界各国油气勘探历程、经验教训、勘探的战略战术、勘探效益分析等。

总之，石油地质综合研究内容十分丰富，需要科研生产人员殚精竭虑、锲而不舍，付出极大的艰辛，才能取得真知灼见，有效地指导勘探实践，提高勘探效益。

## 第三节

# 全球能找到多少油气——油气资源量

### ◎ 油气资源的分级

“资源”指天然的财富来源。在油气资源的规范标准中是这样定义的：油

气资源是已经发现及尚未发现，在目前技术经济条件下可以提供商业开采及未来技术经济条件下可供商业开采的各类、各级油气的总称。

油气资源包括已发现与未发现两大部分，可分为五个等级。在已发现的资源中分为三级：探明储量、控制储量和预测储量，即平时经常说的“三级储量”；在尚未发现的资源中分为二级，即潜在资源量和推测资源量。

## ◎ 一级储量——探明油气储量

探明地质储量是指在油气藏评价阶段，经评价钻探证实油气藏（田）可提供开采并能获得经济效益后，计算求得的、确定性很大的地质储量，其相对误差不超过 ±20%。计算探明地质储量时，应查明油气藏类型、储集类型、驱动类型、流体性质及分布、产能等；流体界面或油气层底界应是钻井、测井、测试或可靠压力资料证实的；应有合理的井控程度，或开发方案设计的一次开发井网；各项参数均具有较高的可靠程度。

探明储量是开发建设的基础，开发生产过程中进行开发效果分析和开发调整的依据，也是国内采矿权和开发方案的审批、矿业权转让和油气勘探开发筹资、融资等的主要依据。在油气藏评价、产能建设和开发生产各阶段，应对石油天然气探明储量进行新增、复算、核算和结算等储量动态管理。油公司和相关专业机构对探明储量实行评审、评估，国家储量管理部门按程序对探明储量实行备案和登记统计。在油公司和国家层面建立探明储量数据库。

## ◎ 二级储量——控制油气储量

控制地质储量是指在圈闭预探阶段预探井获得工业油（气）流，并经过初步钻探认为可提供开采后，计算求得的、确定性较大的地质储量，其相对误差不超过 ±50%。计算控制地质储量时，应初步查明构造形态、储层变化、油气层分布、油气藏类型、流体性质及产能等，具有中等的地质可靠程度，可作为油气藏评价钻探、编制开发规划和开发概念设计的依据。

此外，同一圈闭探明面积以外可能的含油（气）范围，以及与探明储量紧邻的独立区块的相同层位，经综合分析有油气层存在时，也可估算控制储量。

控制储量是建立探明储量的基础，是编制油气藏评价计划的依据，也是编制开发规划和开发概念设计的依据之一。应从地质储量落实程度、经济开发前景等方面，评价继续完成勘探程序的必要性，建立控制储量数据库，搞清升级核减关系；根据勘探开发计划，在可能和必要时，还可安排开发评价井的钻探，以适度提高控制储量的落实程度，加快其升级的进程。

## ◎ 三级储量——预测油气储量

预测地质储量是指在圈闭预探阶段预探井获得了油气流或综合解释有油气层存在时，对有进一步勘探价值的、可能存在的油（气）藏（田），计算求得的、确定性很低的地质储量。预测地质储量计算时，应初步查明构造形态、储层情况，预探井已获得油气流或钻遇了油气层，或紧邻在探明储量（或控制储量）区并预测有油气层存在，经综合分析有进一步评价勘探的价值。

此外，在探明或控制储量之外预测有油气层存在的同一圈闭，以及与探明储量或控制储量紧邻的尚未钻探的圈闭，经综合分析有进行评价勘探价值时，也可估算预测储量。

预测储量是编制勘探规划和计划的依据之一，应从预测储量的规模、品位及测试产量等方面，初步评价进一步勘探的可行性；建立预测储量数据库，搞清升级核减关系；根据勘探计划，合理安排预探或评价工作量，使评价有效益的预测储量进入勘探升级程序。

## ◎ 潜在资源量和推测资源量

潜在资源量是按圈闭法预测的远景资源量，是根据地质、物探、地震等资料，对具有含油气远景的各种圈闭逐项类比统计所得出的远景资源量范围值。潜在资源量可作为编制预探部署的依据。

推测资源量主要是指在区域普查阶段或其他勘探阶段，对有含油气远景的盆地、坳陷、凹陷或区带等推测的油气储集体，根据地质、物化探及区域探井等资料所估算的原地油气总量。推测原地资源量一般可用总原地资源量减去地质储量和潜在原地资源量的差值来求得。

以上两者，构成远景资源量。

## ◎ 世界油气资源知多少

20世纪30年代，在中东的科威特发现特大油田以来，全球石油勘探事业不断发展，北美、西伯利亚、东南亚、北海、北非、拉美相继发现了许多油气

田，建成了大型的油气工业。

世界油气资源究竟有多少？

按照1991年第13届世界石油大会公布的数据，世界石油最终可采资源量为3500亿吨。而1994年第14届世界石油大会公布，世界常规石油可采资源量为4112亿吨，非常规石油可采资源量为4000亿～7000亿吨，石油可采资源量总计为8112亿～11112亿吨。到了2000年的第16届世界石油大会，估计世界常规石油可采资源量为4582亿吨，比第14届世界石油大会公布的数字多了470亿吨。

1991年召开的第13届世界石油大会公布的数据，世界天然气可采资源量为298万亿立方米；1994年召开的第14届世界石油大会公布的数据，世界天然气常规可采资源量为327万亿立方米，天然气非常规可采资源量为849万亿立方米，天然气可采的总资源量为1176万亿立方米。2005年底，全世界累计采出天然气不到70万亿立方米，只占总资源量的5.1%。

由上面的数据可以看出：

(1) 随着时间的推移，人们对全球油气资源的认识在加深，过去资源量估算的成果总是被否定，随时间的推移资源量在增多。当然，世界油气资源量不会是无限的，也不会没有个“顶”，只是在现阶段，我们对世界油气资源的“顶”还没认识到。

(2) 世界上的非常规油气，如煤层气、页岩气、页岩油、油砂油、天然气水合物等，资源量比常规油气资源量还要多。随着科学技术的不断发展，那些非常规油气资源就有可能变为常规油气资源，现在不经济的资源将来可能会变成经济的资源。

(3) 2005年底全世界累计采出石油1200亿吨，只占第14届世界石油大会所估算的常规可采资源的29.2%，占总石油资源量的10.8%～14.8%。也就是说，人类在100多年以来，采出和消耗的石油资源量不到常规可采石油总资源量的1/3，大部分还在地下。要按第16届世界石油大会估算的结果，世界上的常规石油资源只采出了26.2%，还有73.8%埋在地下。

## ◎ 中国的含油气区

依据中国的区域地质构造格局，中国的含油气区被划分为三个：即西部含油气区、中部含油气区和东部含油气区。这个含油气区的划分与我国地理特点在区位上是基本相同的。同时，依据每一个含油气区中存在的局域性差异，又被细分为若干亚区。如西部含油气区包括西北和青藏两个亚区；中部含油气区包括鄂尔多斯亚区和云贵川亚区；东部含油气区则更复杂一点，细分为东北、华北、江淮、华南和海域等五个亚区。

## ◎ 中国油气资源的特点

中国的油气资源状况，具有以下四个明显的特点：

一是油气资源总量比较丰富。在1993年全国二次油气资源评价基础上，2000年以来，中国石油、中国石化、中国海油三大石油公司先后对各自探区部分盆地重新进行了油气资源评价研究。根据阶段成果的汇总，截至2004年6月，我国石油资源量约为1040亿吨，天然气资源量约47万亿立方米。通过对不同类型盆地油气勘查、新增储量规模和各种方法的分析，测算出我国石油可采资源量为150亿～160亿吨，天然气可采资源量为10万亿～14万亿立方米。按照国际上（油气富集程度）通常的分类标准，我国在世界103个产油国中，属于油气资源“比较丰富”的国家。

二是油气资源地理分布不均，主要集中在大盆地（图4.16）。根据石油可采资源量的分析，陆上石油资源主要分布在松辽、渤海湾、塔里木、准噶尔和鄂尔多斯五大盆地，共有石油可采资源114.4亿吨，占陆上总资源量的87.3%。海上石油资源主要分布在渤海，为9.2亿吨，占海域的48.7%。而天然气资源量主要分布在陆上中西部的鄂尔多斯、四川、塔里木和海域的东海、莺歌海等大盆地，共有天然气可采资源8.8万亿立方米，占中国天然气总资源的62.8%。

三是东部含油气区是我国石油的主要生产基地。其原油产量占全国的80.7%，探明石油地质储量占全国储量的73.9%。探明天然气地质储量占22.7%，以油多气少为特色，但天然气年产量却占全国产量的41.4%。

四是中国中部含油气区属于克拉通过渡型盆地，构造活动相对稳定，沉积盆地大，但数量不多。主要有鄂尔多斯、四川、楚雄等大型盆地，具有丰富的天然气。石油储量很少，仅占全国储量的5%。

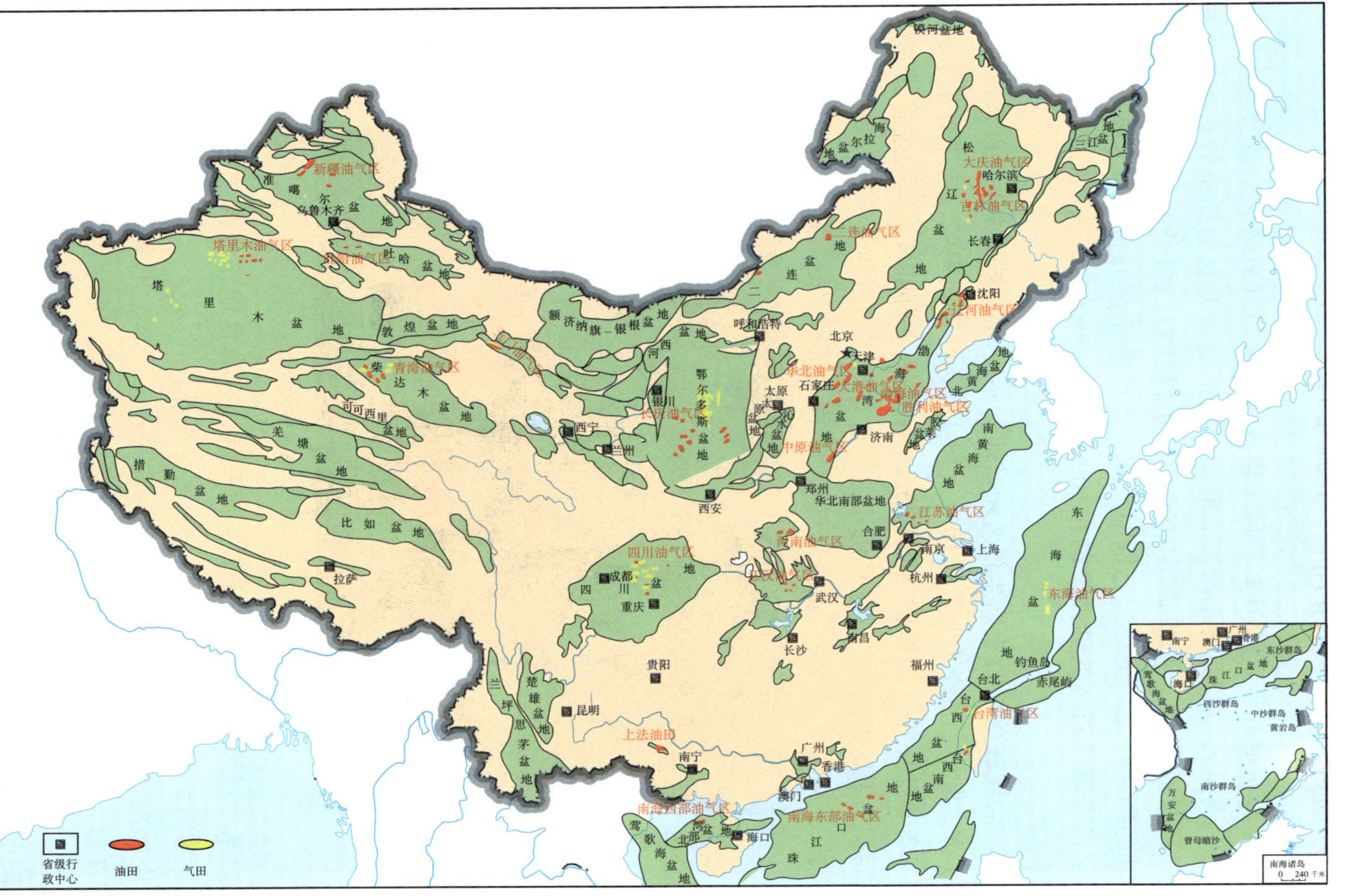


图4.16 中国含油气盆地及油气区分布图
（改编自《中国油气田开发志·综合卷》）

## ◎ 海洋——巨大的油气资源宝库

随着不断地开采，陆地上的石油和天然气资源日益减少，最终将走向枯竭。为了满足人类社会的不断发展对能源的需求，开发海洋中的石油和天然气就显得日益重要。从20世纪的60—70年代开始，很多国家先后进行了海洋石油的勘探开发。至今，已探明海洋中蕴藏着丰富的石油和天然气。据估计，全世界海洋石油的储藏量约在1000亿～3000亿吨，天然气约为13万亿立方米。

中国海域分布有27个新生代沉积盆地，属我国传统疆域线内的为143.2万平方千米。其中，近岸大陆架有10个沉积盆地，合计面积92.2万平方千米；南海中、南部有13个，面积59.4万平方千米；南海北部陆坡与洋壳过渡区中有3个，面积9.3万平方千米。这些沉积盆地含有丰富的石油和天然气资源，目前油气勘探主要集中在渤海、黄海、东海和南海北部近海的大陆架区（图4.17）。

图4.17　海上平台

中国海域油气田主要分布在渤海盆地、东海盆地、台西盆地、珠江口盆地、北部湾盆地、莺歌海盆地、琼东南盆地等。

中国海域从1967年渤海的第一口探井——海1井喷出工业油流起，到2009年底，探明石油剩余可采储量22846.6万吨，占全国石油剩余可采储量的7.7%，探明天然气剩余可采储量1683.1亿立方米，占全国天然气剩余可采储量的4.5%。到2010年，我国海上在生产油气田达到81个，实现了国内年产5000万吨、国外年产1000万吨的“双突破”。

## ◎ 中国油气储量现状

通过对油气储量计算、评估、审批，我国的油气储量情况如下：

截至2010年底，我国已在25个省、市、自治区和近海海域，开展了油气资源勘查工作，在23个含油气盆地中累计发现了645个油田，探明石油技术可采储量85亿吨；累计发现了233个气田，探明天然气技术可采储量4.4万亿立方米。建成了大庆、胜利等35个油气生产基地。2010年全国原油产量为1.9亿吨，天然气年产量为967亿立方米。

## ◎ 我国具有很大资源潜力

按照国际上对油气田富集程度的通常分类标准，我国属于油气资源总量比较丰富的国家，我国资源有较大潜力。预测储量稳定增长期可达20年。历时5年于2008年完成的新一轮全国油气资源评价结果显示：我国油气资源总量比较丰富，陆域和近海115个盆地的石油远景资源量为1086亿吨，地质资源量765亿吨，可采资源量212亿吨（其中陆上183亿吨，近海29亿吨）。截至2008年底，可采石油资源探明程度为37.3%。按照国际通行划分标准，探明程度小于30%，为勘探早期阶段，30%～60%为勘探中期阶段，大于60%为勘探晚期阶段。总体上看，我国石油勘探刚进入中期阶段，还有较大的资源潜力。

根据2008年发布的最新资源评价结果，我国天然气（气层气和溶解气）远景资源量56万亿立方米，地质资源量35万亿立方米，可采资源量22万亿立方米。截至2008年，累计探明天然气技术可采储量4.4万亿立方米，可采资源探明程度仅为20%，正处于勘探早期阶段，待探明的可采天然气资源量达17.6万亿立方米，资源潜力还很大。在相当长的一段时期内，天然气探明储量仍将有大幅度增长。

根据国外多数国家天然气勘探发展的经验，当可采资源探明率在10%～45%的时候，天然气储量将进入快速增长阶段。我国天然气正处在储量迅速增长的高峰期和大气田的发现期。“八五”计划期间新增天然气探明可采储量7000亿立方米，“九五”计划期间则增加了1.15万亿立方米，“十五”计划期间增加近2万亿立方米。根据这一发展趋势，只要坚持加大勘探力度，不断探索，预测到2020年我国累计天然气探明可采储量可达6万亿立方米以上。

另外，我国非常规油气资源也比较丰富，发展潜力很大。油页岩折合成页岩油地质资源量476亿吨，可回收页岩油120亿吨；油砂油地质资源量60亿吨，可采资源量23亿吨。通过有针对性的技术攻关，将来这些资源可以作为石油资源可持续发展的补充资源。

煤层气作为一种特殊的非常规天然气资源，是常规天然气最现实、最可靠的替代能源之一。我国煤层气资源比较丰富，最新评价的地质资源量为37万亿立方米，可采资源量为11万亿立方米。目前，中国石油、中联煤层气公司、晋煤集团等，已在沁水盆地南部进行商业开发。

我国的页岩气资源也很丰富，开发潜力很大。据美国能源信息署2011年4月对全球32个国家48个页岩气盆地进行资源评估的初始结果，我国页岩气资源地质储量100万亿立方米，可采资源量36万亿立方米，商业化前景乐观。

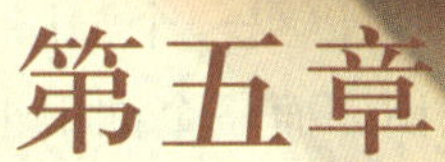

# 第五章 油气开发

地下油气宝藏很多，但关键是要把它取出来，才能为人类所利用，为社会创造价值。也就是说，地下不仅有“金娃娃”，还要把它抱出来。这就需要油气开发。

所谓油气开发，通俗地讲就是采取什么思路，采取什么手段，采用什么工具，把油气从地下取出来。

油气开发是一项系统工程，是多学科的协奏“交响曲”，需要方方面面的协作与努力。

# 第一节　打开地下宝藏

## ◎ 打开地下宝藏之门——油藏开发方式

所谓油藏就是指可以值得作为单元开发对象的含油体，可以是一个油层，也可以是一组性质近似的几个油层。一个油藏可以是一个油田，而一个油田也可以包括多个油藏。油田开发工程，一般是以油藏为单元来考虑的。因为有时同一个油田内的若干个油藏的地质条件、原油性质相差悬殊，因而对不同类型的油藏就应该区别对待，对不同油藏应有不同的开采方式和开发井网。当然，如果几个埋藏深度相近、地质条件相似的油藏，也可以采用相同的开采方式和井网一并进行开发。

我们知道，一个油田在确定了它的工业开采价值，初步探明了它的储量分布以后，就要着手进行油藏工程设计，制定油田开发方案（即确立油藏开发方式），从而有计划地将油田投入开发（图5.1）。方案设计好坏将直接影响到油田开发的效果和经济效益。因此，这一阶段的工作是油田开发过程中极为重要的关键性工作。

图5.1　鄂尔多斯盆地中钻塔林立

由于油藏的多样性，决定了油田开发方式的多样性。人们通过长期的实践和科学探索，形成了多种对油田行之有效的开发方式。归纳起来，开发方式有利用天然能量开发、人工注水和注气开发，及先利用天然能量后进行注水或注气开发等常规开发方式，也有热力开采（注蒸汽和火烧油层）、聚合物驱、混相驱、化学复合驱等非常规开发方式。

## ◎ 切开地下“大蛋糕”——油藏开发层系

油藏好比一块“大蛋糕”，划分油藏开发层系就是针对每一层“蛋糕”的性质，制定特定的开发方案。

油层的非均质性是影响油田开发部署和开发效果最重要的因素之一。划分与组合油藏开发层系是解决多油层油田层状非均质性的基本措施。

那么，什么是划分开发层系呢？就是把特征相近的油层组合在一起，用单独的一套生产井网进行开发，并以此为基础进行生产规划、动态研究和调整。

合理地划分和组合开发层系要遵守哪些原则呢？

(1) 把特性相近的油层组合在同一开发层系内，以保证各油层对注水方式和井网具有共同的适应性，减少开采过程中的层间矛盾。

(2) 一个独立的开发层系应具有一定的储量，以保证油田满足一定的采油速度，并具有较长的稳产时间和达到较好的经济指标。

(3) 各开发层系间必须具有良好的隔层，以便在注水开发条件下层系间能严格地分开，确保层系间不发生窜通和干扰。

(4) 同一开发层系内，油层的构造形态、油水边界、压力系统和原油物性应比较接近。

(5) 在分层开采工艺所能解决的范围内，开发层系不宜划分得过细，以利于减少工作量，提高开发效果。

## ◎ “一网打尽”地下石油——油田开发井网

在油田开发中，应根据油藏的性质部署相应的开发井网，最大限度地将地下储量开采出来。

要使油藏达到最好的开采效果，就要合理布置油藏的井网井距，并达到较理想的生产能力。在油田开发所涉及的诸多问题中，人们最关心的问题之一就是井网部署。因为油田开发的经济效果和技术效果，很大程度上取决于所部署的井网。在这个问题上，目前虽有许多理论研究成果，也有许多实际油田开发经验的总结，但仍在不断深化其研究。

在井网研究中，通常讨论的是三个问题：（1）井网密度（井距）；（2）一次井网与多次井网；（3）注采井的布井方式。在井网密度方面，目前总的趋势是先期采用稀井网，后期加密。在布井方式上，有五点法、反九点法等多种注采井部署方式。

目前，我国已经有了一套比较成熟和完善的工作程序，即对于多油层的分层系开采的油田，采用基础井网的方法。也就是先确定出一组分布稳定、物性好的油层为主要开发目的层，部署正规生产井网。这组井网就叫做该开发区的基础井网。根据基础井网钻完后所取得的资料，再进一步对本开发区的各类油砂体进行研究，得出比较可靠的结果。然后，再根据这些研究结果，推广到其他层系部署开发井网。

## ◎ 给黑暗的地下世界建个模型——油藏数值模拟

油藏数值模拟就是应用数学模型再现实际油田生产动态。具体通过渗流力学方程，借用大型计算机，结合地震、地质、测井、油藏工程学等方法，在建立的三维地层属性参数场中，对数学方程进行求解，实现再现油田生产历史，解决油田实际问题。

油藏数值模拟是随着计算机的发展而在石油行业中逐步成为一门成熟技术的。追溯油藏数值模拟的发展史，从20世纪30年代开始研究渗流力学到50年代在石油工业方面得以应用，70年代进入商品化阶段，80年代油藏数值模拟又向完善、配套、大型多功能一体化综合性软件飞跃发展。近十年油藏数值模拟已成为油田开发研究，解决油田开发决策问题的有力工具。在衡量油田开发好坏、预测投资、对比油田开发方案、评价提高采收率的方法等方面应用都极为广泛。

油藏数值模拟是一门综合性很强的科学技术，涉及油田地质、油层物理、油藏工程、采油工程、测井、数学、计算机等学科。它实际上就是用计算机按照已知的条件，给地下黑暗的世界建立一个可以看得到的模型（图5.2、图5.3）。

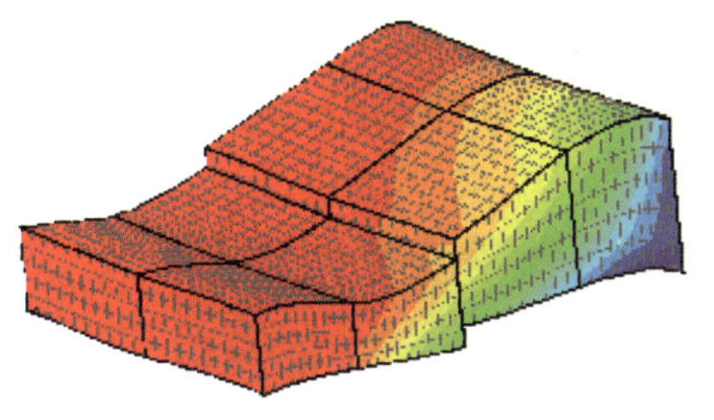

图5.2　油藏数值模拟

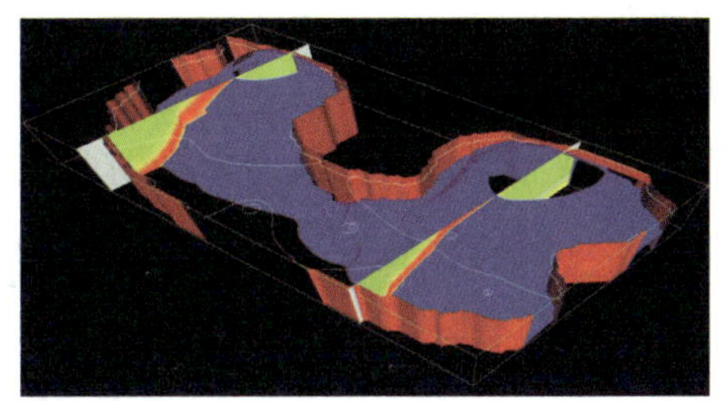

图5.3　油藏数值模拟示意图

## ◎ 采集大地“灵气”——气田开发

除了石油这一地下宝藏之外，天然气也是大地给予人类的宝贵资源。这种“灵气”的开发，有着特殊的技术。

所谓气田就是天然气田的简称，是富含天然气的地域。

我国已探明的最大陆上气田是位于内蒙古鄂尔多斯市境内苏里格庙地区的苏里格气田（图5.4），目前已累计探明天然气地质储量6000亿立方米。位于四川省宣汉县的普光气田，截至2007年底已探明天然气地质储量3560亿立方米，预计探明储量将达到5000亿～5500亿立方米，为我国第二大气田。我国目前最大、最深的海上气田为荔湾深水气田（图5.5），探明储量为1000亿～1500亿立方米。

图5.4　苏里格气田

气藏可分为无水气藏和有水气藏。无水气藏是指产气层中无边底水和层间水的气藏，也包括边底水不活跃的气藏。有水气藏除少数气井投产时就产地层水外，多数气井是在气藏开发的中后期，由于气水界面上升，或采气压差过大，引起底水锥进后，才产地层水。气井产水会使井筒积液、回压增大、井口压力下降、气井的生产能力受到严重影响。

图5.5 荔湾3—1深水气田

排水采气是解决气井井筒及井底附近地层积液过多或产水，并使气井恢复正常生产的措施。排水采气工艺可分为优选管柱排水采气工艺、气举排水采气工艺、电潜泵排水采气工艺、机抽排水采气工艺和泡沫排水采气工艺等。

任何一种方法对气井的开采条件都有一定要求，必须针对气藏的地质特点、气井生产动态特点和环境条件来合理选择。此外，流体性质、出砂和结垢的情况、经济投入和产出的影响等，也是需要考虑的重要因素，必须综合对比、分析各种影响因素，才能最后确定采用何种排水采气工艺。

## 第二节　取出地下宝藏

### ◎ 油气井——油气从油气层到地面的通道

人们为了取得地下水开凿了水井。水井实际是水从水层到地面的通道。石油和天然气埋藏在地下的油气层中，要把它开采出来，也需要在地面和地下油（气）层之间，建立一条油气通道，称为油气井。油气井比水井复杂得多，

主要由三部分组成：即井筒、完井结构和井口装置。

井筒是由多层同心钢管经水泥固结后形成的。油井中下入的第一层管子叫导管，其作用是建立最初的钻井液循环通道，保护井口附近的地表层；油井中下入的第二层管子叫表层套管，一般为几十至几百米，其作用是封隔上部不稳定的松软地层和浅水层；油井中下入的第三层管子叫技术套管，它是钻井中途遇到高压油、气、水层、漏失层和坍塌层等复杂地层时，为保证钻井能钻到设计深度而下的套管；油井中下入的最内层管子叫油层套管。油层套管的下入深度取决于油层深度和完井结构。其作用是封隔油、气、水层，建立一条可供长期开采油、气的通道。以上各层套管都要用水泥与地层固结在一起，并与井口装置连接起来，形成永久性通道。正常采油生产时还要再下入油管，以便携带抽油泵、各种工具进入井内并通过它将油气导出。

井中下入钢管后，仅仅建成了井眼，但通道还不完善，还需要完井。完井是为满足各种不同性质油气层的开采需要而选择的油、气层与井底的连通方式和井底结构的作业。裸眼完井法是指在油层部位不下入套管，整个油层完全裸露，油层与地面通过油管直接连通。农村水井常用此方法。射孔完井法是目前油井完井中应用最多的一种方法，它是指油层中下入套管后，再用一种特殊的枪对准油、气层位，射穿套管和水泥环并进入地层一定的深度，使油气通过射开的孔眼流入井筒，实现油层与井筒连通的完井作业方法。贯眼完井法是指钻穿油气层后，把带有孔眼的套管下到油气层部位，油气从地层经过孔眼流入井筒。砾石筛管完井法是针对高出砂的储层在油层部位下入绕丝筛管，然后在筛管与井壁之间充填一定粒度的砾石，油气可经过筛管、穿过砾石层流入井筒。

井筒一旦和油气层连通后，就会处于高压状态，因此还必须有一套能控制和调节油气生产的设备。这套设备就叫做井口装置。它主要由套管头、油管头和采油树（图5.6）组成，其作用是控制油气的流动。

图5.6　典型采油树

## ◎ 采油方法——将地下油气采到地面的手段

采油方法通常是指将流到井底的原油采到地面上所采用的方法，包括自喷采油法和人工举升法两大类。利用储层自身的能量使油喷到地面的方法称为自喷采油法；当油层能量低而不能自喷时，则需要一定的机械设备给井底的油流补充能量，从而将油举升到地面，这种采油方式称为人工举升或机械采油法。按照给井底油流补充能量的方式，人工举升方法还可以进一步细分，具体可参考图5.7。

采油方式的好坏直接影响着地下“黑金”开采的产量及效率。

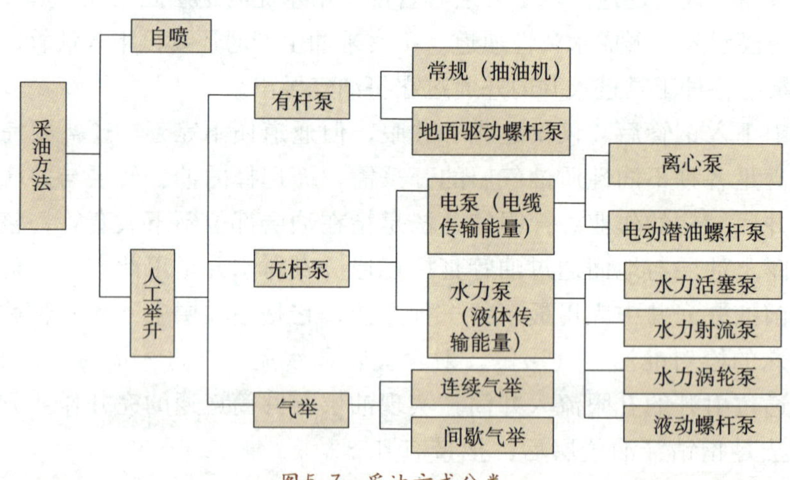


图5.7　采油方式分类

## ◎ 一次采油、二次采油和三次采油

在石油界，通常把仅仅依靠岩石膨胀、边水驱动、重力、天然气膨胀等各种天然能量来采油的方法称为一次采油；把通过注气或注水提高油层压力的采油方法称为二次采油；把通过注入流体或热量来改变原油黏度，或改变原油与地层中的其他介质的界面张力，用这种物理、化学方法来驱替油层中不连续的和难开采原油的方法称为三次采油。

在一次采油阶段，在地层里沉睡了亿万年的石油可以依靠天然能量摆脱覆盖在它们之上的重重障碍，通过油井流到地面。这种能量正是来源于覆盖在它们之上的岩层对其所处的地层和地层当中的流体所施加的重压。在上覆地层的重压下，油层中的岩石和流体中集聚了大量的弹性能量。当油层通过油井与地面连通后，井口是低压而井底是高压。在这个压差的作用下，上覆地层就像挤海绵一样，将石油从油层挤到油井中，并举升到地面。随着原油及天然气的不断产出，油层岩石及地层中流体的体积逐渐扩展，弹性能量也逐渐释放。总有一天，当弹性能量不足以把流体举升上来时，地层中新的压力平衡慢慢建立起来，流体也不再流动，大量的石油会被滞留在地下。就像弹簧被压缩一样，开始弹力很强，随着弹簧体积扩展，弹力越来越弱，最终失去弹力。

在二次采油阶段，人们通过向油层中注气或注水来提高油层压力，为地层中的岩石和流体补充弹性能量，使地层中岩石和流体新的压力平衡无法建立，地层流体可以始终流向油井，从而能够采出仅靠天然能量不能采出的石油。但是，由于地层的非均质性，注入流体总是沿着阻力最小的途径流向油井，处于阻力相对较大的区域中的石油将不能被驱替出来。即便是被注入流体驱替过的区域，也还有一定数量的石油由于岩石对石油的吸附作用而无法采出，这就像用清水冲洗不能去除衣物上污染的油渍一样。另外，有的原油在地下就像沥青一样，根本无法在地层这种多孔介质中流动。因此，二次采油方法提高原油采收率的能力是有限的。

在三次采油阶段，人们通过采用各种物理、化学方法改变原油的黏度和对岩石的吸附能力，可以增加原油的流动能力，进一步提高原油采收率。三次采油的主要方法有热力采油法、化学驱油法、混相驱油法和微生物驱油法等。

## ◎ 油气采收率

油气田最终的可采储量与原始地质储量的比值称为采收率。影响采收率的因素很多，总体而言：一是内因，凡属于受油气藏固有的地质特性所影响的因素都是内因；二是外因，凡属于受人对油气藏所采取的开发策略和工艺措施所影响的因素都是外因。内因起主导作用，好油藏总比差油藏采收率高。在开发过程中，人对油气藏采用的合适的部署和有效的工艺措施，也会使油气藏固有的地质特性得到改造，从而使油气藏的采收率得到提高。

## ◎ 采出程度

采出程度是指油气田某时间的累计产油或产气量占石油储量的百分数。按石油储量的概念，采出程度分为以下两种：

（1）地质储量采出程度。油气田某时间的累计产油或产气量占地质储量的百分数。

也可以按开发区、排间、井组、单井等计算其地质储量采出程度。地质储量采出程度反映当前油气田地质储量的采出状况，因而是油田开发动态分析中最基本的问题之一。对注水开发的油藏，常利用采出程度与综合含水率的关系曲线，分析研究油藏水驱特征和预测采收率等开发指标。

（2）可采储量采出程度。油气田某时间的累计产油或产气量占可采储量的百分数。

也可以按开发区、排间、井组、单井等计算其可采储量采出程度。可采储量采出程度反映当前油气田可采储量的采出状况，因而是油田开发动态分析中最基本的问题之一。对注水开发的油藏，常利用采出程度与综合含水率的关系曲线来分析研究油藏水驱特征。

## ◎ 自然递减率

指扣除多种增产措施增加的产量后，老井单位时间内油气产量的自然变化率或自然下降率。

自然递减率不考虑新井投产及老井各种增产措施所增加的产量，只考虑老井产量的自然下降。在油气田生产管理中，将自然递减率定义为：油气田或油气井阶段末产量（扣除新井投产及老井各种增产措施所增加的产量）与阶段初产量之差除以阶段初产量。它反映油气田或油气井产量自然递减的状况。

## ◎ 综合递减率

指老井单位时间内油气产量的变化率或下降率。

综合递减率只讲老井而不讲新井，即考虑老井及其各种增产措施情况下的产量综合递减。在油气田生产管理中，将综合递减率定义为：油气田或油气井阶段末产量（扣除新井投产所增加的产量）与阶段初产量之差除以阶段初产量。它反映油气田老井及其各种增产措施情况下的实际产量综合递减的状况。

## ◎ 可采储量与剩余可采储量

石油及天然气可采储量是指一个油（气）田（藏）在当前工业技术条件

下可采出的油（气）量。可采储量不仅与油（气）藏类型、储层物性、流体性质、驱动类型等自然条件有关，而且与布井方式、注入方式、采油工艺、油（气）田管理水平以及经济条件等人为因素有关。以探明程度区分的地质储量为基础，相应的亦可分为证实的、概算的和可能的石油（天然气）可采储量。

剩余可采储量是指一个油（气）田（藏）投入开发，并达到某一开发阶段，可采储量减去该阶段累计采出油（气）量的剩余值。

## ◎ 技术可采储量

技术可采储量是指依靠现在的工业技术条件可能采出，但未经过经济评价的可采储量。通常以某一平均含水界限（如98%）、某一平均气油比（如2000立方米／吨或10000立方英尺／桶）、某一废弃压力界限或某一单井最低极限日采油（气）量为截止值计算的可采出油（气）量，称为最终可采储量。如果考虑某一特定评价期（合同期）的总可采储量，是根据油井递减率动态法或数值模拟方法，计算到评价期截止日的可采出油（气）量。

## ◎ 经济可采储量

经济可采储量是指经过经济评价认定、在一定时期内（评价期）具有商业效益的可采储量。通常是在评价期内，参照油气性质相近、著名的油（气）田发布的国际油（气）价和当时的市场条件进行评价，确认该可采储量投入开采技术上可行、经济上合理，环境等其他条件允许，在评价期内储量收益能满足投资回报的要求，内部收益率大于基准收益率（公司最低要求）。

不同评价期计算的经济可采储量可能发生动态性的变化。原来计算的经济可采储量由于后来的市场条件或开采条件恶化（如价格下降、成本增加、递减率加大、增加评价井后发现地质储量减少、油气井事故废弃等），经过重新评价有可能变少；原来认为没有经济价值的可采储量，由于后来技术、经济、环境等条件改善或政府给予其他扶持政策，经过重新评价有可能变为经济的可采储量。

## ◎ 权益的经济可采储量

在国际合作的油田开发项目中，任何一方按照双方合作合同规定并遵循国家有关法规，从某一方的角度来考察项目的经济效益，经过经济评价认定具有商业价值的可采储量，是该方的权益经济可采储量。

在国际合作中，合同区或油气田评价的计算期是从双方合作油气田正常投产起，经过回收期、收益高峰期、收益衰减期，直至合同期终结为止。

一个国际合作开发的工程项目（合同区或油气田），经过经济评价认定具有商业价值的可采储量，是该项目合作双方共同拥有的经济可采储量，称为合同区或油气田经济可采储量。该经济可采储量不包括合作前采出的累计油气量，也不包括合同期以后还可能采出的油气量。

## ◎ 自喷采油

自喷采油就是原油从井底举升到井口，从井口流到集油站，全部都是依靠油层自身的能量来完成的。是一种依靠天然能量的采油方式。

自喷井生产系统中，原油从地层流到地面分离器，一般要经过四个基本过程（图5.8）：

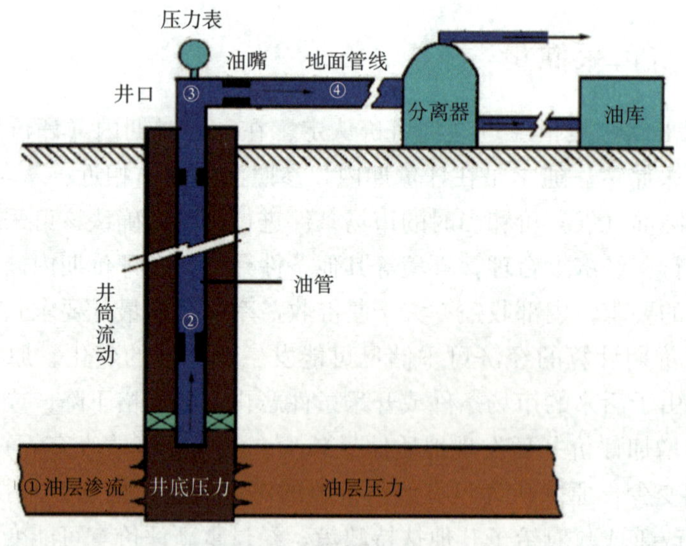


图5.8　自喷井的四种流动过程示意图

（1）油层渗流——原油从油层到井底的流动。当油井井底压力高于油藏饱和压力时，流体为单相流动（在油层中没有溶解气分离出来）；当井底压力低于油藏饱和压力时，油藏中有溶解气分离出来，在井底附近形成多相流动。井底流动压力可以通过更换地面油嘴而改变。油嘴放大，井底压力下降，生产压

差加大，油井产量增加。在大多数情况下，油层渗流压力损耗约占油层至井口分离器总压力损耗的10%～40%。

所谓油嘴，指的是采油树上用于控制油井流量的部件。它安装在翼阀与出油管线之间。油嘴也可以用来控制气举井的注气量和注水井的注水量。它分为固定式和可调式两种：固定式油嘴内装有可更换的零件，这个零件具有固定的小孔，用来节流；可调式油嘴则有一个由外部控制的可变面积的小孔和一个与之对应的小孔面积指示机构。

(2) 井筒流动——从井底沿着井筒上升到井口的流动。自喷井井筒油管中的流动物质一般是油、气两相或油、气、水混合物。其流动状态比较复杂，必须克服三相混合物在油管中流动的重力和摩擦力，才能把原油举升到井口，继续沿地面管线流动。井筒的压力损耗约占总压力损耗的40%～60%。

(3) 油嘴节流——原油到井口之后通过油嘴的流动。油气到达井口通过油嘴节流的压力损耗，与油嘴直径大小有关，通常约占总压力损耗的5%～20%。

(4) 地面管线流动——沿地面管线流到分离器、计量站。这个过程中的压力损耗较小，约占总压力损耗的5%～10%。

观察井下各种液体、气体流动和变化情况的“眼睛”是仪表。仪表分为油压表、气压表、水压表、温度表。

自喷采油的基本设备主要包括井口设备及地面流程主要设备。井口设备主要有：套管头、油管头、采油树。总体来讲，自喷采油井井口设备简单、操作方便、油井产量高、采油速度高、生产成本低，是一种最佳的采油方式。

## ◎ 机械采油

当油层的能量不足以维护自喷时，则必须人为地从地面补充能量，才能把原油举升出井口。如果补充能量的方式是用机械能量把油采出地面，就称为机械采油。

目前，国内外机械采油装置主要分有杆泵和无杆泵两大类。

有杆泵是用地面动力设备带动抽油机，并通过抽油机带动深井泵。

无杆泵是不借助抽油杆来传递动力的抽油设备。目前无杆泵的种类很多，如水力活塞泵（图5.9）、电动潜油离心泵、射流泵、振动泵、螺杆泵（图5.10）等。

目前应用最广泛的还是游梁式抽油机和深井泵装置。因为此装置结构合理、经久耐用、管理方便、适用范围广。

图5.9　水力活塞泵

图5.10　螺杆泵的井口装置

## 抽油机

抽油机（图5.11）是有杆泵采油的主要地面设备。按是否有游梁，可将其分为游梁式抽油机和无梁式抽油机。游梁式抽油机是通过游梁与曲柄连杆机构，将曲柄的圆周运动转变为驴头的上下摆动。按其结构不同，可将其分为常规型和前置型两类。常规型游梁式抽油机是目前矿场上使用最广泛的抽油机，其特点是支架在驴头和曲柄连杆之间，上下冲程时间相等。前置型游梁式抽油机的减速箱在支架的前面，缩短了游梁的长度，使得抽油机的规格尺寸大为减小，并且由于支点前移，使上、下冲程不等，从而降低了上冲程的运行速度、

图5.11　抽油机

加速度、动载荷以及减速箱的最大扭矩和需要的电功率。为了提高冲程、节约能源及改善抽油机的结构特性和受力状态，国内外还出现了许多变形的抽油机，如异相型、旋转驴头式、大轮式以及六杆式双游梁等抽油机。为了减轻抽油机的质量，扩大设备的使用范围，以及改善技术经济指标，国内外还研制了许多不同类型的无梁式抽油机。

### ● 抽油泵

抽油泵是有杆抽油系统中的主要设备，主要由工作筒（外筒和衬套）、活（柱）塞（其中包括游动阀和固定阀）组成。游动阀又称为排出阀，固定阀又称为吸入阀。抽油泵按其结构不同，可分为管式泵和杆式泵。由于采液性质的复杂性，对泵往往有特殊要求。因此，从用途上又可将抽油泵分为常规泵和特种泵。特种泵主要有防砂泵、防气泵、抽稠泵、分抽混出泵、双作用泵，以及各种组合泵。

### ● 光杆与抽油杆

光杆主要用于连接驴头钢丝绳与井下抽油杆，并同井口密封盒密封井口。因此，对其强度和表面光洁度要求较高。光杆分为普通型和一端墩粗型两种。普通光杆两端可互换，当一端磨损后可换另一端使用。一端墩粗型光杆连接性能好，但不能两端互换。常用的抽油杆主要有普通抽油杆、玻璃纤维抽油杆和空心抽油杆三种类型。

## ◎ 注水采油

注水采油，简单说就是向油藏中注入一定水，来将石油换取出来，以水换油。

油田注水开发的原理就是通过打注水井向油层注入水，在整个油层内建立起水压驱动方式，恢复和保持油层压力，从而达到：抽稀井网，减少钻井口数；提高采油速度，缩短油田开发的年限；延长油井自喷期；提高油田最终采收率。由于注水工艺容易掌握，水源也比较容易得到，因此油田注水开发的方式迅速推广，成为一种应用最广泛的方法（图5.12）。习惯上将利用天然能量开发油田称为一次采油法，注水开发油田称为二次采油法。

研究注水采油技术，需要关注注入水水质及水源选择、水质处理及污水处理、注水工艺流程等。用石油人通俗的说法，叫做“注好水”、“注准水”、“注够水”。

注水地面系统是由水源采水系统、注水站、注水管网、配水间、注水泵和注水井等基本单元组成。

图5.12　注水开发示意图

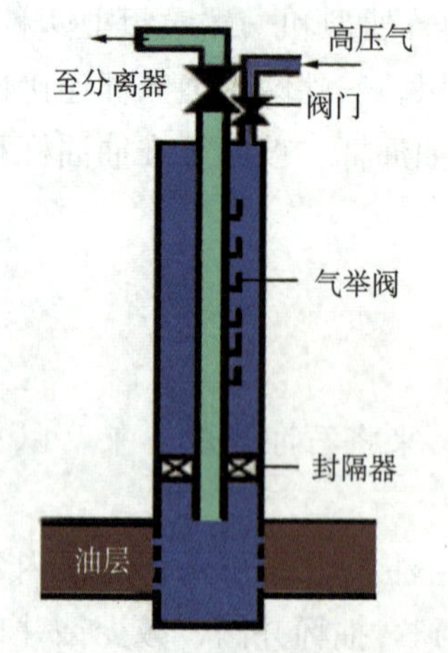

图5.13　气举采油井下管柱示意图

## ◎ 气举采油

气举采油就是当油井停喷后，为了使油井能够继续出油，利用高压压缩机人为地把天然气压入井下，使原油喷出地面的方法（图5.13）。

气举采油的特点是：(1) 必须有单独的气层作为气源或可靠的天然气供气管网供气；(2) 油田开发初期要建设高压压缩机站和高压供气管线，一次性投资大。

## ◎ 稠油热采

通常称黏度高、相对密度大的原油为稠油。我国的稠油沥青质含量低、

胶质含量高、金属含量低，稠油黏度偏高，相对密度则较低。由于稠油与常规原油的性质存在很大差别，使其采油工艺也有很大区别。

稠油与常规轻质原油相比主要有以下特点：(1) 黏度高、密度大、流动性差。它不仅增加了开采难度和成本，而且使油田的最终采收率非常低。稠油开采的关键是提高其在油层、井筒及集输管线中的流动能力。(2) 稠油中轻质组分含量低，而胶质、沥青质含量高。(3) 稠油黏度对温度敏感。随着稠油温度的升高其黏度显著降低，这是稠油热采的主要机理。

热处理油层采油技术是通过向油层提供热能，提高油层岩石和流体的温度，从而增大油藏驱油动力，降低油层流体的黏度，防止油层中的结蜡现象，减小油层渗流阻力，达到更好地开采稠油和高凝油的目的。目前常用的热处理油层采油技术主要有注热流体（如蒸汽和热水）和火烧油层两类方法（图5.14）。其中注蒸汽处理油层采油方法根据其采油工艺特点，主要包括蒸汽吞吐和蒸汽驱两种方式。

图5.14 火烧油层示意图

## ◎ 聚合物驱油

聚合物驱是指在注入水中加入水溶性的高分子聚合物，增加水相黏度和降低水相渗透率，改善油水黏度比，从而扩大体积波及系数，达到提高原油采收率的方法（图5.15）。

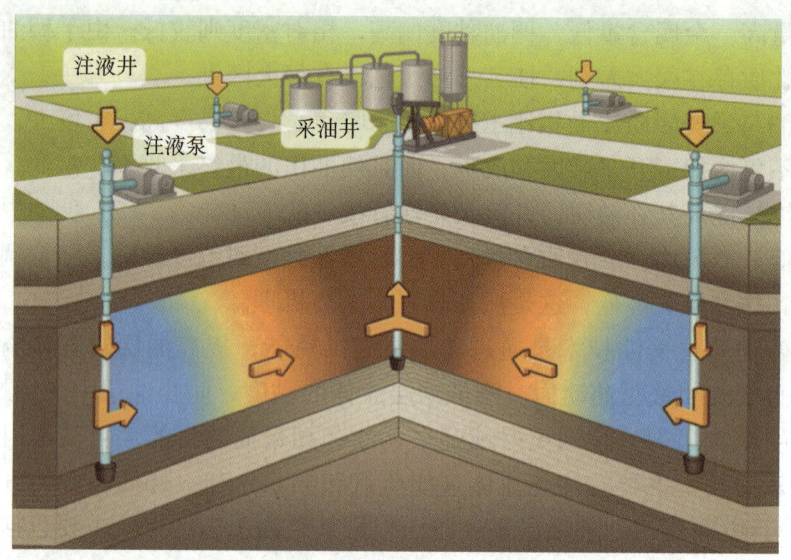


图5.15 聚合物驱示意图

1972年，我国开始在大庆油田进行聚合物驱试验，1990年又在中西部地区开始试验。大庆油田聚合物驱自1996年投入工业化应用以来，创造了世界油田开发史上的奇迹，成为大庆油田持续高产的重要技术支撑（图5.16）。

图5.16 大庆油田聚合物驱配套地面装置

## ◎ 微生物采油

微生物采油就是采用从自然环境中筛选、培养的微生物，通过复杂的新陈代谢作用，降解原油中的石蜡，产生有机酸、有机溶剂分子、生物表面活性剂，以降低原油的黏度，减少重质成分含量，降低油水界面张力，增加原油的流动性的方法（图5.17）。它是生物科技和石油工程的结合产物。

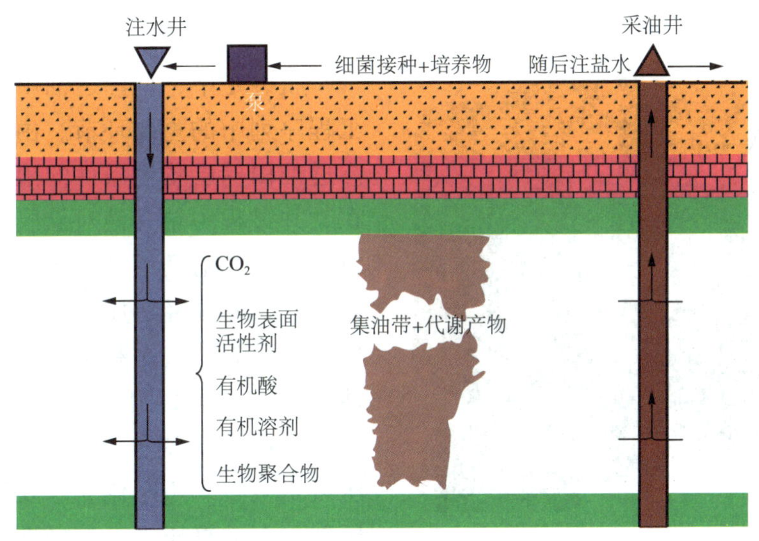


图5.17 微生物采油示意图

目前，微生物采油技术日趋成熟，已在国内外得到较广泛的现场试验和应用。大港油田2001年与俄罗斯合作，在孔店油田试验区块（62℃）进行内源微生物驱油现场试验，获得成功。胜利油田通过注水系统批量注入微生物，最终在生产井见到增油或降水的效果。

微生物采油施工简单、成本低，是一种廉价有效的采油技术。微生物采油技术具有其他三次采油技术无可比拟的优点——多功能性，故有望成为未来油田开发后期稳油控水、提高采收率的主要技术之一。内源微生物和在现有的菌种基础上，通过基因工程手段获取基因工程菌，使其性能更加优良，有望成为解决高温油藏、高矿化度油藏及稠油开采的主要菌种。计算机技术也将在微生物驱替实验中发挥重大作用。

## ◎ 压裂技术

压裂就是利用水力作用，使油层形成裂缝的一种方法，又称油层水力压裂（图5.18）。油层压裂工艺过程是用压裂车，把高压、大排量、具有一定黏度的液体挤入油层，当把油层压出许多裂缝后，加入支撑剂（如石英砂等）充填进裂缝，提高油层的渗透能力，以增加注水量（注水井）或产油量（油井）。常用的压裂液有水基压裂液、油基压裂液、乳状压裂液、泡沫压裂液及酸基压裂液五种基本类型。

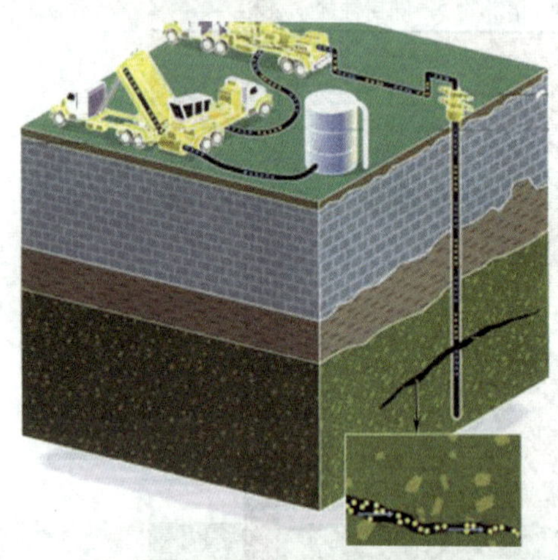
图5.18 水力压裂技术示意图

压裂是中、低渗透油田勘探开发工程序列中的重要环节。由于中、低渗透油田储层物性条件的限制，以及在钻井过程中钻井液对储层的伤害等原因，油井射孔后自然产能低，开采效益差，必须经过压裂才能投入正常生产。压裂改造是科学开发中低渗透油、气田的重要手段。

根据油藏特征及油田开发需要，压裂工艺技术不断创新，发展了分层压裂、多裂缝压裂、选择性压裂、平衡压裂、长胶筒厚油层压裂、限流压裂、端部脱砂压裂、水平井压裂、套损井压裂、小井眼压裂等压裂技术。并将单井压裂增产发展为油田整个区块进行压裂增产和增注。目前，还在继续研究新技术和拓宽新领域。

## ◎ 酸化技术

酸化是靠酸液的化学溶蚀作用以及向地层挤酸时的水力作用来提高地层渗透性能的工艺措施。酸化有两种基本类型：一类是注酸压力低于地层破裂压力的常规酸化，这时酸液主要发挥其化学溶蚀作用，扩大与之接触的岩石的空隙；另一类是注酸压力高于油气层破裂压力的酸化压裂，这时酸液将同时发挥化学作用和水力压裂作用来扩大、延伸、压开和沟通裂缝，形成延伸远、流通能力强的油气渗流通道。它经常和压裂技术一起使用，又称压裂酸化技术。

## ◎ 堵水调剖技术

堵水就是控制水油比或控制产水，其实质是改变水在地层中的流动特性，即改变水在地层中的渗透规律。调剖是指从注水井封堵高渗透层的作业，可以调整注水层段的吸水剖面。堵水调剖的目的是补救油井的固井技术状况和降低水淹层的渗透率（调整流动剖面），提高油层的采收率。它们可分为油井（生产井）堵水和水井（注入井）调剖（图5.19）两类。调剖方法有单液法和双液法。

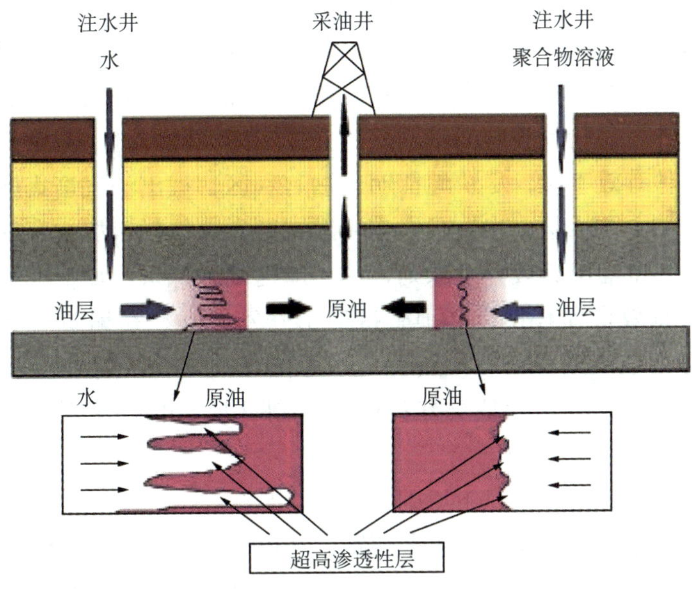


图5.19 注水井调剖技术

## ◎ 井筒降黏技术

井筒降黏技术是指通过热力、化学、稀释等措施使得井筒中的流体保持低黏度，从而达到改善井筒流体的流动条件，缓解抽油设备的不适应性，提高稠油以及高凝油的开发效果等目的的采油工艺技术。该技术主要应用于原油黏度不很高或油层温度较高，所开采的原油能够流入井底，只需保持井筒流体有较低的黏度和良好的流动性，采用常规开采方式，就能进行开采的稠油油藏。

目前常用的井筒降黏技术主要包括化学降黏技术和热力降黏技术。

# 第三节 维护地下宝藏

## ◎ 有效合理开发——油田“长寿”的关键

在我国广袤的疆土上，分布着许多油气田。要做到油田长寿，必须遵循科学程序，对油田进行有效合理地开发。

对油田有效合理开发，必须要有正确的油田开发方针。油田开发方针是编制和实施油田开发方案的重要依据。开发方针的正确与否，直接关系到油田生产的经济效益好坏和技术上的成败。根据国民经济对石油工业的要求和我国长期的油田开发经验，我国油田勘探和开发应遵循的方针是：(1) 进行区域性勘探，以多种有效手段，尽快地探明含油有利区，找出油气富集规律，确定重点开发地区和主要油层。(2) 必须实行勘探开发一体化，加快开发资源的评价过程。(3) 坚持油田高效开发原则，尽可能提高资源采出量。

对油田有效合理开发，必须坚持油田开发原则。在编制一个油田的开发方案时，必须依照国家对石油资源生产总的战略方针，针对所开发油田的情况和所掌握的工艺技术手段与建设能力，制订具体的开发原则与技术政策和界限。

对一般油田，应坚持以下原则：

(1) 油田开发一般都采用注水开发，实行早期注水和分层注水，以保持合理的地层压力。只有地层有足够的能量，生产井才有旺盛的生命力。

(2) 油田开发初期，应采用较大的井距，合理布置井网。同时在油田上应先开辟生产试验区，比较详细地掌握油田的静态和动态特征，从而指导全油田更有效地进行加密钻探和合理地投入开发。

(3) 大力开展油田的地质研究，合理和严格地划分开发层系，选择合理的注水方式并合理布置井网，做到既要发挥各类油层的生产潜力，又要为后期调整留有余地。

(4) 尽量采用最先进的开采技术。如在采油工艺方面，大力发展和采用分层测试、分层采油、分层注水、分层改造和分层调整控制等工艺技术，保持合理的注采平衡、压力平衡，达到较高采油速度和较长的稳产年限，降低采油成本，最大限度提高油田的采收率。

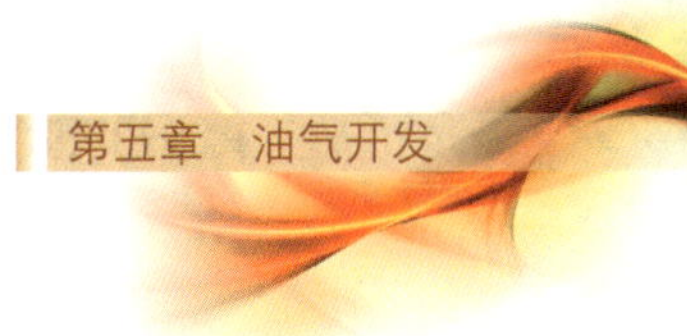

对特殊油气藏，应采取不同的开发原则和方法，以达到充分有效地开发油气资源的目的。

## ◎ 开发动态监测——给油田做好“监护”

开发动态监测是指借助仪器、仪表及相关设备，对地层和井筒的有关信息进行录取、处理和分析，认识油藏渗流规律，分析井筒技术状况，指导油田开发，提高开发水平的一项措施。开发动态监测是一项系统工程，贯穿于油田开发的整个过程。

图5.20、图5.21和图5.22反映了动态监测在油田开发不同阶段所起的作用。

- 开发方案制订的需要（低含水期）（<20%）
  - 地层认识
    - 地层压力
    - 油层物性变化
    - 渗流参数
  - 地质模型的建立：地层渗流模型认识
  - 开发政策
    - 生产压差
    - 采油速度
    - 注水量
    - 注水强度
    - 注采比

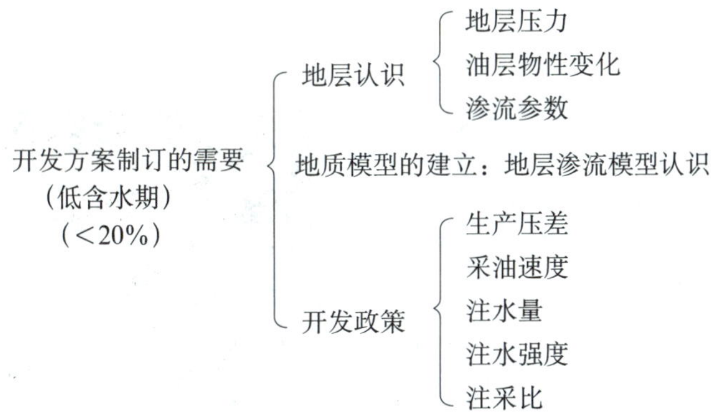

图5.20 低含水期动态监测作用

- 开发方案调整的需要（中—高含水期）（20%～60%，60%～90%）
  - 开发历程
  - 精细油藏描述
  - 措施挖潜
  - 提高开发水平和指标
  - 稳油控水：注水平面调整

图5.21 中—高含水期动态监测作用

- 提高最终采收率的需要（特高含水期）（90%以上）
  - 重新认识地层
  - 挖潜剩余油
  - 三次采油
  - 井网调整

图5.22 特高含水期动态监测作用

## ◎ 取样油井的指纹——生产测井

地球物理测井简称测井，是在井眼中使用测量电、声、热、放射性等物理性质的仪器，以辨别地下岩石和流体性质的方法，是勘探和开发油气田的重要手段。

生产测井指在油井（包括采油井、注水井、观察井等）投产后至报废整个生产过程中，所进行的地球物理测井的统称。它包括三部分：(1）通过井内温度、压力和流体流量、持水率测定，了解产出和注入状况，为油层改造提供依据；(2）检查和监测井身技术情况，包括固井质量、套管变形和破损等，为油井维修提供依据；(3）套管井储层评价。生产测井已成为油气藏科学管理和提高采收率不可缺少的手段（图5.23)。

生产测井得到了第一手油井资料，接下来就是对测井资料进行综合解释，用以指导油田的开发和调整工作。

图5.23　生产测井现场

## ◎ 给油井做“皮试”——试井

试井是指利用各种测试仪器，通过对油水井不同生产状况的测试，录取各项有关资料来研究油层的各种物理参数和井的生产能力，从而加深对油层的认识，为编制合理的油田开发方案和采取增产措施提供可靠的依据。

试井就像我们人类做皮试，只有试井才能对油藏有进一步的了解。

试井分高压试井和低压试井两类。高压试井的方法有三种：稳定试井法、不稳定试井法和水力勘探法。其基本原理是产生压力激动，通过测井底压力变化来分析认识油层特性。

## ◎ 开发后期的绝招——稳油控水

我国陆上石油80%以上靠注水开发。一个油藏往往由多个油层组成，由于各油层渗透性的差异，注入水将沿高渗透层突进（图5.24），造成油井过早水淹。因此，稳油控水技术是油田开发后期必用的一个绝招。

油气井出水按水的来源可分为注入水、边水、底水及上层水、下层水和夹层水。注入水、边水（图5.25）及底水，在油藏中与油在同一层位，统称为“同层水”。上层水、下层水及夹层水是从油层上部或下部的含水层及夹于油层之间的含水层中窜入油气井的水（图5.26、图2.27）。来源于油层以外，故统称为“外来水”。

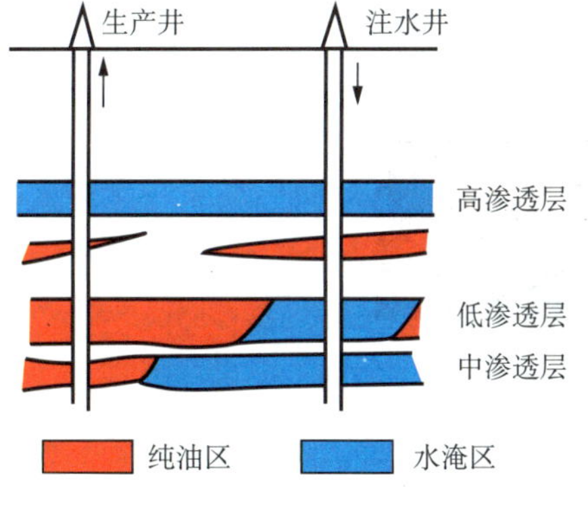

图5.24 注入水单层突进示意图

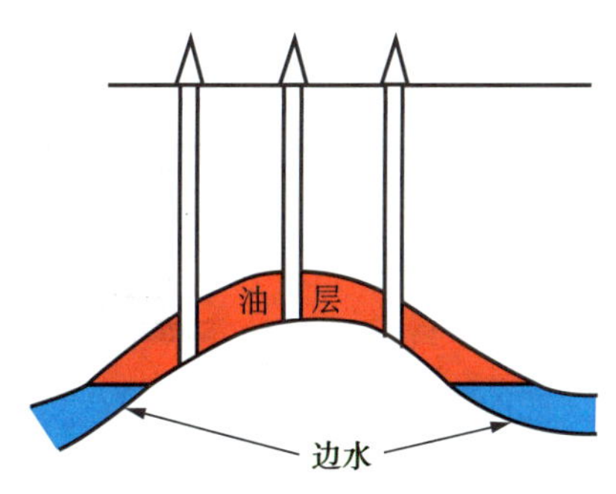

图5.25 边水示意图

当油田有底水时，由于油气井生产时在地层中造成的压力差，破坏了由于重力作用建立起来的油水平衡关系，使原来的油水界面在井底附近呈锥形升高。这种现象叫“底水锥进”(图5.28)。其结果使油气井在井底附近造成水淹，含水上升，产油量下降。

边水内侵、底水锥进、注采失调，是油井见水早、含水上升速度加快、原油产量大幅度下降的根源。对于“同层水”必须采取控制和必要的调整井网措施，使其缓出水。而对于“外来水”，在可能的条件下，尽量采取将水层封死的措施。

稳油控水是系统工程，要同时做好油井合理生产与水井有效注水，以及整个井网系统的工作。

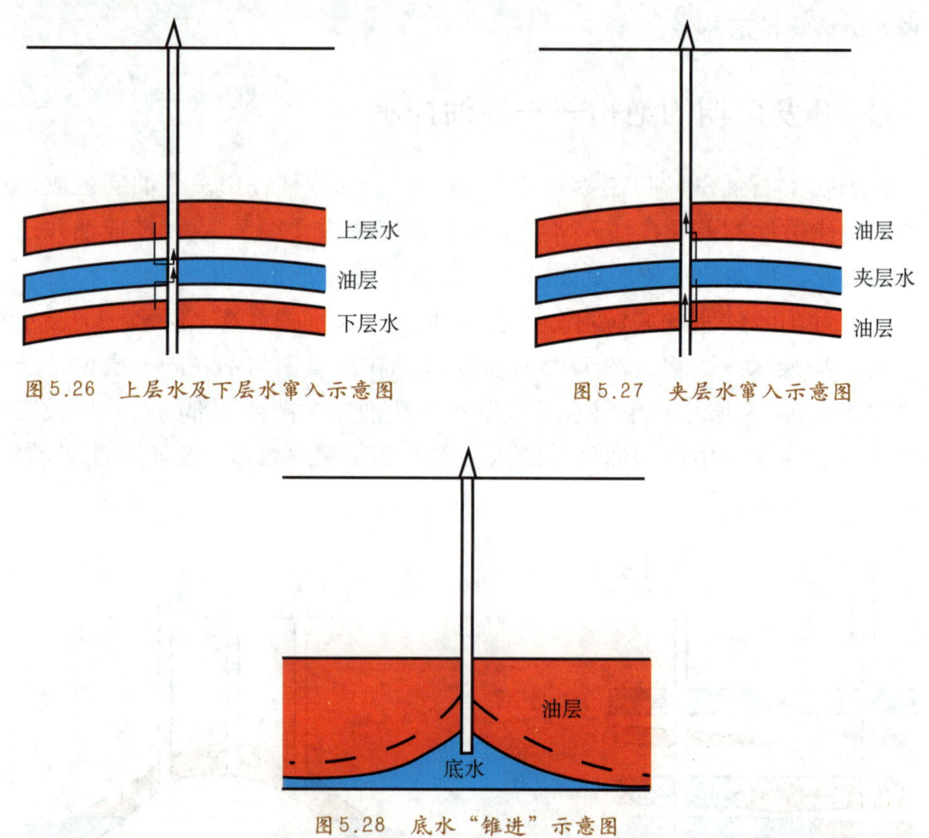


图5.26 上层水及下层水窜入示意图

图5.27 夹层水窜入示意图

图5.28 底水“锥进”示意图

## ◎ 储层保护

在钻井、固井和完井过程中，储层会经常受到以下伤害：使产层中的黏土膨胀；破坏油气流的连续性；产生水锁效应，增加油气流动阻力；在地层空隙内生成沉淀物；钻井液固相颗粒泥侵；固井液引起的油气层伤害；射孔完井引起的油气层伤害。

在油气田注水开发过程中，也会对油气层产生伤害：水侵、水锥引起的油气层伤害；水敏、水堵引起的油气层伤害；水垢引起的油气层伤害；其他杂质引起的油气层伤害。

以上大量的伤害，会造成油气田产能及产量降低，因此必须重视储层保护。目前，无论在钻井、固井和完井过程中，还是在油气田注水开发过程中，都研发出了一系列的保护技术。

## ◎ 油井维护

在石油开采过程中，随着石油的开采，一些砂、蜡会在井筒中出现，这时就要给油井内的管柱经常做健康护理。目前油井维护的措施主要是防砂与清砂技术、防蜡与清蜡技术。

防砂通常采用的技术主要分为机械防砂和化学防砂；清砂方法分为冲砂和捞砂。

油井防蜡方法分为：阻止蜡晶的析出、抑制石蜡结晶的聚集、创造不利于石蜡沉积的条件。油井清蜡方法分为机械清蜡、热力清蜡和微生物清蜡。

## ◎ 修井工艺——给油气井治病的“医术”

油气井在生产过程中会经常“得病”，这就需要采取不同的医术予以治疗。其中治大病叫做“大修”。一般油水井大修时，井筒技术状况都比较复杂，作业前必须根据作业内容，认真落实井筒技术状况，对症下药，有效维修，防止井筒技术状况进一步恶化。其主要工艺有：

(1) 通井。

通井是探测套管完好状况和井筒内有无异物（落鱼、砂堵、蜡堵、盐堵）的有效方法。通常使用标准通井规通井。当下井工具超过标准通井规规范时，可根据下井工具的最大几何尺寸，确定通井规尺寸；或用模拟工具通井。通井遇阻时，则说明井筒状况有问题，应进一步用打印法或测井核实。

(2) 刮洗套管。

刮洗套管的目的是把套管内壁上的水泥、蜡、各种垢以及炮眼毛刺清除掉，以保证下井工具正常工作及封隔器坐封成功。目前国内使用的套管刮削器有胶筒式和弹簧式两种。

(3) 洗井。

洗井的目的是将井筒清洗干净。

(4) 工程测井检测套管。

工程测井就是用测井仪检测套管的技术状况。常用的测井方法有：井径测井、井温测井、连续流量测井、同位素测井、彩色超声波电视成像测井、套管剩余壁厚测井和水泥胶结测井等。

(5) 打印法检测井身技术状况。

打印法检测就是利用印模（包括铅模、胶模、蜡模等）对套管和鱼头状态及几何形状进行印证，然后加以定性、定量的分析，以确定其具体形状和尺寸。印模法检测适用于井下落物鱼顶几何形状、尺寸、深度等的核定，套管变形、错断、破裂等套管损坏程度的验证，以及在作业、修井施工过程中临时需要查明套管技术状况等其他情况的井筒技术状况。

(6) 试压。

原则上试压压力应等于最大工作压力的1.2倍，注水井为1.3倍，注气井为1.4倍，30分钟后压力降低不超过0.5兆帕为合格。若试不住压，则要找出原因，根据漏失量和漏失位置，进一步采取措施。

另外，还有打捞作业、解卡作业、侧钻、更改井别、井的工程报废等。

### ◎ 修井工具——给油气井治病的“医疗器械”

油气井经常遭到损坏，需要经常修理。修理油气井的工具多种多样，举不胜举。它大体分为：打捞作业种类（包括管类落物打捞、杆类落物打捞、绳类落物打捞、小件落物打捞等）、解卡作业种类（包括砂卡、蜡卡、水泥卡、套管卡、落物卡等），以及修补套管工具类（包括套管整形、套管修补、套管取换、侧钻作业工具等）。

## 第四节　地面工程

### ◎ 地面工程建设——搭建油气地面集输和处理的网络平台

地面工程是指以油（气）集输、油气水处理为主体，配套给排水、供配电、自控、通信、机械与设备、热工与通风、建筑与结构、道桥与总图、环境保护等专业形成的地面网络工程，是油气田开发的重要组成部分。优化地面工程方案设计，是控制油气田开发投资、降低油气生产成本、提高开发效益的重要途径。

油田地面工程建设包括土建、储运和井场地面用电，负责监督实施地面建设工程，包括新采油（注水）站的建设和地面管线的铺设及投运，采油、注水井口的整改和维护，油田采油、注水管网的维护、保养和整改，各油、气、水集中处理站各类管线的施工，以及各类油罐、注水罐的投建等。

## ◎ 油气集输——油气地面运移的“交通网络”

油气集输就是把油井生产的油气收集、输送和处理成合格产品（油气水）的过程。这一过程从油井井口开始，将油井生产出来的原油进行集中和必要的处理或初加工，使之成为合格的原油后，再送往长距离输油管线的首站外输。或者送往矿场油库经其他运输方式送到炼油厂或转运码头；合格的天然气集中到输气管线首站，再送往石油化工厂、液化气厂或其他用户。

概括地说，油气集输的工作范围是指以油气井为起点，矿场油气库或输油、输气管线首站为终点的矿场集输。

一般油气集输系统包括：油气井、计量站、接转站、集中处理站，这叫“三级布站”。也有的是从计量站直接到集中处理站，这叫“二级布站”。油气处理、注水、污水处理及变电站在一起的叫做联合站。

油井、计量站、集中处理站是收集油气并对油气进行处理净化的主要场所，它们之间由油气收集和输送管线连接。

石油和天然气由油井流到地面以后，又如何把它们从一口口油井上集中起来，并把油和气分离开来，再经初步处理成为合格的原油和天然气分别储存起来或者输送到炼油厂的呢？这就是通常称之为的“油田集输技术”或“油田地面建设工程”(图5.29)。

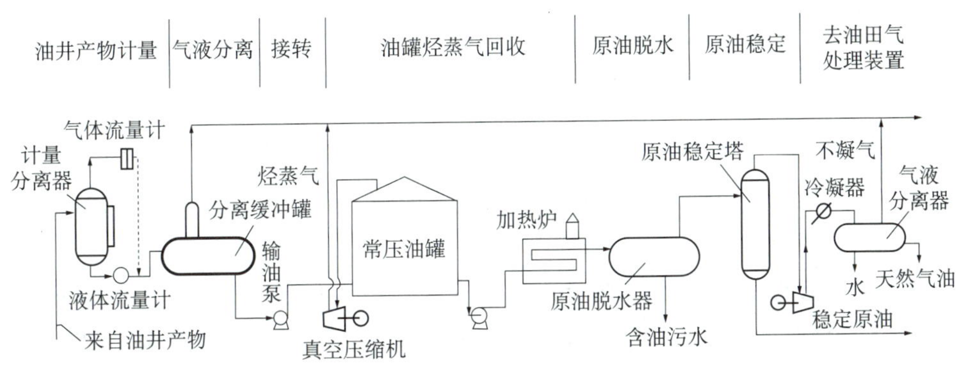

图5.29 油田油气集输工艺流程示意图

## ◎ 联合站——油田原油集输和处理的中枢

联合站是油气集中处理联合作业站的简称。主要包括油气集中处理（原油脱水、天然气净化、原油稳定、轻烃回收等）、油田注水、污水处理、供变电和辅助生产设施等部分。

联合站（库）是油田原油集输和处理的中枢，设有输油、脱水、污水处理、注水、化验、变电、锅炉等生产装置。其主要作用是通过对原油的处理，达到三脱（原油脱水、脱盐、脱硫；天然气脱水、脱油；污水脱油）三回收（回收污油、污水、轻烃），出四种合格产品（天然气、净化油、净化污水、轻烃），以及进行商品原油的外输。联合站是高温、高压、易燃、易爆的场所，是油田一级要害场所。

联合站系统流程分为四大系统：

(1) 油系统。

中转站来油→进站阀组→游离水脱除器→一段加热炉→沉降罐→含水油缓冲罐→脱水泵→二段加热炉→脱水器→净化油缓冲罐→外输泵→计量→外输。

(2) 水系统。

游离水脱除器→污水站→注水站。

沉降罐→污水缓冲罐→污水泵→污水站。

脱水器→污水站。

(3) 天然气系统。

中转站来气→收球配气间→除油器→增压站→计量→外输。

(4) 加药系统。

调配罐→加药罐→加药泵→阀组汇管。

## ◎ 计量站——给油气过磅的第一道关口

计量站的作用主要是计量油井油气产量，并将一定数量（7～14口）油井的油气汇集起来，再通过管道输送到油气处理站。另外，计量站还向井口加热设备提供燃料等。

计量站的种类按工艺流程分有：单管计量站、双管计量站和三管计量站。计量站的设施，一般有各井来油管汇（也叫总机关）、计量分离器、加热炉、计量仪表等。

## ◎ 原油库——油田生产的“临时粮仓”

用来接收、储存和发放原油的场所叫原油库。原油库具有储存油品单一、收发量大、周转频繁等特点，它是油田正常生产和原油外运（或外输）的一个重要衔接部分。根据不同的原油外运方式，原油库可分以下几种。

铁路外运原油库：油库内建有专用铁路线及有关装油设备。如大庆油田在20世纪60年代，其原油主要就是靠铁路外运，油罐列车每天像长龙一样，从油库将原油源源不断地运向全国有关炼油厂。

管线外输原油库：利用管线将原油外输到各用油单位。但是，利用管线外输的油田，又不一定都有原油库。

联合外运原油库：利用铁路槽车和管线，将原油输送给用油单位。

原油库一般由收油、储存、发放设备及公用工程、生产和生活设施等部分组成。收油设备主要是指收油用的阀组，储存原油的设备主要是储罐。

# 第六章 钻井工程

所谓钻井，就是利用机械设备和相关技术，将地层钻成具有一定深度的圆柱形孔眼的工程。

钻井在石油工业发展中有着不可替代的作用，勘探离不开它，开发也离不开它。因此，石油系统习惯把它称作石油工业的“龙头”。在石油工业的发展过程中，它创造了许许多多的功勋伟业。

# 第一节　钻头不到，油气不冒

## ◎ 古代钻井，中国领先

在人类历史发展的长河中，钻井大体经过了挖掘井技术、顿钻钻井技术和旋转钻井技术三个发展阶段。在前两个阶段中，中华民族都是处在该项技术的最前列。公元前1500年前后，我国出土的甲骨文中就已经有了“井”字。春秋战国时期的井深，已达50余米。到唐朝时，已超过140米。这个时期属于人工挖掘井阶段，井的直径大约为1.5米，人可以从井筒下到井底。中国古代钻探技术历经两千年的发展，到北宋的庆历年间（1041—1048年），古代钻井技术有了新的发展，取得了具有划时代意义的突破，出现了“顿钻”钻井技术，钻井井筒直径有碗口大小，井深可达130米左右，古称“卓筒井”。“卓筒井”是一种用直立粗大的竹筒，用竹片当绳索从地下捞取卤水的盐井。“卓筒井”的发明创造，堪称中国古代除指南针、火药、印刷术、造纸术之外的又一伟大发明，开创了世界近代“绳式顿钻”钻井技术的先河，掀起了人类历史上一场重大的能源革命。英国著名学者李约瑟在研究了我国古代钻井技术后，极为赞叹，在他所著的《中国科学技术史》一书中写到：“今天用于开采石油与天然气的深井，就是从中国人的这些技术中发展起来的”，并指出“这种技术大约在12世纪以前传到了西方各国”。清道光十五年（1835年），我国打成了世界第一口超千米的“卓筒井”，使钻探技术达到了一个新的高峰（图6.1）。清道光三十年（1850年）钻井深度达到1100米（四川省自贡市的磨子井）。而美国

图6.1　清道光十五年（公元1835年）在自贡市大安区阮家坝用“卓筒井”技术钻凿的燊海井（深1001.42米）

为了汲取地下的石油，在宾夕法尼亚州打的第一口井是在1859年打成的，深度仅有21.7米，直到1871年才钻达338.33米。俄国在1848年才打成一口井深为60米左右的井。19世纪末期出现的旋转钻井技术，实际上是在中国顿钻钻井技术的基础上发展起来的。

**知识链接：卓筒井**

卓筒井是以直立粗大的竹筒吸卤的盐井。“凿地植竹，为之卓筒井”。发明于北宋庆历年间（1041—1048年），比西方早800多年。其口径仅有竹筒大小，然而能打井深达数十丈，被称为“中国古代第五大发明”、“世界石油钻井之父”。目前在遂宁市大英县境内，还保留有41口卓筒井，分布在方圆6千米范围内，卓筒井是手工制盐的活化石。

**知识链接：磨子井**

17世纪中期，我国在四川自贡市钻成一个深大于1100米的井，被称为“磨子井”。考其来历，有人说它是一位陕籍盐商开凿的。该盐商在钻井时遇到了硬地层，竟卖光了全部家当续资凿办，也没成功。最后，迫不得已把家中唯一一副磨子卖了，让工人们吃顿散伙饭。谁知，大伙不忍散伙，酒足饭饱之后又上架接着干。突然，火从井中喷出，吼声如雷，连“天车”锉房都给井火烧起来了。有部分火，竟从井壁溢出，以致“有贫民于大火井旁掘地数尺，掘得火以煎小锅”，因“祸”得富。磨子井也就随之出名，流传久远。后来，这口井被人冠之以“古今第一大火井”、“火井王”等称号。

## ◎ 钻井的作用

钻井就是人们从地表向下挖掘一个筒形的通道。最初目的是为了汲取地下水，以后才扩展至找油找气。

钻井是勘探与开采石油及天然气资源的一个重要环节，是勘探和开发石油的重要手段（图6.2）。

图6.2　钻井施工现场

在地质工作中，钻井的主要功用为：(1) 获取地下实物资料，即从钻井中获取岩心、矿心、岩屑、液态样、气态样等。(2) 作为地球物理测井通道，获取岩矿层各种地球物理资料。(3) 作为人工通道观测地下水层水文地质动态情况。(4) 探、采结合，开发地下水、油气、地热等。

在石油勘探和油田开发的各项任务中，钻井的作用又是不可替代的。诸如寻找和证实含油气构造、获得工业油流、探明已证实的含油（气）构造的含油气面积和储量，取得有关油田的地质资料和开发数据，最后将原油从地下取到地面上来等，无一不是通过钻井来完成的。

## ◎ 钻井的类别

油气钻井类别很多，划分的方法也不尽相同。根据世界多数国家比较通用的方法，我国目前钻井类别的划分主要有：

按用途分可分为地质普查或勘探钻井、水文地质钻井、水井或工程地质钻井、地热钻井、石油钻井等。

按钻井深度划分可分为浅井（钻井完钻井深小于2000米）、中深井（钻井完钻井深2000～4500米）、深井（钻井完钻井深4500～6000米）和超深井（钻井完钻井深超过6000米）。

按钻井目的划分可分为探井和开发井。探井中又分为地层探井（又称参数井，主要是了解地层的时代、岩性、厚度的组合和区域地质构造以及地质剖面）、预探井（在确定有利找油范围后，以发现和寻找油气藏为目的所钻的井）

和详探井（在已发现油气的圈闭上进一步探明含油气边界和储量，以及了解油气层结构为目的所钻的井）等。在开发井中，可分为采油采气井、注水注气井、调整井、加密井和资料井等。

按钻井的地区划分可分为陆地钻井（包括山地钻井、丘陵钻井）、海上钻井（包括浅海钻井和深海钻井）等。

按旋转钻井的方法又可分为转盘钻井（利用安放在钻台上的转盘带动钻柱、钻头旋转的钻井方法）、顶部驱动装置钻井（利用安装在钻杆上方水龙头部位的动力装置带动钻柱旋转的钻井方法）和井下动力钻井（利用井下动力钻具带动钻头的旋转钻井方法，包括涡轮钻具钻井、螺杆钻具钻井和电动钻具钻井）。

按钻井井型划分又分为直井（图6.3）、定向井（按既定的方向偏离井口垂线一定距离钻达目标的井）、丛式井（一个井场或一个钻井平台上，按设计钻出两口或两口以上的井）(图6.4)、大位移井（完钻后井底水平位移超过3000米，位移是垂深两倍以上的定向井）、水平井（井斜角大于或等于86°，并保持这种角度钻完一定长度水平段的定向井）、分支井（一个井口下面有两个或两个以上井底的定向井）。

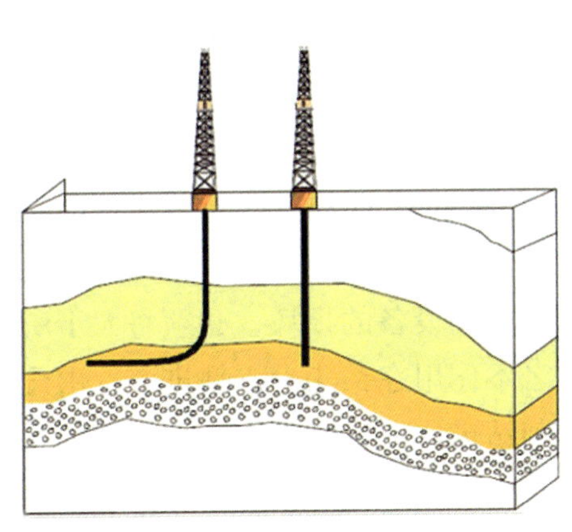

图6.3　直井与水平井对比图

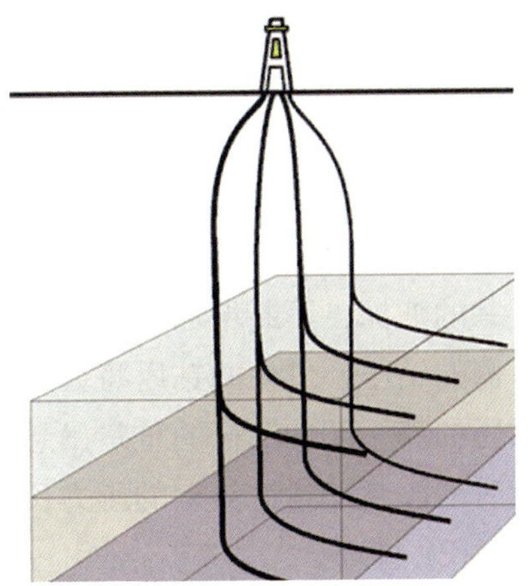

图6.4　丛式井示意图

## ◎ 钻井的过程

一口井从开始到完成，大致要经历准备工作、钻进、固井、其他作业等工序。

## 准备工作

(1) 定井位。根据地质或生产的需要确定井底位置，作出设计。

(2) 修公路。为了将各种设备与物资运入井场，需要修公路。由于钻井设备是重型物资，公路应确保能通行重型车辆。

(3) 平井场。在井口附近平整出一块方地供施工用。井场面积随钻机而异，形状大致为长方形，大型钻机占地约长120米，宽90米；中型钻机占地约长100米，宽60米。钻机占地大小可因地制宜。

(4) 打基础。为了保证设备在钻井过程中不会下陷或歪斜，要打基础（或称为打基礅）。小型的基础可用方木或预制件，大型的基础在现场用混凝土浇灌。

(5) 安装。立井架，安装钻井设备，安放或挖掘钻井液罐（池）等。

## 钻进

广义的钻进指从开钻到完钻一段地层或完钻一口井的过程。旋转钻井法的钻进大致可分为以下几道工序。

(1) 钻进（狭义）。

用钻头直接破碎岩石。钻进时用足够的压力将钻头压到井底岩石上，使钻头的刃部吃入岩石中。钻头上连接着钻柱，用钻柱带动钻头旋转以破碎岩石，井就会逐渐加深。加到钻头上的压力叫钻压。

钻柱把地面上的动力传给钻头，所以，钻柱从地面一直延伸到井底。随着井的加深，不断增加钻杆，钻柱渐渐增长，其重量也渐渐加大，以至于超过所需的钻压。过大的钻压将会引起钻头、钻杆和设备的损坏，必须将大于所需钻压的那一部分钻杆的重量吊悬起来，使之不作用在钻头上。钻进中，由司钻适时地控制加到钻头上的压力，有效地均匀钻进。

(2) 循环。

井底岩石被钻头破碎后形成小的碎块，称为钻屑（也常称为砂）。钻屑积多了会影响钻头钻凿新的井底，引起机械钻速下降。所以必须及时地将钻屑从井底清除掉，并携带到地面。钻井液经钻杆的内孔注入，从钻头水眼中流出以清洗钻头并冲向井底。

将钻屑冲离井底，钻屑随钻井液一同进入井壁与钻柱之间的环形空间，向地面返升，一直到地面。

钻屑在地面上从钻井液中分离出来并被清除掉称为除砂。清除了钻屑的钻井液再被泵入井中重复循环使用。在钻进时，洗井和破碎岩石同时进行。为了保证钻井液不间断地循环，需要用钻井泵连续泵入。

(3) 接单根。

在钻进过程中，随着井的不断加深，钻柱也要及时接长，接一根钻杆就叫接单根。

(4) 起下钻。

为了更换磨损的钻头，须将全部钻柱从井中取出，换上新的钻头以后再重新下到井中继续作业，这叫做起钻和下钻（简称为起下钻）。一口井要用很多只钻头才能钻成，所以起下钻的次数很多。为了提高效率，节省时间，起下钻时不是以单根钻杆为单位进行接卸，而是三根钻杆为一个接卸单位，称为立根（或立柱）。每根钻杆长8～10米，立根的长度一般为26～30米。为了配合这么长的立根，井架高度一般为40米左右。

由于其他原因，如打捞井底落物、测井等也需要起下钻。

## 固井

固井是钻井工程中的一道重要工序，其根本目的可概括为两点：加固井壁（防止浅处井壁坍塌）和隔离钻井的油、气、水层（防止开采时层间相互干扰）。固井的方法，是将称为套管的无缝钢管下入井中，并在井眼和套管之间灌注水泥浆以固定套管，封闭套管与井壁之间的环形空间，隔开某些地层。这就是下套管、注水泥作业。一口井从开始到完成，常需下入多层套管并注水泥，即需进行数次固井作业（图6.5）。

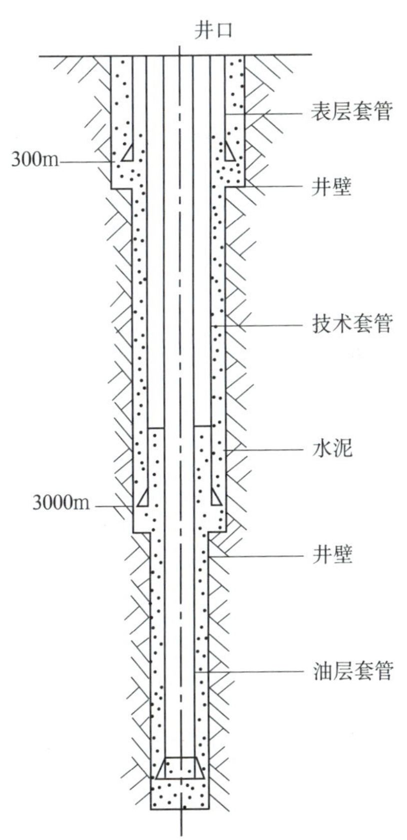

图6.5 井身结构示意图

有的地区井虽较深，但地层条件较好，可以省去技术套管，只下表层套管和油层套管；有的地区井并不太深，如果浅部地层条件允许，深部油气水层的压力不高，还可以省去表层套管，则在全井中，只有一层油层套管。总之，固井要根据实际地质情况来确定，既要保证钻井安全和井身质量，又要尽可能地节约套管和水泥，以降低钻井成本，提高经济效益。

通常注入水泥浆后应候凝约2天，用井温或声波幅度等测井方法检测固井质量——套管外水泥返高、水泥胶结与封固状况等，符合设计要求者为固井质量合格。

### 其他作业

在钻井过程中，还要进行岩屑录井、地球物理测井以及地层测试等作业。

一口井一旦开钻，如果没有特殊情况，就要按照施工设计正常施工，钻达设计深度即可交井。但是，探井有可能根据地下出现的新情况，或提前完钻，或继续加深。

**知识链接：世界上垂直深度最深的井**

世界上垂直深度最深的井是前苏联的SG–3，井深12262米。

**知识链接：中国最深的井**

中国最深的井是新疆塔里木盆地的塔深1井，井深8408米。

**知识链接：口数最多的丛式井组**

口数最多的丛式井组在美国的Freeman岛，井口数284口。

**知识链接：世界上海拔最高的井**

世界上海拔最高的井是中国石油西部钻探国际钻井公司在青海省天峻县境内钻探的祁参1井，设计井深4150米，井点海拔4100米。

# 第二节 钻井的家族

## ◎ 钻机——钻井工人的“重型武器”

钻机是全套钻井设备的总称。目前全球使用最为广泛的是转盘旋转钻机。

钻机由柴油机、传动轴、钻井泵、绞车、井架、天车、游车、大钩、水龙头和转盘等组成（图6.6）。

图6.6 现代钻机

### ● 钻机的八大系统

根据钻井工艺中钻进、洗井、起下钻具各工序的要求，一套钻机必须具备下列八大系统和设备。

(1) 起升系统。

为了起下钻具、下套管以及控制钻头送钻等，钻机要有一套起升机构。主要包括主绞车、辅助绞车（或猫头）、辅助刹车（水刹车、电磁刹车等）、游动系统（包括钢丝绳、天车、游车和大钩）以及悬挂游动系统的井架等。另外还有起下钻操作使用的工具及设备（吊环、吊卡、卡瓦、大钳、立根移动机构等）。

(2) 旋转系统。

为了转动钻具以不断破碎岩石，钻机配备有转盘或动力水龙头，井下配有钻柱和钻头，有的使用井下动力钻具。

(3) 循环系统。

为了随时用钻井液清除已破碎的岩石，保证连续钻进，钻机配有钻井液循环系统。循环系统包括钻井泵、地面管汇、钻井液池和钻井液槽、钻井液净化设备以及调配钻井液设备。在喷射钻井和井下动力钻具钻井中，循环系统还担负着传递动力的任务。

起升系统的主绞车、循环系统的钻井泵和旋转系统的转盘，被称为石油钻机的“三大工作机组”。

(4) 动力系统。

驱动绞车、钻井泵和转盘等工作机组的动力设备，可以是柴油机、交流电动机或直流电动机，也可以用燃气轮机。

(5) 传动系统。

传动系统的主要任务是把动力设备的机械能传递和分配给绞车、钻井泵和转盘等工作机。动力设备的输出特性往往不能满足工作机的需要，因而要求传动系统在传递和分配动力的同时具有减速、并车、倒车等多种性能。石油钻机的传动方式有：机械传动（包括万向轴、减速箱、离合器、链传动和三角胶带传动等）、机械—涡轮传动（液力传动）、电传动和液压传动。

(6) 控制系统。

为了使钻机各个系统协调地工作，钻机上配有气控制、液压控制、机械控制和电控制等各种控制设备，以及集中控制台和观测记录仪表等。

(7) 底座。

包括钻台底座、机房底座和钻井泵底座等。车装钻机的底座，就是汽车或拖拉机的底盘。

(8) 辅助设备。

辅助设备（配套设备）一般包括空气压缩机、钻鼠洞设备、井口防喷设备、辅助发电设备（供机械化装置、空气压缩机及照明用电）以及辅助起重设备、生活房屋（材料库、修班房、值班房等）。在寒冷地区钻井时，还需配备供暖保温设备。

## 钻机类型

随着钻井生产不断地发展，钻机的使用条件也越来越多样化，相应地出现了各种类型的钻机。影响钻机类型与组成的因素有钻井方法、钻井深度、井眼尺寸与钻具尺寸、钻井地区条件（如电力或燃料、交通运输、气象条件）等。

（1）按钻井方法分，可分为：

①冲击钻机，如钢丝绳冲击钻机（顿钻钻机）、振动钻机等。

②旋转钻机，如转盘钻井法用的钻机。

③井下动力钻具，如旋冲钻具、涡轮钻具、螺杆钻具、电动钻具等。

（2）按钻井深度分，可分为：

①超深井钻机。采用直径为114毫米（$4^1/_2$英寸）钻杆、名义钻深范围为7000米以上、最大钩载为4500千牛以上的钻机。

②深井钻机。采用直径为114毫米（$4^1/_2$英寸）钻杆、名义钻深范围为4000～7000米、最大钩载为2250～4500千牛的钻机。

③中深井钻机。采用直径为114毫米（$4^1/_2$英寸）钻杆、名义钻深范围为1500～4000米、最大钩载为900～2250千牛的钻机。

（3）按动力设备分，可分为：

①柴油机驱动钻机，以柴油机为动力通过机械传动或液力传动的钻机。

②交流电驱动钻机，适用于有工业电网的油田使用。

③直流电驱动钻机，工作机组用直流电动机驱动。

（4）按驱动方式分，可分为：

①单独驱动。各工作机单独选择大小不同的发动机驱动。多用于电驱动，其传动简单，安装容易，但功率利用率低，设备总质量大。

②统一驱动。绞车、钻井泵和转盘三个工作机由同一动力机组驱动。大部分钻机采用这种方案。统一驱动也可以只包括一台钻井泵，另一台钻井泵单独驱动。统一驱动的钻机功率利用率高，发动机出故障时可以相互调剂，但传动复杂，安装调整费事，传动效率低。

③分组驱动。动力的组合介于单独驱动和统一驱动之间，三个工作机可有两种方案。这种钻机的功率利用率比单独驱动高，传动比统一驱动简单，还可以将两组工作机安装在不同高度和分散的场地上。

## ◎ 钻井井架——挺起钻井的“脊梁”

在我们祖国辽阔的大地上，有时你会看到一座座高耸入云、气势雄伟的钢架。它不同于一般的电视塔、高压输电塔，在钢架的顶端有一个滑轮组，穿在滑轮组上的钢丝绳带动游动的滑轮组上下游动，它就是石油工业的标志——钻井井架。

钻井井架是石油钻机的主要设备部件，是由古老“顿钻”的三角支架发展而来的，它不仅要承受井下钻柱的重量，有时还要经受钻井过程中飓风的威胁。目前，世界上最高的钻井井架高达70米，井架最高可承受1000吨的重量。

为了满足钻井起下钻具和下套管作业的要求，要把上百吨或几百吨重的钻具、套管从井中起出或下入，在钻井井架上要安放天车、悬挂游动滑车、大钩、吊环和吊钳等工具。在起下钻过程中，井架还要存放和支撑全部钻杆立柱（由2根或3根钻杆组成）。钻井井架如同人体的骨架一样起支撑和承重的作用。钻井井架的结构形式多种多样，有塔型井架、前开口井架（“Π”型井架）、“A”型井架、桅型井架、动力井架等。钻井的井架虽有多种类型，但其基本组成是相同的，主要由井架底座、井架本体、天车台、天车架、二层台（起下钻具操作的工作台）、立管平台（拆装水龙带的操作台）和井架扶梯等组成。由于钻井井架的底座内要安装井口装置，在实施负压钻井时还要安装旋转控制头。所以，钻井井架的底座一般都是很高的。目前，大中型石油钻机的底座高度一般都在7～10米。

图6.7　起升钻塔

数十米高、几十吨重的井架是怎样立起来的呢？目前，大多数井架采用低位水平安装，即把分段的井架利用销轴在地面连接在一起，然后依靠钻机自身的动力，通过绞车、游动系统、人字架、起立井架用的钢丝绳和滑轮等，完成钻井井架的整体立起作业（图6.7）。而塔型井架则使用悬转扒杆法进行安装，伸缩式的桅型井架用自身配置的液压缸顶起井架。

## ◎ 柴油机组——钻井的“动力源”

每台钻机一般配有3～5台大功率柴油机。它们是全套钻机的“动力源”，能提升重达200～300吨的钻具（由方钻杆、钻杆、钻铤和钻头组成的钻进工具称为钻具），使转盘驱动钻头快速旋转来破碎岩石；使钻井泵循环钻井液，并形成高压液流，由钻杆内经钻头冲洗井底、携出岩屑。

## ◎ 钻井泵——钻井施工的“心脏”

钻井泵原名“泥浆泵”。如果把整个钻井施工过程比作人体生命活动，那么钻井泵如同人的心脏一样，是钻井液由地面到井底，再由井底返回地面不断循环的源头。钻井泵是钻探设备的重要组成部分。

在常用的正循环钻探中，它是将地表冲洗介质——清水、钻井液或聚合物冲洗液在一定的压力下，经过高压软管、水龙头及钻杆柱中心孔，直送至钻头的底端，以达到冷却钻头、将切削下来的岩屑清除并输送到地表的目的。

常用的钻井泵是活塞式或柱塞式的，由动力机带动泵的曲轴回转，曲轴通过十字头再带动活塞或柱塞在泵缸中做往复运动。在吸入阀和排出阀的交替作用下，实现压送与循环钻井液的目的。在钻进过程中，如果钻井泵不能正常工作，就会发生井下钻井事故，就如同人的心脏停止了跳动一样。

钻井泵的分类，按作用形式可分为单作用式钻井泵和双作用式钻井泵，按其缸数可分为单缸、双缸、三缸和五缸等。

## ◎ 钻头——穿凿地层的“金刚钻”

钻头是直接破岩、造就井眼的重要工具。对钻井而言，要加快钻井速度，必须采用适合地层条件的“锋利”钻头。常见的钻头有不同结构和规格的刮刀钻头、牙轮钻头（图6.8）、天然金刚石钻头和 PDC 钻头（图6.9）等。各种钻头有不同的特点，目前使用最多的是牙轮钻头和 PDC 钻头。

刮刀钻头：钻头体上固定了若干个切削刃，钻进时在钻压的作用下吃入地层岩石，切削刃随钻头一起旋转而将刃前的岩石刮起。

PDC 钻头：钻进原理同刮刀钻头，都属于切削型钻头。它的切削刃上使用了人造金刚石和烧结碳化钨，比刮刀钻头强度性能好。

天然金刚石钻头：其切削刃用天然金刚石制成。天然金刚石颗粒越大，硬度越大。

牙轮钻头：钻进时通过对岩石的压碎、冲击、剪切作用达到破岩的目的。

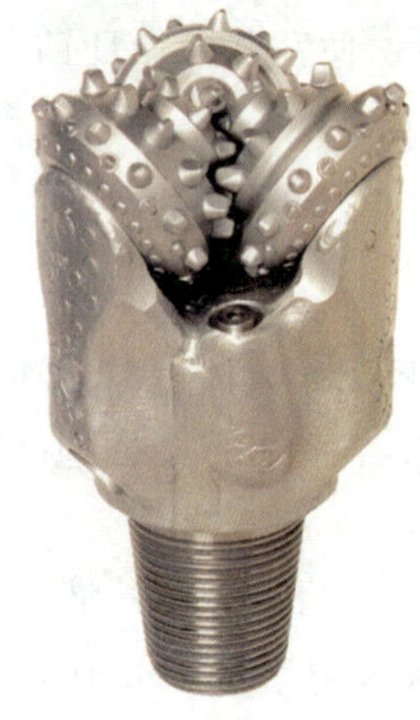

图 6.8　牙轮钻头外形

(a) 天然金刚石钻头

(b) PDC 钻头

图 6.9　金刚石钻头

## ◎ 钻井液——钻井的“血液”

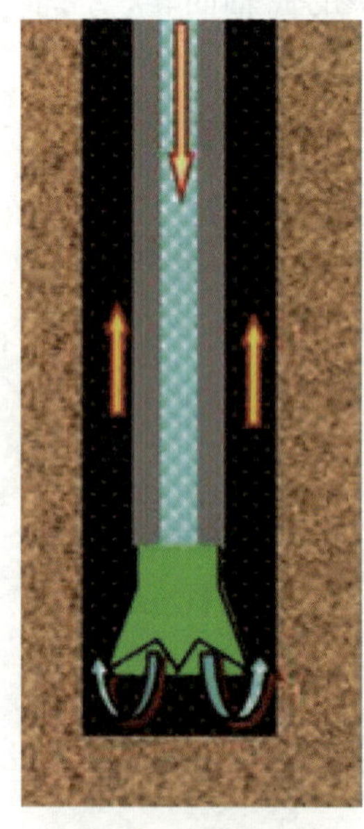

图 6.10　钻井液循环示意图

旋转钻井方法是利用钻井液清洗井底，携出井下钻屑并控制井内压力（图6.10）。以水为连续相的叫水基钻井液，以油为连续相的叫油基钻井液。国内水基钻井液应用广泛，国外油基钻井液应用广泛。

钻井液过去常叫泥浆或钻井泥浆。

钻井液对于钻井就像血液对于人体一样重要。如果没有性能良好、足够数量的钻井液，或者在钻进过程中，由于某种原因（如地层漏失、钻具折断）而不能正常循环钻井液时，钻井工作将无法进行，有时还将严重危及井的“生命”。

人们往往误以为钻井液是“泥加水”搅和而成的。其实不然，钻井液是溶胶悬浮液体系，由四部分组成：（1）液相，可以是淡水或盐水，或某种类型的油品；

(2) 固相，为增加体系密度，常用重晶石，为改善流变性和滤失性常用微晶高岭石；(3) 处理剂，用以调整钻井液性能，常用各种有机或无机化学处理剂；(4) 污染物，钻井中带来的岩屑及地层中的各种盐类等。

现代钻井技术对钻井液的性能要求很高，要具有一定的密度、黏度、滤失量、切力及含砂量等，并且随着钻井所钻遇的地层变化能及时做出调整。

钻井液在钻井中主要作用如下：

(1) 清洗井底。只有将钻碎的岩屑及时地冲离井底，才能保证钻头有效地接触并破碎岩石。

(2) 携出岩屑。既可将岩屑携带出井口用除砂设备清除，又可使地质人员通过岩屑录井获取地下油气信息。

(3) 冷却钻头。钻头在高速旋转、破碎地层岩石时产生大量的热量，钻井液的循环可及时冷却钻头，增强钻头的耐磨性和使用寿命。

(4) 保护井壁。地层有多种多样，有的松散易碎，有的易吸水膨胀、分散坍塌，这就要靠钻井液把井壁“撑”住，靠泥饼把井壁“糊”住，以稳定井壁、防止坍塌。

(5) 润滑钻具。一般来说，井不是笔直的，井眼也大小不一，井眼越大越深，钻具旋转和起下钻时阻力越大。钻井液的润滑作用可以减小这种阻力，特别是在定向井钻井中，钻井液的润滑作用尤为明显。

(6) 破岩作用。在喷射钻井中，钻井液传递水力能量，使机械破岩和水力破岩作用相结合。

(7) 平衡地层压力。钻井时，地层压力是靠钻井液液柱压力来平衡的，所以有平衡钻井之说，尤其是高压油、气、水层更要靠钻井液来使地层保持稳定，做到“压稳而不死”。因此，钻井液密度的大小事关重大。如果钻井液密度太小，有可能因压不住地层压力而导致井喷事故；如果钻井液密度过大，则会引起油层伤害，严重时会导致油气层完全被堵死，油气无法采出。

(8) 保护油气层。钻开油气层以后，地层孔隙和油气通道易被钻井液中的固体微粒堵塞，造成对油气层的伤害，使油气流动通道不畅，影响油气井的生产。采用优质钻井液，就能较好地保护油气层。

## ◎ 随钻测井——钻井的随身“浩特”

在油气勘探开发过程中，钻井之后必须进行测井，以便了解地层的含油气情况。但是，如果钻完之后再进行测井，地层的各种参数与刚钻开地层时有所差别。于是人们想，可不可以把测井仪器放在钻头上，让钻头长上“眼睛”，一边钻进一边获取地层的各种资料。这样就可以利用测得的钻井参数和地层参数及时调整钻头轨迹，使之沿着目标层方向钻进。

随钻测井的关键技术是信号传输。目前，广泛使用的是钻井液压力脉冲传输。它是将被测参数转变成钻井液压力脉冲，以钻井液为载体传送到地面。

## ◎ 油井水泥——套管与地层契合的“胶合剂”

油井水泥，又称堵塞水泥或固井水泥，具有合适的密度和凝结时间，较低的稠度。用其配制的预拌油井混凝土，具有良好的抗沉降性和可泵性。将其注入预定的井段，能迅速凝结硬化并产生一定的机械强度。混凝土固化后，具有良好的抗渗性、稳定性和耐腐蚀性。

油井水泥属特种水泥，由水硬性硅酸钙为主要成分的硅酸盐水泥熟料，加入适量石膏和助磨剂磨细制成，是专用于油井、气井固井工程的水泥。

我国油井水泥分为九个等级，包括普通（O）、中等抗硫酸盐型（MSR）和高抗硫酸盐型（HSR）三类。各级别油井水泥使用范围如下。

A 级：在无特殊性能要求时使用，适用于自地面至1830 米井深的注水泥，仅有普通型。

B 级：适合于井下条件要求高、早期强度时使用，适用于自地面至1830米井深的注水泥，分为中抗硫酸盐型和高抗硫酸盐型两种类型。

C 级：适合于井下条件要求高、早期强度时使用，适用于自地面至1830米井深的注水泥，分为普通型、中抗硫酸盐型和高抗硫酸盐型三种类型。

D 级：适合于中温中压的井下条件时使用，分为中抗硫酸盐型和高抗硫酸盐型两种类型。

E 级：适合于高温高压的井下条件时使用，分为中抗硫酸盐型和高抗硫酸盐型两种类型。

F 级：适合于超高温高压的井下条件时使用，分为中抗硫酸盐型和高抗硫酸盐型。

G 级、H 级：是一种基本油井水泥，分为中抗硫酸盐型和高抗硫酸盐型两种类型。

J 级：适用于超高温高压条件下3660～4880米井深的注水泥。

## ◎ 井口装置——新时代的“康盆”

井口装置是石油、天然气钻井中，安装在井口用于控制气、液（油、水等）流体压力和方向，悬挂套管、油管，并密封油管与套管及各层套管环形空间的装置（图6.11）。它一般由套管头、油管头、防喷器组、四通、旁通管件组成。

采油树、采气树也属于井口装置。

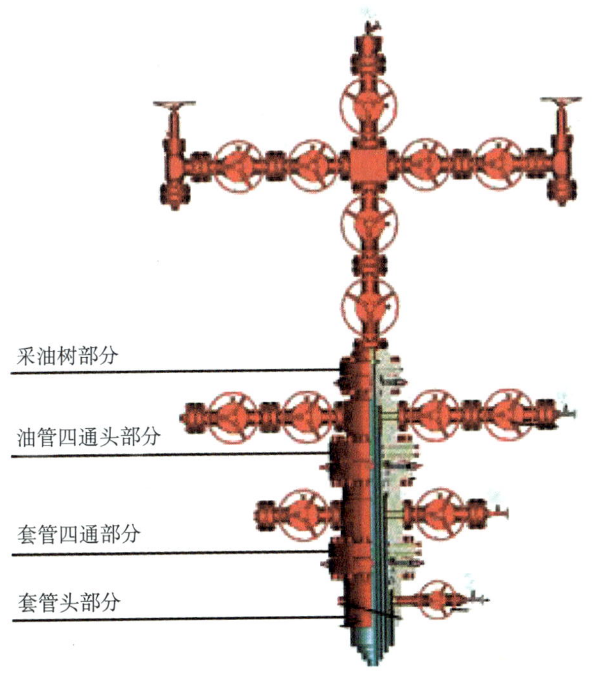


图6.11 井口装置示意图

**知识链接：康盆**

康盆是我国在天然气开采中最早采用的井口装置，用杉木制成，上口小，下口大，状似覆盆，精巧实用。

## ◎ 防喷器——驯服油气的“紧箍咒”

在石油天然气钻井施工中，为安全地钻过高压油、气层并避免发生钻井井喷失控事故，需要在钻井的井口上安装一套设备——钻井井控装置。当井筒内的压力小于地层压力时，井下地层中的油、气、水进入井筒并形成溢流或井涌，严重时可发生钻井井喷和着火事故。钻井井控装置的作用就是当井内出现溢流、井涌时可快速及时关闭井口，防止井喷事故的发生。钻井井控装置主要包括：防喷器、四通、远程控制台、司钻操作台、节流压井放喷管汇等。

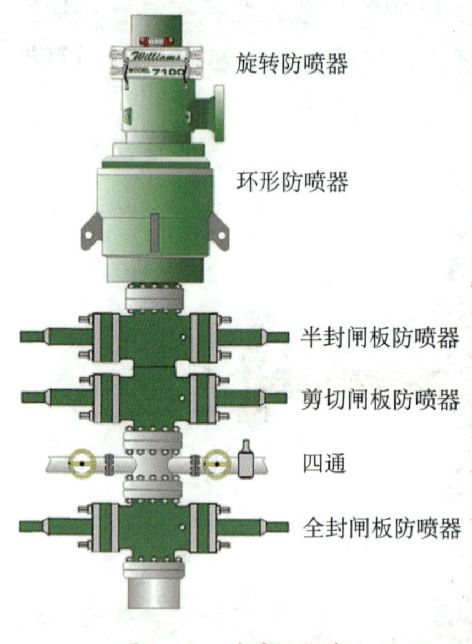

图6.12　防喷器组合

钻井防喷器一般可分为单闸板、双闸板、万能（环形）和旋转防喷器等几种。根据所钻地层和钻井工艺的要求，也可将几个防喷器组合同时使用（图6.12）。现有钻井防喷器的尺寸共15个规格，尺寸的选择取决于钻井设计中的套管尺寸，即钻井防喷器的公称通径尺寸，必须略大于再次下入套管接箍的外径。防喷器的压力为3.5～175兆帕，共9个压力等级，选用的原则由关井时所承受的最大井口压力来决定。

## ◎ 无线测量技术和可控井下工具——控制钻头井下前进方向的“遥控器”

在定向井、丛式井、大位移井的钻井施工时，都要根据钻井工程设计的要求，及时掌握钻头在钻进过程中的轨迹（各井深的井斜和方位），并准确地控制钻头的前进方向，最终使钻头按设计轨迹钻达目的层。为实现上述要求，就必须给井下的钻头安上“眼睛”并装上“腿”。这个“眼睛”就是井下有线测量或井下无线测量技术，这个“腿”就是地面可控的井下工具。

井下有线测量和井下无线测量技术可以实现随时掌握钻头在井下的坐标位置，如果发现钻头偏离了原设计的轨道，就要通过地面可控的井下工具把

钻头纠正到正确的方向上来。目前最先进的井下无线测量仪器是MWD和LWD，它可实现测量数据从井下自动向地面传输，经过计算机在地面处理和模拟后，在地面可改变井下可控工具的工作参数，实现对钻井井眼轨迹的控制。

## ◎ 取心工具——切取地下岩心的“一把抓”

石油埋藏在地下有孔隙裂缝的岩石中。石油工程师为了更直观地了解地层中油气的真实面貌，总是希望从井下取出含有油气的岩心来。目前，获取井下岩心的方法主要有射孔取心和钻井取心两种。少量零星的岩心可下入电缆进行射孔取心，但射孔取心取出的岩心体积小、数量少，又是间断不连续的，地质家们分析起来难度较大。人们为了更直观地分析井下的地层和油砂，一般多采用常规钻井方法进行钻井取心。

钻井取心时，要在下入井内钻柱的最下端，接上一套特制的取心工具，取心钻头（图6.13）在垂直载荷和扭矩的联合作用下，对井底的岩石进行环形破碎，中间保留一圆柱状岩心进入岩心筒。当钻进取心到一定长度后，采用与工具相匹配的方法和措施，将钻头端部的岩心割断后起钻，取心工具与钻具一起提出地面后，即可取出岩心筒内的岩心。钻井取心具有岩心粗（一般岩心直径可达100～120毫米）、岩心长、岩心完整等优点，可以充分满足地质家对岩心进行多种项目的化验和测试，是获取地下储层岩性、物性和储层评价有重要意义的手段。目前，钻井取心一般可分为常规钻井取心和特殊钻井取心两种，前者有短、中、长筒取心，后者有定向井取心、水平井取心、密闭取心、保持压力取心和保形冷冻取心等。

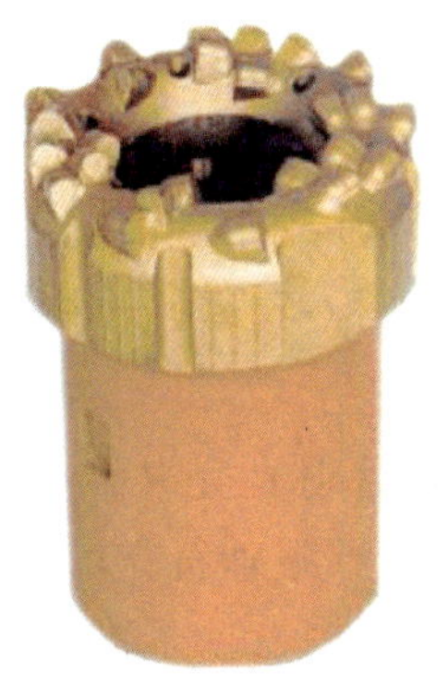

图6.13 取心钻头

我国钻井取心技术发展很快，目前与国外钻井取心技术水平基本同步。20世纪60—70年代，大庆、胜利、大港等油田曾分别创出了钻井长筒取心的世界纪录，一次下井取心最长可达145.42米。80年代，常规钻井取心技术已接近国外水平。90年代，又在上部浅、松、散地层取心和钻井密闭取心工具的研制方面达到国际先进水平（图6.14）。

图6.14 岩心

## ◎ 完井——钻井的最后工序

完井是使井眼与油、气储层（产层、生产层）连通的工序。

油、气井完井的工艺过程包括：钻开生产层、确定完井的井底结构、安装井底（下套管固井或下入筛管）、使井眼与产层连通并安装井口装置等工序。完井关系到井的稳产与高产。

完井的基本要求是：最大限度地保护储层，防止对储层造成伤害；减少油气流进入井筒时的流动阻力；能有效地封隔油气水层，防止各层之间的互相干扰；克服井塌或产层出砂，保障油气井长期稳产，延长井的寿命；可以实施注水、压裂、酸化等增产措施。

完井的方式主要有套管射孔完井、尾管射孔完井、先期裸眼完井、后期裸眼完井、割缝衬管完井、割缝尾管完井、裸眼砾石充填完井、套管砾石充填完井。

# 第三节　钻井的飞跃

## ◎ 钻井技术的“四字”发展方向

由陈宝万编写的《钻井和完井》一书，总结了钻井技术的“四字”发展方向，耐人寻味。所谓“四字”发展方向，即：向“横”的方向发展，打丛式井、延伸井等；向“深”的方向发展，钻深井、深水钻井；向“小”的方向发展，进行小井眼钻井；向“巧”的方向发展，多底井钻井、欠平衡钻井等。

## ◎ 自动化（智能化）钻井

在自动化钻井过程中，井下闭环钻井技术是实现自动化钻井的关键。井下闭环钻井技术主要是指：钻井井身轨迹控制完全离开人的干预，井下信息的测量、传输和控制指令的产生、执行，完全自动进行。中心电脑安放在井下，钻进过程中测量的信息首先传给井下中心电脑，经分析比较后发出指令，控制井下可控工具的工作状态。在井下测量信息传给中心电脑的同时，还要传给地面的计算机进行模拟研究，用来监测井下的作业效果。井下工具能根据实时测量的结果，及时采取相应的措施，使钻头沿着设计的轨迹钻进，并具有较好的适时应变能力，减少了调整轨迹所需的时间，保证了钻井的精度和准确性，实现了自然中靶的功能。

为了实现井下闭环钻井，必须有先进的井下无线随钻测量仪器和功能较强的井下可调控工具，同时还要有性能很好的井下微电脑，并要求电脑能承受井下的恶劣工作环境。

除实现井下闭环钻井技术外，自动化钻井还必须解决另外三个问题：(1) 地面钻机的自动化，即钻井地面作业的自动化操作。国外早在1994年就生产出自动钻机的样机。近年来，国外又成功研制了各种型号的自动化钻机。(2) 钻井液、水泥等液体和固体的装卸、配制和泵送的自动化（即钻井液自动化处理系统和自动化固井等）。(3) 钻井专家系统。该部分在综合各个部分的信息（即钻井时发生的情况以及钻井设计的规定）自动进行处理分析后，及时正确地发出各项指令和操作。

## ◎ 喷射钻井

“水滴石穿”是人们常说的一句俗话。意思是持续不断的水流可以洞穿坚硬的岩石。用现代的技术术语来解释就是水的射流作用。喷射钻井就是高压水射流在石油钻井中的具体应用。钻机的动力机带动钻井泵工作时，将钻井液打入井下钻具的孔眼内，在流经钻头喷嘴时，将钻井液压能转化为高压射流的动能，喷出的高压射流具有很高的喷射速度和很大的水力能量，能给井底一个很大的冲击力。井下钻头喷嘴处形成高压射流的作用：一是将钻头破碎岩石后产生的岩屑迅速冲离井底，使钻头的牙齿能始终接触新地层；二是对钻头牙齿破碎岩石产生的裂缝造成延伸、扩张和破裂效应，与钻头机械作用一起形成联合破岩，提高破碎岩石的效率。这就是为什么喷射钻井能够大幅度提高钻井速度的主要原因。

我国喷射钻井技术研究始于20世纪60年代，70年代初开始进行现场试验并取得成效。1978年以后，在全国各油田大面积推广喷射钻井技术。钻井过程中，在相同地层的条件下，喷射钻井比普通钻井的速度要提高一倍以上。为保证在钻头喷嘴处产生高压射流，必须提高地面钻井泵的功率，即在保证一定循环排量的条件下，提高钻井泵出口的工作泵压。近年来，我国大功率钻井泵的研制和发展速度很快，已由过去钻井队大量使用的600马力（1马力＝745.7瓦）钻井泵，更换为1300马力、1600马力钻井泵。泵的结构也从过去的双缸双作用钻井泵，更换为三缸单作用钻井泵。钻头的喷嘴也由过去直径较大的普通喷嘴，更换为直径较小的组合喷嘴、双喷嘴和长喷嘴。钻井队正常钻进的工作泵压普遍在18～20兆帕，达到当代钻井的世界先进水平。

## ◎ 顶部驱动钻井装置钻井

多年来，石油钻井一直是依靠钻机的转盘带动方钻杆和钻具、钻头旋转进行钻井作业的。近年来，随着钻井装备技术的不断发展，20世纪80年代，国外研制出一种将水龙头与马达相结合，在井架空间的上部带动钻具、钻头旋转，并可沿井架内安放的导轨向下送进的钻井装置，可完成井下钻柱旋转、循环钻井液、钻杆上卸、起下钻、边起下边转动等操作。因该装置在钻机的游动滑车之下，驱动的位置比原转盘位置要高，所以称之为顶部驱动钻井装置（图6.15、图6.16）。顶部驱动钻井装置可接立根（三根钻杆组成一根立根）钻进，省去了转盘钻井时接、卸方钻杆的常规操作。同时，减轻了工人的劳动强度，减少了操作者的人身事故。使用顶部驱动钻井装置钻井时，在起下钻具的同时可循环钻井液、转动钻具，有利于钻井中井下复杂情况和事故的处理，对深井、特殊工艺井的钻井施工非常有利。

图6.15 顶驱钻井装置

图6.16 DQ90BSC顶驱在塔深1井应用

目前国内外的深井钻机、海洋及浅海石油钻井平台、施工特殊工艺井的钻机，大多配备了顶部驱动钻井装置。1993年，国内开始了顶部驱动钻井装置的研究工作，1996年完成了顶部驱动钻井装置样机的台架试验。1997年，宝鸡石油机械厂生产出了 DQ60D 型顶部驱动钻井装置，在塔里木油田钻井队使用后，现已批量生产。

## ◎ 定向井和丛式井

定向井和丛式井（图6.17）都可称之为斜井。它与普通直井（垂直地面）的井筒形状是不一样的，明显的特点是从井口到井底有一个预定方向的大斜度，最大可达100° 以上（水平井）。当然一般的直井，也并非人们所想象的那样是垂直的，实际也都有大小不等、方位不一的斜度，但这个斜度都不很大，是要求加以控制的。这与井深有关。

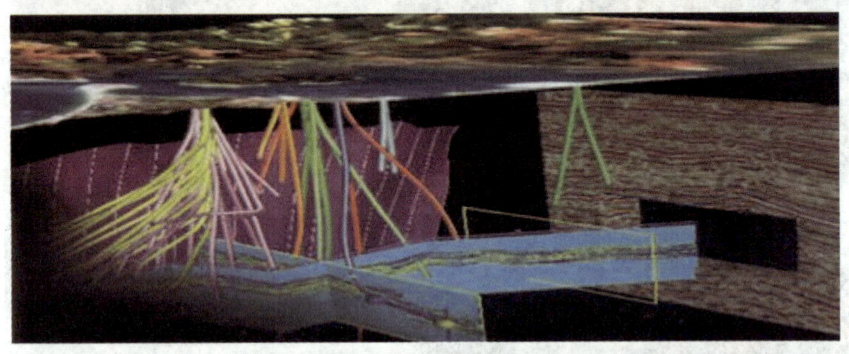

图6.17 丛式井开发

在石油勘探开发过程中，由于经常遇到种种客观条件的限制，或出于经济效益等方面的考虑，钻直井达不到预期目的，而钻斜井则能扬长避短、兴利除弊。因而，人们在钻直井的基础上，成功实践了钻斜井方法。沿着选定的方向钻达预定目的层位的井，称为定向井；在一个井场或钻井平台上，钻出不同方位和斜度的多口井，统称为丛式井。常规定向井的井斜角一般为15°～45°，大斜度定向井则可达到45°以上。钻斜井的原因如下：

(1) 为了避开不可逾越的地面障碍，例如居民住宅区、工业建筑、文物古迹、江河湖泊等。

(2) 为了少占农田，节约修公路和平井场的土地、资金和时间，可在同一井场按需要钻丛式井。

(3) 对于某些有裂缝的油气层或低渗透油气层，为了增大井筒内油气层裸露的面积，以扩大油流通道，减小渗流阻力，提高油井产量，可以在油气层内钻一定长度的大斜度定向井。

(4) 对某些特殊油田，用一口井钻过多套油气层，使一口井起到多口井的作用，这种井叫多目标井。

(5) 开发海洋油气田时，在一个钻井平台上钻多口定向井，既可节约钻机搬迁时间和钻井成本，也有利于油气集输。

(6) 当油气井发生强烈井喷、着火而失去控制时，可以采取钻定向救援井的办法，进行压井止喷或引流灭火。

## ◎ 优选参数钻井

优选参数钻井（也称最优化钻井）是现代科学钻井的标志，是喷射钻井的继续和发展，是石油钻井技术从经验走向科学、从定性走向定量的具体体现，是最优化数学理论和钻井科学实验相结合的产物。优选参数钻井与经验钻井的区别主要在于，对影响钻井效率的各种可控参数，利用当代的计算机进行优选后，使钻井进入了以定量和优选为主要标志的科学钻井阶段。通过优选参数钻井的研究和试验，进一步探索了影响钻井速度、质量和成本的水力参数、机械参数和钻井液参数在钻井过程中是如何发挥作用的，以及它们之间有怎样的内在规律，实现了钻井参数的最佳配合，并达到高速、安全、优质、低耗钻井的目的。

优选参数钻井的主要特点是：建立定量反映钻井规律的数学模式，依靠钻井数据库的资料，应用计算机进行检索、统计、分析和计算，为钻井施工提供最优化的设计，并广泛采用钻井数据采集、传输和处理分析技术，实现适时优化钻井和远程遥控钻井。

1981年我国开始研究最优化钻井技术，首次提出了水力参数与机械参数相配合，在钻井过程中存在破岩、清岩的交互作用；根据地区的水力指数优选泵压和水力参数；综合钻井井眼净化、稳定和岩屑浓度三个约束条件，优选钻井液流变参数等新理论。该研究成果达到当代国际先进水平。优选参数钻井技术的推广应用，对我国钻井速度的提高和特殊工艺井技术的发展作出了重要贡献。

## ◎ 连续管钻井

连续管钻井是将特殊材料制成的钻杆像钢丝绳那样缠绕在巨大的缆车上，实现不换钻杆的连续钻井作业（图6.18）。

图6.18 连续管现场作业

连续管钻井的主要装备是一部连续管钻机，在钻机上装有动力系统和缠绕在滚筒上的连续管，连续管的端部连接有马达和钻头。连续管是一种高强度、高韧性的管材。钻井液通过连续管来驱动井下的马达，并带动马达下面的钻头旋转进行钻进。全部设备安装在一台可牵引的拖车上，钻机搬迁时由标准拖车牵引。

连续管钻井与常规钻井相比最大的优越性是：钻井省去了沿用多年的井架，钻井的地面设备少、占地面积小，设备搬迁安装方便、快捷、灵活，特别适合条件受限制的地面或海上平台作业，可降低井场的占地和搬迁费用；在钻进过程中不需要连接钻杆，可实现钻井液的连续循环，摆脱了过去转盘钻井常规的起下钻，提高了钻井起下钻的速度和安全性，并大大缩短了钻井周期；连续管钻井特别适用于小井眼钻井、老井的开窗侧钻、老井加深，由于小井眼使用的钻井液液量少，可减少钻井液对周围环境的污染；连续管是一体式的钻杆，没有接头，有利于欠平衡压力钻井的进行；连续管内设置电缆后，更为井下闭环钻井创造了条件。

这项技术始于20世纪90年代初。1991年，美国、加拿大、法国等国家相继试验了连续管钻井。近年来，随着高强度大直径连续管、小直径容积式马达和金刚石钻头的相继问世，极大地推动了连续管钻井技术的发展和应用。目前世界连续管钻井技术继续保持比较强劲的增长势头，用连续管钻井的口数在逐年增加。

## ◎ 地质导向钻井技术

地质导向钻井（图6.19）可在钻井作业的同时，能实时测量地层参数和井眼轨迹，并能绘制各种测井曲线，是国际钻井的前沿技术。其原理是，由随钻测井仪测出油气层的渗透率或电阻率后，将信息发至地面，根据油气层实际地层走向调整井眼轨迹，实现最大限度地钻遇油气层。这一操作原理，又称为地质导向。这种钻井对增加井眼与油气层接触面积，提高钻井成功率，提高单井产量具有显著的效果。

图6.19　地质导向钻井技术

## ◎ 气体钻井提速提效技术

气体钻井技术1953年起源于美国，是以气体、气液混合流体作为循环介质代替钻井液的钻井技术（图6.20）。它的优点是极大降低对产层的伤害，提高勘探开发效益，消除井漏对钻井作业的影响，可获得更高的钻进速度，降低钻井作业的总成本（井越深，其效果越明显），可提高钻头使用寿命，使工作条件和环境变得更为清洁。但气体钻井局限于井壁稳定的层段，不稳定地层易造成卡钻，对付地层大量出水、出油能力有限。井控风险更大。

目前，在欧美等发达国家，气体钻井已是常规钻井技术中的一个重要组成部分，是用于提速增效、对付井下复杂情况、提高勘探发现率、提高单井原始产能的重要技术。

图6.20 K7LZ120空气螺杆钻具地面实钻实验现场（左）及钻头和岩心钻孔（右）

气体钻井技术在国内起步晚。四川在20世纪50—70年代开始零星尝试。80年代末，新疆石油管理局进口了我国第一套空气钻井设备，开始了空气钻井的现场试验。通过十多年的探索，到2000年以后有了较快发展。2005年以后，四川盆地气体钻井迅速发展，气体钻井装备基本实现国产化，气体钻井技术在中国实现了规模应用。

**知识链接：磨溪经验**

“磨溪速度”是四川石油管理局的创举。该局靠安全提速，靠科技提速，靠管理提速，靠团结协作提速，使磨溪气田的钻井速度提高两倍以上，钻井周期由原来的5～6个月打一口井，缩短到53天，趟出了一条冲破思想禁锢、大幅度提高钻井速度的新途径，也称“磨溪模式”。

## ◎ 欠平衡钻井技术

欠平衡压力钻井是指在钻井过程中，钻井液柱作用在井底的压力（包括钻井液柱的静液压力、循环压降和井口回压）低于地层孔隙压力。它包括了以下系统和装置：旋转控制头 / 防喷器系统、液流导向系统、地面分离系统和地面数据采集系统。

欠平衡钻井系列分为：

（1）气体钻井，包括空气、天然气和氮气钻井，密度适用范围0～0.02

克／厘米$^3$。

（2）雾化钻井，密度适用范围0.02～0.07克／厘米$^3$。

（3）泡沫钻井液钻井，包括稳定和不稳定泡沫钻井，密度适用范围0.07～0.60克／厘米$^3$。

（4）充气钻井液钻井，包括通过立管注气和井下注气两种方式。井下注气技术是通过寄生管、同心管、钻柱和连续油管等在钻进的同时往井下的钻井液中注空气、天然气、氮气。其密度适用范围为0.7～0.9克／厘米$^3$，是应用广泛的一种欠平衡钻井方法。

（5）水或卤水钻井液钻井，密度适用范围1～1.30克／厘米$^3$。

（6）油包水或水包油钻井液钻井，密度适用范围为0.8～1.02克／厘米$^3$。

（7）常规钻井液钻井（采用密度减轻剂）。

（8）钻井液帽钻井，国外称之为浮动钻井液钻井，用于钻地层较深的高压裂缝层或高含硫化氢的气层。

## ◎ 水平井钻井技术

水平井钻井技术（图6.21）是利用特殊的井下动力钻具与随钻测量仪器，钻成井斜角大于86°，并保持这一角度钻进一定长度井段的定向钻井技术。在油气田开发中，水平井可以增加裸露出油面积，数倍地提高单井油气产量。

图6.21　水平井钻井示意图

水平井钻井技术包括随钻测量技术、井眼轨迹控制技术、井壁稳定技术、钻井完井液技术等。从垂直井段转变为水平井段的曲率半径越小，施工难度越大。

水平井按曲率半径分，可分为长半径水平井、中半径水平井、短半径水平井、超短半径水平井。按照井的类型分，可分为常规水平井、套管侧钻水平井、分支水平井。按照水平井的用途分，可分为生产水平井、注入水平井、横向勘探水平井。

水平井钻井技术起源于20世纪的30年代，发展于80年代。全球每年钻各种水平井在20000口以上。在国内，以胜利油田、辽河油田、新疆油田、长庆油田、塔里木油田等为代表的一些油田，也广泛应用水平井钻井技术，开发各种油气藏，每年钻各类水平井2000余口，并都见到较好的效果。

## ◎ 井下动力钻井技术

井下动力钻井技术是钻井技术的又一次技术革命。常规转盘钻井施工原理是：动力机通过传动装置驱动转盘，转盘通过方钻杆使钻杆柱旋转，而钻杆最下端的钻头随着转动。井越深，钻杆柱越长，钻头得到的扭矩也越小。而井下动力钻井技术，则是钻杆不转动，钻井液从钻杆柱中间流下去，推动井下动力钻具转动，从而带动钻头转动。它不受井深的限制。

井下动力钻具可分为涡轮钻具和螺杆钻具两种。目前，螺杆钻具应用更为广泛。涡轮钻具与孕镶金刚石钻头配合，钻高温高硬地层具有较好效果。螺杆钻具在我国已得到广泛应用。

## ◎ 旋转导向钻井技术

旋转导向钻井技术是20世纪90年代出现的一项尖端自动化钻井新技术。它的出现是世界钻井技术的一次质的飞跃。旋转导向钻井技术的核心是旋转导向钻井系统。它主要由井下旋转自动导向钻井系统、地面监控系统和将上述两部分联系在一起的双向通信技术组成。它具有钻进时摩阻与扭阻小、钻速高、成本低、建井周期短、井眼轨迹平滑、易调控并可延长水平段长度等特点。

旋转导向系统按其导向方式可分为推靠钻头式和指向钻头式两种。

## ◎ 海上石油钻井

海上石油钻井是在大陆架海区，为勘探开发海底石油和天然气而进行的钻探工程。钻探深度一般为几千米。目前，最深的海上石油钻井可达6000多米。

海上石油钻井与陆地相比，主要有四点不同：一是如何在水面之上平稳地立起井架，并要经受得住风浪的袭击；二是在转盘至海底之间，如何建立一个特殊的井口装置，把海水与井筒隔绝开来；三是海上钻井直井少斜井多，必须有保证钻机等钻井设备正常工作的海上钻井平台（图6.22）；四是海上钻井费用高，要比陆上钻井高3～10倍。

海上钻井平台按其结构特点可分为固定式和移动式两类。前者包括桩基式平台、重力式平台、张力式平台和绷绳塔式平台四种；后者又分为底撑式平台和浮动式平台。底撑式平台包括自升式平台和座底式平台；浮动式平台包括浮式钻井船和半潜式钻井平台两种。在使用浮动式钻井平台钻井时，平台井口和海底井口是固定不动的。这种井口装置类似于陆上钻井导管的加长，用以隔绝海水，连接海底井口和平台井口，构成钻井液返回的通路。这种固定不动的井口导管，可以用打桩的办法打入海底一定深度，或者在海底钻出一定深度的井眼，然后下入导管，并与平台基础构架紧固在一起，从而达到能够正常钻井的要求。

图6.22 海上钻井平台

在使用浮动式平台钻井时，井口装置就比较复杂。由于海水的运动，整个钻井装置就会发生升降、平移、摇摆活动。这样，平台井口与海底井口之间，即产生相对运动。因此，这种井口装置必须装有能够伸缩和弯曲的部件，也能随着水面和水下两个井口的相对运动而活动着，否则就不能适应正常钻井的需要。

这种井口装置，主要由三个系统组成。

（1）导引系统。包括井口盘、导引架以及导引绳张紧机构等。导引系统的作用是引导井口装置和其他部件对正，以便安装和拆卸；引导钻具和其他下井工具进入海底井口。

（2）防喷器系统。海上钻井的安全防火是非常重要的。为了安全钻井，一般要求装有三个防喷器：一个钻杆防喷器、一个全闭式防喷器和一个万能防喷器；或者用两个钻杆防喷器，一个全闭式防喷器。防喷器开关闸门安装在近海海底的水域中，不在平台上，所以必须遥控。在钻井过程中，因为每次固井要换井口，或因改变钻具尺寸需要换防喷器芯子等。为了拆装方便迅速，而且当水深超过潜水员的潜深能力时，仍能准确拆装，所以需要有遥控连接器或快速接卸器等部件。

（3）隔水管系统。隔水管系统装在防喷器的上部，由隔水管、伸缩隔管、变曲接头和隔水管张紧器等组成。其作用是隔绝海水，导引钻具入井，形成钻井液回路，并且承受浮动平台的升降、平移运动。其中伸缩隔管和弯曲接头就是分别解决升降、平移运动的装置。隔水管张紧器是防止隔水管在海浪、潮流的作用下产生弯曲，以免影响它的寿命和工作。因此，要有较大的张紧力来维持隔水管正常的工作状态。

以上三个系统的完整装置，就构成了海上钻井特殊的水下井口装置。

# 油气储运

所谓储运，顾名思义，一个是储存，一个是运输，即采取什么方式、手段搞好油气储存和运输的过程。油气从地下取出来，不仅要储存好，而且要把它运到需要的地方去，靠的就是储运。它是油气在地面运移的“网站”和“网络”。

油气储运关系着油气的宏观调控，关系着油气供给的可持续性，关系着人民的生活，关系着国民经济的发展，关系着国家的能源安全。早在20世纪60年代，发达国家就建成了完善的储运系统。中国的油气储运虽然起步晚，但经过近些年的迅猛发展，已走在了世界前列。

# 第一节　油气储存

## ◎ 储罐——给油气安个“家”

储罐是长输油气管道输送介质的储存容器，也是油库的主要设施之一（图7.1）。输油管道首站的储油罐用于收集、储存石油和保证管线输油量的稳定，末站的储油罐用于接收和储备来油，并提供给用油单位。输气管道末端门站的储气罐主要用于城市燃气的调峰，正逐渐被地下储气库和管道储气所代替。储罐形式主要有立式圆柱形储罐和球形储罐两种。

### ● 立式圆柱形储罐

在长输管道中转站和石油储备基地，均建设了大型立式圆柱形钢制储罐（图7.1），而且立式圆柱形钢制储罐向大型化发展是必然趋势。这种储罐由罐底、罐壁和罐顶及附件等部分构成，按罐顶的结构可分为：无力矩顶储罐、拱顶储罐、锥顶储罐和浮顶储罐等。其中以拱顶储罐和浮顶储罐应用最为广泛，技术最为成熟。

图7.1　立式圆柱形储罐

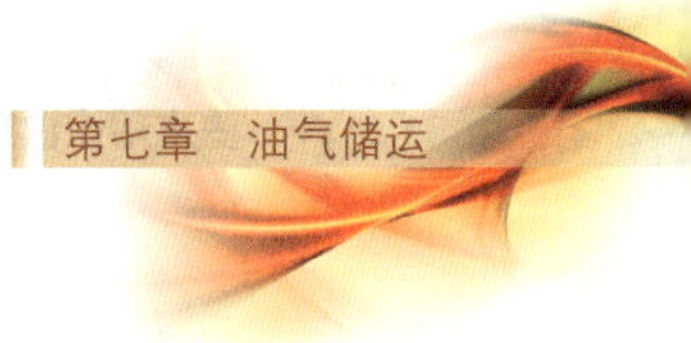


（1）拱顶储罐是指罐顶为球冠状，罐体为圆柱形的一种容器。这种罐造价较低，所以在国内外石油化工部门应用较为广泛。目前国内最大容积的拱顶储罐为3万立方米，最常用的容积为1万立方米或再小些。

（2）浮顶储罐分为内浮顶和外浮顶两种。

内浮顶储罐是在拱顶储罐内部加上一个浮动顶盖，使储液与空气隔离，减少挥发和污染。其结构特点除了多一个内浮顶之外，其他与拱顶储罐结构基本相同。目前国内的内浮顶有两种结构：一种是与浮顶储罐相同的钢制浮顶；另一种是拼装成型的铝合金浮顶。

外浮顶储罐是由漂浮在介质表面上的浮顶和立式圆柱形罐壁所构成。浮顶随罐内介质储量的增加或减少而升降，浮顶外缘与罐壁之间有环形密封装置，罐内介质始终被浮顶直接覆盖，减少介质挥发。外浮顶储罐的容积比较大，国外已建成容积为20万立方米的巨型储罐，我国最大的储罐容积为15万立方米。

## 球形储罐

球形储罐（图7.2）与立式圆柱形储罐相比，在相同容积和相同压力下，球形储罐的表面积最小，故所需钢材最少；在相同直径情况下，球形储罐壁内应力最小，而且均匀，其承载能力比圆柱形容器大1倍，故球形储罐的板厚只需相应圆柱形容器壁板厚度的一半。了解了这些特点您就会明白，采用球形储罐，可以大幅度减少钢材的消耗，一般可节省钢材30%～45%。另外，球形储罐占地面积较小，基础工程量小，可节省土地面积。

球形储罐由本体、支柱及附件组成。球形储罐本体有环带式（橘瓣式）、足球瓣式、混合式结构三种形式；支柱是用于支承球罐本体重量和储存物料重量的结构部件，有柱式、裙式、半埋入式及高架式等多种形式。球形储罐的附件包括：梯子平台、人孔和连接管、消防喷淋装置、隔热和保冷设施、液面计、压力表等。

图7.2 球形储罐

**知识链接：世界最大的储油罐**

大型储油罐在国外的发展起步较早。在西欧、中东、日本等地，早在20世纪60年代，均已建成了10万立方米的大型浮顶储油罐。美国芝加哥桥梁公司1971年建成了16万立方米浮顶储油罐。目前世界上最大的地上浮顶储油罐为24万立方米。

**知识链接：中国最大的储油罐**

目前我国大型储罐设计建造已经跨入世界先进行列。我国自行设计建造的15万立方米储罐已经在江苏仪征、甘肃兰州、黑龙江林源建成并投入使用。

## ◎ 地下储气库——安全绿色的“粮仓”

地下储气库是将天然气重新注入地下可以保存气体的空间而形成的一种人工气藏。其主要作用体现在应急供气、调峰供气、维护气田生产、战略储备和价格套利。

将气体储存在地下洞穴或地层（如枯竭油气层）中，这些洞穴可以是天然形成的，也可以是人工构筑的，用来大量储存天然气、液化石油气和人工燃气。地下储气库储气量大，安全可靠，已被世界各国广泛采用。利用地下储气库进行调峰具有以下优点：一是储存量大，机动性强，调峰范围广；二是经济合理，虽然一次性投资大，但经久耐用，使用年限长；三是安全系数大，其安全性要远远高于地面设施。

天然气的地下储存通常有下列几种方式：利用枯竭的油气藏储气；利用岩穴储气；利用含水多孔地层储气；利用盐矿层建造储气库储气。其中利用枯竭的油气藏储气较为经济，利用岩穴储气造价较高。

地下储气库在欧美发达国家已有近一个世纪的历史，已经成为天然气工业体系中不可或缺的重要组成部分。据统计，全世界已建成地下储气库600多座，总容量达5400亿立方米。由于地下储气库在调峰和保障供气安全上具有不

可替代的作用，因而地下储气库的建设受到许多国家的重视。欧美国家都在不断加大储气库的建设力度，增大储气量，除了常规的调峰应急外，已经开始建立天然气的战略储备。

我国地下储气库起步较晚。20世纪70年代在大庆油田曾经进行过利用气藏建设储气库的尝试，而真正开始研究地下储气库是在20世纪90年代初。随着华北油田天然气进京、陕甘宁大气田的发现和陕京天然气输气管线的建设，才开始研究建设地下储气库以确保北京、天津两大城市的安全供气。为保证北京和天津两大城市的调峰供气，在天津市附近的大港油田利用枯竭凝析气藏建成了大张坨、板876和板中北等储气库群。为确保京津地区的安全稳定供气，相继建成了华北油区的京58、京51、永22、苏桥等储气库群。为保证“西气东输”管线沿线和下游长江三角洲地区用户的正常用气，在长江三角洲地区建设了金坛地下储气库（盐穴型储气库）和刘庄地下储气库（碳酸盐岩枯竭油气藏型储气库）。“西气东输”二线配套建设的地下储气库正在建设中。

我国天然气正处在大发展阶段，巨大的国内天然气市场需求将大大推动天然气管道及配套储气库的发展。根据我国天然气资源与市场的匹配及未来积极利用海外天然气的战略部署，将可能形成四大区域性联网协调的储气库群：东北储气库群、长江中下游储气库群、华北储气库群、珠江三角洲LNG地下储气库群。

### 利用枯竭的油气藏储气

利用已经开采枯竭废弃的气藏或开采到一定程度的退役气藏转为地下储气库是在各种地下岩层类型中建造储气库的最好选择。这种油气层的孔隙度、渗透率、有无水浸现象、构造形状和大小、油气岩层厚度、有关井身结构的准确数据及地层和邻近地层隔绝（断层）的可靠性等已掌握，可大大节省投资，因此已枯竭的油气藏是最好和最可靠的地下储气库。

### 利用岩穴储气

盐穴储气库是利用岩穴储气的主要形式。盐穴储气库是将天然气储存在人工溶盐后形成的腔体中。盐穴储气具有相当明显的优势：由于盐穴深埋在地下，高温高压下的盐具有一定的可塑性，在产生一定的裂缝条件下具有自动愈合的特点，因此，地下盐穴就成了很好的密封储存库。将采出的天然气注入这个储存库，便形成了一个大型的人工气藏。降低盐穴储气库建设成本的主要方法，是应用现代溶盐技术增加岩穴体积，降低最小运行压力，提高最大运行压力。

### ● 利用含水多孔地层储气

含水层型地下储气库，是人为将天然气注入地下合适的含水层而形成的人工气藏。天然气储气库由含水砂层和不透气覆盖层组成。储存气包括工作气和垫层气。工作气是指在储存周期内储进和重新排出的气体，垫层气是指在储库内持续保留或作为工作气和水之间的缓冲垫层的气体。

含水砂层要有一定的渗透性，这种渗透性对于用天然气置换水的速度起决定作用。渗透性越好，天然气置换的速度就越快，工作气和垫层气的比例也就越大。

### ● 利用盐矿层建造储气库储气

一般利用盐矿层建造的储气库容量较小，但是对于周围缺乏多孔结构地下构造层的城市，特别是具有巨大的岩盐矿床地质构造的地区，可采取此种类型储气库。

盐穴天然气储气库建造分两种：一种是利用废弃的采盐盐穴，将井钻到盐层后，把各种管道安装至井下，由工作泵将淡水通过内管压到岩盐层，当盐水饱和度达到一定值时，排出盐水的工作即可停止；另一种是新建盐穴储库，这种盐穴是按调峰气量要求，选定气库井位、井数、层位、地层岩盐厚度及盐穴几何形状、容积大小，进行有计划的淋洗造穴。为了防止储库顶部被盐水冲溶，要加入一种遮盖液，它不溶于盐水，而浮于盐水表面。不断地扩大遮盖液液量和改变溶解套管长度，使储库的高度和直径不断扩大，直到达到要求为止。

## ◎ 石油储备

所谓石油储备，即为保障国家、社会与企业的石油供应安全而储存的石油。根据国际能源机构的定义，石油储备是指其成员国政府、民间机构和石油企业拥有的全部原油和主要石油制品的库存总和，包括管线和中转站中的存量

（计算中扣除10%的实际不可动用量）。

石油储备是稳定供求关系、平抑油价、应对突发事件的最直接和最有效的手段，是保障国家能源安全的核心措施。具体地说，适度的石油储备是一种提高工业生产效益的方法，一种保障社会稳定的措施，一种经济调控的手段及战略的需要。

## 商业储备的作用

商业储备亦称民间储备或企业储备，通常由两部分构成，即不可动用储备量与可动用储备量。国际油价潮涨潮落是很难预测的，如果商业储备中有一定的可动用储备量，那么，在国际石油供应不足与油价攀升时，就有一定的抗风险能力；在国际供应充裕与油价下挫时，就有一定的吸纳能力，从而保证企业的经营安全与经济效益。

## 战略石油储备的作用

战略石油储备的英文缩写为SPR，亦称国家石油储备，它是相对于民间储备而言的。它是指为了保障国家的经济安全和社会稳定，由政府直接投资、拥有和控制的石油储备。其作用有以下四个方面：

一是保障供给，即保证一段时间内的石油应急供应，使国民经济的各重要部门，特别是军队能够正常运转。

二是稳定油价。庞大的战略石油储备本身对市场起制衡作用。国际能源机构各成员国都具有巨大的石油储备。这么大的储备量随时都可以抛售到国际市场上，以抑制油价上升。其真正作用不在于弥补损失掉的进口量，而在于遏制油价的上涨。

三是威慑作用。在紧急情况下，国家能及时利用战略石油储备减轻和限制“石油武器”或石油危机的冲击力，为解决危机和其他一系列问题赢得时间，同时还可能使潜在的对手认识到，这种储备能在相当长的时间内起到石油供应的保护作用，在做出使用“石油武器”的决策时，不得不顾及可能给自己的石油收入所带来的无法承受的损失。

四是增加收入。石油储备必要时还可以成为政府的财政资金来源，在国家石油市场和政治经济环境相对稳定时增加政府收入，解决财政困难，这已成为石油储备作用和管理的一种新趋势。自1996年以来，美国政府已3次出售战略石油储备；德国政府为筹集增加欧洲货币联盟的资金，1997年出售了价值2.7亿美元的储备石油。

## ◎ 战略石油储备——国家安全的“基点”

战略石油储备，是应对短期石油供应冲击（大规模减少或中断）的有效途径之一。它服务于国家能源安全，以保障石油的不断供给为目的，同时具有平抑油价异常波动的功能，各国均把石油储备作为一项重要战略加以部署和实施。目前，石油消费大国的石油储备主要有两类：由进口商、炼油商、销售商和消费者拥有的商业储备以及政府拥有的战略石油储备。其中，商业储备着眼于市场干预，旨在减少供给冲击、防范市场风险，而战略储备则着眼于国家安全态势，旨在增强国家对石油资源的竞争能力和控制能力。

战略储备库是石油储备的主要形式。我国主要采用地上高强度大型钢质储油罐作为战略储备形式。国外除采用钢质储罐外，还更多采用地下储备形式。目前，国外地下战略储备库的建设方式有两种：一种是利用地下岩洞储存石油。地下岩洞具有安全性好、油品可长期储存且不易变质等优点。从20世纪50年代至今，国外很多国家都将地下岩洞作为其石油储备库。利用地下岩洞建立石油储备库的国家主要有北欧的瑞典、芬兰，亚洲的日本、韩国和新加坡等。另一种是利用地下盐穴储存石油。该方式利用深部盐层，通过水溶方式形成的地下溶洞储存石油，具有储存量大、埋藏深（一般达500～1500米）、造价低等特点，被广泛应用于具有盐层建库地质条件的国家。利用地下盐穴建立石油储备库的国家主要有美国、德国、法国等。

## ◎ 战略石油储备的兴起

世界上最早建立石油储备的国家是法国。1923年，法国要求石油运营商必须保证足够的石油储备。1925年，法国成立“国家液体燃料署”管理石油储备。

国际战略石油储备从20世纪70年代起，迄今已有近40年的历史。1973年中东战争期间，由于战争导致第一次石油危机爆发，世界油价上涨了5倍，引起西方经济和社会的大动荡，由此，西方各国开始建立战略石油储备体系。1974年，包括美国、日本、意大利、法国和西德在内的18个原油进口国签署了《国际能源协议》，在经合组织中设置了国际能源总署，并承诺：如出现能源危机，各成员国在保证本国能源安全的同时，将无条件保证其他成员国的石油供应。按照当时的战略储备标准，《国际能源协议》规定各成员国必须保有相当于60天净进口量的石油储备。

1980年，由于世界各国能源安全意识不断增强，石油储备天数不断攀升，《国际能源协议》的战略储备标准被提高至90天。近年来，在世界范围内再次掀起增加石油储备的热潮。

## ◎ 美国的战略石油储备

美国是世界上最大的石油消费国，也是最大的石油储备国。他们多年来平均每年消耗石油9亿吨，其中5亿吨从国外进口。1944年，美国当时的内政部长哈诺德·伊克斯提出了建立国家战略石油储备的构想。1973年中东战争爆发后，阿拉伯国家对美国和西方国家实行全面石油禁运，导致美国经济陷入严重衰退，美国政府遂下决心建立战略石油储备。1975年12月，福特总统签署了国会通过的《能源政策与储备法》。该法授权美国政府建立高达10亿桶的国家战略石油储备。在此后10多年时间里，美国利用得克萨斯州和路易斯安那州墨西哥湾沿岸的地下岩盐洞，建设了五大战略石油储备基地，总储存能力达到7.2亿桶。其中最大的储备规模达2.32亿桶，最小的也达0.76亿桶。截至2009年2月初，美国战略石油储备超过7亿桶，商业原油库存达3.5亿桶，可供全国使用150天，创了历史新高。

## ◎ 日本的战略石油储备

日本是仅次于美国、中国的世界第三大石油消费国，年消耗石油近3亿吨，几乎全部依赖进口（对中东石油的依赖度占70%以上），因而对石油安全特别关注。早在20世纪50年代，日本的有关法律就规定了企业的石油储备义务。1974年日本加入国际能源总署，建立了政府石油储备。1983年，位于日本青森县的小川原国家石油储备基地建成，开始了由国家储备基地储藏石油的时代。日本是个平原狭小、地形破碎、多火山地震的岛国，又缺乏地下盐穹或岩盐层的地质条件，因此采取了多种储备方式，如地面油罐、半地下油库、海上油船和油罐、地下岩洞油库等。到1996年，日本相继建成10个国家石油储备基地，每个规模为150万～665万立方米。政府还从民间租借了21个石油储备设施，民间储备的石油则保存在各石油加工厂和销售网点。目前，日本石油储备量的规定是90天，实际储备91天，100%为原油储备。而民间石油企业的义务储备量规定为70天，其中成品油占55%，原油占45%。日本液化石油气的3/4靠国外进口，为此也建立了液化石油气国家战略储备，2010年建成液化石油气国家储备150万吨。

### ◎ 中国的战略石油储备

以前，我国一直未建立石油战略储备体系，石油储备主要依赖中国石油、中国石化、中国海油三大国有石油公司的商业储备，综合储备天数仅为20天左右。为防范石油供给的风险，维护国家的经济安全，早在1993年，我国就在酝酿建立国家战略石油储备体系。但是受各种因素影响，直至2003年，国家才正式启动国家石油储备基地第一期项目。

近年来，随着我国国民经济持续快速发展，中国已成为仅次于美国的世界第二大石油消费国，战略石油储备也已成为国家能源安全体系最重要的一个环节。如今，我国每年石油产量约两亿吨，进口则达到两亿五千万吨，石油对外依存度已超过50%。此外，由于近年来中国汽车销量的不断增加及其他刚性需求的较快增长，使得我国今后石油的对外依存度还有可能进一步增加。

目前我国石油储备（量）为30天，主要包括原油储备和成品油储备，原油和成品油储备比例大致为3∶1。2008年底我国已经建成了第一期四个石油储备基地。2009年随着新疆独山子国家石油储备基地的开工建设，标志着我国石油储备二期建设项目全面展开。在国家石油储备二期建设项目完成后，还将开展第三期项目的建设，最终达到发达国家90天储备量的水平。

## 第二节　油气运输

### ◎ 石油和天然气是如何运往世界各地的

由于地理环境的不同和油气资源分布的不均，石油天然气的长距离运输成为必然。这就形成了多种渠道、多种方式的油气物流。运输的主要方式包括公路运输、铁路运输、水路运输和管道运输四种。

公路运输：公路运输是采用油罐车（或气罐车）运输油气资源的运输方

式。特点是较为灵活，可以将油气资源输送到铁路、水路及油气管道不经过的地区，但是输送量低，成本过高，无法作为主要的油气运输方式。

铁路运输：铁路运输是采用油罐列车（或气罐列车）运输油气资源的运输方式。铁路运输可以实现定时、定点、定量运输，运输量比公路运输量大很多，但是受到铁路建设情况的限制，只有在铁路经过的地区才能采取这种方式运输。随着油气田的开发，产量的增加，铁路运输已无法满足油气运输的要求，难以作为主要的运输方式。

水路运输：水路运输是采用油轮运输油气资源的运输方式，耗能低，运营人员少，是最为经济的运输方式，但是受地理环境限制，只能在沿海地区及河流区域采用这种运输方式。

管道运输：管道运输是采用管道进行长距离运输油气资源的运输方式，整体性较强，将油气田、炼油厂、港口、铁路、公路和用户连接起来，形成网络。管道运输以其成本低、安全性高、污染小、可连续不间断运输等优势成为目前油气资源的主要运输方式。

**知识链接：玉门石油正式东运**

1952年5月11日，由玉门油矿培养的第一批女司机25人，驾驶油罐车，将玉门油品送达兰州。这是解放后玉门石油正式东运的开端。

**知识链接：大庆首列原油外运**

1960年6月1日，大庆首列原油外运列车，开向我国石油化工基地——抚顺。

这列原油外运列车共挂有21节油罐，每节48吨。装车地点在萨尔图车站附近正在兴建中的东油库。6月1日，会战领导小组在东油库举行大庆会战首列原油外运剪彩典礼。机车正面中央悬挂着毛泽东主席像，上端镶嵌着立体和平鸽和井架图案。机车前端和左右两侧是大幅红布标语。身披节日盛装的“油龙”，在临时搭起的彩门下面待发。8时45分，在嘹亮的“社会主义好”的军乐声中，石油工业部副部长康世恩代表会战领导小组为原油外运列车剪彩，大庆石油会战的首列原油外运列车驶出萨尔图火车站。

**知识链接：世界上最大的油轮**

船名：诺克耐维斯（Knock Nevis）；起造年份：1976年12月；完工年份：1979年；建造厂商：住友重机械工业（日本）；船只船种：油轮；货物种类：原油；国籍：新加坡；船主：第一奥森油轮（First Olsen Tankers）；总注册吨位(GT)：260581吨；净重吨位：564763吨（改造后为825614吨）；吃水：24.61米；舷宽：68.86米；船长：458米；航速：13节；动力：住友Stal-Laval AP蒸汽涡轮机，50000马力（37300千瓦）；转速：85转／分；体积：658362立方米。

## ◎ 管道输送为什么成为油气输送的主要手段

油气管道运输以管道为载体，用加压设施给石油与天然气加压，使其从高压处向低压处流动并输送到目的地，具有以下优点：

运输成本低。在多种油气运输方式中，管道运输具有明显的经济性。公路、铁路及水路运输油气的载体是油罐车及油船，这些运输方式都将一部分能量消耗在载体的移动上，同时需要空车、空船返回而不能连续运输。而管道输送的载体是管道本身，通过输油泵、压缩机直接推动油气昼夜不停地流动，且易于实现自动化操作，运营人员较少。只有远洋航行的大型油轮的运油成本比管道低，但它受自然环境的制约以及人为因素的干扰较多。

永久性占用土地少。在铁路和公路建设过程中，每千米铁路或公路的修建需要永久性占用土地约2万平方米；而管道施工中，每千米临时占用土地1.8万平方米左右，且竣工后99%的土地仍可恢复利用，永久性占地少，而且管道还可以敷设于江河、海底，不影响航运（图7.3）。

建设速度快。在四大运输方式中，管道建设具有建设速度快的优势。国外交通运输系统建设的实践数据表明，油气管道的建设周期一般比相同运量的铁路建设周期短30%以上。

油气运输量大。铁路油罐车通常一次可运2000吨左右的石油。若某油田年产原油2000万吨，则每年需从油田开出10000列满载原油的油罐车，同时又返回同样多的空车，相当于每天55列油罐车进出油田，这对铁路运输的压力

图 7.3　在无人区进行管道施工

非常大。而这样的产量只需要修建一条管径为720毫米的管道，每年就可以轻轻松松地输送2000万吨原油。

安全性能高。对于运输油气资源来说，汽车和火车的运输方式具有很大的安全隐患，国外称之为“活动炸弹”。而管道在地下密闭输送，具有很高的安全性。另外油气管道运输代替了传统靠汽车、火车、油轮运输的模式，在一定程度上减少了由交通拥挤引发的事故。

除此之外，管道运输还具有运输损耗少、无“三废”排放、发生泄漏危险小、对环境污染小、受恶劣气候影响小、设备维修量小、便于管理、易于实现远程集中监控等优势。因此，管道运输是油气资源输送的最佳选择。

## 第三节　油气管道建设

### ◎ 我国是世界上最早使用管道运输油气的国家之一

早在1600多年前，我国就有用竹木笕输送卤水的史料记载，而且“高者登山，低者入地”，“于河底掘沟置笕，凿石为槽覆其上”。在明末清初，我国就有人采用这种竹木笕连接成管道，用于输送天然气，堪称最原始的输气管道。

近代，我国石油勘探开发规模小，管道建设规模也小，比较有名的是抗日战争时期的中印输油管道。在1941年太平洋战争爆发后，为了支援远东战场的抗日战争，保证航空燃油的正常输送，中美联合修建了从印度加尔各答港经过缅甸到中国昆明的成品油管道，同时也造就了我国第一条跨国成品油管线。这条管道长3200多千米，采用装配式管线，钢管外径为114.3毫米，管壁5.6毫米，日输油能力763～795立方米。在抗日战争之后，中印输油管线停输，国内部分管线被拆除，在2011年开始建设的中缅管道70%的路线与中印输油管道重叠。

中华人民共和国成立后，四川盆地天然气开采和利用的步伐加快，从1951年到1958年在四川地区累计铺设27.7千米、管径80～159毫米的天然气管道，天然气主要用于生产炭黑和部分化工产品。发现克拉玛依油田后，1958年建成新中国第一条原油管道——新疆克拉玛依油田至独山子炼油厂的原油管道，全长147.2千米，管径168毫米。

**知识链接：现代石油最早的输油管道**

1879年，美国在宾夕法尼亚州建成世界上第一条长距离输油管道，管径150毫米、长176千米，从此开始了管道输油工业。

**知识链接：世界最长的输油管道**

前苏联—东欧的友谊输油管线。起自前苏联的阿尔梅季耶夫斯克至匈牙利、捷克斯洛伐克、波兰和前民主德国，为双线：一线长5500千米，管径1050毫米，年输油能力5000万吨；二线长4412千米，管径1220毫米，年输油能力7000万吨。

**知识链接：世界海底最深的输油管道**

北海斯塔特菲奥德—挪威输油管线。从挪威的北海海底油田斯塔特菲奥德到卑尔根西南的沙特拉，管径900毫米，埋深最深330米。

## ◎ 中国油气管道建设的三次高潮

如果说20世纪70年代东北管网建设是中国油气管道建设的第一次高潮，那么始于20世纪90年代的西部管道建设则掀起油气管道建设的第二次高潮，新疆库鄯管道、陕京管道、兰成渝管道及西气东输管道等一系列工程相继竣工投产。这段时间建成的管道相当于1980年以前全国建成管道总量的3倍。而随着“西气东输”工程的建设，中国管道建设进入了第三次高潮，仅2009年全国新建管道就突破了5000千米。目前全国管道建设已超过8.5万千米。中国石油管道建设正在步入一个飞速发展的时期。

## ◎“八三”工程

“八三”工程是我国自行设计安装的第一条大口径输油管道工程，由于该工程是国务院1970年8月3日批准建设的，所以称之为“八三”工程。

“八三”工程的起步，是从抢建大庆至抚顺的庆抚线开始的。这条管道从黑龙江肇源县茂兴穿越嫩江后，向南经吉林省的松源、农安、长春、公主岭、梨树、四平，进入辽宁省的昌图，经铁岭，终至炼油厂较为集中的工业城市抚顺。末站设在抚顺康乐屯，以支线向抚顺石油一厂、二厂、三厂供油。庆抚线全长596.8千米，其中直径720毫米的管线558.6千米，1970年9月开工，1971年8月试运行，10月31日正式输油。工程总投资2.93亿元，年输油能力2000万吨。

建设长距离、大口径、输送“三高”(高凝点、高黏度、高含蜡）原油的管道，这在中国是第一次。庆抚线建成以后，续建工程在形成了专业队伍的情况下，改变了人民战争式的做法，1972年开工建设了铁岭至秦皇岛管道，1973年10月开工建设了大庆至铁岭复线，1974年10月开工建设了铁岭至大连的管道。在此期间还建成了抚顺至鞍山炼油厂、石油二厂至辽宁电厂、丹东至朝鲜新义州、盘锦至锦西石油五厂等短距离管道。到1975年9月，5年中建设输油管道8条，共2471千米，其中主要干线2181千米，形成了以铁岭站为枢纽，连接大庆至抚顺、大庆至秦皇岛和大庆至大连的3条输油大动脉，东北管网逐步形成。

**知识链接："八三"工程会战**

"八三"工程开始时，我国建设长距离、大口径管道是第一次，缺乏技术、缺乏经验，又没有施工技术规范和工艺流程参数可循。管道施工专用机具、输油专用设备，国内还未制造过。而国家明确提出：此项目为抢建工程，必须在1971年建成投产。时间紧迫，工程又面临着种种新问题。东北管道建设领导小组决定，将"八三"工程作为一场石油管道建设的"辽沈战役"来打。参战人员发扬"有条件要上，没有条件创造条件也要上"的大庆传统，以野战为乐、艰苦为荣，不讲条件，不计报酬，克服重重困难，军民齐上阵，上下一条心，以人海战术，硬上苦干。1971年10月，大庆至抚顺管道一次投产成功。

这场同样闻名全国的石油管道建设"辽沈战役"，开创了中国输油管道事业，推动了石油工业的快速发展，同时也孕育了"八三"精神。

## ◎ 气化首都及华北的开端——陕京一线

陕京一线的总投资50亿元，管道总长1098千米，管径660毫米，设计年供气能力为33亿立方米，1992年动工，1997年10月完工，是我国当时陆上距离最长、管径最大、所经地区地质条件最为复杂、自动化程度最高的输气管道。该管道对于气化首都及华北，促进该地区经济的发展，发挥了至关重要的作用。以后，又相继建设了二线、三线。

## ◎ 中国管道建设的里程碑——"西气东输"工程

"西气东输"工程是中国实施西部大开发战略的标志性工程之一。2002年7月4日开工建设，2004年10月1日全线贯通并投产。管道西起新疆轮南，东至上海市白鹤镇，途经新疆、甘肃、宁夏、陕西、山西、河南、安徽、江苏、上海等9个省（区）市，管道干线全长约3900千米。"西气东输"工程设计年输气量120亿立方米，设计压力10兆帕，管径为1016毫米，全线采用X70级管线钢，一级地区采用螺旋缝埋弧焊管，二级、三级、四级地区采用直缝埋弧焊管。管道穿跨越长江1次、黄河3次、淮河1次，其他大型河流8次，陆上隧道21条（图7.4）。全线一期共设工艺站场34座，线路截断阀室138座，其中压气站10座（燃气驱压气站6座、电驱压气站4座）。工艺站场可实现远控、站控和就地控制三种运行管理方式，所有线路阀室均按远程控制和就地控制设计。该工程的建设规模、所创造的新工艺新技术，开创了我国管道建设的新纪元。

图7.4　成功跨越中卫黄河管道桥

“西气东输”工程是以新疆塔里木气田为主气源，以长江三角洲地区为目标市场，以干线管道、重要支线和储气库为主体，连接沿线用户，形成横贯我国东西的天然气供气网络。“西气东输”工程的建设，对于加快我国能源结构调整，推动西部大开发战略的实施，带动相关产业发展，促进经济和社会可持续发展等，都具有十分重要的意义。

## ◎ 中国第一条跨国原油管道——中哈原油管道

中国—哈萨克斯坦原油管道（简称中哈管道）是一条自西向东的长距离跨国输油管道，也是我国第一条跨国原油管道和连接里海油田到中国内陆的重要能源通道。规划输油能力为2000万吨/年，全线总长度2800多千米，起点是哈萨克斯坦西部的阿特劳，途经肯吉亚克、库姆科尔和阿塔苏，从中哈边界的阿拉山口进入新疆境内，终点在距国境线2.2千米的阿拉山口—独山子输油管道首站。

2004年9月，中哈管道一期工程（阿塔苏—阿拉山口管道）开始建设，2005年12月建成投油，2006年7月正式投入商业运行。2008年4月，中哈管道二期（肯吉亚克—库姆科尔）管道开工建设，2009年10月投入商业运行。截至2010年12月，中哈管道向国内累计输送原油3000万吨。

## ◎ 中国第一条商用成品油管道——兰成渝管道

这是一条兰州至重庆的成品油管道，于1998年开工，2002年投产，全长近1250千米。从此我国有了第一条长距离、大口径、高压力、多出口、多油品、全线自动化管理的商用成品油管道。这条管道建设速度快、质量高。在2008年的汶川大地震中，它不仅经受住了大地震的考验，而且成为抗震救灾的生命线。

## ◎ 世界管道建设的奇迹——中亚天然气管道

2008年6月，中国石油正式开工建设中亚天然气管道。该管道起自阿姆河右岸的土库曼斯坦和乌兹别克斯坦两国边境，中途穿越乌兹别克斯坦和哈萨克斯坦，在新疆霍尔果斯入境中国。其中土库曼斯坦境内长188千米，乌兹别克斯坦境内长530千米，哈萨克斯坦境内长1300千米，管道分A、B双线敷设。中亚天然气管道在进入中国后，与同期建设的“西气东输”二线相连，最终将天然气送往我国的长江三角洲、珠江三角洲等地区，管线总长度超过1万千米，是迄今为止世界上距离最长的天然气大动脉。

## ◎ 施工难度最大的管道——中缅油气管道

中缅油气管道建设计划早在2004年提出。经过6年的谈判与磨合，在2009年有了实质性进展。2009年12月，中国石油天然气集团公司与缅甸能源部签署了中缅原油管道权利与义务协议。中缅油气管道是继中哈原油管道、中亚天然气管道和中俄原油管道之后又一条重要能源进口通道。它包括原油管道和天然气管道，对保障我国能源安全具有重大意义。中缅油气管道境外和境内段分别于2010年6月和9月正式开工建设。

中缅天然气管道缅甸境内段长793千米，中缅原油管道缅甸境内段长771千米，气、油双线并行，在缅甸西海岸配套建设原油码头，从云南瑞丽进入我国。入境后，经云南进入贵州，在安顺市油、气管道分离，输油管道经贵州到达重庆，输气管道经贵州到达广西。国内段天然气管道干线长1727千米，原油管道干线长1631千米。预计2013年输油和输气管道同时建设完成，此后每年将向国内输送原油2200万吨，天然气120亿立方米。管道沿线地形地貌、地质条件复杂，多崇山峻岭，地质灾害较多，施工极其困难，是我国管道建设史上难度最大的工程之一。

## ◎ 管道用材钢级的变迁

20世纪60年代管道建设一般采用X52钢级，70年代普遍采用X60和X65钢级，近年来以X70钢级为主，X80钢级也开始大量使用。“西气东输”二线工程就是采用X80钢。所谓X80，是高强度管线钢的美国分类型号，即管线钢管最小屈服强度80000磅／英寸$^2$(552兆帕）的前两位数字。

### 知识链接：“西气东输”二线（西二线）创奇迹

9项：西二线重大科技专项取得了重大成果，工程急需的X80高钢级大口径螺旋焊管、直缝焊管、热煨弯管、热拔三通管件等5大类9项新产品全部研制成功。

42亿：在西二线上用X80钢管比用X70钢管节约钢材约42万吨，节约投资约42亿元。

84亿：中国石油首次在世界管道建设中采用100%中国制造的直径1219毫米X80钢管产品，国产X80钢板和钢管比进口价格低约30%，节约投资约84亿元。

150亿：西二线重大科技专项引领国内相关企业增强了生产能力，目前我国X80钢管产能达每年150万吨，钢铁厂和钢管厂年产值约150亿元。

400万：X80钢项目引领中国主要9家钢铁企业和5家钢管制造企业，实现X80管线钢管直径1219毫米系列新产品400万吨的大批量国产化制造生产能力。

## ◎ 管道口径的变迁

根据国外长输管道的设计、建设经验，一般以口径DN700毫米作为大口径管道划分的界线。当管道口径小于或等于DN700毫米时，一般定义为中、小口径管道；当管道口径大于DN700毫米时，通常称之为大口径管道。从1951年到1958年，我国在四川地区敷设的管道，管径多为80～159毫米。我国的“八三”工程，采用的是720毫米管径。实践证明，我国常规的管道设计、建设方式已不能满足管道建设需要，必须向大口径发展。西气东输工程则采用了1016毫米管径。

**知识链接：一条管道同时能够输送多少种油品？**

在一条管道中按一定顺序连续输送多种油品的管道输油工艺，称为油品顺序输送。多种油品顺序输送与多条单一油品管道输送相比，可以有效提高管道输送效率，最大限度地满足不同用户的需求，具有明显的经济效益。19世纪末，美国首先采用顺序输送工艺，输送了3种品级的煤油。20世纪40年代，随着顺序输送的混油机理和计算理论的逐步完善，世界上各长距离成品油管道广泛采用顺序输送工艺，其顺序输送的油品品种多达10余种，包括的品级或牌号则有上百种。

国内对顺序输送技术的研究始于20世纪70年代，直到2002年，我国才真正建设成第一条具有一定规模的长距离、大口径、多分输的顺序输送成品油管道——兰成渝管道。

## ◎ 世界油气管道发展状况

能源需求的快速增长推动了管道工程建设的迅猛发展，许多国家和地区已建成输油气管网，大型国际管道已横跨北美、北欧、东欧乃至跨越地中海连接欧非两大陆。截至2010年底，全球管道干线总长度超过200万千米。美国是世界最大的油气消费国，干线总长度近100万千米，超过世界管道长度的40%。

20世纪20年代末焊接技术的诞生，使管道建设进入了飞速发展的时期。1925年英国建成第一条焊接钢管天然气管道。第二次世界大战期间，美国建设了一条得克萨斯州朗维尤至纽约州费城的管径610毫米、全长2155千米的原油管道，以及一条得克萨斯州博蒙特至新泽西州贝永的管径508毫米、全长2373千米的成品油管道。这是当时世界上口径最大的原油管道和成品油管道，标志着现代输油管道的开始。苏联建设了一条阿斯塔拉至萨拉托夫的全长820千米的输油管线。1944年6月，英美盟军跨越英吉利海峡建设了一条成品油管

道。到1959年，美国的原油输送管网已经发展到25.7万千米，80%运往炼油厂的原油靠管道运输。

从20世纪60年代开始，管道向着大管径、长距离方向发展。其中，1963年苏联建成的友谊输油管道和1977年美国建成的横贯阿拉斯加输油管道是两个典型代表。70年代，中国建设了青海格尔木至西藏拉萨的成品油管道，全长1076千米，这是世界海拔最高的输油管道，最高点海拔4857米，全线平均海拔4260米。80年代，美国建设了一条世界最长的热输重油管道，这就是加利福尼亚州圣巴巴拉至得克萨斯州韦伯斯特的美国东西大管道（又称全美管道），全长2817.5千米，管径762毫米，年输油量2500万吨。

输气管道的建设和发展比输油管道要晚一些。1950年以前的天然气工业史，基本上是美国的天然气工业史。1891年，美国在俄克拉何马州建成了一条4千米的天然气试验管道。美国第一条高压（约3.6兆帕）输气管道，起点是印第安那州的格林顿，终点是芝加哥，全长约193千米，是管径219毫米的熟铁管。20世纪20年代末，随着焊接技术和无缝钢管的出现，美国开始现代天然气管线的建设。1931年建成了两条现代天然气管道，一是美国天然气公司的西得克萨斯到芝加哥的1258.5千米输气管道，另一条是东潘汉得管道公司的到印第安纳州南部的1930千米输气管道，都是管径610毫米。美国1933年已经建成26.2万千米输气管道，1961年发展到102.5万千米。俄罗斯天然气管道建设始于1940年，达沙瓦至利沃夫的管道直径200毫米，全长68千米；1963年建成第一条管径1020毫米的输气管道，从布哈拉到乌拉尔，全长2200千米；1975年建成第一条管径1420毫米的超大口径输气管道，全长3641千米。

20世纪70年代开始建造长距离、大输量的海底天然气管道。1983年建成的阿意输气管道（阿尔及利亚到意大利）管径为1220毫米，总长2506千米，最高出站压力达21兆帕，年输气量125亿立方米，穿越地中海水深608米。2005年建成的“蓝流”天然气管道（由土耳其、俄罗斯和意大利联合修建），有相当长的部分管道在3000米深的黑海海底敷设。

## ◎ 中国油气管道发展状况

2010年年底，我国已建油气管道的总长度约为8.5万千米，其中天然气管道4.5万千米，原油管道2.2万千米，成品油管道1.8万千米。我国已经形成横跨东西、纵贯南北、覆盖全国、连通海外的油气管网格局，正在逐步形成资源多元化、调配灵活化、管理自动化的产运销体系。天然气管道成为近年来我国油气管道建设的重点，河西走廊等油气管道走廊带正在形成。与此同时，各地方政府加快天然气利用步伐，积极构建省内天然气管网；与煤制天然气项目配套的管道正在加紧设计和建设。“十二五”期间，全国将新建天然气管道4.5万千米、原油管道0.9万千米、成品油管道2万千米。到2015年，我国油气管道总长度将达到15万千米。

## 第四节　油气管道运行管理

### ◎ 管道运行管理

管道运行管理的主要目的是通过制定管道运行计划，运用管道运行状况分析和调度等手段，充分发挥管道与设备的输送效率，实现管道安全、平稳、经济的最优化运行。为了达到最好的经济效益，就要求不断提高管道运行管理的水平。管道的运行管理主要有两个方面：一是维护管道正常安全生产，努力达到整体运行最优化，延长使用寿命；二是通过节能降耗、为用户提供优质服务和扩展市场等手段提高管输经济效益。这两个方面相辅相成，前者是后者的基础，后者是前者的效果。

### ◎ 安全优化运行——管道管理的第一要务

安全优化运行，在管道运行管理上有着至高无上的地位。安全出问题，就会导致局部的乃至全局的管道运营瘫痪。为保证油气管道安全优化运行管理，目前，我国油气管网建设大量采用了互联网、地理信息系统、地理定位系统等技术，并进行统一规划部署，与自动化控制等管理技术有机结合，为管道在线检漏、优化运行、完整性管理提供了数据与信息管理平台。

在原油管道运行方面，我国已掌握了国际上通用的常温输送、加热输送、加剂输送、顺序输送、间歇输送及密闭输送等各种先进的管输工艺。特别在高凝点、高黏度、高含蜡原油的加热输送，原油热处理及加剂输送等方面达到国

际水平。

在成品油管道运行方面，近年来，我国成品油顺序输送技术水平有了大幅提升，自动化程度也有了很大提高，逐渐体现出成品油管道输送的特点与优势。但从整体技术水平来看，与国外相比还存在一定差距。

在天然气管道运行方面，天然气储气调峰技术是天然气管道安全优化运行的重要技术环节。我国在设计、建设和管理大型地下储气库方面还缺乏一定经验。

## ◎ 油气输送的“伴侣”——添加剂

通过在管道内注入化学添加剂改变输送介质的流动特性，可以实现管道低输量或增输等运行需求，其中应用最多的化学添加剂是降凝剂和减阻剂。前者主要应用于含蜡原油管道，目的是降低原油的凝点、黏度、屈服值和结蜡强度，改善低温流动性，为低输量管道的安全运行、停输再启动、常温输送等提供保证。后者则可应用于原油、成品油和天然气管道，目的是减少沿程的摩擦阻力损失，节能降耗，提高管道输送的“弹性”。

原油降凝剂是在馏分降凝剂的基础上发展起来的。早在1931年即有降凝剂商品问世。但是作为改进原油流动性的原油降凝剂，则是在1967年才开始有文献报道。从1967年到现在，原油降凝剂的研究取得了飞速的发展，新型化合物不断推出。如1982年印度在孟买至印度北部管径762毫米、长203千米的输油管线上，在凝点30～36℃的含蜡原油中，加入0.03%的原油降凝剂，使原油的凝点降至12℃，原油到达目的地的油温为20℃，常温泵输通过管道。近年来，国内也进行了多条长输管线和原油单井降凝输送的现场试验，取得了很好的效果，原油降凝剂的研究已进入实用阶段。国内鲁宁、中洛、马惠宁等长距离输油管线，已正式应用原油降凝剂，实现了原油不加热常温输送。

减阻剂是一种广泛用于原油、成品油和天然气管道输送的化学添加剂，可以有效地降低管路系统的摩擦阻力，迅速而经济地提高管道输送能力，节约能源，提高安全系数。其概念早在20世纪40年代就已经提出了。20世纪初美国纽约的消防队员曾使用水溶性聚合物，增加排水系统的流量。美国横贯阿拉斯加的原油管道，采用加减阻剂方案，将原设计的12座泵站减为10座，日输油量由22.26万立方米增加到38.16万立方米。英国北海油田某管道，原设计方案管径为1066毫米，经过方案比选，采用高峰时加减阻剂方案，使管径改为914.4毫米，大大降低了投资。美国西南部一条200毫米口径的成品油管道夏季汽油输量增大时，曾有111毫米管道出现“卡脖子”问题。采用减阻剂后，迅速、经济地解决了问题，管道摩擦阻力下降40%，输量增大28%。在国内，首先是利用国外进口减阻剂在铁大线、东黄线、濮临线上进行试验，并取得了成功。

## ◎ 油气管道对泄漏零容忍

油气管道的输送是一个承压密闭系统，不允许泄漏发生。但由于机械损伤、管道内外壁腐蚀、施工缺陷等原因，均可能引起管线泄漏，释放出大量的有毒、有害和危险的物质，甚至引起火灾和爆炸，造成财产损失和人员伤亡。一般长输油气管道输送距离较长，发生轻微泄漏以后难以及时发现情况或者查出泄漏地点，致使损失扩大，并增加了酿成危险性事故的隐患。在国内打孔偷油、偷气现象时有发生，给国家财产带来了巨大损失，也给管道的安全运行带来了巨大危害。为了提高管道安全运行的可靠性，最大限度地减少经济损失和环境污染，人们采用了许多技术手段，建立了管道泄漏检测诊断系统。该系统可以对管道泄漏进行检测与定位，并及时准确报告事故的范围和程度，被喻为管道泄漏的“报警器”，具有灵敏性、实时性、定位准确性、系统易维护性、系统易适应性五大功能。

## ◎ 如何为油气管道“听诊”——检测技术

长输油气管道运行过程中通常受到来自内、外两个环境的腐蚀。内腐蚀主要由输送介质、管内积液、污物以及管道内应力等联合作用形成；外腐蚀通常因涂层在环境中的老化失效而产生。随着管道运输安全运营的需要，国内外开发了管道腐蚀检测技术，通过对管道内外“听诊”，定期对管道进行全面“体检”，判断管道的运行状况，保障管道的安全运营。管道腐蚀检测技术主要分为管道的外检测和管道的内检测。

管道外检测的主要目的是通过间接检测和直接检测验证对管道外腐蚀控制状况作出准确评价，包括防腐层完整性及阴极保护有效性两个方面。首先在对管道不开挖的前提下，采用专用设备在地面非接触性地对管道防腐层进行检测，科学、准确地对防腐层缺陷进行定位，并对防腐层整体技术性能作出评价，同时确定防腐层缺陷处的腐蚀活性，对管道的阴极保护有效性及杂散电流的干扰情况进行测试和评价。在此基础上，提出管道外腐蚀控制整改方案。在

实际工作中，应用较为广泛的外检测方法主要包括多频管中电流测试、密间距电位测试、直流电位梯度测试、皮尔逊检测、标准管/地电位检测等。

管道内检测是将检测器放入管道内，随着输送介质一起行进，对管道变形、管体金属损伤等情况进行检测。取出检测器后，对采集到的数据进行处理、分析，对管道的缺陷、剩余强度和安全可靠性进行综合评价。测量管道变形的仪器称为变形检测器，测量金属腐蚀、裂纹等缺陷常用的检测器有漏磁检测器（图7.5）、超声波检测器等（图7.6）。管道内检测技术目前国际上通常采用漏磁检测技术和超声波检测技术。

图7.5　高清晰度漏磁检测器

图7.6　超声波检测器

## ◎ 管道防腐——管道管理的持久战

金属的腐蚀给国民经济带来的损失是惊人的。全球每一分钟就有一吨钢铁腐蚀成为铁锈。每年因腐蚀而报废的金属设备和材料，相当于金属年产量的

1/3，约为1万亿美元。仅在我国，每年钢铁腐蚀经济损失就高达2800亿元人民币。钢质管道一般敷设埋于地下，腐蚀成为威胁管道生存的最大敌人。由于管道运送的是可燃性油气，因腐蚀泄漏而引发的爆炸火灾等恶性事故，会使管道沿线人民的生命财产遭受巨大损失。同时，管道泄漏的大量有害物质，也会对周边环境造成污染。为了减轻管道腐蚀，人们采用了许多技术手段，为管道设计量身定做"护身服"。目前，管道常用的"护身服"，是将防腐层和阴极保护这两种方法相互结合。

**知识链接：油气管道的"护身服"——防腐层**

管道防腐层由主体防腐层和补口防腐层组成。主体防腐层一般是在防腐厂预制而成，补口防腐层则是在现场管道焊接完成后进行安装施工的。我国的埋地钢质管道早期防腐层，基本是以石油沥青玻璃布结构为主。20世纪70年代开始，应用少量聚乙烯夹克和胶带。20世纪90年代，煤焦油磁漆与环氧粉末得到了工程应用。20世纪90年代中后期至今，三层聚乙烯材料、熔结环氧粉末防腐层、环氧煤沥青防腐层、煤焦油磁漆、防腐冷缠带逐渐成为国内管道外防腐层的新材料。

## ◎ 管道的应急保护

长输油气管道作为国家能源战略的重要通道，一旦发生破坏或损毁（如爆炸、泄漏等）事件，将会对人身安全和社会财产造成巨大的损失。管道维抢修就像"119"一样，在管道遭到破坏的第一时间采取补救措施，从而确保管道的安全、平稳运行。因此，遇到下面的情况需要对管道进行维抢修：一是根据外界环境等因素的需要对管道进行改线；二是经检修后发现问题隐患，评估确认必须及时采取修补或者更换管段等措施，以便消除事故隐患；三是管道发生突发事故如管道泄漏等，以及带压抢修、更换腐蚀管段、加装装置、分输改造等，必须尽快进行抢修。通常维修技术采用焊接补强法、夹具补强法、纤维复合材料补强法等，抢修技术则主要采用不停输带压开孔封堵法。

## ◎ 构建以管道安全为核心的完整性管理体系

管道完整性管理是指管道运营管理公司根据不断变化的管道因素，对管道运营中面临的风险因素的识别和技术评价，制定相应的风险控制对策，不断改善识别到的不利影响因素，从而将管道运营的风险水平控制在合理的、可接受的范围之内。通过监测、检测、检验等各种方式，获取与专业管理相结合的管道完整性信息，对可能使管道失效的主要威胁因素进行检测、检验，据此对管道的适应性进行评估，最终达到持续改进、减少和预防管道事故发生，经济合理地保证管道安全运行的目的。

完整性管理体系是一个以管道安全、设施完整性、可靠性为目标并持续改进的管理体系。自2002年11月美国通过法律形式加以确定和提出后，各国纷纷开始采用完整性管理模式进行运行管理，以保证油气管道安全运行，提高管道的整体管理水平。

管道完整性管理是一个系统工程，ASME　B31.8标准给出了管道完整性管理的流程（图7.7）。

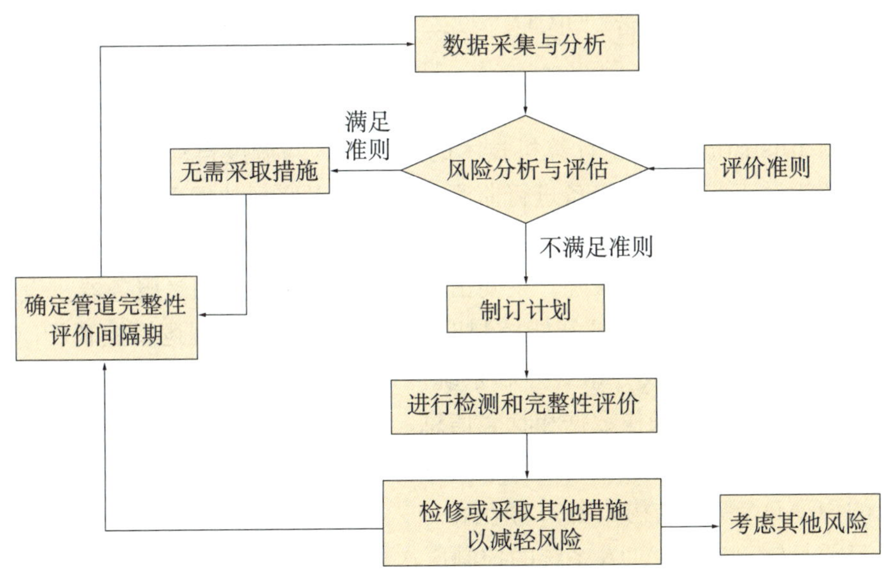


图7.7　管道完整性管理流程

完整性管理是由潜在危险因素的识别及分类，数据的采集、整合及分析，风险评价，完整性评价（在基于风险的检测前提下进行），完整性评价结果的决策、响应和反馈等组成，并形成闭环系统。

管道完整性管理的评价模式，常用的有管道适用性评价模式、可靠性评价模式、含缺陷管道的剩余强度评价模式、管道风险评价模式等。

## ◎ 话说北京油气调控中心

北京油气调控中心是中国石油为优化管道运营管理体制、适应管道业务的快速发展，于2006年5月正式成立的长输油气管道调度控制中心。

北京油气调控中心集中国石油长输油气管道的操作运行、调度管理、远程数据采集、维抢修力量调度协调等多种功能为一体，以管道监控和数据采集系统为基础，通过先进的计算机与网络技术、通信技术、高性能的专业软件，制订长输油气管道预测需求和输送计划，进行远程调控，并提供设备管理、调度模拟培训等多方面的技术支持和保障。目前，中国石油所属全国范围内的在役长输油气管道，已全部纳入北京油气调控中心集中调度运行和监视控制，成为世界上调度运行管线最多、管道运送介质最全的长输油气管道调度控制中枢之一。

## ◎ e时代的管道“监控”——SCADA 自动化控制系统

管道采用的数据采集与监视控制系统SCADA(Supervisory Control and Data Acquisition)是基于计算机技术的生产过程与调度自动化系统。它可以对管道的输送工艺、现场设备进行监测和控制，以实现数据采集处理、设备控制、运行分析、参数调节及报警等功能。

长输管道的SCADA系统，主要由设在控制中心的主机/服务器，设在各站的远程控制终端(RTU)或智能控制设备(LED)，或可编程逻辑控制(PLC)和高性能的通信系统构成分布式控制系统。控制中心的计算机通过数据传输系统，不断采集各站的操作数据和状态信息，并向这些设备发出操作或调整设定值的指令，从而实现对整条长输管道的统一监视、控制和调度管理。长输管道采用的SCADA系统结构如图7.8所示。

目前长输管道SCADA系统的控制层次通常分为三级：控制中心级、站控级和设备控制级。该结构充分体现了集中管理、分散控制的现代系统控制原则，特别适用于长输管道这种分散性大、跨地域广、功能相似系统的运行管理和控制。控制中心级通过服务器对全线进行集中数据采集、监视、控制和调度管理，站控级通过本站的RTU/LED/PLC控制器来实现对输油站进行控制与监测，设备控制级是对泵机组、加热炉、压缩机、阀门等设备进行本地控制。

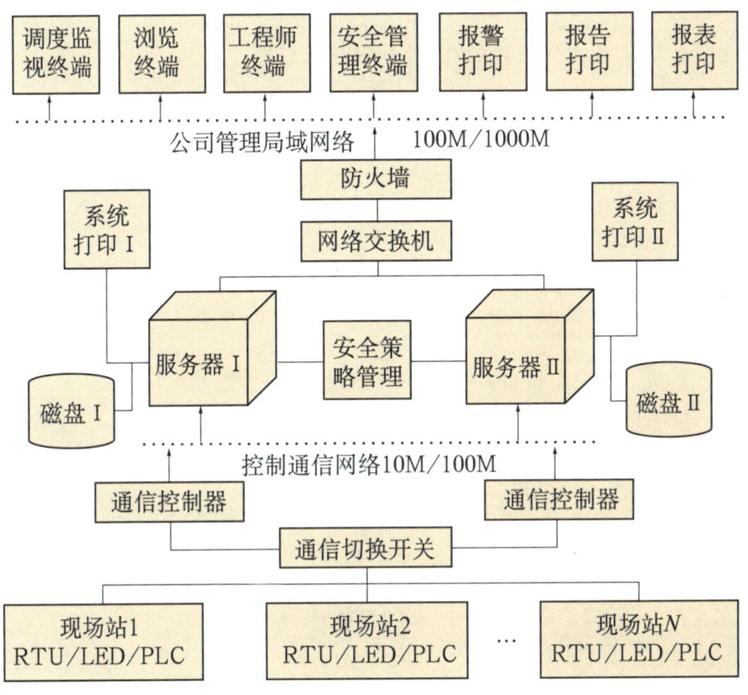


图7.8 典型的SCADA系统结构

SCADA系统的系统软件一般包括：远程终端查询软件、数据采集软件、传指令软件、建立及管理实时数据库软件、人机接口显示、记录报警、报告生成软件及运行调度决策指导软件等。结合长输管道的现场要求和目前的实际应用情况，功能应用软件主要包括：(1) 长输管道动态仿真软件，包括地理信息系统、水力模型仿真、热力模型仿真、能量模型仿真等；(2) 泄漏检测与定位软件，包括目前流行的压力波检测系统、流量检测、超声波检测以及模型法检测等；(3) 随机动态分析及保护软件，基于生产流程的切换而造成的随机预测及硬件保护等；(4) 系统优化运行管理软件，基于不同生产要求，不同季节、地温、气温、输油量、最低管输量等综合因素下，结合仿真模型的应用，指导生产操作人员合理调度；(5) 输油能耗综合分析软件，主要包括输油泵效率动态分析、加热炉效率动态分析、输油系统综合分析等；(6) 安全风险动态分析软件，包括防腐层状态检测与评价、输油泵机组振动检测、站库数字化安全管理等。

# 第八章 石油炼化

石油从地下开采出来，除作燃料外，不能直接利用，需要通过石油炼制和石油化工的处理才能变成形形色色的石油产品和化工产品，才能为人类所利用，才能对社会有价值。就像米、面、肉、蛋和蔬菜，经过加工、加热，可以变成各式各样的美味佳肴一样。因此，石油炼制和石油化工是通过采用一定的设备、一定的技术，使石油变为更多更实用产品的加工过程。

# 第一节　石油是这样炼制的

## ◎ 什么叫石油炼制

石油炼制是指把地下开采的天然原油炼制加工成各类油品的整个工艺过程。经加工处理，得到汽油、煤油、柴油、重质油等产品，成为汽车、飞机、拖拉机、内燃机车、船舶等不可缺少的动力燃料。馏分油经热裂解、催化重整、蒸汽转化、部分氧化等加工手段，可制成石油化工的基本原料，如乙炔、乙烯、丙烯、丁二烯、苯、二甲苯、合成气等。这些基础原料又可进一步加工成多种中间产品，如苯乙烯、丙烯腈、环氧乙烷、苯酚等。中间产品可生产出合成橡胶、合成树脂、合成纤维以及其他石油化工产品。

## ◎ 石油加工的两大分支

石油按其加工和用途来划分，有两大分支：一是石油炼制工业体系，即石油（也称原油）经过炼制生产出各种燃料、润滑油、石蜡、沥青、焦炭等石油产品（图8.1）；二是石油化工工业体系，业内通常把以石油、天然气为基础的有机合成工业，即以石油和天然气为起始原料的有机化学工业，称为石油化学工业，简称石油化工。

图8.1　炼油厂夜景

## ◎ 原油加工工艺及其装置

第一次加工：为原油的初加工，即把原油蒸馏分为几个不同沸点范围的产品(即馏分)。其加工装置为常压蒸馏或减压蒸馏。

第二次加工：为原油的深加工，即将一次加工得到的馏分再加工成商品油。其加工装置为催化裂化、加氢裂化、延迟焦化、催化重整、减黏裂化等。

**知识链接：世界第一座炼油厂**

全世界第一座炼油厂是1857年8月在罗马尼亚普罗什蒂附近的勒弗夫投入生产的，那年罗马尼亚石油的产量是275吨。

**知识链接：中国最早的炼油厂**

中国最早的炼油厂在陕西延长。1907年10月，延长石油厂建起的“炼油房”，是中国内地最早的炼油厂。

## ◎ 石油炼制中的“五朵金花”

1961年，石油工业部副部长刘放在北京香山主持召开炼油科研会议，研究制订炼油科技发展规划。会议上提出要掌握流化催化裂化、催化重整、延迟焦化、尿素脱蜡以及有关的催化剂、添加剂等5个方面的工艺技术。当时有部国产电影叫《五朵金花》，剧中有5位勤劳、美丽的少数民族姑娘，名字都叫金花，很受人们的喜爱。大家就将这5项炼油工业新技术形象地称为“五朵金花”。时至今日，催化裂化、催化重整、延迟焦化等技术，仍是石油炼制工业的骨干工艺。“五朵金花”依然灿烂。

## ◎ 炼油科学技术攻关大会战

石油工业要适应国民经济发展需要，除了解决石油资源问题，还要把炼油工业搞上去，才能为国家提供合格和足够的油品。1949年以前，中国基本上没有像样的炼油工业。在第一、第二个五年计划期间，随着原油生产的发展，通过改造老炼油厂、建设新炼油厂，已逐步建立起现代炼油工业的基础。到1962年，炼油工业已从原来的简单的粗加工，逐步发展到深度加工，但工艺技术基本上还处于三四十年代的水平，只能生产416种石油产品。按当时的需要，还有70多种产品不能生产。从产品数量上说，石油产品的自给率虽然比20世纪50年代有很大提高，也只达到63%，特别是军用油品大部分还要依赖进口。

1960年发现大庆油田以后，原油产量迅速增长，已有可能也需要迅速把炼油工业搞上去。1963年初，石油工业部提出，在石油产品品种和数量上要“三年过关，五年立足于国内”，在第三个五年计划期间，实现石油产品全部自给。实现这一目标，关键是要尽快掌握先进的炼油工艺技术，提高炼油的加工深度。为此，石油工业部组织了历时三年的炼油科学技术攻关大会战，取得了很大成功，对中国炼油工业的发展起了重要作用。

**知识链接：“四三方案”**

“四三方案”或“43方案”，是我国20世纪70年代初向美国、联邦德国、法国、日本、荷兰、瑞士、意大利等西方国家大规模引进成套技术设备的计划。1973年1月，国家计划委员会向国务院建议在3~5年内引进价值43亿美元的成套设备，通称“四三方案”。之后在这个方案的基础上又追加了一批项目，计划总额51.4亿美元。这是我国继20世纪50年代引进苏联援助的“156项工程”之后，第二次大规模的技术引进。利用“四三方案”引进的设备，结合国产设备配套，兴建了26个大型工业项目，总投资约200亿元人民币，至1982年全部投产，成为20世纪80年代我国经济发展的重要基础，极大地推动了石油炼制和石油化工的发展。

## ◎ 炼制石油有哪四件“法宝”

古人云“工欲善其事，必先利其器”。这真是颠扑不破的真理。那么加工石油需要什么工具呢？那就是炼油的所谓四件“法宝”。

第一件法宝：加热炉。石油加工的大多数过程都是在高温下进行的，有时会高达500℃以上。要把常温下的原料升到那么高的温度，那就非得用炉子加热不可，所以一进炼油厂就会看到许多炉子的烟囱。这些炉子里布满了垂直的或水平的、能耐高温的合金钢管，管子里流的是各种油料。在炉子的底部或者侧面装有一些火嘴，火嘴里会喷出温度高达上千摄氏度的熊熊烈火，来加热在管子里流动着的油料。

第二件法宝：蒸馏塔。石油和石油产品都是复杂的混合物。为了能合理利用原油并使产品达到一定的质量标准，常常需要把油料按照其沸点的高低进行分离。这就需要一种被称为蒸馏塔的设备。

第三件法宝：反应器。反应器都是在高温和高压下进行操作的，所以一般都是用特殊的合金钢制成的高压容器。

第四件法宝：机泵。在炼油厂还有大量用蒸汽或电力驱动的各种机泵设备，用于气体、液体的压缩和传输，如压缩机、汽轮机、往复泵、离心泵等专用设备。它们都是必不可少的。

## ◎ 蒸馏装置——炼油厂的“龙头老大”

要从石油中获得我们所需的石油产品，在炼油厂首先要对石油进行蒸馏。所谓蒸馏，就是按照组分沸点的差别，将石油分成若干馏分，然后再通过各种加工过程，才能获得满足使用要求的石油产品。通过蒸馏可将原油分成汽油、煤油、柴油、润滑油等各种馏分和二次加工的原料。因此，蒸馏是炼制石油的第一道工序，是最基本的石油炼制过程。它通常包括常压蒸馏和减压蒸馏两部分。由于在炼油厂里蒸馏方法是使用最多、最普遍的工艺过程之一，蒸馏永远不会停止，因此业内人士常把蒸馏称为炼油工艺的“常青树”。

在炼油厂的蒸馏车间，有许多高耸入云的“铁塔”。这些“铁塔”直径大小不一，从直径不足1米的“细高个儿”到直径10米左右的“大胖子”，重达几十吨甚至上百吨。有的“铁塔”上下又分了许多层，每一层上还装有一排排形式不同的构件，被称作塔盘或塔板。这些就是蒸馏的装置。蒸馏也是衡量一个炼油厂生产能力的重要指标。蒸馏过程和设备的设计是否合理，操作是否良好，对炼油厂生产的影响甚为重大。因此，原油蒸馏装置在炼化企业中占有重要地位，常被称为炼化企业的“龙头老大”。

## ◎ 催化一响　黄金万两

催化裂化是石油炼制过程之一，在热和催化剂的作用下，使重质油发生裂化反应，转变为裂化气、汽油馏分和柴油馏分等。其原料是原油通过蒸馏所得的重质馏分油，或在重质馏分油中掺入少量渣油，或全部用常压渣油或减压渣油。在反应过程中，由于不挥发的类碳物质沉积在催化剂上，缩合为焦炭，使催化剂活性下降，需要用空气烧去，以恢复催化剂的活性，并提供裂化反应所需热量。

催化裂化是炼油厂从重质油生产汽油的主要过程之一。所产汽油辛烷值高，裂化气（一种炼厂气）含丙烯、丁烯、异构烃多。

催化裂化装置多开或早开工一天，就多创产值上百万元。这对企业、对社会都是十分有益的。所以说“催化一响，黄金万两”(图8.2)。

图8.2　催化裂化装置

## ◎ 延迟焦化——劣质渣油的克星

延迟焦化是一种热裂化工艺，其主要目的是将高残碳的渣油转化为轻质油。它是目前世界上渣油深度加工的主要方法。

焦化过程按其焦化方法可分为釜式焦化、平炉焦化、延迟焦化、接触焦

化和流化焦化等。目前，主要的工业形式是延迟焦化和流化焦化。世界上85%以上的焦化处理能力都属延迟焦化类型。

延迟焦化装置主要由八个部分组成：（1）焦化部分，主要设备是加热炉和焦炭塔，有一炉两塔、两炉四塔，也有与其他装置直接联合的；（2）分馏部分，主要设备是分馏塔；（3）焦化气体回收和脱硫部分，主要设备是吸收解吸塔、稳定塔、再吸收塔等；（4）水力除焦部分；（5）焦炭的脱水和储运部分；（6）吹气放空系统部分；（7）蒸汽发生部分；（8）焦炭焙烧部分。

焦化通常被看做炼油厂的“老黄牛”，基本上来什么就“吃”什么。

世界上第一套延迟焦化工艺技术于1928年开发成功，1930年投入工业化生产。我国于1958年在抚顺石油二厂建立了10万吨/年焦化工业试验装置，于1963年底在石油二厂建成第一套30万吨/年延迟焦化工业装置。

## ◎ 怎样使油品达标

石油经过一次加工和二次加工所得到的油品，还不能完全符合市场上的使用要求。因为在油品中还含有各种杂质，如含有硫、氮等的化合物、胶质以及某些影响使用性能的不饱和烃和芳香烃。油品的质量标准并不像一般化学品追求其纯度级别，而是根据使用要求制定质量标准。如对于燃料油品要求其燃烧性能、对设备的腐蚀磨损、储存与输送安全、对环境影响以及需要脱除颜色和臭味等。因此，对油品中含有影响使用的杂质必须加以处理，使油品完全符合质量标准。这就是油品的精制。同时，每种油品有不同的质量档次与牌号，价格高低不同，石油产品出厂不仅要保证符合质量标准，还要本着优质优价的原则，追求最高的经济效益。这就需要发挥每种油品在某种性能上的优势，相互调和匹配，使之既达到了质量标准，又能取得最大的经济效益。因此，油品调和也是油品达标的一项十分重要的措施。

## ◎“鱼”和“熊掌”可以兼得的催化加氢技术

催化加氢是指石油馏分在氢气存在下催化加工过程的通称。目前炼油厂采用的加氢过程主要有两大类：加氢精制、加氢裂化。此外，还有专门用于某种生产目的的加氢过程，如加氢处理、临氢降凝、加氢改质、润滑油加氢等。

加氢精制主要用于油品精制，其目的在于脱除油品中的硫、氮及金属等杂质。有时还对部分芳香烃进行加氢，改善油品的使用性能。加氢精制的原料有汽油、柴油、煤油和润滑油等各种石油馏分，其中包括直馏馏分和二次加工产物。各种石油馏分加氢精制的原理工艺流程，原则上没有明显的差别。加氢裂化按照原料的不同，可分为馏分油加氢裂化、渣油加氢裂化。

石油炼制工业发展目标是提高轻质油收率和提高产品质量。一般的石油加工过程产品收率和质量往往是矛盾的，而催化加氢过程却能几乎同时满足这两个要求——“鱼”和“熊掌”可以兼得。虽然在现代炼油工业中，催化加氢技术的工业应用较晚，但其工业应用的速度和规模都很快超过热加工、催化裂化、催化重整等炼油工艺。无论从时间上，还是空间上，催化加氢工艺已经成为炼油工业的重要组成部分。

## ◎ 润滑油是怎样加工制造出来的

润滑油产品是由润滑油基础油加入各种添加剂调和制得。

润滑油基础油主要分矿物基础油及合成基础油两大类。矿物基础油应用广泛，用量很大（约95%以上）。但有些应用场合则必须使用合成基础油调配的产品，因而使合成基础油得到迅速发展。

矿物基础油主要以来自原油蒸馏装置的润滑油馏分和渣油馏分为原料，通过溶剂脱沥青、溶剂脱蜡、溶剂精制、加氢精制或酸碱精制、白土精制等工艺，除去或降低形成游离碳的物质、低黏度指数的物质、氧化安定性差的物质、石蜡以及影响成品油颜色的化学物质等组分，得到合格的润滑油基础油。

润滑油最主要的性能是黏度、氧化安定性和润滑性。它们与润滑油馏分的组成密切相关。黏度是反映润滑油流动性的重要质量指标。不同的使用条件具有不同的黏度要求。重负荷和低速度的机械要选用高黏度润滑油。氧化安定性表示油品在使用环境中，由于温度、空气中氧以及金属催化作用所表现的抗氧化能力。油品氧化后，根据使用条件会生成细小的以沥青质为主的炭状物质，呈黏滞的漆状物质或漆膜，或黏性的含水物质，从而降低或丧失其使用性能。润滑性表示润滑油的减磨性能。

近年来，随着润滑油使用条件的不断苛刻，润滑油工业面临着经济效益和环保法规的严重挑战，国外许多炼油厂开始采用加氢法生产优质润滑油基础油。舍我其谁的润滑油加氢技术也得到迅速发展。润滑油的品种越来越多，质

量越来越好。

## ◎ 石蜡生产　中国当先

图8.3　油宝宝礼品蜡

石蜡加氢精制法是在有催化剂及氢气存在和适宜的工艺条件下，对石蜡进行加氢的化学精制方法。石蜡加氢精制法具有产品质量好、收率高、操作灵活及基本消除三废污染等优点。因此，发展很快。

我国1979年第一套石蜡加氢精制工业装置投产至今，国内石蜡加氢精制催化剂及工艺技术已达到世界先进水平，基本满足生产过程中环境保护和产品质量的要求，对石蜡产品质量的提高和产品质量品种的增加起到了推动作用。凭借我国优越的石蜡资源优势和先进的中压石蜡加氢精制技术，我国石蜡出口量跃居世界首位（图8.3）。

## ◎ 神奇的催化剂

说起催化剂，人们似乎有些生疏。其实，几千年来人们用来发面或酿酒的酵母就是一类叫做酶的生物催化剂。大家都知道，化肥的主要成分——氨是由氢原子和氮原子所组成。当把氢气和氮气混合在一起时，不管用多高的温度、多大的压力，即使经历很长很长的时间，它们也不会变出多少氨来。但是，一旦在一定条件下与一种以铁为主要成分的催化剂接触后，它们很快就会合成氨了。这类能使反应速度成千上万倍地加速进行，而本身并不消耗的物质，就叫做催化剂。日语中把这类物质形象地称为“触媒”，它就好像是在各种反应原料之间充当“媒人”，经过它的撮合作用，就有可能使反应大大加快，并向多产目的产物方向转变。它的种类繁多（图8.4），大多为

图8.4　各种催化剂

固态，也有的是液态。可以毫不夸张地说，几乎所有的石油炼制与化工过程都离不开催化剂，石油炼制与化工技术的进展几乎都是得益于新型的、更高效的催化剂的问世。

## 第二节　知油善用话油品

### ◎ 油品的分类

石油产品包括气体、液体和固体三种状态的产品。我国石油产品分类多数参照ISO(国际标准化组织)已经公布的一些石油产品的分类标准而制定。根据国家标准GB/T 498规定，依据石油产品的主要特征，将其分为六大类，如表8.1所示。每类产品中有不同的品种，每个品种中又有不同的牌号，故石油产品牌号可有上千种之多。将种类繁多的石油产品合理地进行分类，并分别制定出适合于每种产品的质量规格指标，才能使各炼油厂都能按照统一的产品分类标准安排生产，以确保产品质量合格。

表8.1　石油产品的分类

| 分类 | 类别的含义 | 分类 | 类别的含义 |
|---|---|---|---|
| F | 燃料 | W | 石油蜡 |
| S | 溶剂和化工原料 | B | 石油沥青 |
| L | 润滑剂和有关产品 | C | 石油焦 |

### ◎ 汽油

车用汽油是点燃式发动机（汽油机）的燃料。车用汽油主要分为车用无铅汽油（GB 17930—2011）和车用乙醇汽油（GB 18351—2010）两类。汽油终端销售如图8.5所示。

车用无铅汽油按研究法辛烷值分为90号、93号、97号和98号四个牌号。辛烷值越高，表明汽油的抗爆性能越好。例如，90号汽油则表示其辛烷值为90。

车用乙醇汽油按研究法辛烷值分为90号、93号、97号三个牌号。标志方法是在汽油标号前加注字母“E”作为车用乙醇汽油的统一表示。例如，90号

图 8.5　汽油终端销售（加油站）

乙醇汽油标志为“E10乙醇汽油90号”(E10表示加入变性燃料乙醇的体积分数为10%)。

国家环保部门于2008年1月起，分别在北京、上海和广州实施国四排放标准，进而在全国推广。2012年5月31日，北京率先实施国五排放标准，并对汽油标号进行调整。与国四标准相比，国五在氮氧化物排放方面降低了25%，可以有效降低机动车排放污染。调整后的89号、92号和95号汽油标号分别取代了之前的90号、93号和97号汽油标号。

## ◎ 柴油

柴油是压燃式发动机（柴油机）的燃料，也是消耗量较大的油品之一。像汽油一样，柴油也有若干牌号。由于柴油的低温性能与使用性能较为密切，所以国产柴油的牌号都用凝点来表示。所谓凝点是指油品在规定条件下冷却至失去流动性的最高温度。例如，−10号柴油表示其凝点为−10℃，5号柴油表示其凝点为5℃。其余类推。这样，便可以根据地域和季节的气温不同来加以选用。

我国生产的柴油分为轻柴油、重柴油和农用柴油。轻柴油用作汽车、拖拉机和各种高速（1000转／分以上）柴油机的燃料。重柴油是中、低速（1000转／分以下）柴油机的燃料，一般有10号、20号、30号三个牌号。

2009年6月12日，我国正式公布车用柴油标准GB　19147—2009，该标准代替GB/T　19147—2003，于2010年1月1日起在全国执行。与GB/T

19147—2003相比，该标准规定柴油硫含量不大于350微克／克，并删除了原来的10号柴油技术要求，对柴油中的多环芳香烃含量进行限制，要求柴油中芳香烃的质量分数不大于11%，对柴油的黏度和密度限值作了适当的调整，并规定柴油中的生物柴油含量即脂肪酸甲酯体积分数不得大于0.5%。

根据GB 19147—2009标准要求，选用车用柴油牌号应遵照以下原则：5号轻柴油适用于风险率为10%的最低气温在8℃以上的地区使用；0号轻柴油适用于风险率为10%的最低气温在4℃以上的地区使用；−10号轻柴油适用于风险率为10%的最低气温在−5℃以上的地区使用；−20号轻柴油适用于风险率为10%的最低气温在−14℃以上的地区使用；−35号轻柴油适用于风险率为10%的最低气温在−29℃以上的地区使用；−50号轻柴油适用于风险率为10%的最低气温在−44℃以上的地区使用。

## ◎ 喷气燃料（航空煤油）

过去，飞机的发动机和汽车相同，都是活塞式的，使用的动力燃料是航空汽油；而现代大型客机的动力设备则都是喷气发动机，使用喷气燃料。喷气燃料的沸点范围介于汽油和柴油之间，基本相当于煤油，所以旧称航空煤油。为了确保高空飞行安全可靠，对喷气燃料的质量要求非常严格。主要要求有：良好的燃烧性能；适当的蒸发性；较高的热值和密度；良好的安定性；良好的低温性；无腐蚀性；良好的洁净性；较小的起电性和着火危险性；适当的润滑性。

喷气燃料主要由原油蒸馏的煤油馏分经精制加工，有时还加入添加剂制得，也可由原油蒸馏的重质馏分经加氢裂化生产。喷气燃料分为宽馏分型、煤油型和重煤油型。我国目前主要有三种喷气燃料，分别为：1号喷气燃料、2号喷气燃料、3号喷气燃料等（是按研制的时间顺序来命名的）。1号喷气燃料的结晶点为不高于−60℃，通常在严寒区冬季使用。由于其生产成本高而且产量有限，当2号及3号喷气燃料标准推广后，1号喷气燃料已很少生产。2号喷气燃料是煤油型喷气燃料，曾是我国大量使用的一种喷气燃料，可在国内一般地区常年使用。因其闪点为28℃，不适应国际标准要求，国内现已停止生产2号喷气燃料。3号喷气燃料为煤油型喷气燃料，是20世纪70年代末为适应国际通航和出口而开始研制，20世纪80年代初得到完善并投入大量生产的产品，广泛用于出口、民航飞机和军用飞机。

## ◎ 润滑油

润滑油最重要的性能指标是黏度，它是润滑油的基本物理性质，直接影响摩擦部位的润滑状态。润滑油占全部润滑材料的85%，种类牌号繁多，常用的有以下几类。

### ● 内燃机油

凡是用于内燃发动机的润滑油，统称为内燃机油。内燃机油的品种较多，有汽油机油、柴油机油、船用发动机油、二冲程汽油机油和铁道机车内燃机油等。其中汽油机油和柴油机油是消耗量最大的两类内燃机油，一般按质量等级和黏度等级来分类。

我国汽油机油和柴油机油的质量标准，是参照美国石油学会（API）内燃机油标准制定的。汽油机油标准GB 11121—2006，包括SE，SF，SG，SH，GF−1，SJ，GF−2，SL和GF−3共9个质量等极；柴油机油标准GB 11122—2006，包括CC，CD，CF，CF−4，CH−4和CI−4共6个质量等级。

同时我国等效采用美国SAE J300—1987标准制定了内燃机油黏度等级分类（GB/T 14906—1994），有0W、5W、10W、15W、20W、25W、20、30、40、50、60等11个黏度级号的油，称为单级油。在数字后面加有字母W的，表示冬用，不带W的表示夏用或非寒地区使用。单级油的使用有明显的地区范围和季节限制。为了克服单级油的这一缺点和最大限度地节约能源，SAE设计了一种适用于较宽的地区范围和不受季节限制的多级油。例如，某润滑油的品种牌号为L−ESF 5W/30，其中字母L为lubricant的缩写，是润滑剂和有关产品的类别代号；字母E为engine的缩写，是内燃机的类别代号；SF是汽油机油的质量等级代号；5W/30为多级内燃机油的黏度级号。

### ● 车辆齿轮油

车辆齿轮油是用于车辆齿轮传动系统润滑油的总称，包括差速器、变速箱和传动箱等部件用油。车辆齿轮油的主要作用是减少齿轮及轴承的摩擦与磨损、加强摩擦表面的散热作用、防止机件发生腐蚀和锈蚀。世界各国广泛采用美国石油学会(API)车辆齿轮油标准。API 1560—1995将车辆齿轮油分为GL−1、GL−2、GL−3、GL−4、GL−5、GL−6、MT−1七个质量等级。我国采用SAE J306标准对驱动桥和手动驱动桥齿轮油黏度进行分级，主要的品种牌号有：85W/140重负荷车辆齿轮油、80W/90重负荷车辆齿轮油、85W/90重负荷车辆齿轮油、85W/90普通车辆齿轮油、18号合成双曲线齿轮油、7号双曲线齿轮油。

## ● 液压油

液压油在液压系统中起着能量传递、系统润滑、防腐、防锈、冷却等作用。液压油的种类繁多，分类方法各异，长期以来习惯以用途进行分类，也有根据油品类型、化学组分或可燃性分类的。GB/T 7631.2—2003规定液压油采用统一的命名方式，其一般形式如下：类－品种 数字。如L－HV 22中L代表类别（润滑剂及有关产品），HV代表品种（低温抗磨），22代表牌号（黏度级）。液压油的黏度牌号由GB/T 3141做出了规定，采用黏度的分类方法，以40℃运动黏度的中心值来划分牌号。

在GB/T 7631.2—2003分类中的HH、HL、HM、HR、HV、HG液压油均属矿物型液压油。这类油的品种多，使用量约占液压油总量的85%以上。HH液压油是一种不含任何添加剂的矿物油。HL液压油也称通用型机床工业用润滑油，按40℃运动黏度可分为15、22、32、46、68、100六个牌号。HM液压油（抗磨液压油），按40℃运动黏度可分为22、32、46、68四个牌号。HR液压油是在环境温度变化大的中低压液压系统中使用的液压油。HG液压油曾用名为液压导轨油。该产品主要适用于各种机床液压和导轨合用的润滑系统或机床导轨润滑系统及机床液压系统。HV液压油（低温液压油）主要用于寒区或温度范围变化较大和工作条件苛刻的工程机械、引进设备和车辆的中压或高压液压系统。它按40℃运动黏度分为15、22、32、46、68、100六个牌号。

## ● 压缩机油

压缩机油主要用于压缩机内部各摩擦部位的润滑，其作用是减少摩擦和磨损，同时也起到密封、冷却、防锈、防腐蚀等作用。我国等效采用ISO 6743/3A制定了我国的标准（GB/T 7631.9—1997）。该标准包括空气压缩机油、真空泵油、气体压缩机油和制冷压缩机油(冷冻机油)。

在GB/T 7631.9—1997压缩机油分类中，有DAA、DAB、DAC和DAG、DAH、DAJ六个品种。前三个品种用于活塞式或滴油回转滑片式空气压缩机，后三个品种用于喷油回转式空气压缩机。DAC和DAJ为合成油，其余品种为矿物油型压缩机油。按黏度等级有32、46、68、100、150五个牌号。

## ● 全损耗系统用油

全损耗系统用油又称机械油，是一种通用的润滑油。它适用于对润滑油无特殊要求的锭子、轴承、齿轮和其他低负荷机械零件的润滑，工作温度为40～60℃，不适用于液压机械、齿轮、轴承等循环润滑系统。

## ● 润滑脂

润滑脂又称黄油，是将一种或几种稠化剂分散到一种或几种液体润滑油中，形成的一种固体到半固体产物。润滑脂的用途广泛，主要用于润滑转动、滑动的机械摩擦部位，还兼有防护和密封等作用，是不可缺少的一类润滑材料。

润滑脂品种复杂，牌号繁多。按基础油进行分类，分为矿物基础油和合成基础油两类。按稠化剂进行分类，分为烃基、皂基、有机和无机四类，其中皂基是目前最大的一类，包括钠基、钙基、复合钙基、锂基、复合锂基、钡基、铝基和复合铝基等。随着形势的发展，这种对润滑脂按稠化剂进行分类的GB 501—65已不能适应发展及使用的要求，已于1988年4月1日废止。GB 7631.8—90规定了按使用要求对润滑脂进行分类的体系，这个分类体系等效地采用了ISO的分类方法，已代替了GB 501—65。

GB 7631.8—90分类标准把每一种润滑脂用一组（5个）大写字母和一组数字组成的代号来表示（如，某种润滑脂的标记为L–XBEGB00），每个字母及其在该构成中的书写顺序都有其特定的含义。字母1指润滑脂的组别代号；字母2指最低操作温度，A、B、C、D、E分别表示0℃、−20℃、−30℃、−40℃及−40℃以下；字母3指最高操作温度，A、B、C、D、E、F、G分别表示60℃、90℃、120℃、140℃、160℃、180℃及180℃以上；字母4指润滑脂在水污染的操作条件下其抗水性能和防锈水平，字母所表示的意义如表8.2所示；字母5指润滑脂在高负荷或低负荷场合下的润滑性能，A表示非极压（低负荷），B表示极压（高负荷）。数字指润滑脂稠度等级。

表8.2　第4个字母所表示的意义

| 档号 | A | B | C | D | E | F | G | H | I |
|---|---|---|---|---|---|---|---|---|---|
| 环境条件 | L | L | L | M | M | M | H | H | H |
| 防锈性能 | L | M | H | L | M | H | L | M | H |

注：环境条件方面，L表示干燥环境，M表示静态潮湿环境，H表示水洗；防锈性能方面，L表示不防锈，M表示淡水存在下的防锈性，H表示盐水存在下的防锈性。

由此可见，上述标记为L-XBEGB00的润滑脂，使用条件为：最低操作温度-20℃，最高操作温度160℃，环境条件方面能经受水洗，防锈条件方面不需要防锈；负荷条件为高负荷；稠度等级为00级。

## ◎ 白油——超级油品

白油是经特殊深度精制后得到的一种白色矿物油，其基本组成为饱和烃结构，含氮、氧、硫等物质近似于零。由于这种超级的精制深度，在实际制造工艺中，难以对重质馏分实施，所以白油的相对分子质量通常都在300～400范围之内。白油无色、无味、无臭，具有化学惰性及优良的光、热安定性，用途广泛。

白油作为一种有较高附加值的产品，正在受到国内外石油化工行业的重视。白油级别不同，规格不同，其价格差别较大，往往有几倍甚至几十倍。一般黏度越大的白油产品价格越高，利润也越大。白油的分类通常是根据其饱和烃的纯度进行的，常用的有工业级白油、食品级白油、医用级白油、化妆品级白油等。不同类别的白油在用途上也有所不同。

工业级白油：是以加氢裂化生产的基础油为原料，经深度脱蜡、化学精制等工艺处理后得到的，主要用于化纤、铝材加工、橡胶增塑，也用于纺织机械、精密仪器的润滑以及压缩机密封用油。

食品级白油：是以矿物油为基础油，经深度化学精制、食用酒精抽提等工艺处理后得到的。适用于食品上光、防黏、消泡、密封、抛光和食品机械，延长酒、醋、水果、蔬菜或罐头的储存期。

医用级白油：适用于制药工业，可作为生产腹泻用的内服剂及生产青霉素的消泡剂。

化妆品级白油：是采用加氢原料经过深度精制后得到的，适用于做化妆品工业原料，制作发乳、发油、唇膏、护肤脂等，也用于食品、农药。

石蜡基矿物油生产的白油通常是高倾点白油，环烷基矿物油生产的白油通常是低倾点白油。白油的牌号划分通常以40℃运动黏度的大小来划分，黏度等级通常都会符合ISO标准的黏度等级。

### ◎ 溶剂油——液态“红娘”

溶剂油是一种溶剂，是溶解、分散和改变溶质状态的一种液体媒介物。由于溶剂油大都是各种烃类的混合物，其馏程分别包含于汽油、煤油或柴油馏分中，因而才又被称为溶剂油。

溶剂油是重要的工业溶剂，目前约有400～500种溶剂在市场上销售，其中溶剂油（烃类溶剂、苯类化合物）占一半左右。其应用主要是通过溶解、挥发等过程实现特定目标，溶剂油的用途十分广泛。用量最大的首推涂料溶剂油（俗称油漆溶剂油），其次有食用油、印刷油墨、皮革、农药、杀虫剂、橡胶、化妆品、香料、医药、电子部件等溶剂油。洗衣店用于清洗高档衣物的“水”其实就是干洗溶剂油。

溶剂油有多种分类。按沸程分有低沸点溶剂油、中沸点溶剂油、高沸点溶剂油。按化学结构分有烷烃、环烷烃和芳香烃三种。按用途分，通常可以分为主要用在抽出大豆油、菜子油、花生油和骨油等动植物油脂的抽提溶剂油，用于橡胶、轮胎等领域的橡胶溶剂油，用于油漆、涂料工业的油漆溶剂油等。此外，还有洗涤溶剂油、油墨溶剂油等。按其98%馏出温度或干点划分溶剂油，常见的牌号有：70#溶剂油、90#石油醚、120#橡胶溶剂油、190#洗涤剂油、200#油漆溶剂油、260#特种煤油型溶剂。此外还有6#抽提溶剂油、航空洗涤汽油、310#彩色油墨溶剂油、农用灭蝗溶剂油等。实际上市场销售的远不止这些，生产厂家可以根据用户需要，生产各种规格溶剂油。

## 第三节　石油化工是个“大宅门”

### ◎ 石油化工的主要作用

通过阅读石油炼制方面的基本知识，您大致了解了汽油、煤油、柴油及其他石油产品是怎样生产出来的。然而，石油衍生出来的化工产品多达数千种，业内通常把以石油、天然气为基础的有机合成工业，即以石油和天然气为起始原料的有机化学工业称为石油化学工业（简称石油化工）。石油化工在国民经济和社会发展中占有举足轻重的地位，具有不可替代的基础作用，对国家的综合国力和人民生活水平有着直接的影响。主要表现在：

（1）石油化工是材料工业的支柱之一。

金属、无机非金属材料和高分子合成材料被称为三大材料。而高分子合成材料正越来越多地取代金属，成为现代社会使用的重要材料。除合成材料外，石油化工还提供了绝大多数的有机化工原料，在属于化工领域的范畴内，除化学矿物提供的化工产品外，石油化工生产的原料，在各个部门大显身手。

（2）石油化工促进了农业的发展。

农业是我国国民经济的基础产业。石油化工提供的氮肥占化肥总量的80%，农用塑料薄膜的推广使用，加上农药的合理使用以及大量农业机械所需各类燃料，形成了石化工业支援农业的主力军。

（3）各工业部门离不开石化产品。

建材工业是石化产品的新领域，如塑料管材、门窗、铺地材料、涂料被称为化学建材。轻工、纺织工业是石化产品的传统用户，新材料、新工艺、新产品的开发与推广，无不有石化产品的身影。当前，高速发展的电子工业以及诸多的高新技术产业，对石化产品，尤其是以石化产品为原料生产的精细化工产品提出了新要求，这对发展石化工业是个巨大的促进（图8.6）。

（4）石油化工也具有价值高昂的经济效益。有人曾算过一笔账，一吨原油转化为石油化工产品后可增值100倍。

## ◎ 石油化工生产的主要过程

石油化工包括以下三大生产过程：基本有机化工生产过程、有机化工生产过程、高分子化工生产过程。基本有机化工生产过程是以石油和天然气为起始原料，经过炼制加工制得三烯（乙烯、丙烯、丁二烯）、三苯（苯、甲苯、二甲苯）、乙炔和萘等基本有机原料；有机化工生产过程是在“三烯、三苯、乙炔、萘”的基础上，通过各种合成步骤制得醇、醛、酮、酸、酯、醚类等有机原料；高分子化工生产过程是在有机原料的基础上，经过各种聚合、缩合步骤制得合成纤维、合成树脂、合成橡胶等最终产品。

聚丙烯地毯

合成纤维

尼龙丝织成的降伞

合成橡胶轮胎

图 8.6 石化产品

## ◎ "3311"——神奇的基本有机化工原料

所谓"3311"，是指三烯、三苯、一炔、一萘。它是最基本的有机化工原料，被称为一级基本有机原料。成千上万种的有机化合物，绝大部分都是由"3311"来制造的。从一级基本有机原料出发生产出二级、三级基本有机原料，再进一步合成橡胶、纤维、塑料、洗涤剂、农药、染料、医药等产品。二级、三级基本有机原料中重要的有几十种，包括醇、醛、酮、酸、胺等类有机化合物。这些一级、二级甚至三级基本有机原料就定名为基本有机化工原料。基本有机化工原料是石油化工产品的基础。只有通过这些基本原料，才会有出现在国防、民用以及尖端技术上所不可缺少的千万种有机化合物所组成的物件（图8.7）。

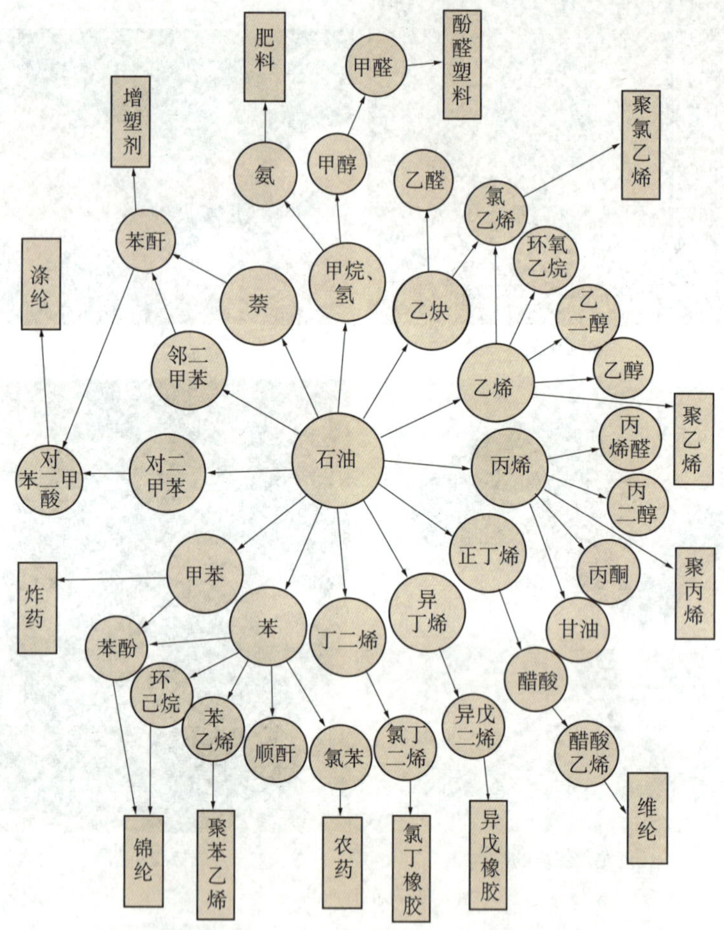


图8.7　基本有机化工原料及其下游产品关系示意图

## 用途广泛的芳香烃

芳香烃指分子中含有苯环结构的碳氢化合物。历史上早期发现的这类化合物多有芳香味道，所以称这些烃类物质为芳香烃。后来发现的不具有芳香味道但具有苯环结构的烃类，也都统一沿用这种叫法。例如苯、萘等。

芳香烃主要为苯、甲苯、二甲苯，是生产石油化工产品最重要的基础原料之一。其中苯、甲苯、二甲苯也被称为一级基本有机原料，主要用于生产尼龙、聚氨酯、聚酯、醇酸树脂等合成材料。此外，还有许多小规模的用途，如生产杀虫剂、除草剂、医药和染料等。

目前，芳香烃的大规模工业生产是通过芳香烃联合装置来实现的。典型的芳香烃联合装置包括石脑油加氢、重整或者裂解汽油加氢等生产芳香烃的装置以及芳香烃转化和芳香烃分离的装置。关键技术包括催化重整、芳香烃抽提、甲苯歧化、二甲苯异构化和二甲苯分离。

### ● 不可或缺的烯烃

分子里含有碳碳双键的一类脂肪烃称为烯烃。其中乙烯、丙烯、丁烯等烯烃分子中有双键结构存在，化学性质活泼，能与许多物质发生加成反应生成一系列重要产物，并易氧化和聚合，生成各种有机化工产品和聚合物。

乙烯为无色、无臭、易燃、易爆的气体。相对密度0.976，沸点−103.71℃。与空气混合时的爆炸极限为25%～34%。由于乙烯存在双键，化学性质活泼，因此，能氯化成二氯乙烷，氧化生成环氧乙烷，水合生成乙醇，能聚合生成聚乙烯，与苯生成乙苯等。这些产品中很多都能衍生出更多的产品。

丙烯为无色可燃气体。相对密度0.5139，沸点−47.7℃，凝固点−185.2℃。可溶于乙醇和乙醚，微溶于水。丙烯可聚合生成聚丙烯，与乙烯共聚生成乙丙橡胶，与苯生成异丙苯，水合生成异丙醇，氧化生成环氧丙烷等。

丁二烯在常温下为无色气体，有麻醉性和刺激性。相对密度0.6211(20℃)，沸点−4.41℃。化学性活泼，易起聚合作用。与空气形成爆炸性混合物，爆炸极限为2.16%～11.47%。丁二烯主要用于生产合成橡胶，还用于制造合成树脂和合成纤维原料。

## ◎ 石油化工生产的当家设备——高温裂解炉

在庞大的石油化工厂里，您可以清楚地看到，纵横交错的管线和钢铁制造的庞然大物。这里的当家设备就是用于化工生产的高温裂解炉。这些裂解炉和人们常见的蒸汽锅炉一样，炉内都有许多按一定规则排列的钢管，所不同的是蒸汽锅炉管内流通的介质是水，管外烧火加热。在一定的温度下，使水变成蒸汽。高温裂解炉和蒸汽锅炉的工作原理是一样的，只不过高温裂解炉的炉管内流通的介质是裂解原料油。裂解原料油经加热后与过热蒸汽交换热能。通过这个庞大的高温裂解炉能生产出许多化工产品，如乙烯、丙烯、丁二烯和苯、甲苯、二甲苯以及副产品裂解汽油等。它所使用的裂解原料，正是来自于石油与天然气炼制产出的石脑油、轻油等油品。

## 第四节

# 处处渗透于人们生活的石油化工产品

### ◎ 合成树脂

合成树脂是人类利用化学合成的方法生产出来的一种与天然树脂类似的有机高分子聚合物。它们是由某一种或多种单体反复连接而成，具备或超过天然树脂所具有的特性，是一种新型的合成材料。若以合成树脂为基料，加上染料或颜料及各种助剂等辅助材料，经过加工，即可制成具有一定特性的可塑材料，通常称为“塑料”。

合成树脂可按以下几种方法分类：

（1）按加工成型特性分类，可分为热塑性树脂和热固性树脂。前者受热后可塑化和流动并可多次反复塑化成型，聚乙烯、聚丙烯、聚氯乙烯、聚苯乙烯和ABS树脂等即属此类树脂。后者在固化剂存在下，受热和加压而固化，即不再变软，酚醛树脂、聚氨酯树脂、环氧树脂、不饱和聚酯树脂等即属此类树脂。

（2）按制品应用功能分类，可分为通用塑料、工程塑料和功能塑料。通用塑料来源丰富、生产量大、应用面广、价格便宜，且易于成型加工，如聚乙烯、聚丙烯、聚氯乙烯、聚苯乙烯、ABS树脂等。工程塑料的物理机械性能、电性能及耐环境应力开裂性能优异，可替代金属或非金属作为工程结构材料使用，如尼龙、聚甲醛、聚碳酸酯、聚苯醚等树脂。功能塑料具有某种特异功能，如离子交换树脂、高吸水性树脂、光敏树脂、螯合树脂等。

（3）按聚合物主链结构分类，可分为聚烯烃树脂（如聚乙烯、聚丙烯）、苯乙烯系树脂（如聚苯乙烯、AS树脂、ABS树脂）、乙烯基树脂（如聚氯乙烯、聚乙酸乙烯和聚乙烯醇树脂）、聚氨酯树脂和氟树脂、硅树脂等。

合成树脂具有优异的性能，它密度小、强度高、耐腐蚀性能好。一般来说，塑料的密度只有钢铁的七分之一到五分之一，比钢铁和玻璃要轻得多，聚乙烯和聚丙烯比水还轻。低发泡塑料是一种相对密度在0.5左右并具一定强度的新型材料，高发泡塑料是一种良好的隔音和绝热、防震材料。虽然钢铁等传统材料在强度、刚度、耐温等多个方面占优势，但塑料以其优异的耐腐蚀性和相对密度小、强度和刚度大、摩擦系数小、耐磨、绝缘性好、易成型加工、复合能力强等优良的综合性能，大大提高了它的应用价值。结构发泡塑料使用各种高强度、高模量纤维以及多种多样的复合、增韧、改性(如阻燃、抗静电、抗臭氧老化等)技术，更使塑料的力学性能和化学性能得到极大改善，使塑料成为一种新型、优质、多功能的结构材料。

由于合成树脂的性能优异，品种众多，因此它在某些方面可取代传统材料，如钢铁、有色金属、木材、纸张、棉、麻、丝、毛、皮革、玻璃、陶瓷、水泥等，并成为传统材料最有力的竞争者。“以塑代钢”、“以塑代木”已是当代结构材料应用发展的一种潮流。

目前，以体积计算，世界合成树脂或塑料的产量和消费量已大大超过钢铁。从消费量来看，包装行业是合成树脂的第一大应用领域，建筑材料是第二大应用领域，信息、电气、家电等行业是第三大应用领域。只要您留心观察一下就会发现，合成树脂和塑料的应用无处不在。

塑料不仅是一类综合性能优异的新型材料，而且是优良的节能材料，如用塑料门窗替代金属门窗可节省采暖能量30%～50%，其发展速度远远超过了钢的发展速度。

### 知识链接：防弹衣也是塑料制的吗？

说到“防弹衣”不怕子弹在飞，人们立刻会想到防弹衣的材质。那么，防弹衣和塑料有关系吗？有。它涉及一种叫做超高相对分子质量聚乙烯的塑料。超高相对分子质量聚乙烯（UHMWPE）在结构上与普通聚乙烯相同，但其相对分子质量比一般聚乙烯要高得多。普通聚乙烯相对分子质量为2万～30万，而超高相对分子质量聚乙烯为200万以上。目前，德国已生产出相对分子质量高达1000万的超高相对分子质量聚乙烯。它是一种新型的工程塑料。

20世纪60年代，随着合成纤维工业的发展，出现了由芳纶织物取代金属制成的防弹头盔和防弹衣。此后，一种性能更好的材料被用作防弹装备，那就是超高相对分子质量聚乙烯，它为防弹装备开辟了历史新纪元。我国的武警部队，也于1998年开始使用超高相对分子质量聚乙烯制成的防弹头盔。得益于超高相对分子质量聚乙烯纤维的推广应用，笨重的金属材料防弹衣已被轻柔的非金属材料软体防弹衣所取代。

## ◎ 合成纤维

我们把纤维分为两大类：其一为天然纤维，其二为化学纤维。所谓化学纤维，是用天然或合成高分子聚合物，经化学反应和纺丝、加工处理而制得的纤维。纤维的分类如图8.8所示。

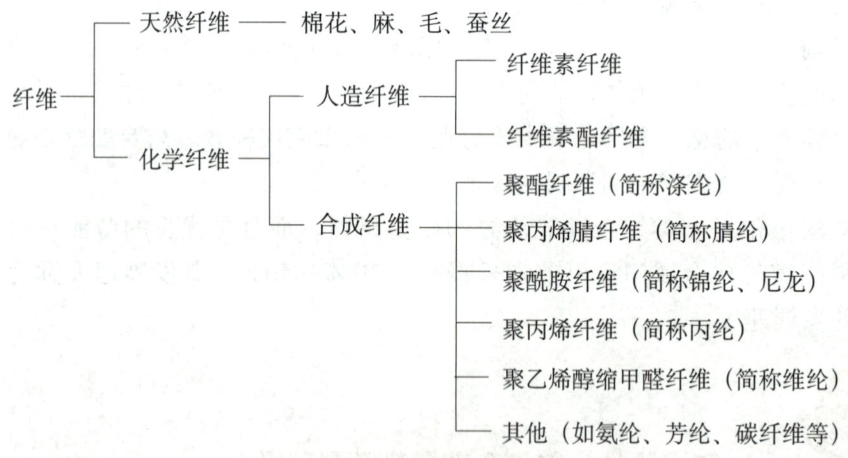


图8.8 纤维的分类

合成纤维是以石油、天然气为原料，通过人工合成的高分子聚合物经纺丝、后加工而制得的纤维。合成纤维根据其化学组成，可分为涤纶、腈纶、锦纶、丙纶、维纶等。

以石油为原料生产的合成纤维如图8.9所示。

合成纤维具有强度高、耐磨、耐酸碱、耐高温、质轻、保暖、抗霉蛀、电绝缘性能好等特点。

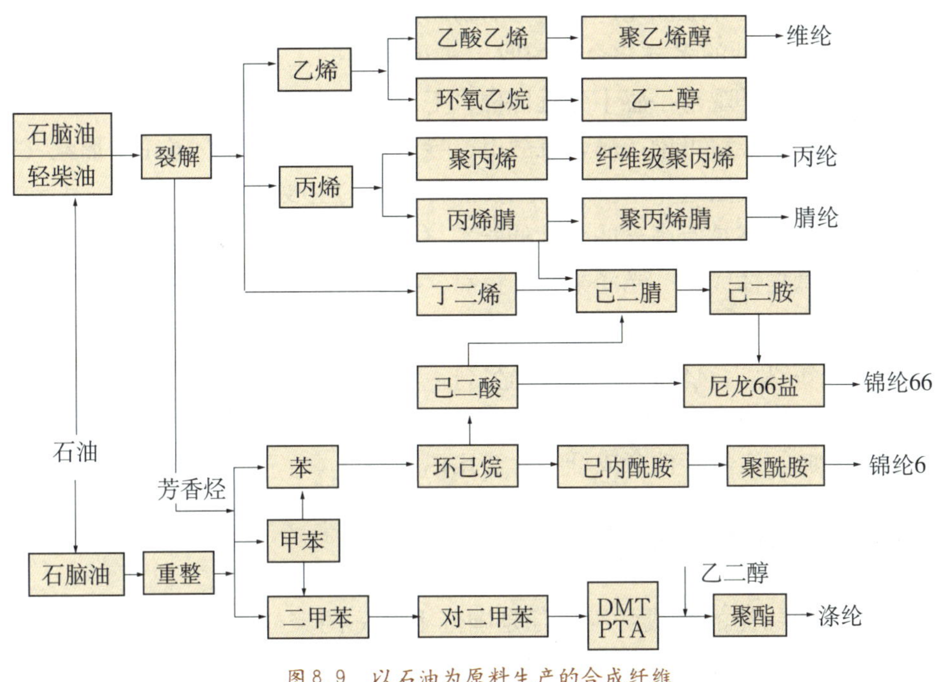


图 8.9　以石油为原料生产的合成纤维

合成纤维在民用上可用作服装面料、装饰，可混纺、纯纺及机织等；在工业上可用作轮胎帘子线、绳索、渔网、运输带、工业用织物、无纺布、土工布、电气绝缘材料等；此外，还可用作医疗用布，航空、航天工业用特殊复合材料等。

## 用途极广的涤纶（的确良）

20世纪六七十年代，我国纺织品市场上最受青睐的纺织品就是的确良，实际上它就是纯涤纶或涤纶与其他纤维混纺的制品。我国所称的涤纶，在国外有很多商品名称，如美国杜邦公司的商品名为达克纶，英国称为特丽纶。国际上比较统一地称之为聚酯纤维，或聚对苯二甲酸乙二酯纤维。涤纶最早是在1941年由英国化学家试制成功的，但由于第二次世界大战等原因，直至1953年才建成第一个涤纶厂。虽然涤纶在合成纤维中是实现工业化较晚的产品，但由于涤纶制成的纺织品坚牢、抗皱和保型性能特别好，做成的服装挺括不皱、外形美观、易洗快干，在工业上又有广泛用途，所以其发展非常迅速。1960年其世界产量已超过腈纶，1972年又超过了锦纶，跃居合成纤维的第一大品种。直至目前，世界上涤纶产量仍稳居榜首。

目前涤纶品种的多样化令人惊叹，采用不同的工艺可生产出品种繁多的商业性产品，如外观与手感十分近似棉、毛、丝的产品，仿鹅绒填絮品，分散性染料、阳离子染料可染产品，抗静电、导电及阻燃纤维等。涤纶变形丝（主要是低弹丝）是我国近年来发展的主要品种，它的主要特性是高蓬松、大卷曲度、毛型感强，且具有高度的弹性伸长率（达400%），用其织造的织物，具有保暖性好、悬垂性优良、光泽柔和等特点，特别适宜于织造仿毛呢、哔叽等西服、外衣、外套面料以及各种装饰织物如窗帘、台布、沙发面料等。超细旦丝还可以作为高效过滤材料、气体分离材料，应用于尖端科学技术领域，如无菌室和工业中用作超净化除尘材料等。总之，涤纶的用途极其广泛，涉及我们生活的各个领域，这是其他合成纤维无法比拟的。

## ●“粗活细活”都胜任的锦纶（尼龙）

国内称为锦纶的合成纤维实际是国际上统称的聚酰胺纤维，它是世界上最早实现工业化的合成纤维，是化学纤维的主要品种之一。其品种也不断更新问世。由于聚酰胺纤维具有优良的物理和纺织性能，它问世后发展速度很快，其产量长期居合成纤维的首位，直至1972年才被涤纶超过而退居第二位。

锦纶的商品名称各国也不同，我国称为锦纶，美国称尼龙，苏联称卡普隆，德国称贝纶，日本称阿米纶等。锦纶具有一系列优良特性：耐磨性居纺织纤维之冠；回弹性和耐疲劳性优良，耐多次变形且疲劳性接近涤纶，比棉花高7～8倍；吸湿性虽低于天然纤维和粘胶纤维，但在合成纤维中其吸湿性仅次于维纶；染色性能好，可使用酸性染料、分散染料等染色。锦纶的缺点是耐光性较差，长时间在日光和紫外光照射下，强度下降，颜色发黄，通常加入耐光剂以改善其耐光性能。锦纶的耐热性也较差，在150℃下，经过5小时即变黄，强度、延伸度明显下降，收缩率增加，另外锦纶纤维在使用中容易变形。

为了克服锦纶的不足，化纤工作者已经做了大量的工作，研究锦纶的改性，开发锦纶的新品种，目前已取得了很大进展。由于锦纶具有诸多优良特性以及改性和新品种的不断涌现，使之得到广泛的应用，其主要用途可分为民用、装饰用、工业用三大领域。在民用方面，锦纶主要用于服装、袜子、内衣、衬衣、运动衫、床上用品及箱包、袋、伞、绳等。在装饰方面，锦纶主要用于窗帘布、家具装饰和地毯，还可制成阻燃、抗静电、抗菌等材料。在工业

方面，锦纶主要用于轮胎帘子线、传送带、安全带、造纸用毛毯、工业用呢毯以及渔网、绳索等。

## 性能优良的腈纶

国际上通称为聚丙烯腈纤维而国内称之为腈纶的纤维，通常是指含丙烯腈在85%以上的丙烯腈共聚物或均聚物的纤维。丙烯腈含量在85%以下的丙烯腈共聚物或均聚物的纤维为改性聚丙烯腈纤维。腈纶具有许多优良性能，主要特性是质轻保暖，易染色，易洗快干，防蛀、防霉，故有“合成羊毛”的美称。其耐光性和耐辐射性很好，耐磨性和抗疲劳性较差，虽然其强度并不高，但比羊毛高1～2.5倍。随着合成纤维生产技术的不断发展，各种改性的腈纶相继出现，如高收缩、抗起球、抗静电、阻燃等品种均有商品生产，使之应用领域不断扩大。

腈纶自实现工业化以来，因其性能优良，原料充足，发展很快。尤其是在20世纪60年代实现了丙烯腈的生产原料由电石转向石油，并完成了多种溶剂的工业开发以及纤维性能的改进，腈纶的产量年均增产高达22%左右，但此后世界总产量增长趋缓。我国由于需求旺盛，腈纶得到迅速发展。腈纶的特性及用途决定了腈纶主要以生产短纤维为主。腈纶制品约90%为民用。民用制品中以腈纶短纤维为主，96%以上用于服饰。工业用途主要是制作帆布、过滤材料、保温材料、包装用布等。在军用方面主要是制作帐篷、防火服等。另外，腈纶还是碳纤维的主要原料。

## 可与棉花媲美的维纶

聚乙烯醇缩甲醛纤维，国内简称维纶（维尼纶），是合成纤维的重要品种之一。生产维纶的主要原料是聚乙烯醇（PVA）。由于维纶染色性差、弹性低等缺点不易克服，近年来在服装领域中不断萎缩，世界维纶总产量有所下降，但是它在工农业、渔业等方面的应用却有所增加，在装饰用、产业用纤维和功能性纤维的比例也在逐步增加。维纶短纤维外观形状接近棉花，但强度和耐磨性都优于棉花。50/50的棉/维混纺织物的强度比纯棉织物高60%，耐磨性可提高50%～100%。维纶密度约比棉花小20%。维纶的吸湿率在几大合成纤维中名列前茅，并具有良好的保暖性。此外，维纶还具有很好的耐腐蚀和耐日光性。维纶的主要缺点是染色性差，色泽也不鲜艳。维纶的耐热水性较差，易发生明显的收缩和变形，在沸水中甚至会发生部分溶解。维纶的弹性也不如其他合成纤维，其织物不够挺括，在穿着过程中易发生褶皱。维纶主要为短纤维，大量用于与棉花混纺，也可与其他纤维混纺或纯纺，织造各类机织或针织物。

近年来，随着维纶生产技术的发展，它在工业、农业、渔业、运输和医用等方面的应用有所扩大。利用维纶强度高、抗冲击性好、成型加工过程中分散性好等特点，可以作为塑料、陶瓷、纸张等的增强材料，特别是作为致癌物质——石棉的代用品，制成的石棉板受到建筑业的极大重视。利用维纶抗断裂强度大、耐冲击和耐海水腐蚀等长处，可用其制造各种类型的渔网、渔具、鱼线。维纶绳缆质轻、耐磨、不易扭结，具有良好的冲击强度、耐气候性，并耐海水腐蚀，在水产、车辆和船舶运输等方面有较多应用。维纶帆布强度大、质轻、耐摩擦和耐气候性好，它在运输、仓储、船舶、建筑、农林等方面有较多应用。另外，维纶还可制作包装材料、非织造布滤材、土工布等。

## ● “轻功”最好的丙纶

聚丙烯（PP）纤维是以丙烯聚合得到的等规聚丙烯为原料纺制而成的合成纤维，我国简称为丙纶。我国丙纶的产量也相当可观。其产品主要有普通长丝、短纤维、膨体长丝、烟用丝束、工业用丝、非织造布等。丙纶具有许多优异的性能：质轻，其密度为0.9～0.92克／厘米$^3$，在所有合成纤维中是最轻的；强度高（干态与湿态下相同），耐磨性和回弹性好；抗微生物，不霉不蛀；耐化学性也优于一般合成纤维。此外，与其他合成纤维相比，丙纶的电绝缘性和保暖性最好，它的电阻率很高，导热系数很小。但是，丙纶纤维的熔点低（165～173℃），对光、热稳定性差，所以丙纶纤维耐热性、耐老化性能差，通常采取加入热稳定剂和防老化剂来改善其性能。它的吸湿性和染色性是合成纤维中最差的，回潮率小于0.03%，普通染料均不能使其着色，因而在纺丝时多采用在原料聚丙烯中加入一定量的着色母粒使纤维着色。

值得注意的是，由于丙纶生产成本低，价格相对便宜，质轻（即同质量的纤维，用丙纶织成的布的面积比其他化学纤维大20%～40%），因而市场上有的不法商贩将丙纶弹力丝衣裤说成是锦纶弹力丝衣裤，有的在腈纶产品中掺入丙纶，购买时要注意识别。用丙纶制成的地毯、沙发布、贴墙布等装饰织物和絮棉等，不仅价格低廉，而且具有抗沾污、抗虫蛀、易洗涤、回弹性好等优点。丙纶具有高强度、高韧度、良好的耐化学性和抗微生物性以及低廉的价格等优点，故广泛用于绳索、渔网、安全带、安全网、箱包带、过滤布、电缆包皮、造纸用毡和纸的增强材料，还可制成土工布用于土建和水利工程。此外，丙纶烟用丝束可作香烟过滤嘴，丙纶纤维非织造布可做一次性卫生用品，如卫生巾、手术衣、帽子、口罩、床上用品、尿片面料等。

## 多姿多彩的改性纤维

合成纤维根据其性能及生产方法，又可分为常规纤维和差别化纤维。差别化纤维为外来语，源于日本。差别化纤维一般指的是经过化学改性或物理改性的化学纤维，差别化纤维以改进使用性能为主，主要用于服装及装饰织物，可以提高经济效益，增加纺织新产品，美化人民生活。差别化纤维的品种很多，主要有超细纤维、异形纤维、中空纤维。此外，还有高收缩纤维、高吸水和高吸湿纤维、着色纤维及阳离子可染涤纶。

超细纤维的线密度为0.11～0.55分特，主要用于高密度防水透气织物和人造皮革、仿桃皮绒织物等。超细纤维随着纤维纤度变小，织物更加柔软，手感更好，纤维的比表面积显著增大，织物的透气性能得到改善。超细纤维具有很好的吸水和吸油性能，织物光泽柔和。超细纤维优良的透湿性从根本上解决了合成纤维织物穿着不舒服的缺点，为合成纤维进入高档服装领域打开了一条通道。随着科学技术的发展和进步，将有更多的领域使用超细纤维，超细纤维的开发和应用正孕育着巨大的商机。

异形纤维是用异形喷丝板孔纺制的具有非圆形截面的化学纤维。根据所用异形喷丝板孔的不同，其截面形状有三角形、十字形、三叶形、扁平形、多叶形、星形、Y形、H形、矩形、菱形、六角形、中空及多中空形等。异形截面的纤维具有特殊的光泽、膨松性、耐污性，并具有抗起球性，能改善纤维的回弹性等特点。根据异形纤维品种和截面形状的不同，它可制成缎型织物和绉型织物（高档女式服装）、丝绸型织物（如乔其纱、双绉、派力司、府绸等）、毛型织物、麻型织物、羽绒型制品（如羽绒服、高档絮棉、睡袋等）以及类似羚羊毛、兔毛等其他特种动物纤维的制品。

中空纤维是一种特殊的异形纤维，它具有连续而均匀的空腔，一般采用特殊形状纺丝孔的喷丝板进行纺丝。纺中空纤维所用的喷丝孔的形状多为非连接状的近似圆形，纺丝液细流从异形喷丝孔流出后，立即相互围合，形成空心纤维。此外，也可以用在纺丝成型时向纤维中心喷进气体或液体的喷丝板来制取中空纤维。由于中空纤维的蓬松性和保暖性良好，在民用方面广泛用作枕头芯、被褥和玩具等的填充物。市面上标有4孔、7孔或9孔的商品，是指在每一根纤维的截面上有4个、7个或9个孔。中空纤维在工业上的用途也很广泛，可作为反渗透膜，用来淡化海水或软化河水和地下水，还可用于溶液的分离、浓缩及回收以及废液处理和气体分离等。中空纤维还在医疗领域中得到应用，可用于人工脏器的制作等。

## ● 各具特色的特种纤维

具有特殊的物理和化学结构，或具有特殊功能和用途的化学纤维，称之为特种纤维。特种纤维按性能可分为耐腐蚀、耐高温、阻燃、高强度、功能纤维和弹性体纤维等。

## ● 连王水都不怕的耐腐蚀纤维

耐腐蚀纤维即含氟纤维，在聚合物结构中含有氟原子的特种纤维。目前工业化生产的主要是聚四氟乙烯、聚偏氟乙烯纤维等。聚四氟乙烯纤维是含氟纤维中最主要的品种，1954年它首先由美国工业化生产。聚四氟乙烯纤维耐腐蚀性是现有合成纤维中最高的，连能溶解黄金的王水也对它毫无作用。它适于作各种耐腐蚀性气体、液体的滤材和密封材料。它在高氧浓度下难燃，所以使用温度范围极宽。它的耐气候性好，在户外放置15年也不会出现老化现象，适用作宇航服等。该纤维的电导率和热导率低，是高温高湿下良好的电绝缘和绝热材料。此外，它的耐脆性和耐弯曲磨耗性在合成纤维中也最好。但由于到目前为止仍无理想的溶剂适用于它，因此不适宜作纺织材料。

## ● 耐高温纤维——芳纶－1313

耐高温纤维是在高温下不软化，仍能保持一般力学性质的特种纤维，又称耐热纤维。耐高温寿命最长的是聚间苯二甲酰间苯二胺纤维（芳纶－1313）。它是最早工业化的（1967年）耐高温纤维，其熔点为400℃，在260℃加热1000小时后，其强度保持率为65%，它的绝缘性、耐辐射性和耐化学腐蚀性都很好。耐辐射性最好的耐高温纤维是聚酰亚胺纤维，它可在250℃

下长期使用，经伽马射线或高速中子流作用后，仍可保持其物理、机械和电气性能，可用作航天和核动力站所需的各种织物及层压制品、降落伞和电气绝缘材料等。

## 可做头盔、装甲兵器壳体的超高相对分子质量聚乙烯纤维

在通常条件下，聚乙烯、聚丙烯、聚丙烯腈、脂肪族聚酰胺和聚酯等柔性成纤高聚物，在熔融或溶液纺丝成形及后处理过程中，大分子多呈折叠结构，只能做成满足一般要求的化学纤维。如果用特殊的纺丝和拉伸工艺使折叠的大分子伸直并结晶化，就有可能制得强度和模量较高的纤维。1975年荷兰试制出具有优异抗张性能的超高相对分子质量聚乙烯纤维，立即引起人们极大重视；1985 年美国对制造技术进行改进，生产出了高强度聚乙烯纤维。目前有关厂家均是以十氢萘、石脑油、煤油等碳氢化合物为溶剂，将高强度聚乙烯纤维调制成半稀溶液，通过喷丝孔挤出后骤冷成冻胶原丝，经萃取、干燥和热拉伸而制成高强度聚乙烯纤维的。超高相对分子质量聚乙烯纤维的抗张性能优异，适合制作各种绳、索、缆等。海洋作业中，传统使用的钢丝经海水长期浸泡容易生锈，而且自重断裂长度短，而超高相对分子质量聚乙烯纤维的自重断裂长度为336千米，是钢丝的9倍。它的密度为0.97克／厘米$^3$，在水中漂浮，使用长度可不受限制，作为海洋用纤维材料非常有意义。超高相对分子质量聚乙烯纤维有良好的耐疲劳性、耐磨损性以及较高的强度，可织成50～500克／米$^2$的各种织物或非织造布，这些纤维可以用于制作防弹衣、帆布、防水服或过滤材料等。超高相对分子质量聚乙烯纤维在某些场合是一种比较理想的增强材料，将超高相对分子质量聚乙烯纤维与热塑性树脂结合，压成单层片可制成软质盔甲，或将单层片压成硬质复合材料，可用于雷达防护罩、头盔、装甲兵器壳体等。此纤维与热固性树脂复合，适宜制作盾牌、耐压储罐、船体外壳、滑雪板、滑水板等。

## 能导光、导电的功能纤维

光导纤维是用折射率不同的两种透明材料通过特殊复合技术制成的复合纤维，这种纤维具有导光性能。用高纯二氧化硅或高透明度的聚合物（聚甲基丙烯酸甲酯或聚苯乙烯）为芯材，用透明含氟树脂及聚酰胺12等为鞘材制成

的光导纤维能使光在芯部沿其界面折射传导，可用作光通信、数据传递、各种光照明和数字显示。导电纤维是化学纤维中混入石墨或金属粉（如铜、镍、银）等导电性添加剂而使纤维获得一定的导电和抗静电性能。混入添加剂的方式有多种，有配置在纤维的中心部的，有以细粉状分散在纤维之中的，有在纤维外面镀金属层的，也有将碘化物之类的金属化合物吸收在纤维之内的。导电纤维的电阻率介于碳纤维和金属纤维之间，所以实际上是半导电纤维，可用作无尘服、带电作业服、抗静电防爆作业服、地毯和工业用材等。这些导电纤维大都带有各种深颜色，若选用白色的金属化合物，则可制得白色纤维，可用作白制服和医院用服等。

## ◎ 合成橡胶

橡胶是一种具有弹性和多种特性的有机高分子结构材料，按其来源可分为天然橡胶和合成橡胶两大类。

合成橡胶（简称SR）是人们采用化学方法人工合成的一种性能类似或超过天然橡胶的新型有机高分子弹性体。它是以石油、天然气、煤炭或农副产品为初始原料，通过多种化学方法先制取合成橡胶的基本原料（也叫单体），再经过聚合或缩合反应以及凝聚、洗涤、脱水、干燥、成型等工序，制得具有弹性的高分子均聚物或共聚物。

合成橡胶一般分为不饱和碳链橡胶、饱和碳链橡胶、杂链橡胶和元素高分子橡胶等四类。合成橡胶的品种多、门类全、性能优异，应用领域十分广泛，已成为我国工业、农业、国防军工和高科技行业发展中不可缺少的重要材料之一。

合成橡胶的用途广泛，可制造各种轮胎（包括汽车轮胎、飞机轮胎、自行车胎、摩托车胎等）、胶带、胶管、胶鞋、电线电缆、密封制品、织物涂层、防水建材、医用橡胶制品、胶黏剂、乳胶制品（手套、气球、防水衣等）、儿童玩具、日用杂品，以及多种机械、仪器零部件用配套制品等。

合成橡胶的生产工艺技术主要包括单体的合成和精制，单体聚合反应合成高聚物，聚合物的凝聚、洗涤、干燥以及橡胶改性等技术，其中核心的合成技术就是聚合反应，生产工艺就是聚合工艺。

目前，合成橡胶品种有30余个，数千种牌号。

## 独一无二的医用材料——硅橡胶

硅橡胶的分子主干由硅原子和氧原子组成。这种结构的橡胶特别稳定，在露天放置20年，物理机械性能也不会有多大改变。它还特别耐热耐寒，在150℃高温下的使用寿命可达数年，即使在300℃也能连续用上半个月，而将它冷到−120℃也仍然能保持橡胶的柔性。虽然它的机械性能不够理想，但却能在很宽的温度范围保证性能的稳定。这种极其宝贵的性质，在高分子材料中很难找到第二种。另外，虽然硅橡胶本身的强度不高，但在加入特殊的填料后，竟可神奇般地将材料的拉伸强度提高40倍。硅橡胶还有一个超群的性能，就是它的气体透过性能在所有合成橡胶中是最好的。从医学的观点看，硅橡胶还有一个极其宝贵的性能，就是它与人体组织可以亲密无间的相处，在人体内部，它既有很强的排水性，也不能被人体组织所同化，可以放心使用，这种现象在医学上称之为生理惰性。50年前，人们就注意到硅橡胶的这些特性并开始把它应用到外科手术上，于是陆续有不少患者装上了用硅橡胶制作的指关节、假手、假耳、颌骨、人造乳房等。

## 柔软亮丽的生活伴侣——合成胶乳

合成橡胶的胶乳产品在我们的生活中几乎是无处不在。一本本精美的书刊，柔软舒适的海绵衬垫，伴着儿童欢乐飘起的五彩缤纷的气球，各种漂亮款式的地毯，精致的皮革制品等，到处都有合成胶乳的踪影。合成橡胶胶乳的外观有点像牛奶，它是细微的橡胶粒子分散在水中形成的乳状液体，其中橡胶粒子的直径一般小于1/1000毫米。天然橡胶是用从橡胶树上割下的胶乳经过处理制成的。一个多世纪以前，人类就利用天然橡胶胶乳制取防水雨布。合成胶乳可以用于纸张加工，生产地毯、涂料、胶黏剂、海绵及薄膜等制品，所有这些都与人民的生活密切相关。胶乳处理纸张时一般是用涂布机将调和好的胶乳浸渍并涂在纸张上，然后烘干压光。纸张处理最常用的是羧基丁苯胶乳。经胶乳处理后的纸张，韧性、光泽、防水性、耐久性、油墨吸收性及印刷质量都会显著提高，现在的高级纸张都需要这样的处理过程。不同胶乳的制品有不同的性能，所以要挑选合适的原料胶乳。例如耐油手套要用羧基丁腈胶乳生产，高空探测气球最好用丁基胶乳制造，海绵衬垫要用高固体含量的丁苯胶乳制造，阻燃型地毯背衬黏合剂最好用偏氯乙烯—丁二烯胶乳生产。

## ● 鞋底材料的主导产品——丁苯热塑性弹性体

中国每年生产7亿双鞋，其中绝大部分用于出口。可以说除了非洲大地上的赤足一族，几乎全世界的人都穿中国人做的鞋。那么，需求巨大又要求舒适耐用的鞋底材料怎么解决呢？这就要说到丁苯热塑性弹性体（SBS）。丁苯热塑性弹性体（SBS）主要用于制鞋、改性沥青、改性塑料和黏合剂等。在制鞋方面，由于SBS生产成本低、加工工艺简单以及性能优良（包括弹性、抗湿滑性、低温挠屈性和轻便性等），在我国已成为鞋底材料的主导产品。SBS改性沥青可用于铺筑路面及作为防水材料。以铺路为例，SBS改性沥青可避免普通沥青在夏季高温时路面老化、黏胎和在冬季发生低温脆裂、疲劳开裂等问题，不但大大提高路面寿命，还大大提高乘车舒适性和安全性。我国“国门第一道”的首都机场高速公路就采用了SBS改性沥青。SBS热塑性弹性体的优点不少，可是缺点也很明显：随着温度的升高，它的力学性能迅速变坏；另外，它容易变形，耐热老化性能也不理想。后来又开发生产了氢化SBS，在一定程度上克服了这方面的缺点。

## ● 特别适用于制造各种轮胎内胎的丁基橡胶

丁基橡胶的气密性特别好，这也是由它的大分子结构所决定的。在丁基橡胶长分子序列中排布着许多甲基，它们形成一道道屏障，阻碍着主链的活动性，也减少了分子内部的自由空间。正是这样的结构也同时造成丁基橡胶的弹性较差，但却带给它抗震和吸收能量的特性。如果按25℃时空气对橡胶的穿透能力计算，丁基橡胶大约只是丁苯橡胶的1/10，天然橡胶的1/25，顺丁橡胶的1/100。丁基橡胶的上述特性使它特别适用于制造各种内胎。丁基橡胶制的内胎既可长期保持轮胎的气压，有效地保护外胎，从而延长整个轮胎的使用寿命，又有利于汽车的节油与行驶安全。另外，就我们熟悉的自行车而言，它的内胎一般是用天然橡胶制作的，每隔3～5天就得打一次气，而用丁基橡胶制的内胎可以在两三个月内不打气，真是方便多了。卤化丁基橡胶既保留了丁基橡胶的优点，又克服了它硫化比较困难、黏结性比较差以及与其他聚合物不容易共混的缺点，耐热性能也得到了改善。卤化丁基橡胶广泛应用于无内胎轮胎中的内衬层，当然它的价格也比普通丁基橡胶贵了不少。使用卤化丁基橡胶可以直接制成轮胎的内衬密封层，由于它保持了丁基橡胶的气密性，又能和其他橡胶很好地黏附在一起，于是就不再需要汽车内胎，成为比较简单省事的无内胎轮胎了。

## ◎ 合成氨

合成氨是世界上重要的化工产品之一，也是全球产量第一的天然气化工产品。除液氨可直接作为肥料外，农业上使用的氮肥，例如尿素、硝酸铵、磷酸铵、氯化铵以及各种含氮复合肥，都是以氨为原料的。合成氨是大宗化工产品之一，世界每年合成氨产量已达到1亿吨以上，其中约有80%的氨用来生产化学肥料，20%作为其他化工产品的原料。

合成氨是由氮和氢在高温高压及催化剂存在下直接合成的氨。

## ◎ 高科技化工产品——碳纤维

碳纤维是一种力学性能优异的新材料。它的特点是：密度小，不到钢的1/4；抗拉强度高，一般都在3500兆帕以上，是钢的7～9倍；抗拉弹性模量高，为230～430吉帕，亦高于钢。因此，碳纤维的比强度即材料的强度与其密度之比可达到2000兆帕/(克/厘米$^3$)以上，而A3钢的比强度仅为59兆帕/(克/厘米$^3$)左右。其比模量也比钢高。

长期以来，我国碳纤维研制生产水平较低，国外技术和产品严格封锁。为彻底扭转我国碳纤维受制于国外的状况，2009年6月14日，中国石油吉林石化公司碳纤维厂正式揭牌，中国第一个碳纤维生产基地由此建成。这标志着中国高性能碳纤维产业化实现了新的突破。经过两年多的集中攻关，吉林石化的碳纤维已试制成功，各项性能表现达到了进口同级产品水平。

# 第九章

# 油气贸易

自1861年美国第一船煤油出口欧洲起，石油就是国际性的产品，具有国际贸易的性质。随着社会的发展，人类对油气的需求越来越多，石油贸易的规模越来越大，数量也越来越多。同时，贸易的范围、性质也在不断变化：有区域内，也有区域外；有现货，也有期货；有经济的因素，也有政治的因素。石油贸易是一个扑朔迷离的交易活动。

## 第一节　油气价格

### ◎ 国际石油贸易中几种价格的含义

石油价格的标定是一个十分复杂的程序。随着全球石油贸易的发展，产生了不同的石油标价方法。

石油输出国组织的官方价格：指以沙特阿拉伯的轻油为基准的标准原油价格，是20世纪60年代石油输出国组织（OPEC）与西方跨国公司降低“标价”行为进行抗争的结果。60年代后期特别是70年代初以来，在历次部长级会议上，OPEC都会公布标准原油价格作为当时统一的官价。到20世纪80年代，由于非OPEC产油量的增长，石油输出国组织的“官价”已不起多大作用，取而代之的是以世界上7种原油计算的加权平均价格（7种原油一揽子价格）来决定该组织成员国各自的原油价格。7种原油的平均价即是参考价，然后根据原油的质量和运费价进行调整。

现货市场价格：现货交易是传统的货物买卖方式，交易双方可以在任何时间和地点，通过签订货物买卖合同达成交易。现货市场价格有两种：一种是实际现货交易价格；另一种是一些机构通过对市场的研究和跟踪，对市场价格水平所做的估价。

期货交易价格：买卖双方通过在期货交易所公开竞价，对未来特定月份的“石油标准合约”达成的成交价格称为石油期货价。

以货易货价格：有些国家采用以货易货的方式交换其想要的物资。采用这种方式时，其原油价格虽然是按照OPEC官方价格计算，但由于所换物资的价格高于一般市场价，所以实际上以货易货的油价往往低于官方价格，因而这是在市场疲软情况下一种更加隐蔽的价格折扣方法和交易手段。其最基本的形式是用石油换取专门规定的货物或服务，此外，还有以油抵债、以油换油、回购交易等多种形式。

净回值价格，又称倒算净价格。一般来说净回值是以消费市场上成品油的现货价乘以各自的收益率为基数，扣除运费、炼油厂的加工费及炼油商的利润后，计算出的原油离岸价。这种定价体系的实质，是把价格下降风险全部转移到原油销售一边，从而保证炼油商的利益，因而适合于原油市场相对过剩的情况。

## ◎ 什么叫“国际油价”

目前，国际市场油价以美元计价，计量单位一般为“桶”。“桶”是容积单位，1桶约合159升。由于不同品种的原油密度不同，所以每桶所合质量也有所不同。以API度为34度的沙特阿拉伯轻质原油计算，1吨约合7.33桶。

平时我们谈到原油价格，都会说“国际油价”如何如何。可是在这样表述的时候，我们是否真正想过，到底什么是“国际油价”？其实，压根不存在一个国际的油价。全球很多地方都是产油区，而这些产油区出产的石油品质不尽相同，这就造成了这些石油的价格也有一定的差别，并无一个统一的价格。正因为如此，美国能源信息署在其全球油价的统计中，列出了全球近40个产油区的原油价格。

那么，平常我们说的“国际油价”到底指什么呢？其实，我们平常约定俗成提及的“国际油价”，指的是WTI原油价格，即美国西得克萨斯轻质原油价格，是在美国纽约商品交易所（NYMEX）期货交易所交易的WTI原油期货的最近期合约的价格，是美国市场以及西半球市场常用的原油基准价。由于美国是全球最大的能源消费国，同时NYMEX的WTI原油期货又是最活跃的原油交易品种，所以WTI原油期货的最近期合约的价格成为投资界“万众瞩目”的能源风向标，也就毫不奇怪了。这是不国际的“国际油价”。

虽然WTI原油期货价格在投资界万众瞩目，但是用其代表“国际油价”，其实是有些高抬了它。相比WTI原油价格，英国北海的布伦特（Brent）原油价格其实更具国际性。

西欧、地中海和西非地区出产的石油，往往用布伦特（Brent）原油价格作为基准价，其期货则是在英国伦敦的ICE洲际交易所（原IPE，即国际石油交易所）交易。根据其长期以来的市场表现，布伦特原油价格更能代表全球油价的趋势。

## ◎ 全球三大“基准油价”

随着世界原油市场的发展和演变，许多原油长期贸易合同均采用公式计算法，即选用一种或几种参照原油的价格为基础，再加升贴水。其基本公式为：

原油结算价格＝基准价＋升贴水

其中参照价格并不是某种原油某个具体时间的具体成交价，而是与成交前后一段时间的现货价格、期货价格或某报价机构的报价相联系而计算出来的价格。有些原油使用某个报价体系中对该种原油的报价，经公式处理后作为基准价；有些原油由于没有报价等原因，则要挂靠其他原油的报价。石油定价参照的油种叫“基准油”。不同贸易地区所选基准油不同，因而也就形成了不同的“基准油价”。

长期以来，国际市场原油交易形成了三种“基准油价”：

纽约市场油价，即纽约商品交易所WTI轻质低硫原油期货价格，又被称为“西得克萨斯中间基轻油”或“西得克萨斯轻质油”。其价格是北美地区原油的基准价格，是全球原油定价的基准价格之一，也是纽约商品交易所下一个月交货的轻质原油期货价格。

布伦特原油价格，即伦敦洲际交易所下一个月交货的北海布伦特原油期货价格。北海布伦特原油也是一种轻质低硫原油，但品质低于WTI原油。非洲、中东和欧洲地区所产原油，在向西方国家供应时，通常采用布伦特原油期货价格作为基准价格。

迪拜原油价格：迪拜原油是一种重质高硫原油，产自阿联酋迪拜。海湾国家所产原油向亚洲出口时，通常采用迪拜原油价格作为基准价格。

中国新的成品油定价机制，主要依据布伦特、迪拜和米纳斯三地原油价，再综合国内炼油行业平均成本、行业平均利润后，确定国内成品油零售价。其中米纳斯油是印度尼西亚产的中质低硫原油，从中东产油国生产并销往亚洲的原油，都是以它为作价参考。

## ◎ 一揽子油价

一揽子油价是综合反映国际原油贸易价格的指标。

20世纪80年代，由于非石油输出国组织产油国原油产量的增长，使原油价格暴跌。1986年，石油输出国组织石油收入比1985年下降49.2%。1986年12月，石油输出国组织(OPEC)选取了以世界上7种原油的加权平均价格(7种原油一揽子价格)，作为该组织原油价格的目标参考价，该成员国可参考该价格，然后按原油的质量和运费价来调整各自的油价。7种原油包括：沙特阿拉伯轻油、阿尔及利亚撒哈拉混合油、印度尼西亚米纳斯油、尼日利亚邦尼轻油、阿联酋迪拜油、委内瑞拉蒂朱纳轻油、墨西哥依斯莫斯轻油。当时OPEC

一揽子油价的目标是每桶18.00美元。

1987年以来，虽然OPEC规定了18美元/桶的目标参考价，并试图通过对产量配额的调节，使油价保持平稳从而获取相对的稳定收益。但石油在一定意义上脱离了一般商品的某些特征，石油价格也脱离了一般商品的某些价格机制。受供求关系、开发成本、替代能源、汇率、地缘政治等众多因素的影响，OPEC一揽子原油价格波动中蕴涵了主要石油生产国、消费国的国家利益和国家安全、经济发展与金融稳定的战略，并在一定程度上构成了主要石油生产国、消费国的政局与地缘政治发展演化的旋律。

## ◎ 什么叫价格指数

信息已成为一种战略资源。许多著名的资讯机构利用自己的信息优势，即时采集世界各地石油成交价格，从而形成对于某种油品的权威报价，成为“价格指数”。目前，广泛采用的报价系统和价格指数有：普氏报价、阿格斯报价、路透社报价、美联社报价、亚洲石油价格指数、印尼原油价格指数、远东石油价格指数等。原油现货市场的报价，大多采用离岸价，有些油种采用到岸价。

## ◎ 影响油价的四大因素

影响油价的因素错综复杂，如政治、经济、库存、气候、技术等。这些因素此消彼长，不同时期有不同的主导因素。

（1）供需因素。

石油作为一种商品，长期来看，其价格取决于供需关系。20世纪80年代中期油价暴跌，可以说是70年代高油价政策的直接后果。油价过高造成世界石油消费国普遍节省燃料，同时也刺激了非OPEC国家石油的生产，增加了石油供应量，使世界石油供过于求，达到了饱和状态，油价下跌成为必然。而2003年以来国际石油价格的走高，本质上是世界石油需求的刚性增长和因投资不足引起石油剩余产能处于历史低位而造成的。

（2）政治经济因素。

在历史上每一次石油价格大幅波动的背后，都能看到政治经济因素的影子。1973年爆发的第四次中东战争及石油禁运，促成了第一次石油危机。1979年伊朗伊斯兰革命，造成伊朗石油大幅减产。“9 · 11”之后美国发起反恐战争，带来中东地区的动荡和石油供给波动……从20世纪70年代至今，国际石油市场呈现出OPEC和非OPEC石油生产国、石油消费国及石油公司相互制约的格局。这使得政治经济因素在石油价格波动中，扮演了重要角色。

（3）期货投机。

近几年来，由于美元持续走软、股市低迷不振，美国投机资金在股市、债市上的投资收益令人失望，再加上全球经济复苏带动能源和原材料需求旺盛，从而导致部分投机资金从股市、汇市等市场撤出，大量涌入期货市场，大肆炒作能源和原材料期货。

（4）石油库存。

虽然库存不是决定价格的直接原因，但库存却是市场上涨或下跌动力的直接体现。若主动增加库存，库存就变成了需求，需求增加而市场供应未发生变化，价格将随之上涨；反之，若主动减少库存，库存变成供应，供应增加而市场需求未发生变化，价格将随之下降。但是，库存又在某种程度上反映供需矛盾的激烈程度。一般而言，供需紧张时，往往伴随低库存和高油价；供应充足时，常常伴随高库存和低油价。库存的变动与价格的关系可以是正面的，也可以是负面的，关键要看库存变动的原因。

## ◎ 国际油价运动轨迹的六个阶段

第二次世界大战以来，石油价格从每桶约1美元上升到最高147美元，2008年11月又回归到60多美元和2009年初的约40美元。从供求关系和油价变化角度分析，第二次世界大战以后国际油价运动轨迹，大致可划分为六个阶段。

第一个阶段：从1945年到1959年，国际石油工业恢复发展，中东石油出口地位确立。第二次世界大战结束后，美国对石油的需求大幅度增加，美国成为石油净进口国。波斯湾取代美国墨西哥湾，成为世界石油的出口中心，世界原油定价体系改为以沙特阿拉伯轻油价格为基准。

第二个阶段：从1960年到1972年，石油输出国组织初创，产油国团结维护油价。长期以来，俗称“七姊妹”的西方国际大石油公司低价攫取石油资源和垄断利润。1960年，沙特阿拉伯、委内瑞拉、科威特等国成立石油输出国组织，迫使西方石油公司把标价恢复到1960年前的水平。

第三个阶段：从1973年到1981年，产油国夺回石油主权，“石油危机”引发油价暴涨。1971年8月至1973年6月，为弥补因美元贬值给产油国造成的损失，OPEC与西方各石油公司谈判，先后达成两个日内瓦协议，夺回了油价决定权。1973年以后，发生的两次“石油危机”，引发油价暴涨。

第四个阶段：从1982年到1990年，供大于求引发油价暴跌，OPEC与非OPEC建立协调机制。1982年以后，世界石油市场出现供大于求的局面。1988年4月，OPEC成员国与非OPEC成员国初步形成协调机制。

第五个阶段：1991年至2002年，世界经济低迷，OPEC重新主导石油市场。这个时期，世界经历了东南亚金融危机和“9 · 11”事件后的经济衰退，国际原油价格大幅下跌。为防止油价进一步下跌，OPEC国家达成了从2002年1月1日起进一步减产150万桶／日的一致意见。在这一时期，OPEC的产量政策对国际石油市场发挥了主导作用。

第六个阶段：2003年至今，供求关系脆弱，市场进入“亚临界”状态。2003年以来，全球石油需求增长加快，世界石油市场供求关系处于脆弱“平衡”或面临失衡的“亚临界”状态。

回顾国际油价发展历史，石油价格大致可划分为15美元／桶以下的特低油价、15～20美元／桶的低油价、20～40美元／桶的常规油价、40～80美元／桶的高油价和80美元／桶以上的超高油价等五个区间。

## ◎ 国际原油价格体系的演变

20世纪60年代以前，国际石油市场的突出标志是“标价”，是“七姊妹”制定“标价”垄断石油的时代。

20世纪60—70年代的突出标志是“官价”，即OPEC定期公布的沙特阿拉伯轻油价格，可以说是“标价”的结束，“官价”的开始，是OPEC不断取得胜利，在国际石油市场取代国家大石油公司成为国际石油市场新主角的时代。

20世纪70—80年代的突出标志是“参考价”。非OPEC产油国产量上升，主要石油消费国消费量增长趋缓，有的甚至下降，以沙特阿拉伯轻油为基准的OPEC“官价”无法维持，于是出现了一个便于多方面接受的“一揽子油价”。与此同时，由于社会经济技术的进步，远期交易大量出现，期货市场也孕育诞生。

20世纪80—90年代的突出标志是“期货价格”。由于期货市场参与者多、流通量大、价格发现及时、能较好地反映市场供求状况等，从而使各方自觉地接受了期货价格而放弃了“官价”和最初意义的参考价。

20世纪90年代后期，特别是进入21世纪以来，虽然OPEC强调价格机制，设想建立一个当油价高于28美元/桶和低于22美元/桶就相应增产或减产的机制，以此来协调OPEC的行动。但是石油市场和价格的主宰者由单极变成了多极，石油价格成为石油市场多方制衡的结果。

## ◎ 国际油价预测方法

国际上多采用三种油价预测分析方法。

多元回归分析法：是预测分析的一种基本方法，它是因果关系分析的一个分支。因果关系可以用一组变量来描述，即自变量与因变量之间的关系，用$y=f(x)$表示。$y$是因变量，是预测目标——国际油价；$x$是自变量，是影响因素。该方法的优点是考虑因素少，计算公式简单，便于操作。但缺点是：模型建立在统计数据的基础上，以“过去”已知数据推算“未来”未知数据，存在着不确定性；回归系数及常数不能排除偶然因素的影响；对国际原油市场供需量的预测精确度要求高，而这一点往往难以做到。

均衡价格法：是西方经济学均衡理论在油价分析预测中的具体运用。它不仅考虑了供需之间的关系，还从利润角度考虑原油价格的合理值。在竞争条件下，整个国际市场的供求关系决定着原油的价格水平，即原油的均衡价格是市场需求曲线与供给曲线相交点所对应的价格。在经济学中还有一条著名的定律，是最优经济效益在边际收入等于边际成本时达到。它是决定产量规模、价格等的重要依据。所以在制定原油价格和产量规模时，必须遵循这条规定。该方法的缺点是，实用性不强，推导过程中应用了回归分析方法，准确度低，只适用于近期油价的预测。

层次分析法：由美国著名的运筹学家萨得在20世纪70年代中期提出，是系统工程中常用的软科学方法。它特别适合用于处理那些多层次的复杂大系统问题和难以完全用定量方法分析与决策的社会系统工程的复杂问题。它可以将主观判断用数量形式来表达和处理，是一种定量和定性相结合的分析方法。但该方法的缺点是受人为因素影响大，人为主观判断往往事先决定了油价涨跌的趋势。

## ◎ 中国原油价格的演变

中国原油价格是中国国内石油贸易中石油商品价值的货币表现，计量单位常用“元／吨”表示。

中国原油价格定价机制经历了四个阶段：完全计划价格体制阶段、双轨制价格体制阶段、逐步向国际石油市场价格水平靠拢阶段、与国际石油市场价格接轨阶段。

1981年以前，是完全计划价格体制阶段。这段时间，中国一直实行计划经济，由国家统一制定原油价格。在1973年以前，国内油价与国内物价水平相比一直处于低价位，但与当时国际油价相比却呈现高价位状态。比如，1960—1970年，中国原油价格为130元／吨，按当时汇率折算，价格水平高于同期国际油价。1971年国家适当调低了国内原油价格，1973年的油价水平仍然高于国际油价。1973年第一次石油危机爆发以后，国际油价大幅上涨，但中国原油价格变化不大，1974—1981年一直低于国际水平。

1981—1993年，是双轨制价格体制阶段。1981年国务院批准实行了1亿吨原油产量包干，允许超产原油按当时的国际油价出售，从此原油价格出现了包干内平价和包干外高价的双轨价格定价机制，综合水平由于价格双轨制的出现而逐步提高。

1994—1998年，是逐步向国际石油市场价格水平靠拢阶段。1994年5月，鉴于国内石油市场秩序的混乱，国家对原油价格进行了重大改革。国家对国产陆上原油实行国家定价，并根据不同油田的情况将油价分为两档价格：一档价格为原计划内平价、高价原油“并轨”提价；二档价格为部分较困难的油田和计划外原油。这一改革改变了中国原油低价的历史，为油价水平逐步向国际油价接轨打下了基础。此时期的陆上原油价格，一档平均每吨946元，二档平均每吨1202元。一档、二档综合平均每吨1020元，合16.8美元／桶。海上原油按国际油价水平销售。

1998年以后，是与国际石油市场价格接轨阶段。1998年，中国石油市场受到了国际油市低迷、国内油市不振的双重打击，成品油走私又一次对国内油品市场造成了很大的冲击。在这种情况下，为了稳定国内市场，实现国内原油与国际市场的接轨，1998年6月，经国务院批准，国家计划委员会出台了“原油、成品油价格改革方案”。定价原则是，国内陆上原油运达炼油厂的成本与进口同质原油到厂成本基本相当。其具体作价公式为：原油结算价格＝原油基准价＋升贴水。确定原油基准价的机构是国家计划委员会（现为国家发展和改革委员会）。从此，中国原油价格实现了与国际石油市场接轨的机制。

## ◎ 中国石油产品的价格形成机制

近年来，国际市场油价变动剧烈。为解决国内成品油与原油价格倒挂的矛盾，理顺成品油价格关系，保证国内成品油供应，国家发展和改革委员会多次调整成品油价格。2009年5月出台的《石油价格管理办法（试行）》是最新的一次调整。其主要内容有：

（1）原油价格由企业参照国际市场价格自主制定。

（2）国内成品油价格以国际市场原油价格为基础，加国内平均加工成本、税金、合理流通费用和适当利润确定。当国际市场原油连续22个工作日移动平均价格变化超过4%时，可相应调整国内汽油、柴油价格。

（3）当国际市场原油价格低于每桶80美元时，按正常加工利润率计算成品油价格。高于每桶80美元时，开始扣减加工利润率，直至按加工零利润计算成品油价格。高于每桶130美元时，按照兼顾生产者、消费者利益，保持国民经济平稳运行的原则，采取适当财税政策，保证成品油生产和供应，汽油、柴油价格原则上不提或少提。

## ◎ 天然气价格的一般构成

天然气价格是天然气商品价值的货币表现。

天然气价格和其他商品价格一样，主要由生产成本、流通费用、利润、税金四部分组成。它与其他商品不同之处是受石油价格变化的影响较大，此外还取决于国家对天然气的价格政策以及供求状况。理论上，天然气的成本是反映天然气从地质勘探、开发到采气过程的全部耗费。合理的天然气成本是制定天然气价格的最低经济界限。天然气是能源产品，还要考虑在劣等自然资源条件下，也能充分开发利用所耗费的平均成本，并能得到社会平均利润。天然气合理的利润，应按照资金利润率确定天然气价格中的利润。这样有利于引导社会对天然气进行投资。天然气的出厂价格为：

$$P_1=C+V+m$$

式中：$C+V$为成本；$m$为合理利润。

天然气的销售价格为：

$$P_2=(C+V+m)/(1-r)$$

式中：$r$为税率。

但实际情况和理论上有较大差别。天然气基本上是区域性商品，天然气价格没有统一的价格结构。在不同的地区、不同的交易领域和不同的社会经济条件下，具有多种不同的价格类型。

## ◎ 中国天然气价格的构成

中国天然气价格的构成，一般包括以下三个部分：

（1）管输费用。中国天然气管道输气收费一直由国家定价。1976年开始，按输送距离确定输送费用，即国家规定了不同运距下输送单位体积天然气的运输单价，乘以管输天然气体积总量即为总管输费用。以后经过了多次调整，目前沿用的是按国家计委1997年3月颁布的管输费。对于1995年及以后新建的天然气长输管线（如陕京线、鄯乌线、西气东输线等），国家实行了一线一价的政策，即按照“新线新价、老线老价”的原则执行，新线价格根据成本加合理利润进行测算，经政府批准后执行。

（2）门站价格。天然气从气田经运输后到分输站点的价格。一般为出厂价格与管输费之和。

（3）最终用户价格。因用户的类型不同、运输距离不同等原因，最终用户价格也不尽相同。最终用户价格的确定主要基于成本加成法，同时也考虑最终用户的支付能力、天然气替代能源的价格、热效率、配气费等因素。配气费由国家和当地政府确定。

## ◎ 天然气的国际贸易价格

天然气国际贸易在20世纪70年代以前，以管道运输为主。70年代以后，由于天然气液化技术的发展，促进了天然气国际贸易迅速增长。天然气的国际贸易价格主要有边境交货价格、合同价格、液化天然气离岸价格(FOB价)和液化天然气到岸价格(DES价)。

边境交货价格：即天然气经长输管道跨越国界，天然气生产国和消费国双方进行谈判确定的天然气价格。这种价格类似一般商品的现货价格，属同时供气付款的天然气买卖价格。如俄罗斯用长输管道给西欧十几个国家供气，以及美国进口加拿大和墨西哥的天然气等。其计算单位是$10^3$英尺$^3$(或$10^3$米$^3$)和百万英热单位（MMBtu）。

合同价格：天然气与其他商品在供货方式上有很大差别。天然气田一旦投入开发，需要有较长时间的稳定用户，供需双方的合同期一般长达20~30年。在天然气合同价格谈判时，一般要考虑照付不议量、压力等级与天然气的生产成本、净化费用、管输费用、合同期内天然气供求状况及变动因素、预期利润、预期金融市场变动因素（利率、汇率、通货膨胀率等）。

液化天然气离岸价格：由卖方在出口港将液化天然气（LNG）装上专用船为条件的价格。采用离岸价格时，卖方负责在出口港在规定的时间内将LNG装上买方指定的LNG船，缴纳出口税，承担LNG装上船以前的一切费用和风险，装上船后的一切费用则由买方承担。计算单位为百万英热单位（MMBtu）或吨。

液化天然气到岸价格：由卖方负责租船，将LNG装上船并支付由起运港到目的港的运费和保险费、出口税，承担买方收货前的一切风险为条件的价格。卖方需向买方提供保险单据。计算单位为百万英热单位（MMBtu）或吨。

## 第二节　油气市场

### ◎ 石油现货市场

国际石油现货贸易随着世界石油工业的出现而产生，至今已有100多年的历史。

目前，世界上最大的石油现货贸易市场有：欧洲的鹿特丹、美国的纽约和墨西哥湾沿岸、中东的波斯湾、亚太地区的新加坡等。从地区来讲，主要有以下市场：

（1）西北欧市场。西北欧市场分布在阿姆斯特丹—鹿特丹—安特卫普地区，是欧洲两个现货市场中较大的一个（另一个是伦敦市场），主要为欧洲5个大国中的德国、英国、荷兰、法国服务。这一地区集中了西欧重要的油港和大量的炼油厂，原油及油品主要来源于原苏联地区，来自原苏联地区的粗柴油供应占总供应量的50%。另外，还有北海油田的原油和本地区独立炼油厂的油品。鹿特丹是西北欧市场的核心。

（2）地中海市场。分布在意大利的地中海沿岸，供应来源是意大利沿海岸岛屿的独立炼油厂。另外，还有一部分经黑海来自原苏联地区。地中海市场比较平稳，是这一地区重要的油品集散地。

（3）加勒比海市场。该市场是一个较小的现货市场，但它对美国与欧洲的供需平衡起到很重要的调节作用。该市场的原油及油品主要流入美国市场，但如果欧美两地差价大，该地区的油品及原油就会流入欧洲市场，特别是柴油和燃料油。

（4）新加坡市场。是发展最为迅速的一个市场，已成为南亚和东南亚的石油交易中心，主要供应来自波斯湾和新加坡及周边炼油厂所生产的油品。石脑油和燃料油在该市场占有很大份额。

（5）美国市场。美国是世界最大的石油消费国。尽管美国的石油产量在世界上排名第三，但它每年仍然要进口大量的原油，于是在美国濒临墨西哥湾的休斯敦及大西洋的波特兰港和纽约港，形成了一个庞大的市场。

## ◎ 石油期货市场

石油期货是指由交易所统一制定的、在未来某一特定时间、地点交割一定数量和品质的石油的标准化合物，是期货交易的一个品种。期货交易通常并不涉及实物所有权的转让，而只是期货合约所有权的转移。

石油期货市场是在石油现货市场的基础上发展起来的。1978年11月，美国纽约商品交易所推出2号取暖油、6号重质燃料油合约，把交割地选在纽约港，一举成功，开创了石油期货的先河。

美国纽约商品交易所、伦敦洲际交易所是石油期货运作比较成功的期货交易所。其他石油交易所还包括新加坡交易所、日本东京工业品交易所和迪拜商品交易所等。

（1）纽约商品交易所。成立于1827年，是世界上经营金融商品、铂金系列金属产品和石油产品期货的最大交易所。1978年，纽约商品交易所首次成功上市了具有历史意义的第一份能源期货合约——取暖油期货合约。1983年，该交易所推出了世界上第一个原油期货合约。此后它成为世界能源期货期权交易的最主要场所（图9.1）。

（2）伦敦洲际交易所。其前身伦敦国际石油交易所成立于1980年，是继美国之后发展起来的。由于伦敦是欧洲石油贸易的中心之一，以及伦敦的期货交易历史悠久、地理位置优越等原因，使得国际石油交易所迅速成长为世界第

图 9.1 纽约商品交易所

二大能源交易所。2001年6月，国际石油交易所被美国洲际交易所收购，成为美国洲际交易所的全资子公司。

（3）新加坡交易所。其前身为新加坡黄金交易所，成立于1978年。新加坡是世界主要的石油转运和炼油中心，其独特优越的地理条件和庞大的炼油能力，使它成为世界石油交易的一个热点，成为亚洲地区和世界上重要的能源交易中心之一。

（4）东京工业品交易所。日本的石油期货起步较晚，至1999年才推出第一个石油期货合约。但后来发展较快。

石油期货贸易具有三大功能：价格发现功能、套期保值功能和转移风险功能。

## ◎ 中国石油期货的发展

中国在1993年，曾相继开办了上海石油交易所、北京石油交易所，并在广州联交所挂牌交易石油期货。其中，上海石油交易所推出的标准期货合约有4个品种。1994年以后，国家对期货市场进行清理整顿，这几个石油期货市场先后停止交易。2001年以来，我国期货市场进入规范发展的新阶段。上海期货交易所确立了以市场化程度最高的燃料油期货为突破口建立我国石油期货市场的目标。经国务院同意，中国证监会于2004年4月上旬，批准上海期货交易所上市燃料油期货品种，并于8月25日开始上市交易。上海燃料油期货上市的最初几年，交易活跃，价格影响力不断提升，经济功能逐步发挥。2009—2010年，单日总成交量曾高达百万手，单日总持仓量达几十万手。但随着燃料油政

策环境和消费结构的改变，燃料油期货市场活跃度有所下降。

## ◎ 中国石油市场的格局

1998年以来，中国油气勘探开发领域形成了以三大国家石油公司为主导及延长石油集团参与的市场结构，炼油化工及市场营销形成了以三大国家石油公司、中化集团、外国石油公司及民营企业参与的市场格局。

在成品油批发、零售领域，中国已于2004年底开放成品油零售业务，2007年底开放成品油批发业务。在一段较长整合期结束后，市场将增加新成员，竞争程度提高。但由中国石化、中国石油主导的基本格局仍将存在，整个成品油市场将维持几大石油公司为主导，其他国有企业、国外公司及众多民营企业参与竞争的局面。

## ◎ 天然气市场的特殊性

天然气市场是天然气交易发生的场所，包括有形市场和无形市场。有形市场是指在固定的场所，按照一定的交易规则，以天然气商品为最终标的物的交易活动。无形市场是指天然气生产与使用双方，按照市场经济法则确定买卖的数量和价格的交易活动，交易活动不在固定的场所中进行。

与其他商品市场相比，天然气市场有三个特殊性：生产、配送及商品销售环节，具有不同程度的自然垄断性；天然气的消费主体，以集团消费为主；天然气市场受各种客观因素影响，具有区域性。

天然气市场的构成，至少需要五个基本要素：有相适应的市场环境；有合格的市场主体；有商品化的市场客体，即可供交易的天然气及各种生产要素；有必要的完善的市场规则；有效的市场宏观调控。这五个要素，各有各的功能，缺一不可。

**知识链接：照付不议**

所谓“照付不议”，是天然气供应的国际惯例和规则，就是指在市场变化情况下，付费不得变更，用户用气未达到此量，仍须按此量付款；供气方供气未达到此量时，要对用户作相应补偿。

## ◎ 天然气市场发展的一般规律

从欧美天然气市场的发育过程看，天然气市场的发展，通常经历三个发展时期，即天然气产业初期、发展期和成熟期。这三个时期具有各自的特点。

(1)天然气产业初期：天然气工业刚刚起步，在国民经济和一次能源结构中处于不重要的位置；天然气基础设施薄弱，没有跨区域的长输管道；天然气消费市场有限，基本就地利用；市场参与者很少；天然气市场行为不规范，没有政府法规条例的制约。

(2)天然气产业发展期：这一时期的显著特点是发现大型天然气田。天然气工业逐步得到重视，在国民经济和一次能源结构中的位置显著提高，天然气基础设施发展很快，建成跨地区长输管道；天然气消费量迅速增长；市场参与者增加；政府制定天然气法律，并成立专门的监管部门。

(3)天然气产业成熟期：政府对天然气工业高度重视，天然气成为国民经济发展中重要的能源；天然气基础设施完善，形成发达的管网；市场参与者众多，竞争激烈；有比较完善的法律法规。

一般来讲，各国天然气工业在发展过程中都经历了从垄断经营到市场化经营的过程，相应的价格管理经历了政府对价格严格监管到价格放开的过程。

## ◎ 中国天然气市场现状

中国天然气市场正处于快速发展阶段，呈现出以下特点。

（1）天然气消费量高速增长，消费覆盖全国。

2000—2010年天然气消费量增长了4.4倍。2011年表观消费量达到1294亿立方米，比2010年增长224亿立方米，增速达到20.9%，增量占世界天然气消费增量的四分之一。2011年天然气占中国一次能源消费的比重由2010年的4.4%增至5%左右。

2011年西藏拉萨第一座天然气站建成投产，标志着中国天然气消费已覆盖所有省会城市。全国用气人口达到1.7亿，首次超过液化石油气用气人口。中国已成为居美国、俄罗斯和伊朗之后的世界第四大天然气消费国。

（2）天然气消费结构更加均衡，下游市场已形成多主体竞争格局。

2000年以来，中国城市燃气比重不断上升，工业燃料和化工用气下降，发电用气上升。2010年城市燃气占36%，工业燃料占29%，化工占18%，发电占17%。

中国天然气市场已经形成以中央企业、地方国企、外资企业、民营企业为主体的市场竞争格局。

（3）储产量不断增长，供应能力大幅提升。

根据2011年最新资源评价结果，全国常规天然气可采资源量32万亿立方米，比上次评价结果增长45%。2011年，天然气新增探明地质储量超过7000亿立方米，达到近年新高。

2011年，天然气产量达到1011亿立方米，同比增长6.32%。

（4）基础设施不断完善，为天然气供应提供保障。

2011年“西气东输”二线干线全线贯通，另有5条长输管道建成投运。全年新增天然气长输管道里程超过5000千米，干线、支线天然气管道长度已超过5万千米。地区性管网建设势头强劲，陕西、天津、山东、江西、湖南等省发布管网规划。

LNG接收站建设稳步推进，江苏、大连LNG接收站投运，全国已投产的LNG接收站共5座，年接收能力1580万吨，另有6座接收站在建。LNG存储能力达到160万立方米，升至世界第6位。

（5）小型LNG迅猛发展，日产能接近1000万立方米。

2011年，中国已投产小型LNG总日产能达到996万立方米，主要分布在新疆、内蒙古、四川、山西、宁夏、青海等资源地。气源主要包括边际气田、煤层气、海上气田以及管道气等。LNG市场格局由原来以民营企业为主向中央企业、民营企业多元发展的格局转变。2011年，市场参与主体由2005年的4家企业扩展到近30家企业。

（6）积极引进国外资源，多气源供气格局初步形成。

2011年中国天然气进口总量314亿立方米，增长84.7%，占全国消费总量的24%。其中，进口管道气144亿立方米，为2010年的3.3倍，占进口总量的46%；进口LNG170亿立方米，比2010年增长31.3%。进口气与国产气价格倒挂现象依然存在。

（7）天然气价格形成机制的市场化改革取得新进展。

2010年以前，中国天然气价格改革的主要方式是调整天然气出厂价和管输价，这为理顺天然气价格机制奠定了基础。2011年福建省、浙江金华市和河南省试行城市天然气价格联动机制，部分实现了上下游的价格传递，这有利于引导市场消费，缓解供气企业的成本压力。2011年12月26日，国家发展和改革委员会开始在广东省和广西壮族自治区试点，将传统的以成本加成为主的定价方法改为按“市场净回值”方法定价，我国天然气价格形成机制的市场化改革迈出了第一步。

（8）国家陆续出台积极政策，非常规气勘探开发成为热点。

国家决定将页岩气作为独立矿种，实行一级管理；鼓励多种投资主体进入页岩气勘探开发领域；2011年首次进行页岩气探矿权出让招标。国家发布煤层气开发利用“十二五”规划，从勘探、开发、输送与利用、科技攻关四个方面做了部署，进一步推进煤层气勘探开发，计划2015年煤层气产量达到300亿立方米（包括地面开发160亿立方米）。

## 第三节　油气交易

### ◎ 世界油气贸易发展的四个阶段

世界油气贸易是指世界各国（或地区）之间所进行的以货币为媒介的石油商品交换活动。

广义的国际石油贸易包括国际原油贸易、国际石油产品贸易和国际天然气贸易。狭义的国际石油贸易只包括国际原油贸易和国际石油产品贸易。

由于世界石油生产和消费的地理分布的不均衡性，决定了世界石油工业从一开始就成了一种国际性极强的行业。国际石油贸易的发展与石油工业的发展、石油市场的发展密不可分。国际石油贸易可以简单划分为以下四个阶段：

（1）20世纪初，美国石油工业进入大规模发展时期，美国将大量多余的煤油、汽油等产品向欧洲各国输出，开始了早期的石油产品的国际贸易。但直到第二次世界大战前，原油在国际贸易中并不占重要位置，原油大都在产地先加工成石油产品再出口。当时，美国石油产量一直占世界总产量的60%以上，美国是世界所有石油产品市场最重要的供应者，是世界最大的石油出口国。

（2）第二次世界大战以后，中东地区的廉价石油大量开发，中东石油的产量占世界总产量的比重由20世纪40年代的5%迅速增长到50年代的17%以上，而美国石油产量占世界总产量的比重于1953年下降到50%以下，再加上美国国内需求成倍增长，美国在50年代末已经成为原油净进口国。因此，国际石油的主要出口中心开始从墨西哥湾转向波斯湾。与此同时，各大石油公司转向石油产品消费地区建炼油厂，原油的国际贸易发展成为国际贸易中的主要大宗商品。但是在1960年以前，国际石油贸易的一个突出特点，是以美英为首的大石油公司垄断原油生产、储运、炼制和销售，并掌握定价权。

（3）从1960年到1980年，国际原油贸易供需双方的力量对比逐渐发生了本质变化。1960年沙特阿拉伯、伊拉克、伊朗、科威特和委内瑞拉发起成立石油输出国组织（OPEC），旨在协调和统一各成员国的石油政策，并以最有效的手段维护成员国的利益。此后，该组织成员国扩大到10多个产油国。产油国政府对外国石油公司实行国有化政策，成立了国家石油公司与国际大石油公司抗衡，OPEC的控制能力逐步增强。而在此期间，美国石油市场及美国政府的政策也发生了根本变化，从1959年开始限制石油进口，到1970年以后由于国内原油供应不足而在1973年开放美国石油进口市场，依靠从中东进口原油。这就为阿拉伯产油国利用“石油武器”进行政治斗争提供了条件。1973年10月的第一次石油危机，使“石油商品政治化”前进了一步。1973年，OPEC的产量占世界石油总产量一半左右，完全夺得了石油定价权，并在此后的十几年里，一直是国际石油贸易的主要供应方。

（4）20世纪80年代以来，由于70年代的油价猛涨引起世界石油需求量的减少和非石油输出国石油产量迅速增长，石油市场出现供过于求，世界石油贸易转向现货贸易和期货贸易。石油输出国组织的控制能力有所减弱，国际石油贸易出现了多方制衡的局面。

## ◎ 中国的石油贸易

由于中国经济的高速增长及市场化和工业化的加速，石油需求将保持较快增长。而中国资源的相对不足，构成了石油净进口增长趋势的长期存在。这些都将促进中国石油贸易的进一步发展。

中国对外开放国内成品油零售市场和批发市场，推动了石油贸易的发展。今后随着成品油价税费改革的逐步深化和完善，石油产品的进出口结构会进一步优化。

在原油进口贸易方面，中国将继续推进地区结构、品种结构和贸易方式的优化，实现原油来源多元化、原油品种多元化、贸易方式多元化、运输渠道多元化。除主要通过海运从中东、非洲、南美等进口石油外，还将通过长输管道从中亚、俄罗斯和缅甸进口原油，并将进一步改善原油进口及其加工产业的布局。

## ◎ 中国原油及成品油进出口情况

随着中国经济的快速发展，能源紧缺的矛盾日益突出。据统计，2000—2010年，中国原油消费量由2.33亿吨上升到4.25亿吨；石油净进口量由7000万吨上升至2.33亿吨，进口依存度也由30%飙升到54.8%。到2015年，中国石油的进口依存度预计将达到65%，到2020年可能达到70%。2010年，中国原油表观消费量首次突破4亿吨，达到4.39亿吨，同比增长13.1%，创2005年以来的最大增幅。数据显示，2006—2010年，中国石油表观消费量年均增幅高达8%，比“十一五”平均增幅扩大1.7%。

1994年以来，中国石油消费、生产、进口和进口依存度情况见表9.1。

表9.1　中国石油消费、生产、进口和进口依存度的情况统计

| 年份 | 年消费量（万吨） | 产量（万吨） | 净进口量（万吨） | 进口依存度（%） |
|---|---|---|---|---|
| 1994 | 14964.72 | 14674.72 | 290 | 1.9 |
| 1995 | 15749.96 | 14901.96 | 848 | 5.4 |
| 1996 | 17239.81 | 15851.81 | 1388 | 8.1 |
| 1997 | 19604.85 | 16219.85 | 3385 | 17.0 |
| 1998 | 18937.00 | 16016.00 | 2920 | 15.4 |
| 1999 | 20400.00 | 16000.00 | 4400 | 21.5 |
| 2000 | 23300.00 | 16300.00 | 7000 | 30.0 |
| 2001 | 23470.00 | 16490.00 | 6980 | 29.7 |
| 2002 | 24890.00 | 16886.00 | 7440 | 29.9 |
| 2003 | 26722.00 | 16983.00 | 9739 | 36.4 |
| 2004 | 31823.30 | 17450.30 | 14373 | 45.1 |
| 2005 | 31785.22 | 18142.22 | 13643 | 42.9 |
| 2006 | 34655.00 | 18368.00 | 16287 | 47.0 |
| 2007 | 37013.70 | 18665.70 | 18348 | 49.6 |
| 2008 | 38671.60 | 18972.80 | 19698.8 | 50.9 |
| 2009 | （原油消费38810.90） | 18949.00 | （原油进口20379） | （原油52.5） |
|  | 40837.50 | 18949.00 | 21888.5 | 53.6 |
| 2010 | 42500.00 | 19210.00 | 23290 | 54.8 |

# 石油科技

邓小平指出，科学技术是第一生产力。这对石油工业的发展来讲，更是一个伟大的哲理。无论是从世界三次大的石油技术革命来看，还是从中国石油科技发展的四个阶段来看，都充分说明一个道理——石油科技的发展是石油工业发展的灵魂。

# 第一节　石油科技的发展历程

## ◎ 什么叫石油科学技术

石油科学技术是以石油和天然气为对象，研究其生成、发现、开采、处理、加工利用的一系列理论认识、方法手段的总称。

科学是人对客观世界的认识，是反映客观现象和规律的知识体系，由科学的概念、定律、定理、原理、学说等系统表述。技术是人对客观世界的改造，是反映所采用的工艺、方法、技能、规则的手段系统。石油科学技术体系中阐述油气生成的原理、油气在自然界运移和赋存的形式、勘探发现的机制、地下油气水渗透和流动规律等的理论性认识部分，属于石油科学范畴；以开采、加工为目的的工艺方法、操作技能、信息手段和标准规范等，则属于石油技术范畴。技术中也有科学，凡技术工艺的机理性、基础性理论也属于科学范畴，称技术科学。如，指导石油钻井的岩石破碎力学、钻头及钻柱动力学、钻井工程力学、钻井液流变学等，以及指导油气田开发的油气地下渗流力学、油藏工程学、油层物理学、油田化学、油气动态分析与预测理论等，也应属于石油科学范畴。石油科学技术的组成，从大的方面而言，一般包括油气地质科学、油气勘探技术、油气钻井工程技术、油气田开发与开采工艺技术、油气田地面建设工程、油气管道及储运工程、石油机械装备制造技术、石油炼制与石油化工技术等几大部分，每个部分又可分解出众多的专项及单项科学技术。

随着自然科学和社会科学交叉发展而形成的新学科群——软科学的普遍应用，石油软科学也得到了迅速的进展。它为制定决策、战略、策略、规划、计划、方针、政策服务，渗透到石油行业的多个领域，发挥着重要作用，是石油科学技术结构体系中不可或缺的另一个大部分。

## ◎ 世界三次大的石油技术革命

世界三次大的石油技术革命是指近代石油史上某个时期中，科学技术发生了根本性变革，使科学技术整体水平、面貌有别于前个时期。技术革命是指由重大的技术发明或改进而引起技术全局性的变革，也所谓改造世界的方式发生了根本变化。一般认为，近代发生过三次石油技术革命。

第一次石油技术革命时期是20世纪20—30年代。在此之前，石油工业处于近代工业的初始阶段。从此时开始进入了大发展时期。石油地质研究最显著的变化是由地面地质转入地下地质，由仅仅根据油气苗、山沟河谷的露头来确定井位，发展到在背斜构造理论指导下找油气，由所谓“前地质时期”进入背斜理论时期。由于取心技术、测井仪器和岩样分析手段的改进，使地质家认识地下的能力极大提高。同时石油钻井则由初期的“概念孕育时期”进入“发展时期”。这时由于内燃机的发明，出现了大功率的钻机，有了新型牙轮钻头，有了化学处理剂用来改进钻井液和固井水泥性能，提高了钻井、完井的质量。油田开采方面，由初期的密集钻井、盲目滥采，开始懂得地下油藏是个统一的水动力系统，并不是井打得越多越好。这时提出了最大有效产量概念，作为衡量生产好坏的指标。采油工艺也得到发展，无杆井下泵开始应用，酸化等改造油层技术有了发展。

第二次石油技术革命时期是在第二次世界大战以后，特别是20世纪60—70年代。这个时期是所谓“石油文明”由美国迅速扩展到其他主要工业国的时期，也是后者完成能源结构以煤为主转移到以石油为主的时期。日本在20世纪60年代初，率先以石油替代煤为主要能源，大量利用了当时世界市场上廉价的石油，成为日本经济高速发展的一个重要因素。其后，当时的联邦德国、苏联和法国等先后完成了类似的能源转移。这个时期世界石油年产量由5亿吨连续翻番到10亿吨、20亿吨。这个时期也是石油储量发现的黄金时期。据统计，在此阶段，每年新发现的储量约有230亿桶，世界主要石油产地也是在这一时期发现的。例如世界11个储量在10亿吨以上的大油田中，有10个是在这一时期发现的；世界石油储量 10亿桶以上的油田中，有48个是在这一时期发现的。

第三次石油技术革命时期开始于20世纪80年代。这次技术革命以信息网络技术作为主要特征，并与生物工程、新材料应用等高新技术紧密结合，使石油科技的新概念、新理论、新工艺、新方法层出不穷。如油气系统、盆地模拟、油藏表征、水平井及各种分支井、高分辨率地震、四维地震、地震资料处理解释一体化、三维可视化、虚拟现实、层析成像、核磁共振测井、成像测井、油气混相输送、井下油水分离、油气生产智能化、远程生产、仪表化油田、数字油田、深海（水）作业等。

## ◎ 科技进步推动世界石油产量三次跨越式增长

石油工业的发展史，就是一部科技进步史。伴随着三次大的石油技术革命，世界石油产量出现了三次跨越式增长。

第一次石油技术革命发生在20世纪20—30年代。勘探上采用地震反射波法，内燃机驱动钻机导致的旋转钻井法的普及，以及牙轮钻头的出现等，使世界石油产量由1921年的1亿吨上升到1932年的2亿吨。

第二次石油技术革命发生在20世纪60—70年代。板块构造理论、生油理论、二维地震技术、测井技术、注水采油技术、喷射钻井技术、海洋石油技术等的出现，使世界石油产量由1960年的5亿吨上升到1970年的23亿吨。

第三次石油技术革命开始于20世纪80年代。盆地模拟技术、三维地震技术、水平井钻井技术、三次采油技术等的出现和应用，使世界石油年产量稳定在30亿吨左右。

## ◎ 科技进步推动石油公司三次经营战略模式的转变

科技进步为石油企业带来了显著的效益，促使石油公司不断调整其发展战略。在近30年间，石油公司经营战略模式发生了三次实质性的转变：

（1）20世纪70年代是规模取胜的时代。世界石油公司在当时高的石油价格、地质对象又相对简单的条件下，只要扩大生产规模，铺开新的摊子，就能获得效益，取得发展。

（2）20世纪80年代至90年代中期是成本取胜时代。由于原油价格不断下跌，石油公司只有降低成本才能维持生存，而降低成本主要是通过削减人数、紧缩开支、现有技术集成和转移投资热点等措施来实现的。

（3）20世纪90年代中期以来，世界石油工业进入了高新技术取胜的时代。世界各石油公司获胜与否，已取决于驾驭新技术、缩短技术开发和应用周期、提高生产效率的能力。在勘探开发对象越来越复杂和技术要求更高的环境下，规模取胜和成本取胜的战略已难以奏效，最根本的途径是依靠高新技术增加效益。

## ◎ 中国石油科技发展的四个阶段

中华人民共和国的成立，为石油工业的发展提供了历史机遇，石油科学

技术也随之发展进步。有以下四个发展阶段：

（1）20世纪50年代学习起步阶段。

这一阶段主要是学习借鉴外国经验，着手培养石油专业人才队伍，建立科研机构，开展油气资源调查，探索发展道路。当时引入苏联物探装备，学习他们的技术和经验。1951年成立了第一个地震队，应用“51型”光点式地震仪，使原来主要靠地面地质调查的油气勘探方法发展到能用物探技术，向覆盖区查明地下构造。从苏联引进的半自动电测仪，用自然电位测井和电阻率测井划分岩性电性；试油、钻井技术也基本向苏联学习。1954年，玉门油田在苏联专家的帮助下，为老君庙油田“L”油藏编制了“边外注水，顶部注气”的开发方案，是中国第一个油田开发方案。1955年，克拉玛依油田的发现是这个时期主要的成果，也是中华人民共和国成立后发现的第一个大型油田。由于当时中国还没有足够的油田开发技术力量，克拉玛依油田总体开发方案由石油工业部石油勘探开发科学研究院和苏联全苏石油科学研究所共同编制。

（2）20世纪60—70年代自主创新、快速发展阶段。

以大庆油田的发现和开发为标志，中国石油工业进入了一个新的历史时期，石油科学技术也跨进了自主创新、快速发展的新阶段。

大庆油田的发现，推进了陆相油气地质理论的建立，使人们彻底摆脱了“陆相贫油”的束缚，积极探索陆相地层生油、成藏的规律。大庆油田的地质家分析了松辽盆地油气生成、运移、聚集和保存的全过程，提出一个生油凹陷是一个系统的概念。在此系统内，生、储、盖、圈等静态条件和排、运、聚、保等动态过程是一个统一的、相互联系的整体。这种认识，大大早于西方在20世纪80—90年代提出和流行的“成油系统”理论。

与此同时，深化和推动了湖盆沉积学的研究。大庆油田不断加深对油藏储层的认识，从早期小层对比、“油砂体”研究，发展到“细分沉积相”研究，形成了一套“沉积作用—非均质性—油水运动规律”三位一体的沉积微相研究方法，丰富了储层沉积学和油田开发地质学的理论，而且在指导实践中为以往各个阶段的接替稳产提供了理论依据和基础。

（3）20世纪80—90年代自主攻关与引进结合阶段。

1978年全国科学大会，标志着科学春天的到来。1979年，石油工业部召开了第一次全国石油科技工作会议，拨乱反正，恢复建立科研院所和健全科技工作体系。之前，1978年在部机关成立了科学技术司，组成石油工业部科学技术委员会。1979年，又成立中国石油学会。这些是石油科技奋起直追、加速发展的重要组织保证。

在国家科委组织全国各行各业重点科技攻关计划的大背景下，从石油工业实际出发，紧密结合生产需要，组织了多个五年攻关战役。继“六五”期间的“天然气地质”、“数字地震”、“高含水期油田开发调整”、“稠油开采”等重点攻关之后，“七五”期间，组织了“低渗透油田改造”，“滩海、沙漠、黄土塬地震技术”，“定向井、丛式井钻井”，“保护油层的完井技术”，“化学驱油技术”等系列配套的技术攻关。“八五”期间，组织了“塔里木盆地油气勘探”、“天然气大中型气田形成条件”、“沙漠公路”、“聚合物驱油”等技术攻关。“九五”期间，组织了“塔里木盆地石油天然气勘探研究”、“大中型气田勘探开发研究”、“大庆油田年产5300万吨至2000年稳产技术研究”、“复合驱三次采油成套技术及矿场试验研究”等攻关项目，还有“叠合盆地油气形成富集理论与分布预测”和“大幅度提高石油采收率的基础研究”项目，列入了国家“973”项目计划。

（4）世纪之交，国内国外两个空间互动发展的阶段。

20世纪90年代以后，实施“走出去”石油国际化经营战略，使石油科技进入一个国内发展与国外锤炼相结合的阶段。一方面国内继续为勘探开发更加艰难的目标服务；另一方面要面临国际市场许多新的挑战。中国石油开拓海外市场，逐步形成非洲、中亚、南美、中东和亚太五大油气合作区，在全球29个国家地区执行着近81个油气投资合作项目。业务范围从单一的合作开采，向跨国并购、风险勘探和上下游一体化发展。依靠国内长期积蓄的科学技术实力，充分展示中国石油勘探开发水平。在苏丹1/2/4区块项目国际招标中，中国石油在与10多家跨国公司的竞争中脱颖而出，用3年时间高质量、高水平、高速度建成1/2/4区块项目，在国际舞台树立了良好的商誉。在秘鲁，仅用3年时间，将开发已逾百年的塔拉拉油田，从接手时的年产油仅8万吨提高到32万吨，被秘鲁媒体评为“20世纪秘鲁石油界的最大新闻”。在哈萨克斯坦，应用肯基亚克盐下碳酸盐岩油藏开发技术，成功开发了前苏联未能开发的油田，打出日产超千吨的高产井，短短三年时间，建成了200万吨原油生产能力。让那若尔油田应用气举采油新技术，攻克了高含硫防腐、气举阀投捞等难题，原油年产量由190万吨提升到400万吨。同时中哈原油管道建成，对当地经济社会发展作出了贡献。油气混输工艺技术的成功实施，攻克了世界级长距离油气混输工艺技术难题。对外工程技术服务，在地面工程建设、钻井工程、测井、录井、测试等方面，依靠核心竞争力的不断增强，抢占市场制高点，努力提高

经营管理和国际化运作水平，经济效益大幅度提高。在走向国际大市场的过程中，石油科学技术真正接受了检验，开阔了视野，增强了新的活力。

## ◎ 科技发展战略

科技发展战略是对科学技术发展中有关全局性、长远性、关键性重大问题的谋划。包括科技发展的战略方向、战略目标、战略重点和战略规划。通常是在调查和分析科学技术发展历史及现状的基础上，应用预测技术对未来科学技术的发展趋势进行预测，提出科学技术发展的战略方向和战略目标，然后对科技发展远景进行定性和定量分析，确定科技发展的重点和策略。在此基础上，提出科学技术发展的战略规划方案，供决策者参考。

科技发展战略大体有四种类型：(1) 自主创新型战略。特点是开展独立自主的科技创新活动，希望占据一切具有重要意义的尖端技术领域的优势。(2) 赶超型战略。把赶超其他先进国家或地区的水平或竞争对手企业的科技水平作为战略目标。(3) 吸收型战略。把战略重点放在输入技术上，本部门或单位只承担少量研究，以引进技术的消化、吸收改造和再设计，代替土生土长的科技资源。(4) 局部型战略。在选择的特定领域里强调创新研究和发展，不企求许多领域的突破，即通常所谓“有所为，有所不为”。

## ◎ 石油科技创新体系

科技创新体系有层次之分。涉及创新的主体、创新的体制和机制、创新环境等多方面。国家的创新体系是改革开放后提出的新概念。该体系总体上由知识创新系统、技术创新系统、知识传播系统和知识应用系统四部分组成。石油科技创新体系是国家科技创新体系的一个组成部分。推进石油科技创新体系建设，就是不断对石油科技体制进行改革，实现从改革旧体制向建立新体制的转变，促进石油科技资源的合理配置和高效利用，引导各类创新机构密切合作和良性互动，实现科技与生产经营有机结合，使各方面科技力量相互关联，优势互补，在不断提高微观活力的基础上，形成整体创新优势，为实施科技发展战略奠定制度基础。

以技术中心为主体的科技创新体系主要内容包括：(1) 健全科技委员会的宏观管理职能，实行“五统一”，即：统一规划科技创新的重大方向与重点领域，统一设计科技创新的宏观组织结构体系，统一进行科技创新的重要资源配置，统一安排科技创新的重要制度建设，统一部署科技创新的重大行动计划。（2）进行集团公司级技术中心建设。技术中心是适应市场经济规律要求和提高企业核心竞争力的一种新型研发组织形式，可以对科技资源进行整合，提高科技创新的能力，加速科技成果的创造和应用，为公司持续发展提供技术支撑。（3）重点实验室建设。重点实验室主要发挥源头创新作用，承担基础性、战略性和前瞻性的研究工作。（4）发展高新技术企业，推动科技成果产业化。（5）建立科技创新服务支撑体系，包括基础设施建设、信息网络建设、技术标准、科技中介服务机构等。

## ◎ 中国石油的“科技兴油战略”

“科技兴油战略”是中国石油的长期战略目标之一。这一目标的提出，最早是在“八五”期间，旨在依靠科学技术进步，推动陆上石油工业实现持续稳定发展。

其指导原则是：全面落实科学技术是第一生产力的思想，坚持科技与生产的紧密结合，大力推动科技进步，增强石油企业科技实力及向现实生产力转化的能力，提高全体石油职工科技文化素质，实现陆上石油工业的持续稳定发展。在实施“科技兴油战略”的实际工作中，提出坚持五项原则：（1）坚持大科技的原则，把科技发展和新技术推广、技术改造、技术引进、人才培训紧密结合起来，实现科技进步对企业工作的全面推进。（2）坚持突出重点的原则，选择和攻克一批关键带头技术，带动石油科技水平的全面提高。（3）坚持创新的原则，加强自主研究与开发，进一步完善和发展具有中国特色的石油地质理论和工艺技术系列。（4）坚持效益的原则，把是否创造经济效益作为选择确定和评价科技项目的主要标准。（5）坚持超前的原则，提前安排一批科技攻关项目，为21世纪陆上石油工业的持续发展做好技术储备。

其主要内容是：确定中国石油天然气总公司“九五”期间科技进步工作的目标。要针对影响石油生产发展和效益提高的关键环节，组织实施8项科技工程、32项配套技术。

其工作目标是：（1）攻克复杂隐蔽油气藏勘探，高含水和特高含水期采油，提高油田采收率，以及复杂油气藏开采等技术难题，使一些具有自己特色和优势的科学技术，继续保持或达到世界前列水平；主要专业技术跟踪世界新技术的发展，达到或接近世界水平。（2）各种常规技术总体上达到世界20世纪90年代水平。钻井、采油、地面建设、管道建设等主要技术装备基本实现国产化。计算机软件开发与国际标准接轨，建成统一的综合集成平台，实现勘探、开发、地震、测井等专业应用软件的工程化、产业化。(3) 科技成果应用率达到90%，科技进步贡献率达到60%。通过科技进步，使油气勘探开发的经济效益提高15%。

以后，中国石油不断把这一战略予以继承和发扬，并在不同的时期赋予新的内涵（图10.1）。

图10.1 2011年5月10日中国石油召开科学技术大会

## 第二节 石油科学技术体系

### ◎ 石油上、下游技术

石油上游技术是国际上流行的对石油勘探开发技术的总称。石油作为矿业资源，从其发现、开采到加工利用，其相关技术，遵循源头—流向—发展的宏观顺序，既存在一定内在联系，又有区别。一般将油气勘探、开采、集输，称作“上游”领域，而将炼油、加工利用称作“下游”领域。也有的将油气管道运输、营销方面称作“中游”领域。不同领域的技术，则相应的称作“上游技术”、“下游技术”或“中游技术”。

### ◎ 石油高新技术

高新技术一般指建立在最新科技成就基础上，超越传统技术和一般新技术，其企业科技人员在全体员工中所占比例高、研究与开发投资占产品销售额比重高、知识与信息密集度高的技术。

新兴技术指20世纪40年代以来，由一系列重大科学发现所形成和发展起来的新技术群。一般是指计算机信息技术、生物技术、空间技术、激光技术、新材料、新能源等。

这些高新技术，在经济和社会发展过程中，隐含着巨大潜能，与那些早已普及的一般技术相比，具有技术创新速度高、产品更新换代快、风险投资比例高、产品附加值高，而材料能耗低等特点。高新技术一旦趋向成熟并得到广泛普及，其地位就会转为常规技术或一般技术。

高新技术在石油工业中的发展和应用主要有三种形式：

（1）改造和发展传统技术，使关键技术的一些瓶颈得到突破。如油藏数值模拟能对多相流体在多种复杂油藏模拟中的流动作可视化处理，为油藏开发挖潜调整提供决策依据。

（2）产生新的技术群。如“3S 技术”——遥感、卫星定位、地理信息系统，成像技术——测井成像、地震成像、三维可视化、虚拟现实技术，等等。

（3）集中应用在大的工程或领域。如西气东输工程，使用了遥感选线、GIS 系统设计、X70高钢级大口径选材……数字管道等高新技术。

## ◎ 石油适用技术

适用技术是指一个国家、一个地区、一个企业，为了达到一定目的，可能采用的多种技术中，最符合本国、本地区、本企业的实际情况，产生经济效益和社会效益最好的一种技术。

适用技术的理论是英国的舒马赫博士最先提出的。他写了一本论述适用技术的书——《小就是美》，并于1965年在伦敦建立了一个专门从事适用技术研究的工作委员会。

随着科学技术的发展，人们掌握的技术越来越多。为了达到某一目的，有多种技术可供选择采用。而不同的技术，其生产经济效益和社会效果是不尽相同的。一般来说，一个国家、一个地区、一个企业，为了发展经济，应尽量采用先进技术。但是，并不是在任何条件下，所有的先进技术都能取得最好的经济效益。因为任何一项技术的应用，都要消耗一定的人力、物力和财力，并受到自然条件、经济条件、社会条件、技术基础等方面的限制。采用先进技术时，要结合这些条件，考虑它们的协调性。否则，不仅不能带来更好的社会效益和经济效益，甚至还会造成一些程度不同的损失。所以，在做出技术选择时，要把技术的应用条件与本身的成熟程度同周围环境与人员素质结合起来，同社会、经济的发展结合起来，努力寻求技术、经济和社会发展的最佳“结合点”，选用适用技术。

适用技术有别于泛泛而谈的引进（外国、外地区、外企业）先进技术。适用技术与先进技术或中间技术的区别在于，适用技术着重考虑技术对周围社会经济环境和自身条件的适宜性，而先进技术或中间技术却仅仅从技术水平的高低来考虑。

适用技术既可以是先进技术，也可以是中间技术，在特定条件下，甚至可以是落后技术。世界银行对适用技术曾提出过四条衡量标准：(1) 目标的适宜性；(2) 产品的适宜性；(3) 工艺进程的适宜性；(4) 文化和环境的适宜性。

油气上游工业最显著的特点之一是其“多样性”：油气藏类型、规模的复杂多样，勘探开采对象的因地而异，油田所处地域的政治、经济、历史、人文各不相同，不同时期企业外部的市场、价格、营销等情况纷繁多变等。所以要特别强调“适用技术”，而不一定是“最先进的技术”。

## ◎ 石油核心技术

石油核心技术是指在一定时期的石油勘探开采加工技术体系中，对石油发展起主导作用的单项技术或技术群。

石油核心技术包括以下内涵：(1) 对提升石油企业核心竞争力起支撑作用的技术；(2) 对提高企业经济效益、降低生产成本起重大作用的技术；(3) 能够形成自主知识产权或专有技术。核心技术可以是单项技术，也可以是技术组合。技术组合是指由两个或两个以上其内在联系十分密切的单项技术的组合，可以获得单项技术不能取得的经济效益。技术组合通常指相同专业技术的组合，与跨专业的“配套技术”以及以工程为目标的科技工程项目有所区别。

国际石油界对跨国石油公司和服务公司在行业中独具特色、保持技术优势的较为普遍的印象是：优尼科公司——深水钻井、优快钻井；埃克森美孚公司——油藏和海洋工程；菲利普斯——稠油开采；哈里伯顿——压裂酸化；斯伦贝谢——油气井测井、评价；贝克休斯——油井工具等。这些都是核心技术的范例。

## ◎ 石油技术集成

石油技术集成是借用计算机技术用语，表示技术的汇集拼接、协同整合和优化使用的做法。“集成电路”指使用一定的工艺，将电路的各种元件及相互之间的连线，制作在半导体或绝缘基片上，使它们形成紧密联系的整体电路。根据集成度（一块半导体芯片或一个组件内组装的线路单元数）不同又可分为大规模集成电路或超大规模集成电路。

石油科学技术在20世纪中叶开始出现“协同”工作趋势，即强调多学科之间互相配合，围绕一个共同目标发挥各自优势，提高解决问题的能力。进入80年代以后，信息技术的飞速发展，使技术的综合化又有了新的特点，由“协同式”工作向集成化发展，即从基础数据一开始就强调集成，并且在不同层次上层层集成。半个多世纪以来，石油工业在这方面发生了三次飞跃和四个层次的集成，出现了一批 $I^2$ 企业（信息化 × 集成化企业）。

第一次飞跃是在20世纪50—60年代，随着测井和二维地震技术的广泛应用，数据采集量大幅度增加，其成果表现在以油藏描述技术为代表，改进了人们对地下构造的认识，发现了一大批构造油气藏。这次飞跃，对生产率的影响在20世纪70年代达到顶峰。

第二次飞跃是在20世纪80年代初期开始，三维地震技术的应用出现了新的飞跃。对地下认识的重点，从构造解释转移到三维油藏描述和油藏模拟上，反映在生产上是发现了一大批地层及岩性圈闭油气藏。

第三次飞跃是20世纪末至21世纪初。信息的集成程度增加了，从单个过程、单个领域延伸到了勘探开发的整个过程。

油公司勘探开发作业管理四个层次的集成（综合一体化）是指：(1）数据集成。解决不兼容、不同格式与数据结构的问题，实现为所有应用人员提供通用的“即时信息”。(2）专业集成。在项目组内的专业集成，以多学科团组重组工作流程。为此需要四个方面技术支持：能即时访问数据；跨学科易于共享数据的集成应用软件；高度交互的计算环境；三维模拟与可视化技术，深化项目的工作过程和成果。(3）部门集成。即不同项目组之间的工作集成。如油藏描述小组与钻井小组及地面工程建设装备小组的工作一体化，以缩短油田开发决策与建设周期。(4）全企业范围的集成。顶层人员能够交互使用公司积累的知识资产，以便做出正确的决策。

一个企业达到这样的境界，称为 $I^2$——信息化 × 集成化企业。在2000

年，全球最先进的企业中，大约只有17%能达到企业集成层次，而多数仍处在前两个阶段。在上述分析的基础上，最近又有信息化、集成化与智能化再次集成聚合的提法，即 $I \times I \times I = I^3$ 企业，是企业面向21世纪的目标。

集成化的趋势还反映在随着生产与经营活动的深入，客观上集成的需求是不断增长的。如果企业内部的集成度已不能适应这种需要时，必然推动跨专业跨企业的联盟、重组甚至兼并。

## 第三节　石油信息技术

### ◎ 计算机网络技术

中国石油使用的计算机网络和相关技术主要有：因特网、万维网、中国石油专用网、能源一号网。

### ◎ 石油应用软件

中国石油使用的石油应用软件主要有：地震数据处理软件、地震数据解释软件、录井软件、测井处理解释软件、油藏数值模拟软件、盆地模拟软件、油藏描述软件、人工智能软件、三维地质建模软件、地理信息系统、软件集成平台。

### ◎ 勘探开发数据标准化

中国石油使用的勘探开发数据标准及其相关技术主要有：勘探开发数据标准、源数据采集规范、数据元素标准、共享地球模型、产品流动网络单元、Epicentre 模型、公共石油数据模型、石油工业数据词典、石油工业数据交换。

### ◎ 信息系统

中国石油使用的信息系统及相关技术主要有：管理信息系统、中国石油信息系统、勘探与生产信息系统、数字油田、企业应用集成、数据库、数据中心、石油数据银行、信息资源规划、企业资源计划、电子商务、数据仓库、数据交换、企业信息门户。

### ◎ 信息系统安全

中国石油使用的信息系统安全技术主要有：信息安全策略、信息安全技术、计算机系统安全、网络安全技术。

### ◎ 信息技术管理

中国石油使用的信息管理技术和相关支撑环境主要有：软件管理、数据处理中心、信息中心、勘探数据总库。

## 第四节　石油科技贡献

### ◎ 技术创新

技术创新是经济学的一个概念，由美籍奥地利经济学家熊彼得最先提出。几十年来，中国经济学家对其进行过许多研究，在不同时期有不同的表述。但到目前为止，尚未形成一个严格科学的统一定义。比较公认的基本概念是：技术创造成果在经济上的创造性实现。技术革新和技术发明是技术创新的构成要素或核心。而生产要素重新组合的管理技能创新，也是技术创新的重要内容。因此，技术创新包含着技术本身的创造和技术在生产、商业应用上（主要指新市场的开拓）的创新两个方面。同技术发明相比，它还具有经济性、竞争性、时效性、商业性等新特性。它体现了技术创造成果转化为社会生产力的过程中，技术创造性进一步扩大、延续与发展。

1999年中国技术创新大会后，党中央、国务院发布的《关于加强技术创新、发展高科技，实现产业化的决定》中提出，技术创新是“指企业应用创新的知识和新技术、新工艺，采用新的生产方式和经营管理模式，提高产品质量，开发生产新的产品，提供新的服务，占据市场并实现市场价值”。这些表述与熊彼得的论述在内涵上是完全一致的。2005年10月，中国共产党十六届五中全会审议并通过的《中共中央关于制定国民经济和社会发展第十一个五年规划的建议》，将增强自主创新能力作为重要的决策，提出“建立以企业为主体、市场为导向、产学研相结合的技术创新体系，形成自主创新的基本体制架构”。

根据上述概念衡量石油行业技术创新成果，据中国石油科技评估中心的专家研究，提出要符合如下四个方面的条件：（1）必须是首次应用。首次应用可以是自主创新技术、合作开发的新技术、引进的新技术；“新”主要表现在“首次”，源头可以不必在企业。（2）必须有工业化设计，不但工艺、产品要有工业化设计，而且地质研究成果也要以工业制图、设计任务书等形式规范化、量化表达，使一种认识或理念具有有形化的载体。（3）必须进入企业生产部署或计划，并对该新技术有专门投资及具有一定规模。（4）必须产生直接经济效益，且经济效益可计算，计算参数具有规范依据。

技术创新可分为三种模式：原始创新、集成创新、引进消化吸收再创新。不同的模式具有不同的功能作用与效果。

## ◎ 科技评估

科技评估是由科技评估机构根据委托者的明确目的，遵循一定的原则、程序和标准，运用科学、公正和可行的方法对科技政策、科技计划、科技项目、科技机构、科技发展领域、科技人员、专有技术等与科技活动有关的行为所进行的专业化判断活动。

科技评估工作遵守独立、客观、公正和科学的原则，保证科技评估活动依据客观事实，运用科学的程序和方法，对评估对象做出独立和公正的判断。

科技评估的类型按科技活动的管理过程，一般可分为事先评估、事中评估、事后评估和跟踪评估四类。

科技评估的对象和范围主要有：科技政策的研究、制定和效果；科技项目的前期立项、中期实施和后期效果；科研机构的综合实力和运营绩效；科技成果的技术水平、经济效益和价值；产业或地区科技进步与绩效；企业自身的投资行为及运营绩效；科技人员的智力资源；其他与科技工作有关的活动。

科技评估的作用表现在：增强科技决策过程中的科学性；增强科技宏观管理的调控能力；推动科技管理制度的创新。

## ◎ 中国石油的科技进步贡献率

科技进步贡献率是衡量科技进步在经济增长中所起作用的相对量化指标，是经济发展分析的重要内容，也是推进科技进步、加速科技成果向现实生产力转化的方向性标志。科技进步贡献率的主要内容是科技进步在经济增长中所占的含量，用科技进步的年平均增长速度与产出量（经济增长）年平均增长速度之比求得，计算公式为：

$$E_A=\frac{a}{y}\times 100\%$$

式中：$E_A$ 为科技进步贡献率；$a$ 为科技进步年平均增长速度；$y$ 为总产出的年平均增长速度。

中国石油系统的科技进步贡献率，一般为五年评一次，也就是一个“五年计划”一评。根据统计，中国石油“十五”计划的科技进步贡献率为48.5%，“十一五”计划的科技进步贡献率为52.3%。

## ◎ 大庆油田三次获国家科技进步特等奖

1985年“大庆油田长期高产稳产的注水开发技术”获国家科技进步特等奖（图10.2）；

1996年“大庆油田高含水期稳油控水系统工程”获国家科技进步特等奖；

2009年“大庆油田高含水后期4000万吨以上持续稳产高效勘探开发技术”获国家科技进步特等奖。

图10.2　1985年“大庆油田长期高产稳产的注水开发技术”获国家科技进步特等奖

## ◎ 石油石化系统的两院院士

中国石油石化系统共有院士47名（按姓氏笔画排列）。

马永生：中国工程院院士，石油地质和勘探专家

毛炳权：中国工程院院士，高分子化工专家

王玉普：中国工程院院士，油气田开发工程管理专家

王铁冠：中国科学院院士，石油地质学和地球化学专家

王基铭：中国工程院院士，石油化工管理专家

王德民：中国工程院院士，石油开采专家

田在艺：中国科学院院士，石油地质学家

关兴亚：中国工程院院士，石油化工专家

孙龙德：中国工程院院士，天然气开发专家

何鸣元：中国科学院院士，石油化工专家

时铭显：中国工程院院士，石油化工装备专家

李大东：中国工程院院士，石油炼制催化剂及工艺专家

李庆忠：中国工程院院士，地球物理勘探专家

李德生：中国科学院院士，石油地质学家

李鹤林：中国工程院院士，石油管工程专家

杨启业：中国工程院院士，石油化学工程专家

汪燮卿：中国工程院院士，有机化工专家

沈忠厚：中国工程院院士，石油钻井专家

苏义脑：中国工程院院士，油气钻井工程专家

邱中建：中国工程院院士，石油地质学家

闵恩泽：中国科学院院士，中国工程院院士，石油化工催化剂专家

陆婉珍：中国科学院院士，分析化学家与石油化学家

陈俊武：中国科学院院士，化学工程学家

周守为：中国工程院院士，海洋石油开发工程专家

罗平亚：中国工程院院士，石油工程专家

侯芙生：中国工程院院士，炼油及石油化工专家

侯祥麟：中国科学院院士，中国工程院院士，石油化工专家

胡文瑞：中国工程院院士，油气田开发工程管理专家

胡见义：中国工程院院士，石油地质学家

胡永康：中国工程院院士，石油炼制专家
徐承恩：中国工程院院士，炼油工艺设计专家
翁文波：中国科学院院士，石油地球物理专家
袁士义：中国工程院院士，油田开发专家
袁晴棠：中国工程院院士，石油化工专家
贾承造：中国科学院院士，石油地质与构造地质专家
郭尚平：中国科学院院士，流体力学、生物力学和油田开发工程专家
顾心怿：中国工程院院士，石油机械专家
康玉柱：中国工程院院士，地球勘探专家
曹湘洪：中国工程院院士，石油化工专家
曾恒一：中国工程院院士，海洋石油工程专家
童宪章：中国科学院院士，油田开发专家
童晓光：中国工程院院士，石油地质和勘探专家
舒兴田：中国工程院院士，无机化工专家
蒋士成：中国工程院院士，化纤工程技术专家
韩大匡：中国工程院院士，油田开发专家
翟光明：中国工程院院士，石油地质学家
戴金星：中国科学院院士，天然气地质学和地球化学专家

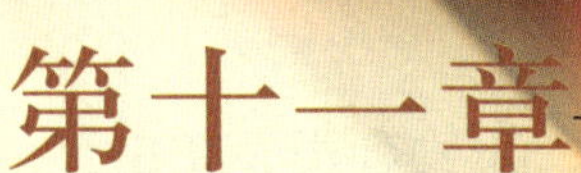

# 第十一章 新的能源

能源分为不可再生能源和可再生能源两类。石油和天然气为化石能源，属于不可再生能源。

人类利用能源造福，也为能源所困。所困的是人类对能源的需求越来越旺盛，而不可再生能源越来越少。如此下去，社会的可持续发展难以为继，人类的可持续繁衍难以为继，我们的子孙和子子孙孙们的生存令人担忧。为此，大力拓展和利用好可再生能源，也就是我们所说的新能源，迫在眉睫。

# 第一节　时代呼唤中的新能源

## ◎ 可贵而不可再生的石油资源

地球资源指的是地球能提供给人类衣、食、住、行、医所需要的物质原料，也称为“自然资源”。

陆地上重要的自然资源有六种：淡水、森林、土地、生物种类、矿山、化石燃料（煤炭、石油和天然气）等。

地球上的自然资源分为“可再生”和“不可再生”两大类。

可再生的自然资源指的是在太阳光的作用下，可以不断自己再生的物质。最典型的有植物、生物质能、太阳能、风能等。

不可再生的自然资源主要有石油、煤炭、天然气和其他所有矿产资源。它们需要经过上亿年才得以形成。因此，从这一点讲，它们是不可再生资源。

地球是人类栖身之所，衣食之源。地球上的矿物已知有3300多种，并构成多样的矿产资源。人类目前使用的95%以上的能源、80%以上的工业原材料和70%以上的农业生产资料，都是来自于矿产资源。这些资源的储量随着人类的消耗，越来越少。对矿产资源的过度掘取和不合理的开发利用，必将带来资源的枯竭和对地球生态环境的负面影响。

矿产资源一般分为金属矿产、非金属矿产、能源矿产等，有固体、液体、气体三种形态。

矿产资源不仅被誉为现代工业的“粮食”和“血液”，是人类社会发展的命脉，是人类社会赖以生存和发展的重要物质基础和全球经济的产业基础，而且同样在政治领域显示着重要价值。纵观20世纪大大小小几百次战争，无论是两次世界大战，抑或是海湾战争，除了对领土的争夺外，各种矿产资源的占有权更是引发战争爆发的导火索。而为了保卫国家在非常时期的安全，世界上许多国家很早就着手矿产资源的战略储备。

因此，人类要生存，要繁衍，要造福自己的子孙后代，就必须珍惜不可再生资源，不断开发和利用可再生资源。

## ◎ 石油产量与消费量的剪刀差

中国人口基数大，并且正处在工业化、城市化的关键时期。产业结构的变化、国民经济的增长，再加上与国际众多的能源需求主体之间的竞争，能源供给紧张，需求巨大。然而，自1980年以来，我国原油的产量和消费量虽然总体呈上升趋势，但石油产量和消费量之间出现了明显的剪刀差，并且有逐渐增大的趋势。1993年是我国石油产量与消费量的一个平衡点。此后，我国成为石油净进口国。尽管2008年受到高油价和金融危机的影响，世界石油消费量首次出现了下降的情况，但是我国石油消费量却依然大幅度增长。2001—2009年的9年间，平均原油产量增长仅1.6%左右，而原油需求量却以每年7%以上的速度在增长，使我国的产量与消费量的剪刀差越张越大。

## ◎ 50%依存度——国家石油安全的警戒线

根据海关数据显示，2010年全国累计进口原油2.39亿吨，同比增长17.4%。原油对外依存度达到54.8%。

1993年，中国首度成为石油净进口国，之后的十几年里，中国石油的进口依存度一路攀升，到2006年突破45%。其后每年均以2%左右的速度向上攀升，2007年为49.6%，2008年为50.9%。

新中国刚成立时，由于遭到石油进口封锁，中国千辛万苦地找油。其中一个重要目的，是为了解决飞机大炮的开动问题，也就是国防问题。但是今天，石油已经从国防血液成为中国的经济血液。

随着经济的快速发展和规模的不断扩大，中国对于石油的需求有增无减。中国石油大学（北京）教授冯连勇，依据“石油峰值”理论预测，按照目前的国内经济发展方式，2020年、2030年国内所需的石油量分别为5.3亿吨和6.5亿吨。而中国石油产量则预计在2015年达到高峰后开始减少，峰值产量不超过2亿吨。这意味着中国的石油进口量将越来越大，2020年、2030年国内供需缺口将分别为3.36亿吨和4.88亿吨。

2009年初公布的《全国矿产资源规划（2008—2015）》预测显示，如不加强勘查和转变经济发展方式，到2020年中国石油对外依存度将上升至60%。而《中国能源发展报告（2009）》则指出，2020年中国的石油对外依存度将上升至64.5%。

国家发展和改革委员会能源研究所的有关研究也证实了这些预测：2020年我国石油的需求量将为4.5亿～6.1亿吨。届时国内石油产量估计为1.8亿吨，进口量将为2.7亿～4.3亿吨，进口依存度将达到60%～70%。

石油进口量不断提高，至少有两个意义：其一，无论是主动还是被动，石油进口量的提高，意味着国民经济快速发展能源需求迅速增加和自产石油的下降。其二，标志着我国国内能源供求将更多受制于国外。

从各国经验看，石油对外依存度达到50%，是一条安全警戒线。当一个国家的石油进口量超过5000万吨时，国际市场的行情变化就会影响该国的国民经济运行；当一个国家的石油进口量超过1亿吨以后，就要考虑采取外交、经济、军事措施，以保证石油供应安全。当石油进口依存度超过60%时，石油供应的不安全性加大。因此，很多专家认为，中国石油消费的进口依存度已达54.8%，这意味着中国能源环境已从“比较安全”向“比较不安全”转移。将一半以上的石油需求放在国际贸易上，这意味着国际油价波动、地缘政治、气候变化、运输等种种因素，都会对中国经济产生影响，意味着国内油价与国际油价变动联系更加紧密，涨涨跌跌将更频繁，也意味着我国面临着很大的石油依赖威胁。

## ◎ 石油产量峰值论的警示

“石油产量峰值”源于1949年美国著名石油地质学家哈伯特发现的矿物资源“钟形曲线”规律。哈伯特认为，石油作为不可再生资源，任何地区的石油产量都会达到最高点；达到峰值后，该地区的石油产量将不可避免地开始下降，直至枯竭。这是石油峰值理论的核心。

石油峰值问题真正进入公众视野缘于两个经典预测。

1956年，哈伯特大胆预言美国石油产量将在1967—1971年达到峰值，以后便会下降。当时美国的石油工业蒸蒸日上，他的这一言论引来很多的批判和嘲笑。但后来，美国的确于1970年达到石油峰值，历史证明了他预测的正确性。以后，哈伯特将其模型发展应用于探明可采储量的发现规律和最终可采资源量的预测，并应用于北美及其他地区可采资源量的预测，取得了较好的效果。其他学者也曾应用概率统计学原理，建立了动态勘探发现模型，用于预测美国的最终可采资源量。目前，该模型在勘探、开发领域已得到广泛的应用。

爱尔兰地质学家坎贝尔发展了石油峰值研究。坎贝尔曾在BP、壳牌、菲纳财团、埃克森和雪佛龙等大石油公司担任首席地质学家和副总裁。他继承了哈伯特的理论，继续研究石油峰值，并成立了石油峰值研究会。1998年，他发表了《廉价石油时代的终结》，在油价还十分低迷的时候，得出廉价石油时

代必将终结的结论。近来的高油价似乎验证了其结论。这也使其成为另一个经典的预测。随后，关于石油峰值的研究也在全球扩展开来。

我国学者对石油峰值的研究始于20世纪80年代。著名地球物理学家、中国科学院院士翁文波做了大量开创性工作，提出了著名的“泊松旋回”模型。这是我国建立的第一个油气田储量、产量中长期预测模型，通常称之为“翁氏模型”。由于具有生油条件的烃源岩在地下空间的分布是有限的，盖层的地下空间分布也是有限的，地下的石油绝不是取之不尽用之不竭的，而是有限的，预测的石油资源量绝不是可以找到的石油储量，有限的石油资源总有耗尽的一天。目前或今后若干年的石油产量尚可满足人类的需求，但不断提高世界石油产量将成为无法实现的良好愿望。正如世界上开发多年的老油田早已过了产量增长的黄金岁月，现已衰老，步入减产期，世界石油产量必然存在峰值。

利用广义“翁氏模型”，对世界石油产量峰值的预测结果为：世界石油的峰值产量为4013亿吨，峰值出现时间大约在2020年。

中国的石油峰值到底是哪一年？峰值论派一致认为，中国的石油峰值是2015年，天然气峰值是2035年。

## ◎“后石油时代”的到来

1901年，美国得克萨斯州斯潘德尔托普油井，开始工业化生产石油，从此世界进入石油时代。100多年来，石油改变了世界，创造了人类新的文明，促进了社会的发展。为了延续和发展这种文明，地质学家和工程师们始终在苦苦探索，创新石油地质理论，开发新技术，希望从地球上找到并开发出更多的石油。然而石油是在特定地质条件下形成的矿藏，资源的有限性不以人的意志为转移，石油的产量不可能始终满足人类不断增长的需求。种种迹象表明，世界的石油产量正在接近高峰，即使按乐观的估计，在2030年世界石油产量到达高峰，也不是很长的时间，后石油时代就在眼前。

后石油时代的典型特征主要有以下几点：

（1）世界石油产量已处于高峰平台期。

美国石油地质学家哈伯特于20世纪50年代最早系统地提出了石油峰值理论，并成功地预测了美国的石油峰值。他认为产量在初期高速增长，到成熟期达到高峰，随后便开始下降。但是，对于最高处是一个点还是平台期，不同的学者有不同的看法。其实，无论是峰值点，还是峰值进入平台期，这都是后石油时代的开始，是后石油时代的重要标志。从生产实际情况来看，2000年后每年新发现的油田数量和相应的规模、储量，较以往都有所下降；老油田的石油产量加速递减；勘探技术取得飞跃发展，但是并没有看到像20世纪60年代储量发现一样的顶峰；投入开发利用的资源量，占世界已发现的资源量比例逐年升高；在投资不断增长、油价迅猛攀升的情况下，石油产量并没有大幅度增加；另外，国际能源机构专家表示，大部分欧佩克国家的剩余产量多数是品质较差的原油。总之，近几年的世界石油产量的变动幅度，一直围绕1%上下浮动，根本就没有大的突破。

（2）石油勘探开发的投资回报值在不断降低。

能源投资回报值，简称为 EROI，其简要的计算公式是整个生产过程中能源产出总和与能源投入总和的比值。公式中的产出与投入，考虑了在能源生产过程中的各种因素，如资源成本、环境成本、人力成本、资金投入等，充分体现了能源、经济、生态环境的有效结合。近年来，能源问题对经济和环境的影响范围更加广泛，影响程度逐渐加深，我们不能再用传统的评价理论来看待能源。而 EROI 评价方法，全面衡量了石油等能源的生产价值，是后石油时代下非常重要的指标之一。

（3）峰值时间的争论让人们忽视了它已经来临。

1956年，哈伯特准确预测美国石油峰值将在1967—1971年间出现后，遭到了很多人士的批判，并引发了激烈争论。但是，就在那时，美国正渐渐走向石油峰值。从峰值时间的提出、讨论再到1970年峰值真正来临，仅仅经历了10多年的时间。其实，就在人们对峰值时间问题进行激烈讨论的时候，我们已经悄然踏向峰值期，就是这种争论使人们忽视了这样的事实。最后，可能只有当世界遭受了巨大的石油短缺带来的冲击后，才恍然大悟。

（4）油价将继续攀升并高位震荡。

自2003年起，油价开始过快上涨。至2008年7月，国际原油价格达到147美元／桶的高点。此时意味着廉价石油时代已经终结。据国际能源机构2008年预测，2030年世界原油价格将达到约206美元／桶。这已经是保守估计。虽然全球的经济危机使油价于2008年12月曾跌破40美元／桶，但这是暂时的、无法维持的。油价升高是必然趋势。因为油价高低的影响因素是供需关系，而其他因素都只是起到暂时的上下拉动作用和推波助澜的作用。

世界石油产量正在接近或许已经达到高峰。我们正在走向后石油时代。

制定对策积极应对后石油时代的到来是唯一正确的选择，包括制定积极的价格税收政策，引导理性的石油消费；加强节油技术的研究开发和推广应用；加大资金投入，开发新技术，扩大石油资源基础；革新石油加工工艺，转变石化产品的原料路线；加快生物燃料技术开发，尽早实现规模化生产；重视非常规石油资源的开发利用等。

## 第二节 新能源的家族

### ◎ 新能源的分类

新能源又称非常规能源，是指传统能源之外的各种能源形式，包括刚开始开发利用或正在积极研究、有待推广的能源。

新能源种类繁多，而且经过人类不断的开发与研究，更多新型能源已经开始能够满足人类需求。根据能源来源、能源基本形态、能源性质、能源对环境影响、能源使用的类型、能源的形态特征或转换与应用的层次、商品能源和非商品能源等不同的划分方式，可分为不同的类型。根据能源使用的类型，作出如下划分：

非常规油气，包括油页岩、油砂、煤层气、页岩气、致密砂岩气、天然气水合物等。

可再生能源，包括太阳能、风能、水能、生物质能、地热能和海洋能等。

其他能源，包括核能、煤制气、煤制油等。

### ◎ 非常规油气

非常规油气是指在成藏机理、赋存状态、分布规律或勘探开发技术等方面，有别于常规油气资源的烃类资源。可分为非常规石油资源和非常规天然气资源。非常规石油资源包括：油页岩、油砂等。非常规天然气资源包括：煤层气、页岩气、致密砂岩气、天然气水合物等。

#### ● 油页岩

油页岩又称油母页岩，是一种高灰分的含可燃有机质的沉积岩（图

图 11.1　油页岩标本

11.1）。它和煤的主要区别是灰分超过40%，与碳质页岩的主要区别是含油率大于3.5%。油页岩经低温干馏可以得到页岩油。页岩油类似原油，可以制成汽油、柴油或作为燃料油。除单独成藏外，油页岩还经常与煤形成伴生矿藏，一起被开采出来。

## 油砂

油砂指富含天然沥青的沉积砂（图11.2）。油砂实质上是一种沥青、砂、富矿黏土和水的混合物，其中沥青含量为10%～12%，砂和黏土等矿物占80%～85%，余下为3%～5%的水，具有高密度、高黏度、高碳氢比和高金属含量的油砂沥青油。

图 11.2　油砂

## 煤层气

煤层气俗称瓦斯。是指赋存在煤层中以甲烷为主要成分、以吸附在煤基质颗粒表面为主、部分游离于煤孔隙中或溶解于煤层水中的烃类气体，是煤的伴生矿产资源。1立方米纯煤层气的热值，相当于1.13千克汽油、1.21千克标准煤，与天然气热值相当，可以与天然气混输混用，而且燃烧后很洁净，几乎不产生任何废气，是上好的工业、化工、发电和居民生活燃料。煤层气在空气中浓度达到5%～16%时，遇明火就会爆炸，这是煤矿瓦斯爆炸事故的根源。煤层气直接排放到大气中，其温室效应约为二氧化碳的21倍，对生态环境破坏性极强。在采煤之前，如果先开采煤层气，煤矿瓦斯爆炸率将降低70%～85%。煤层气的开发利用具有一举多得的功效：提高瓦斯事故防范水平，具有安全效应；有效减排温室气体，产生良好的环保效应；作为一种高效、洁净能源，商业化能产生巨大的经济效益。

## 页岩气

页岩气是从页岩层中开采出来的天然气，主体位于暗色泥页岩或高碳泥页岩中。页岩气是主体上以吸附或游离状态存在于泥岩、高碳泥岩、页岩及粉砂质岩类夹层中的天然气。它可以生成于有机成因的各种阶段天然气主体上，以游离相态（大约50%）存在于裂缝、孔隙及其他储集空间，以吸附状态（大约50%）存在于干酪根、黏土颗粒及孔隙表面，极少量以溶解状态储存于干酪根、沥青质及石油天然气中，也存在于夹层状的粉砂岩、粉砂质泥岩、泥质粉砂岩，甚至砂岩地层中，是天然气生成之后，在源岩层内的就近聚集表现，为典型的原地成藏模式，与油页岩、油砂、地沥青等差别较大。与常规储层气藏不同，页岩既是天然气生成的源岩，也是聚集和保存天然气的储层和盖层。因此，有机质含量高的黑色页岩、高碳泥岩等，常具备最好的页岩气发育条件。

## 致密砂岩气

致密砂岩气是指渗透率小于0.1毫达西的砂岩地层天然气。致密砂岩气可以埋藏很深，也可以埋藏很浅；可以是高压，也可以是低压；可以是低温，也可以是高温；可以是单层，也可以是多层；可以是均质的，也可以是非均质的。按照我国的标准，有效渗透率小于或等于0.1毫达西、孔隙度小于或等于10%的气藏为致密气藏。可见，世界上对致密砂岩气并无统一的标准和界限，不同的国家是根据不同时期的石油资源状况和技术经济条件来制定其标准和界限的，而在同一国家、同一地区，随着认识程度的提高，致密砂岩气的概念也在不断地发展和完善。

## 天然气水合物

天然气水合物因其外观像冰一样而且遇火即可燃烧，所以又被称作“可燃冰”或者“固体瓦斯”和“气冰”。它是在一定条件（合适的温度、压力、气体饱和度、水的盐度、pH值等）下由水和天然气在中高压和低温条件下混合时组成的类冰的、非化学计量的、笼形结晶化合物（图11.3）。天然气水合物被誉为21世纪具有商业开发前景的战略资源。天然气水合物是一种新型高效能源，其成分与人们平时所使用的天然气成分相近，但更为纯净，开采时只需将固体的“天然气水合物”升温减压，就可释放出大量的甲烷气体。天然气水合物使用方便，热值高，清洁无污染。据了解，全球天然气水合物的储量是现有天然气、石油储量的两倍，具有广阔的开发前景。美国、日本等国均已在各自海域发现并开采出天然气水合物。据测算，中国南海天然气水合物的资源量为700亿吨油当量，约相当中国目前陆上石油、天然气资源量总数的二分之一。

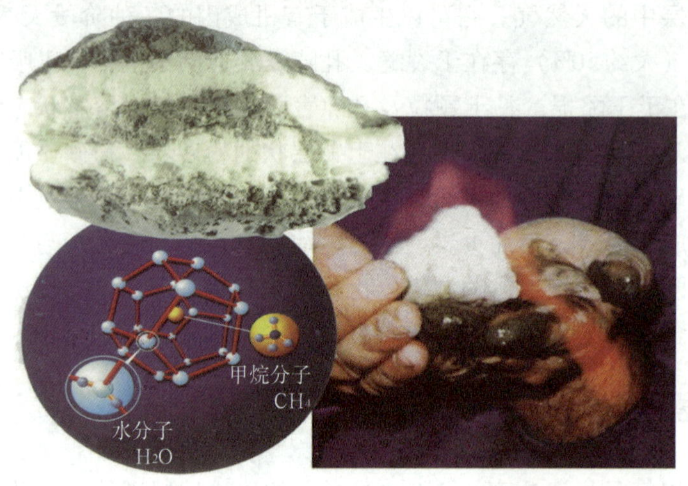


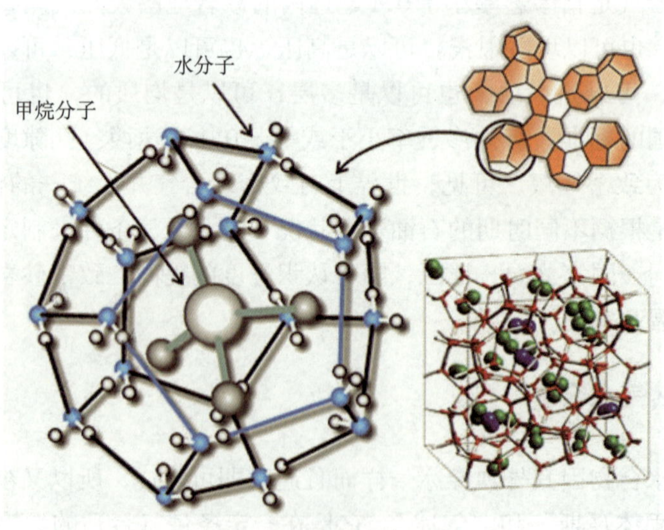


图11.3　天然气水合物

## ◎ 可再生能源

可再生能源是指在自然界中可以不断再生、永续利用的能源，具有取之不尽，用之不竭的特点，主要包括太阳能、风能、水能、生物质能、地热能和

海洋能等。可再生能源对环境无害或危害极小，而且资源分布广泛，适宜就地开发利用。

## 太阳能

太阳能是来自地球外部天体的能源。人类所需能量的绝大部分，都直接或间接地来自太阳。正是各种植物通过光合作用把太阳能转变成化学能，在植物体内储存下来。太阳能的利用有光热转换和光电转换两种方式。太阳能发电是一种新兴的可再生能源（图11.4）。

图11.4　太阳能电池板

## 风能

风能是地球表面大量空气流动所产生的动能。由于地面各处受太阳辐照后，气温变化不同以及空气中水蒸气的含量不同，因而引起各地气压的差异，在水平方向高压空气向低压地区流动，即形成风。风能资源决定于风能密度和可利用的风能年累积小时数。风能密度是单位迎风面积可获得的风的功率，与风速的三次方和空气密度成正比关系（图11.5）。

图 11.5　风力发电机

## 水能

水能是清洁能源、绿色能源，是指水体的动能、势能和压力能等能量资源。广义的水能资源包括河流水能、潮汐水能、波浪能、海流能等能量资源；狭义的水能资源指河流的水能资源，是常规能源，一次能源。人们目前最易开发和利用的比较成熟的水能，也是河流能源。水能主要用于水力发电。其优点是成本低、可连续再生、无污染。缺点是分布受水文、气候、地貌等自然条件的限制大。水容易受到污染，也容易被地形、气候等多方面的因素所影响。

## 生物质能

生物质能是太阳能以化学能形式储存在生物质中的能量形式，即以生物质为载体的能量。对于石油行业来讲，目前最为关切的是生物柴油。它是生物质能的一种，是指以油料作物、野生油料植物和水生植物油脂，以及动物油脂、餐饮垃圾油等为原料油，通过酯交换工艺制成的可代替柴油的再生性燃

料。另外，燃料乙醇也越来越受到关注。

### ● 地热能

地热能是赋存于地球内部岩石和流体中的热能。它是驱动地球内部一切热过程的动力源，其热能以传导形式向外输送。地球内部温度高达7000℃，这些巨大的热能，透过地下水的流动和熔岩涌动至离地面1～5千米的地壳，热力得以被转送至接近地面的地方。高温的熔岩将附近的地下水加热。这些加热了的水，最终会渗出地面。运用地热能最简单和最合乎成本效益的方法，就是直接取用这些热源，并抽取其能量。

### ● 海洋能

海洋能指依附在海水中的可再生能源。海洋通过各种物理过程接收、储存和散发能量。这些能量以潮汐、波浪、温度差、盐度梯度、海流等形式，存在于海洋之中。地球表面积约为5.1亿平方千米，其中陆地表面积为1.49亿平方千米，占29%；海洋面积达3.61亿平方千米，占71%。以海平面计，全部陆地的平均海拔约为840米，而海洋的平均深度却为380米。整个海水的容积多达13.7亿立方千米。一望无际的大海，不仅为人类提供航运、水源和丰富的矿藏，而且还蕴藏着巨大的能量。它将太阳能以及派生的风能等，以热能、机械能等形式蓄在海水里，不像在陆地和空中那样容易散失。

## ◎ 其他能源

除非常规油气、可再生能源之外的能源，称为其他能源。主要有核能、煤制气、煤制油等。

### ● 核能

核能是通过转化其质量从原子核释放的能量。核电就是利用核反应堆中核裂变所释放出的热能进行发电的方式。它与火力发电极其相似。只是以核反应堆及核能发电站蒸汽发生器来代替火力发电的锅炉，以核裂变能代替矿物燃料的化学能。

### ● 煤制气

煤制气是以煤炭为原料加工制得的含有可燃组分的气体。煤气化得到的是水煤气、半水煤气、空气煤气。这些煤气的发热值较低，故又统称为低热值煤气。煤干馏法中焦化得到的气体称为焦炉煤气，属于中热值煤气，可供城市作民用燃料。煤气中的一氧化碳和氢气是重要的化工原料，可用于合成氨、合成甲醇等。

### ● 煤制油

煤制油是以煤炭为原料，通过化学加工过程生产出的油品。煤制油技术包含煤直接液化和煤间接液化两种技术路线。煤的直接液化是将煤在高温高压条件下，通过催化加氢直接液化合成液态烃类燃料，并脱除硫、氮等元素。煤的间接液化首先把煤气化，再通过费托合成转化为烃类燃料。

## 第三节　国内外新能源的发展

### ◎ 煤层气

据国际能源署预测，世界煤层气地质资源量为256.3万亿立方米，主要分布在北美、前苏联地区、中国和澳大利亚。美国、加拿大、澳大利亚三国已形成工业化规模生产。2008年，美国煤层气产量达到517亿立方米，加拿大达到86亿立方米，澳大利亚为36亿立方米。此外，印度、俄罗斯、南非等国家也在积极进行煤层气的勘探与开发。

我国煤层气资源潜力巨大，并已初步建成规模产能。新一轮的全国煤层气资源评价结果显示，国内42个主要含气盆地，地质资源量为36.8万亿立方米，仅次于俄罗斯和加拿大。埋深小于1000米、1000~1500米、1500~2000米煤层气资源量分别占总量的29.9%、36.9%、33.2%。目前全国探明的煤层气地质储量为2800亿立方米，主要集中在山西、陕西、辽宁。2010年地面煤层气抽采量达到14.5亿立方米，井下瓦斯抽采量为74亿立方米。

## ◎ 页岩气

从世界范围看，泥岩和页岩约占全部沉积岩的60%，页岩气资源前景巨大。据美国能源委员会统计，全球页岩气资源量为456.24万亿立方米，主要分布在北美、中国、拉美、中东、北非、前苏联地区。2008年全球页岩气产量为600亿立方米。美国是世界上开发利用页岩气最成功的国家，目前已大规模开发。2008年，美国的非常规天然气产量已超过常规天然气的产量。2009年，天然气产量首次超过俄罗斯。截至2009年底，美国完钻页岩气井4万口，页岩气产量超过930亿立方米。2010年，页岩气产量占美国天然气产量的23%。美国页岩气快速发展的主要因素是：有利的成藏条件、关键技术的突破、发达的天然气管网。美国页岩气的成功开发，引起各国对非常规天然气勘探开发的极大关注。

页岩气已经引起我国政府和相关企业的高度重视。国土资源部组织相关单位开展了页岩气资源评价工作；国内石油公司也积极开展页岩气评价，部署勘探工作；壳牌、康菲等国外公司积极参与我国页岩气勘探开发。据估计，我国与美国在页岩气地质条件上具有许多相似之处，页岩气富集的地质条件优越，具有与美国大致相当的页岩气资源前景和开发潜力。初步估算国内页岩气资源量为30万亿立方米。中国海相古生界页岩分布面积广、厚度大、有机质含量高、成熟度适中，有利于页岩气成藏。三大海相页岩是页岩气主要分布区：南方古生界海相页岩、华北地区下古生界海相页岩、塔里木盆地寒武—奥陶系海相页岩。

## ◎ 致密砂岩气

世界致密砂岩气资源丰富，资源量为210万亿立方米。2008年，产量达到4319亿立方米（BP公司统计），占天然气总产量的14%。其中美国致密砂岩气产量为1757亿立方米，占其天然气总产量的30%。

我国致密砂岩气勘探前景广阔，低渗砂岩气藏远景资源量超过10万亿立方米，占天然气总资源量的1/5。2008年，中国石油致密砂岩气产量114亿立方米，占年天然气总产量的20%，增长态势强劲，规划到2020年产量将达500亿立方米，占总产量的30%。就探明储量和技术实力而言，致密砂岩气藏是中国最具现实勘探开发意义的非常规天然气领域。

## ◎ 燃料乙醇

世界燃料乙醇产量迅速增长，初步形成规模。2008年全球共生产燃料乙醇5433万吨，相当于全球汽油消费量的近3%，其中美国和巴西两国产量约占总量的90%。2004—2008年，年均增长率约为22%。美国燃料乙醇产业主要是以玉米为原料，生产生物燃料乙醇。自2006年起，美国超过巴西，成为世界上最大的燃料乙醇生产国。作为世界燃料乙醇的第二大生产国和第一大出口国，巴西是以甘蔗为生产原料，所产乙醇80%用于国内消费，20%出口，美国是其主要出口地。

我国政府十分重视燃料乙醇产业，包括燃料乙醇在内的新能源已上升到关系国家未来战略的高度，先后出台了《可再生能源中长期发展规划》和《可再生能源“十一五”发展规划》，积极引导我国燃料乙醇产业逐步进入非粮原料发展轨道。2009年，我国燃料乙醇总产能达到182万吨／年。现有燃料乙醇生产主要以玉米、小麦等粮食为原料，生产1吨乙醇大约需要3.3吨粮食。

## ◎ 生物柴油

世界生物柴油快速发展，欧盟和美国占主导地位。2008年，欧盟、美国和巴西等主要地区和国家的生物柴油产量达到了1160万吨，其中欧盟产量为776万吨，约占67%。

中国正在积极探索生物柴油产业化示范。2008年6月，国家发展和改革委员会批准中国石油、中国石化和中国海油生物柴油3个产业化示范项目，产能共计17万吨／年。

## ◎ 油页岩

据世界能源委员会不完全统计，全球油页岩资源量为4300亿～4750亿吨。其中美国是世界油页岩资源最丰富的国家，资源量约占全球总量的70%，中国油页岩资源量位居世界第4位。

在我国油页岩开采已有很久的历史，但受技术和经济因素制约，至今开采程度很低，近期也很难成为主要的石油接替能源。我国页岩油资源量475亿吨，其中含油率大于5%的资源量322亿吨。我国油页岩的勘探开发利用主要集中在东北三省、广东茂名和山东龙口地区。2010年全国共生产页岩油约80万吨。

## ◎ 油砂

世界油砂资源分布相对集中，油砂油产量形成规模。目前全球油砂可采资源量约为890亿吨，是常规石油剩余可采资源量的25%。加拿大是世界最主要的油砂资源地，资源量约占全球总量的82%。据 BP 公司世界能源统计，2009年加拿大油砂探明储量1700亿桶，约占全球石油剩余探明储量的12%。目前，中国石油已投资入股加拿大油砂项目建设。

我国油砂地质资源量60亿吨，可采资源量23亿吨。油砂的勘探开发处于试验阶段，尚未形成规模产量。

## ◎ 地热能

世界地热利用逐渐形成规模，全世界共有78个国家在利用地热能。从世界范围来看，地热能主要用于发电和直接利用，其中2010年地热发电为1071万千瓦·时，直接利用为5058万千瓦·时。全世界共有27个国家利用地热发电，绝大部分分布在美洲和亚洲，分别占世界总装机量的39.9%和35.1%。

我国地热利用位居世界第一。据中国可再生能源学会统计，截至2008年，我国地热开采井有1800多口，年开采量约3.7亿立方米，主要用于供暖、洗浴等方面。据国土资源部统计，2008年，我国地热利用折合160万吨煤，实现二氧化碳减排410万吨，位居世界第一。

## ◎ 核能

据世界核协会统计，截至2008年10月1日，世界正在运行的核电反应堆共439座，总装机容量为372.267吉瓦，占世界总发电量的15%左右。目前世界上核发电量最大的国家依次是美国、法国、日本、德国、韩国、俄罗斯、乌克兰、加拿大、英国和瑞典。据 UxC（铀交易咨询公司）2009年的最新预测，拥有核电的国家将从2008年的31个增加到2020年的43个，而到2030年将增加到54个。据国际原子能机构统计，世界铀矿探明储量700万吨，其中澳大利亚、哈萨克斯坦和加拿大占55%，我国排在十名以后。目前全球每年约需要铀

7.4万吨，预计2015年为8.3万吨。

我国铀矿勘探领域已经放开，海外铀矿合作开发取得突破。2008年，国家允许多种经济成分进入铀矿勘探领域。目前，中国石油、首钢集团、华能集团等已经开始涉足该领域。我国2008年铀产量994吨，消耗量为1757吨。

## ◎ 天然气水合物

天然气水合物以研究落实资源和储备技术为主。据第24届世界天然气大会初步估算，世界天然气水合物资源量为9000万亿～16000万亿立方米，其中98%的资源分布于海洋。

2007年5月1日，由中国地质调查局组织、广州海洋地质调查局实施、辉固国际集团公司在南海北部成功钻获了天然气水合物实物样品，取得了找矿工作的重大突破。2009年9月25日，国土资源部宣布在青海祁连山南缘成功钻获天然气水合物样品。

## ◎ 风能

随着技术进步和成本降低，世界风电装机容量增长较快。2008年，世界风电装机容量新增2800万千瓦，累计达到1.2亿千瓦。2001—2008年年均增长25%。其中，美国、德国及西班牙风电占全球的54%。

我国风电发展迅速，但成本较高、上网难度大、调峰压力大。国内风电价格执行标杆电价均高于煤电，电网公司接受积极性不高。

## ◎ 太阳能

世界太阳能发电装机主要集中在少数发达国家。2008年，全球太阳能发电累计装机容量1340万千瓦，其中德国、西班牙、日本和美国占90%。硅基太阳能光伏发电效率由20世纪不到10%提高到目前的17%～18%。太阳能发电成本约为1元/(千瓦·时)，有可能在2020年前后与火电持平。

我国是世界上光伏电池最大的生产国。2008年，我国光伏电池产量达到200万千瓦，全球市场占有率为30%。太阳能热水器产量达到3500万平方米，占全球产量的一半。目前国内太阳能发电成本仍然较高。

## ◎ 煤制油

世界大规模生产煤制油的国家只有南非，政府政策扶持起到了关键作用。南非萨索尔公司煤制油主要采用间接液化技术，2009年生产煤制油710万吨。南非政府采取浮动价格机制，使进口原油价格高于萨索尔公司的生产成本。

国内煤制油产业处于示范工程建设期。2008年12月，潞安21万吨／年煤基合成油示范项目生产出全国第一桶油，至今全系统处于连续稳定运行状态。在此基础上，潞安集团拟扩大产能，拟建540万吨／年煤基合成油品及化学品的多联产项目。2008年12月31日，神华集团在鄂尔多斯的煤直接液化项目示范装置开车，至2010年7月前后共计运行100多天，生产各种油品30余万吨。

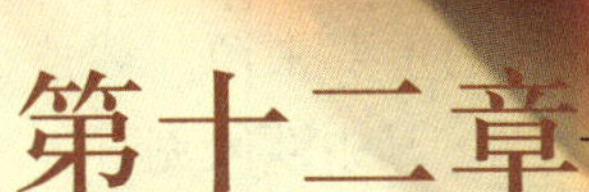

# 第十二章 未来展望

人类有着自己的过去、现在和未来。石油天然气也有着自己的过去、现在和未来。本书用相当篇幅，展现了石油天然气的过去和现在，这里再对其未来做一点展望。

# 第一节 世界石油工业展望

## ◎ 石油资源前景预测

世界石油储量大幅增长，油气新发现成为全球储量增长的重要来源。截至2010年底，世界石油剩余探明储量为2013亿吨，增长8.5%。其中欧佩克石油剩余探明储量为1459亿吨，增长12%，占全球储量的72%。

中东地区石油储量基础雄厚，为1031亿吨，占全球的51%；西半球地区因委内瑞拉重油的加入，石油储量增长34%，达605亿吨，占全球的30%。非洲地区近年来油气储量保持增长势头，2010年均有4%左右的增加，分别达到169亿吨和15万亿立方米。

2010年，全球石油产量同比增长1.7%，达到36.05亿吨。欧佩克放宽石油产量限额，石油产量增长1.4%，至14.55亿吨，占全球石油产量的40%。中东地区继续保持世界主要石油产区的地位，石油产量为10.65亿吨，占全球产量的30%，其次是西半球、东欧及前苏联地区，这几个地区的石油产量占全球石油产量的72%。

预计未来几年石油资源格局不会发生重大变化。主要有如下特点：

（1）石油主要生产国积极上产。

2010年，全球石油产量排名前五位的国家为俄罗斯、沙特阿拉伯、美国、中国和伊朗，这五个国家的石油总产量占全球产量的44%。加拿大超越墨西哥，成为全球第六大石油生产国。在产量排名前十位的国家中，除伊朗、墨西哥、伊拉克持续减产外，其他国家在2010年都表现出积极的上产愿望。俄罗斯除2008年略有减产外，近5年石油产量的平均增速保持在2%左右。美国继续增产2.4%，达到2.75亿吨，进一步展示了老区的增产潜力。中国在2009年压产后，2010年石油产量突破2亿吨，达到2.03亿吨，增加6.8%。加拿大扭转减产趋势，增产6%。墨西哥在产量连续6年下滑后，2010年继续下降1%，产量为1.29亿吨。

（2）西欧石油产量连年下降，其他地区普遍增产。

西欧地区石油产量近年来持续快速下滑，从2006年起年均减产约8%。2010年减幅达10%，产量降至1.77亿吨。其中挪威、英国、丹麦等主要产油国，降幅都在10%左右。亚太地区是2010年全球石油产量增长最快的地区，增长3.9%，至3.79亿吨。西半球石油产量增长3.3%，至8.66亿吨。东欧及前苏联地区，近5年石油产量保持了3%左右的增长速度，2010年的产量为6.69亿吨。非洲地区石油产量增长3%，至4.49亿吨，主要是由于尼日利亚产量强劲增长13%，至1.03亿吨所致。

（3）主要资源国优势仍然明显。

全球石油储量排名居前五位的国家依次为沙特阿拉伯（359.7亿吨）、委内瑞拉（289亿吨）、加拿大（240亿吨）、伊朗（187.7亿吨）和伊拉克（157.5亿吨）。这五国的石油储量为1233.9亿吨，占全球总储量的61%。委内瑞拉由2009年的第6位一举升为榜眼（表12.1）。

表12.1 2010年世界石油累计探明储量

| 国家及地区 | 石油储量（亿吨） | 排名 |
|---|---|---|
| 沙特阿拉伯 | 359.7 | 1 |
| 委内瑞拉 | 289 | 2 |
| 加拿大 | 240 | 3 |
| 伊朗 | 187.7 | 4 |
| 伊拉克 | 157.5 | 5 |
| 科威特 | 142.5 | 6 |
| 阿联酋 | 133.97 | 7 |
| 俄罗斯 | 82.2 | 8 |
| 利比亚 | 63.59 | 9 |
| 尼日利亚 | 50.9 | 10 |
| 中国 | 27.9 | 14 |

（4）非常规石油与深海石油发展迅速。

目前全球油砂可采资源量约为890亿吨，是常规石油剩余可采资源量的25%。加拿大是世界最主要的油砂资源地，资源量约占全球总量的82%。据BP公司世界能源统计，2009年加拿大油砂探明储量1700亿桶，约占全球石油剩余探明储量的12%。全球重油可采资源量约为4340亿桶（约合723亿吨），是常规石油剩余可采资源量的20%。委内瑞拉是世界上重油储量最丰富的地区之一，其可采资源量占全球总量的61%。海洋石油的绝大部分存在于大陆架上，海底蕴藏着丰富的石油和天然气资源。据不完全统计，海底蕴藏的油气资源储量约占全球油气储量的1/3。目前，海底油气开发已从浅海大陆架延伸到千米水深的海区。全球石油资源可采储量为3000亿吨，海洋石油储量占45%，可采储量为1350亿吨。世界海洋石油产量的增长速度，是世界石油生产总量增速的3倍多。预计今后几年，海洋石油生产仍将以更高的速度增长。非常规石油与深海石油的快速勘探开发，将会对全球石油资源产生一定影响（图12.1）。

图12.1 深海钻井船

## ◎ 天然气资源前景预测

未来世界天然气资源前景，具有以下几个特点：

（1）全球天然气资源可满足未来100年的需求。

据国际能源机构估计，全球常规天然气可采资源总量为471万亿立方米，已累计采出66万亿立方米，目前剩余405万亿立方米。1987—2008年，天然气资源量增长87%。随着时间的推移，天然气资源量仍将呈现“增长”趋势。总体看，全球天然气的勘探开发程度仍然很低。按目前天然气资源量计算，仅为15%左右，巨大的资源量有待开发。随着技术进步和探明程度的提高，天然气资源量将逐渐转化为可采储量。因此，天然气资源量在较长时期内，可以保证天然气的稳定供给。按需求年均增长1.5%测算，现有天然气剩余可采储量就可以满足2050年前的总需求。如果加上待发现资源、非常规资源和老气田挖潜，世界天然气资源可满足未来100年的需求。

（2）天然气储量、产量和储采比同增，剩余探明可采储量仍将保持快速增长。

根据美国《油气杂志》统计数据，截至2010年底，世界天然气剩余探明可采储量为188.2万亿立方米，与《BP世界能源统计2011》最新公布的187.1万亿立方米基本吻合。近30年来，每年新增天然气储量平均为4万亿～5万亿立方米（大于产量水平）。世界天然气处在储量、产量和储采比同增的时期。预计在中期内，天然气剩余探明可采储量仍将保持增长态势。世界天然气储量主要分布在中东、前苏联地区。探明储量居世界前3位的俄罗斯、伊朗和卡塔尔，分别占世界总储量的23.9%、15.8%和13.5%。2010年世界前10大天然气资源国的探明储量，占世界总储量的77%。

（3）非常规天然气资源丰富，在21世纪后半叶将成为天然气供应的重要来源。

根据国际能源机构资料，世界非常规天然气资源量为922万亿立方米，其中致密砂岩气为210万亿立方米，煤层气256万亿立方米，页岩气456万亿立方米。在过去的20年里，美国非常规天然气产量以平均每年8%的速度增长，从1990年的907亿立方米增加到2009年的3089亿立方米。非常规天然气产量占美国天然气总产量的比例，也从1990年的15%提高到目前的50%以上。美国的成功经验，激发了其他国家勘探开发非常规天然气的热情。从全球看，2007—2030年，世界非常规天然气产量将从3670亿立方米提高到6290亿立方米。届时，将占天然气供应总量的15%。从长远看，世界天然气整体供需格局将发生重大改变。

## ◎ 石油市场前景预测

（1）世界能源结构向绿色转型，石油在能源结构中的比重进一步下降。

从今后5年的发展趋势来看，由于各国对气候变化和低碳发展的重视，低碳能源的增长和所占比重会进一步提升。据BP公司预测，全球能源消费将从2010年的118亿吨油当量增长到2015年的133亿吨油当量，年均增长2.4%，高于1991—2000年1.5%的年均增速，略低于2001—2010年2.5%的年均增速。天然气和煤炭占一次能源比重将分别上升0.8%和0.6%，核能和其他可再生能源将分别上升0.2%和0.8%，水电所占比重基本不变，石油所占比重将下降2.3%。值得关注的是日本地震对核能发展的影响。日本大地震引发核危机后，德国、瑞士、意大利政府相继宣布，逐步退出核能发电。从短中期来看，全球核能发展的步伐将有所放缓，其他新能源和可再生能源以及天然气的发展速度可能进一步加快；从长期看，核能的发展取决于核电厂安全水平的提升、政府及民众的态度以及其他能源的发展状况。

（2）世界石油供应持续偏紧，炼油能力更加过剩。

国际油价将保持在100美元／桶以上，未来石油需求将持续增长，产能增长低于需求的增长。据国际能源机构预计，石油需求将从2010年的8800万桶／日增至2016年的9530万桶／日，净增730万桶／日，年均增长1.3%。需求增长全部来自非OECD（经济合作与发展组织，简称经合组织）国家，其中中国占增量的41%。预计2010—2016年，世界原油生产能力将从9380万桶／日增加到10060万桶／日，净增680万桶／日，其中常规原油增量占总增量的比例不到40%。预计到2016年，只有伊拉克、安哥拉和阿联酋三个国家产能有明显增长。预计利比亚的石油产量在2014年恢复到战前水平（约160万桶／日）。国际能源机构预测，2010—2016年全球原油炼制能力将增加960万桶／日，2016年达到10270万桶／日，增加的能力超过需求的增长。由此到2016年，全球炼油厂开工率将从2006—2010年的82%下降到78%。由于供应偏紧、地缘政治风险、经济较快增长和新兴市场刚性需求等因素的影响，未来几年国际油价将保持在较高水平。

（3）重油和油砂潜力巨大，正逐步进入市场。

非常规的液态烃包括超重油、油砂和页岩油，其资源潜力有多家机构正在进行评估，其中最现实的是重油和油砂。目前全球油砂可采资源量约为890亿吨，是常规石油剩余可采资源量的25%。全球重油可采资源量约为4340亿桶（约合723亿吨），是常规石油剩余可采资源量的20%。油页岩的资源远大于重油和油砂，某些油页岩实际上就是烃源岩中排烃后剩余的部分。世界上烃源岩排出的烃远小于剩余烃，因此页岩中的油数量大，分布范围广，保存要求条件低，不容易散失。据评价，仅美国的绿河盆地的资源量就达到了2130亿吨。然而技术进步、开发成本降低是开发油页岩的关键，这可能还需要一段时间的努力。

（4）发达国家对石油需求开始下降，新兴国家需求上涨。

发达国家人口和经济增长都比较缓慢，整个能源需求增长变缓，单位GDP的能耗低，能源结构中石油比例高，替代能源发展缓慢。石油的需求开始缓慢下降。据国际能源机构预测，2010—2030年，美国年下降率为0.7%，欧洲发达国家年下降率为0.4%，日本年下降率为1.8%。发展中国家，以中国为代表，石油需求在2030年前的增长率将在3.5%左右，印度和中东国家同中国类似。发达国家石油需求缓慢下降，发展中国家尤其是新兴国家成为石油需求增长的主要动力是可以肯定的。但是上述预测的增长速度存在一定的不确定性。主要是由于替代能源的发展速度，节能技术的发展速度和应用速度很难确定。而石油需求的增长速度要低于总能源的需求的增长速度，石油在整个能源中的比例将会下滑，这是可以肯定的。

（5）今后10年国际油价总体趋高，影响因素仍呈多元化特点。

近年来，国际油价经历了由相对稳定到逐步走高、由暴涨到暴跌再到趋稳的一个完整轮回。预计今后几年，国际油价将随供需形势变化、美元贬值等因素的变化而再次步入稳中走高的阶段。同时，石油生产的边际成本将逐步上升到80美元／桶，石油价格底线也会随之上移；未来替代能源的成本也可能进一步上升，将对石油价格设置一个上限。油价必须足够高，才能对增加石油开发投资和石油供应起到激励作用；但是，油价不能持续太高，否则将影响全球的经济增长。

## ◎ 天然气市场前景预测

（1）未来世界天然气市场供需可能趋紧。

一是虽然天然气资源并不缺乏，但有部分资源因买家不落实而不能进入市场，供应的相对减少将促使市场趋于紧张；二是天然气需求仍保持强劲增长势头；三是德国、瑞士、意大利等国的弃核政策将增加对天然气的需求。未来全球天然气价格总体将呈现稳步上涨态势。随着市场趋紧，气价和油价之间的联系在一段时间内将得以维持。只有美国是例外，受地区市场特点影响，北美地区天然气现货价格将保持平稳增长。

预计到2015年，世界天然气消费量将达到3.5万亿立方米左右，年均增长超过3%。80%以上的需求增长来自非OECD国家。中东将成为未来产量增长的主要来源，占世界天然气增量的40%以上。卡塔尔、沙特阿拉伯、伊朗和伊拉克是最主要的生产国，但其产量中仅有约1/3可供出口。俄罗斯和土库曼斯坦约占增量的10%。非洲地区天然气产量增长主要来自阿尔及利亚和尼日利亚。OECD产量增长主要来自北美和澳大利亚。

（2）发展中国家和资源国天然气消费快速增长，进一步改变世界天然气消费格局。

1998—2008年世界天然气消费经历了连续11年的增长，2008年突破3万亿立方米大关，达到3.02万亿立方米。2009年，受国际金融危机等因素影响，世界天然气消费下降至2.94万亿立方米。2010年，全球天然气消费量为3.17万亿立方米，增长7.4%，是1984年以来增幅最大的一年。中国天然气消费增长了21.8%，至1070亿立方米，首次突破千亿立方米大关。

综合国际能源机构、美国能源信息署等多家机构预测结果，2030年世界天然气需求将达到4.5万亿～4.6万亿立方米。亚太和中东地区是未来世界天然气需求增长最快的地区，占世界需求增量的50%以上。近年来，中国、印度、墨西哥等国的天然气消费量快速增长。2004—2010年，中国天然气消费量年均增长18%，2010年已经成为全球第四大消费国。同时，近年来资源国的天然气消费也快速增长，2004—2010年，伊朗、沙特阿拉伯天然气消费量分别年均增长8%和4%。

（3）非常规天然气快速发展，天然气市场格局将发生重大变化。

目前，世界天然气消费以北美、欧洲和亚太三大市场为主。长期以来，三大市场相对独立。从发展趋势看，北美非常规天然气快速发展正在改变北美地区的天然气供需态势。2008年，美国非常规天然气产量3027亿立方米，首次超过常规气产量，占天然气产量的52%左右。非常规天然气将使美国天然气市场从供应紧张转为需求不足、供应过剩，进而通过LNG出口的局面。这将对世界天然气市场格局产生重大影响，使面向美国市场的LNG生产转向亚欧市场。

世界天然气贸易快速发展，区域间流动性增强。随着跨国管道和LNG快速发展，天然气贸易量呈现快速增长态势。2003—2010年贸易量由5813亿立方米增长至9752亿立方米，占消费量的比重由22.3%提高至30.7%。其中，管道气贸易量由4300亿立方米增至6776亿立方米。LNG贸易发展更为迅速，由1513亿立方米增至2976亿立方米，增长近一倍。未来20年，全球天然气跨区贸易将继续快速增长。特别是随着中亚天然气管道建设和未来中俄天然气管道建设，欧洲和亚太消费国将共同竞争中亚、俄罗斯的天然气资源和中东的

LNG 资源。世界天然气市场将形成北美市场相对独立、亚欧市场联系更加紧密的市场新格局。

（4）天然气发电是未来消费增长的重要驱动力。

天然气利用主要有两种模式：一是北美及欧洲发达国家平衡利用的模式，以工业、发电和城市燃气三大类为主，基本是三分天下；二是非洲、中东和东南亚等发展中国家以工业和发电为主的模式。天然气消费的30%～40%用于发电，发电是这些国家主要的天然气利用模式。

据美国能源信息署预测，世界大多数地区天然气消费增长的主要驱动力是发电需求，预计2006—2030年期间，全球发电用气的年均增长率将为2.1%，天然气发电用气在天然气消费结构中的比重将从31%上升到35%。北美、欧洲市场处于成熟期，未来天然气消费增长主要靠工业和发电拉动。亚太市场处于快速发展期，未来天然气消费增长靠工业、发电和民用消费拉动。

## ◎ 炼油和乙烯发展前景预测

2009年世界炼油能力达到43.61亿吨／年，比上一年增加了8099万吨／年，同比增长1.9%，增幅超过2006—2008年增量的总和，创4年来增长新纪录。新增炼油能力主要来自亚洲、北美和中东地区，分别新增产能5448.5万吨／年、1260.0万吨／年和1045.7万吨／年，分别占全球新增炼油能力的67.3%、15.6%和12.9%；其他地区仅新增344.8万吨／年，占4.3%。截至2009年，全球共有炼油厂661座，与1999年相比减少94座，其中亚太地区由203座减至161座，北美地区由182座减至154座，其他地区合计由370座减至346座。

未来几年世界乙烯工业发展趋势：

（1）产能过剩的局面仍在持续。

受全球经济低迷、乙烯新增产能投产以及市场需求疲软的影响，2008年以来乙烯装置开工率一直处于较低水平。2009年，世界乙烯产能达到1.33亿吨，需求量为1.12亿吨，装置开工率为84.2%，产能过剩约1500万吨，占需求量的13.4%。乙烯需求的60%左右用于非耐用品（如塑料瓶、塑料袋等）领域，其余用于耐用品（如建材）领域。通常情况下，当经济低迷时，由于消费者缺乏信心，耐用品的消费会下降，但非耐用品的消费不会下降。但在此轮经济衰退中，非耐用品需求也有所下降。其中一个原因是经济下行的严重性和持久性，使得消费者的消费能力下降；另一个原因是包装耗材减少，塑料瓶和塑料袋质地更薄，瓶盖环扣更少，而此转变可能是永久性的。预计约600万吨的乙烯产能，将在经济下行的背景下关停，部分产能将永久关停。

（2）新增产能主要集中在中东和亚太地区。

未来5年世界乙烯产能还将稳定增长，新增产能主要集中在中东和亚太地区。到2015年，中东产能将占全球乙烯产能的23%，其中大部分是为了支持乙烯衍生物（尤其是乙二醇和聚乙烯）的出口。亚太地区（特别是中国）产能的增加，主要是为了满足国内不断增加的聚乙烯和其他乙烯衍生物的需求。

（3）东北亚成为世界乙烯需求量最大的地区。

2008年，全球乙烯需求首次出现负增长，2009年全球乙烯需求再次增长。此轮增长主要由中国、印度等发展中国家拉动。近年来，随着中国经济的快速发展，中产阶级生活水平得到了很大的提升，中国对乙烯衍生物市场终端产品的需求在快速增长；印度的市场需求也在同步增长，但基数相对较小。2010年，东北亚地区将成为世界乙烯需求量最大的地区，占全球乙烯市场需求比例由2000年的21%增长到25%；中东乙烯需求也有大规模增长，占全球比例由2000年的7%上升到16%；北美所占比例由2000年的33%降至24%。预计2014年中国乙烯需求将占世界总需求的26%，中东将占世界总需求的19%。发展中国家的乙烯需求增长，将缓解全球乙烯供应过剩的局面。预计2014年乙烯产能过剩量占全球总需求量将下降至8%。

（4）乙烷在中东地区乙烯原料构成中的比例下降。

近年来，中东新建乙烷裂解装置的陆续投产以及经济衰退期间原油产量的削减，导致该地区乙烷供应不足，液化石油气（LPG）和石脑油在乙烯原料中的比例不断提高，加上炼化一体化项目的增多，中东石化下游产业将得到发展，产品也更加多样化。从资源分布看，沙特阿拉伯、阿联酋、科威特等国家的资源储量和产量以石油为主，而伊朗、卡塔尔的天然气储量更丰富，其在石化原料方面更有优势。未来几年，尽管乙烷在中东乙烯原料构成中的比例将下降，石化产品的成本优势有所降低，但与世界其他地区相比，其轻质原料仍保持较高比例，乙烯装置在原料成本和乙烯收率方面仍保持非常强的竞争力。

# 第二节　中国石油工业展望

## ◎ 石油资源前景预测

（1）陆上石油开发前景不容乐观。

中国剩余油气资源中，陆上部分质量总体变差。常规资源中，深层、隐蔽目标和沙漠、山地等复杂地表条件的资源比例较大，要继续发现新储量有很大的挑战。中国主要含油气盆地的勘探都长达10～50年，大型构造圈闭基本已经钻探，老油区新发现的油田规模逐年变小，并且陆上勘探成本也将逐年提高。

（2）中国深海油气资源相对丰富。

中国海域石油资源量约为275.3亿吨。我国深海油气开发较晚，潜力看好。

（3）中国石油产量已进入高峰平台。

根据《新一轮全国油气资源评价》，中国石油资源量1072.7亿吨，已探明储量225.6亿吨，探明率约为21%，远低于世界平均探明率。中国主力油田总体进入递减阶段，稳产难度不断增大，但开发上仍有潜力可挖。中国原油年产量已经进入高峰平台，预计2012—2030年原油产量可保持在1.8亿吨左右。

## ◎ 天然气资源前景预测

（1）中国天然气资源丰富。

自20世纪80年代以来，中国进行了三次系统的天然气资源评价。1986年第一次资源评价，中国天然气资源量为33.6万亿立方米；1994年第二次资源评价，天然气资源量为38.04万亿立方米；2005年完成全国第三次油气资源评价。第三次资源评价结果认为，中国陆地和近海海域115个含油气盆地常规天然气远景资源量达56万亿立方米，可采资源量为22万亿立方米，主要分布在塔里木、鄂尔多斯、四川、东海以及柴达木等9个含油气盆地，9个盆地天然气可采资源量18.43万亿立方米，占全国总量的83.7%（表12.2）。总体看，中国天然气资源量不断增加，每10年新增天然气资源量10万亿立方米左右。

**表12.2　中国天然气资源分布**　　　　单位：万亿立方米

| 盆地名称 | | 远景资源量 | 地质资源量 | 可采资源量 |
|---|---|---|---|---|
| 主要盆地 | 塔里木 | 11.34 | 8.86 | 5.86 |
| | 鄂尔多斯 | 10.70 | 4.67 | 2.90 |
| | 四　川 | 7.19 | 5.37 | 3.42 |
| | 东　海 | 5.10 | 3.64 | 2.48 |
| | 柴达木 | 2.63 | 1.60 | 0.86 |
| | 松　辽 | 1.80 | 1.40 | 0.76 |
| | 莺歌海 | 2.28 | 1.31 | 0.81 |
| | 琼东南 | 1.89 | 1.11 | 0.72 |
| | 渤海湾（含海上） | 2.16 | 1.09 | 0.62 |
| | 合　计 | 45.09 | 29.05 | 18.43 |
| 其他盆地（合计） | | 10.80 | 5.98 | 3.60 |
| 全　国 | | 55.89 | 35.03 | 22.03 |

数据来源：国土资源部。

（2）天然气储量继续保持高峰增长。

截至2009年底，全国气层气可采资源探明率仅为19.5%，探明程度低，尚有17.79万亿立方米可采资源有待探明，主要分布在塔里木、四川、东海、鄂尔多斯、柴达木、莺歌海、松辽和琼东南八个盆地。根据美国储量增长历程资料，资源探明率在10%～45%之间，储量将保持较高的增长速度，年均探明率在1%左右。中国目前大体相当于美国储量快速增长阶段的初期，即美国在20世纪30年代的水平，预示着未来中国待探明资源前景广阔，储量增长潜力较大，发现大中型气田的几率仍然较高。结合中国未来常规天然气资源勘探领域、勘探潜力和近年来天然气储量增长趋势，预计2010—2030年中国天然气储量将持续进入高峰增长期，年均探明地质储量约5000亿立方米，储量高峰增长时间可持续到2025年前后。探明储量的快速增长，将为中国天然气开发奠定雄厚的资源基础。

中国煤层气资源探明率仅为0.5%。结合煤层气未来勘探领域，预测未来20年全国煤层气探明地质储量年均增长约1000亿立方米。南方海相页岩气预计在2015年前后，进入商业开发，2010—2030年页岩气年均新增探明地质储

量有望达到800亿立方米左右。

（3）天然气产量仍将以较快的速度增长。

目前国内天然气储量准备充分，与世界主要产气国相比，2009年全国天然气储采比仍处于较高的水平，上产基础进一步加强。气层气剩余可采储量增长迅速，由1998年的9405亿立方米增至2009年的35851亿立方米，年均增长2404亿立方米。截至2009年，中国天然气储采比高达47，表明具有较大的建产潜力和产量增长空间。低渗透、高含硫、超高压和火山岩等复杂气藏开发取得重要进展，目前塔里木盆地、鄂尔多斯盆地、四川盆地和松辽盆地等，一批大中型气田正处于前期评价或产能建设初期。这批气田已投入开发或将陆续投入开发，天然气产量仍将持续快速增长。

中国煤层气经过20多年的不断探索、评价和试验，已实现商业化运作。页岩气前期评价工作也在紧锣密鼓地进行。水溶气和天然气水合物尚处于初步的技术跟踪调研阶段，近期难以进行经济有效的开发。

预测中国常规天然气的高峰年产量为2400亿～2800亿立方米，产量增长高峰期将持续到2045年左右。预计2012—2015年，年均天然气增长100亿立方米以上，到2015年产量将突破1500亿立方米；2020年，常规气产量将突破2000亿立方米，非常规气将达到200亿立方米以上，油气产量当量基本相当；2030年，常规天然气产量将达到2500亿立方米左右。考虑煤层气、页岩气等非常规天然气今后的产量增长潜力，总产量有望超过3000亿立方米。之后，将进入一个较长时期的稳产阶段。

## ◎ 石油市场前景预测

（1）我国石油供需成倍增长，对外依存度不断提高。

近几年，我国石油需求以年均6.6%的速度迅猛增长，2010年达到4.48亿吨（合920万桶／日），比10年前翻了一番；而我国原油生产缓慢增长，2010年首次突破2亿吨，比10年前增加23%。由于供需严重失衡，2010年我国原油对外依存度达到54.8%。据2011年工信部最新数据，我国原油对外依存度达55.2%。今后10年，原油供应增长有限，预计将维持2亿吨的高峰平台。但是，随着国民经济持续平稳快速发展，随着工业化、城镇化进程的稳步推进，未来10年仍是石油消费量快速增长期。在经济增长方式转变与社会消费模式优化调整的共同影响下，预计年均增速可望降至4%。2020年，我国石油需求总量仍将达到6.3亿吨左右。届时，2/3的石油将依赖进口，将对我国的石油供应安全和国际石油贸易提出更为严峻的挑战。

（2）加强国际合作，石油进口多元化。

过去10年，我国石油进口来源呈现多元化趋势，但仍相对集中。中东地区仍是最主要的进口来源，2010年全年从中东进口的石油达1.1亿吨，占进口总量的比例基本在45%以上。考虑到中东是未来最主要的石油供应增长源，增加从中东地区的进口是不可回避的现实。而中国不同于欧美，与中东各国没有文化冲突和利害冲突。因此，要加强对中东的石油外交，进一步加大参与中东事务的力度，在国际事务中给予中东各国政治和道义上的支持，积极开展文化交流和经贸活动，加大对外合作的宣传力度，让中东资源国了解我们的技术水平和企业实力。吸引中东资源丰富、资金雄厚的国家来华投资建立合资炼油厂，以市场换资源，以下游促上游。产油国的石油安全突出的是需求安全，包括中东、非洲、俄罗斯、拉美在内的所有石油产区均在实施出口多元化的战略。因此，靠我们稳定的需求增长，我国有可能吸引更多的石油资源。只有多元寻找和获取石油资源，才能满足我国日益增加的石油需求，分散风险，最大限度地保证我国石油供应安全。所以，必须拓展获取石油进口的渠道和方式，实行多元化，包括进口来源多元化、进口通道多元化、品种多元化、经营者多元化、手段多元化、获取方式多元化等。

## ◎ 天然气市场前景预测

（1）天然气产量增长快，发展潜力大。

与发达国家相比，我国天然气产业仅处于发展初期。国内天然气勘探开发程度低，可采资源平均探明程度仅16.7%，远低于60%左右的世界平均水平，天然气发展具有巨大潜力。

“十五”以来，我国天然气储量进入了一个新的增长高峰期。2000—2007年，新增天然气探明地质储量3.6万亿立方米，年均增加5199亿立方米。截至2008年底，累计探明地质储量6.34万亿立方米，剩余可采储量由1998年的9405亿立方米增至2008年的3.2万亿立方米。预计2001—2020年，可新增探明可采储量3.3万亿立方米，2021—2030年，可新增3.06万亿立方米。除了常规天然气资源以外，我国还有包括致密砂岩气、煤层气和页岩气在内的大量非常规天然气资源；并且在东海海域、南海海域和青藏高原有天然气水合物

分布的广阔前景。

（2）天然气消费量持续增长，结构逐步优化。

随着国民经济的持续发展以及国内天然气长输管道、地下储气库等基础设施的不断建设和完善，预计2020年我国天然气消费量将达3000亿立方米。未来10～20年，我国对天然气的需求将继续保持增长势头，天然气占一次能源消费总量的比重将从目前的3.9%升至2020年的10%，天然气市场发育阶段由快速增长期步入成熟期。预计2010—2030年，天然气需求量年均增长率将超过8%，年均增长量在100亿～150亿立方米。随着国外管输气和 LNG 的进口，天然气发电将得到规模发展。因此，天然气消费结构将逐步得到优化。

（3）天然气消费市场的中心将继续“南下东移”，覆盖面遍及全国。

我国天然气资源主要分布在西部，在市场启动期内，基本上就近消费。进入发展期后，我国天然气供应格局发生变化，呈现出“西气东输、海气上岸、北气南下”以及“就近外供”的局面。在此格局下，今后我国天然气市场消费中心，将由产气区周边向东部地区和南部地区持续转移。预计2020年，东南沿海、长江三角洲、环渤海三大地区天然气消费量将占全国总消费量的50%以上，成为国内最大的天然气消费地区。

（4）进口以管输气为主，LNG 居次。

从我国大陆天然气资源分布来看，进口管道气将在我国引进国外天然气中占主要地位，LNG 居次。近期看，引进管道气潜在的来源国家和地区主要是中亚地区、缅甸和俄罗斯。近几年，我国开始引进 LNG。LNG 项目从建设到投产，通常需要5年以上。因此，2015年以后，我国才可能大规模引进 LNG。

（5）天然气定价机制逐步理顺，市场对气价的承受能力不断提高。

随着未来大量进口天然气的到来，预计国内天然气价格将逐渐与国际市场实现一定程度的接轨。国内天然气价格定价机制将逐步理顺，与石油、液化气、煤炭等能源的价格之比更为合理。随着国际石油、液化气、煤炭等能源价格的提高，以及我国经济发展的逐渐复苏，预计我国天然气市场对天然气价格的承受能力将逐步提高。

## ◎ 炼油和乙烯发展前景预测

未来几年，我国炼油工业将进入由大走向强的发展时期。在保持整个行业平稳较快发展的同时，需要持续提升盈利能力和国际竞争力，真正实现由炼油大国向炼油强国的转变。我国炼油工业主要面临三方面的挑战：(1) 石油资源紧缺依然是制约我国炼油工业发展的主要因素；(2) 低碳经济对炼油工业的要求，将提高原油生产加工成本；(3) 多边自由贸易区的建立，促使我国炼油工业多元化竞争。

我国炼油工业的发展趋势如下：

(1) 产能稳步增长，与区域经济协调发展。

按照石化产业振兴规划，我国将对炼油行业采取区域等量替代方式，淘汰100万吨／年及以下低效落后炼油装置，并引导100万～200万吨／年炼油装置关停并转，防止以沥青、重油加工等名义新建炼油项目。预计2015年炼油能力将达5.8亿吨／年，主要建成环杭州湾（含长江三角洲）、珠江三角洲、环渤海和西北炼化工业区，形成与区域经济协调发展和配套的基本格局。炼油厂的规模化程度、炼化一体化程度、产业集中度及集约化程度、油品质量都将得到进一步提高。

(2) 产业结构调整，提高整体市场竞争力。

据统计，我国 GDP 每增长1%，成品油需求增长0.5%，石化产品需求增长1%。在保证交通运输用燃料供应的同时，炼化一体化型炼油厂提供优质化工原料，有利于原料的优化配置和综合利用，提高资源利用率，共享公用工程，减少库存和储运费用，降低运输成本；可使炼油厂10%～25%的低价值油品变成高价值的石化产品，对联合化工厂的回报率可提高2%～5%，提高炼油化工企业的整体经济效益。

(3) 构建稳定的多元化原油资源供应格局。

原油资源短缺和保持国民经济平稳快速发展的现实矛盾，决定了未来10年我国原油对外依存度有可能相继突破60%和70%。21世纪以来，中国在石油进口来源多元化上取得了相当大的进展，在这方面明显优于地缘条件相近的石油进口大国日本和韩国，甚至也优于地缘条件较好的印度。

(4) 逐步提高产品质量标准，油品清洁化。

提高车用燃料质量，降低汽车尾气排放中硫化物、氮化物、一氧化碳及颗粒物的含量，生产清洁油品，是我国炼油工业的发展重点。生产清洁汽油的关键是降低硫、烯烃和苯的含量，同时保持或提高辛烷值，这需要开发低成本的催化技术，通过有效的催化异构化等途径恢复或增加汽油组分的辛烷值；生产清洁柴油要降低硫含量和芳香烃含量，关键是要开发深度甚至超深度脱硫、深度脱芳、提高十六烷值和降低柴油密度的催化技术。在发展低碳经济、实现

可持续发展的背景下，受环境保护法规和燃料质量要求的推动，全球车用汽油和柴油质量提升十分迅速，我国油品质量升级步伐也明显加快。

（5）适应资源多元化趋势，发展加氢工艺。

我国加工原油劣质化趋势显著，原油性质逐年变重，硫含量、酸值逐年上升。我国原油的减压渣油含量较大，如大庆和胜利油田原油含量分别占到38% 和 40%。2009 年中国石化炼油企业加工的高硫、高酸劣质原油比例达到49%，含硫、含酸原油的比例达到 80%。大力发展各类加氢工艺，采用劣质、重质原油生产清洁油品，将成为我国炼油工业发展的必然趋势。

（6）未来几年，我国乙烯工业发展面临机遇和挑战。

2011—2015 年，我国乙烯需求仍将保持一定的增速，估计 2011—2012 年在 5% 左右，2013—2015 年在 5%～7%，预计到 2015 年我国乙烯当量消费将超过 4000 万吨。面临的挑战首先是节能减排的压力，其次是国外的优势产品对国内市场的冲击。乙烯工业应持续推进规模化发展，坚持基地化、一体化、园区化的发展原则，优化战略布局。通过武汉乙烯、抚顺石化、大庆石化、扬—巴工程、上海石化等项目及煤化工示范项目投产，预计 2015 年我国乙烯产能将达到 2160 万吨 / 年，自给率将进一步提高，产业布局将进一步优化，国内供应能力得到增强。

# 参考文献

曹湘洪，王子康，王少春，等．2006．当代石油和石化工业技术普及读本[M]．北京：中国石化出版社．

巢华庆．2006．大庆油田提高采收率研究与实践[M]．北京：石油工业出版社．

陈德春．2007．天然气开采工程基础[M]．东营：中国石油大学出版社．

陈鸿璠．1995．石油工业通论[M]．北京：石油工业出版社．

陈庭根，管志川．2006．钻井工程理论与技术[M]．东营：中国石油大学出版社．

陈昭年．2005．石油与天然气地质学[M]．北京：地质出版社．

冯增昭．1993．沉积岩石学[M]．北京：石油工业出版社．

傅诚德，张家茂，李希文，等．2006．走进石油：石油科普系列丛书[M]．北京：石油工业出版社．

郭海敏，戴家才.2006．生产测井原理与资料解释[M]．北京：石油工业出版社．

郭平．2004．剩余油分布研究方法[M]．北京：石油工业出版社．

纪友亮，张世奇．1998．层序地层学原理及层序成因机制[M]．北京：地质出版社．

李茂林，黎文清．1979．油气田开发地质基础[M]．北京：石油工业出版社，

李永太．2008．提高石油采收率原理和方法[M]．北京：石油工业出版社．

林维澄．1996．石油地质概论[M].东营：中国石油大学出版社．

刘宝和，沈平平，魏宜清，等．2008．中国石油勘探开发百科全书·综合卷[M]．北京：石油工业出版社．

罗英俊，万仁溥．2005．采油技术手册[M]．北京：石油工业出版社．

孙艾茵，刘蜀知．2008．石油工程概论[M]．北京：石油工业出版社．

王红秋，郑轶丹．2010.世界乙烯工业发展现状与展望[J]．国际石油经济，29（10）：51−56

王建学，万建仓．2008.钻井工程[M]．北京：石油工业出版社．

王瑞和，张卫东．2007．石油天然气工业概论[M].东营：中国石油大学出版社．

尉中良．2005．地球物理测井[M]．北京：地质出版社．

温厚文，王竹君，等．2002．百年石油[M]．北京：当代中国出版社．

伍友佳．2004．油藏地质学[M]．2版.北京：石油工业出版社．

徐兴平．2007．海洋石油工程概论[M]．东营：中国石油大学出版社．

徐旭辉．2009．中国含油气盆地动态分析概论[M]．北京：石油工业出版社．

张琪．2006．采油工程原理与设计[M]．东营：中国石油大学出版社．

张卫东，王瑞和，等．2010．石油石化300问[M]．东营：中国石油大学出版社．

赵怀文，陈智喜．1995．钻井机械[M]．北京：石油工业出版社．

周庆祖，张今弘，等．2010．中国石油工业经济若干问题回顾与思考[M]．北京：石油工业出版社．

## 世界与中国石油之最对照表

| 项目 | 世界 | 中国 |
| --- | --- | --- |
| 最早的石油公司 | 美国在1870年成立的“标准石油公司” | 中国在1946年成立的“台湾中国石油公司” |
| 最大的石油公司 | 沙特阿拉伯国家石油公司，2009年在全球50家石油公司中，排名第1位 | 中国石油天然气集团公司，2009年在全球50家石油公司中，排名第5位 |
| 石油储量最多的石油公司 | 沙特阿拉伯国家石油公司，2009年储量为361.8亿吨 | 中国石油天然气集团公司，2009年储量为30亿吨 |
| 天然气储量最多的石油公司 | 伊朗国家石油公司，2009年储量为296111亿立方米 | 中国石油天然气集团公司，2009年储量为28208亿立方米 |
| 石油产量最高的石油公司 | 沙特阿拉伯国家石油公司，2009年产量为48565万吨 | 中国石油天然气集团公司，2009年产量为13800万吨 |
| 天然气产量最高的石油公司 | 俄罗斯天然气公司，2009年产量为4613亿立方米 | 中国石油天然气集团公司，2009年产量为738亿立方米 |
| 炼油能力最强的石油公司 | 埃克森美孚公司，2009年炼油能力为31355万吨 | 中国石油化工股份有限公司，2009年炼油能力为22795万吨 |
| 油品销量最多的石油公司 | 埃克森美孚公司，2009年油品销售量为29328万吨 | 中国石油化工股份有限公司，2009年油品销售量为11625万吨 |
| 最大的盆地 | 刚果盆地，又称扎伊尔盆地，面积约337万平方千米 | 塔里木盆地，面积53万平方千米 |
| 最大的油田 | 沙特阿拉伯的加瓦尔油田，年产量高达2.8亿吨 | 大庆油田，年产油5000万吨 |
| 最大的气田 | 俄罗斯的乌连戈伊气田，探明和控制天然气储量达8.09万亿立方米，最高年产量3110亿立方米 | 长庆油田，2009年拥有剩余探明可采储量5766亿立方米 |
| 最大的海上油田 | 沙特阿拉伯的萨法尼亚油田，可采储量达43.6亿吨 | “流花1−1”油田，开发面积317平方千米，控制石油地质储量2.33亿立方米 |
| 最大的海上气田 | 位于波斯湾海域的卡塔尔北穹隆气田，探明储量27500亿立方米 | 南海“崖13−1”天然气田，储量1000亿立方米，每年可产气34亿立方米 |
| 最早的油井 | 古波斯首都苏萨附近的阿尔利卡地区的油井，2500多年前开始采油 | “苗1井”，1878年在台湾苗栗油矿产油 |
| 海上最早的油井 | 美国1897年开始海上钻探和采油 | 大港油区的“海1井”，1967年6月14日出油 |

续表

| 项目 | 世界 | 中国 |
|---|---|---|
| 单井日产量最高的油井 | 墨西哥黄金巷油区的塞罗·阿泽尔4号井，初喷日产油3.714万吨 | 胜利油田的“桩古10号井”，日初产3600吨，日产天然气36万立方米 |
| 陆上最深井 | 12262米，前苏联的SG-3井 | 8408米，塔深1井 |
| 海上最深井 | 11278米，英格兰的M-16井 | 9238米，南海西江24-3A14井 |
| 最深的水平井（垂深） | 7786米，中国川东北元坝121井 | 7786米，川东北元坝121井 |
| 位移最大的井 | 10728米，英格兰的M-16井 | 8062米，南海西江24-3A14井 |
| 最深开窗侧钻点深度 | 7751米，美国的Sublette County | 7427米，川东北元坝1-侧1井 |
| 一次取心最高进尺 | 182.88米，Baker Hughes | 145.42米，大港油田 |
| 215毫米铣齿钻头最高进尺（一次下井） | 2261.8米，Smith | 2210米，江汉钻头厂 |
| 215毫米镶齿钻头最高进尺（一次下井） | 4748.5米，Reed | 1615.73米，江汉钻头厂 |
| 215毫米PDC钻头最高进尺（一次下井） | 4011.2米，Hycaiog | 1275米，胜利油田 |
| 口数最多的丛式井组 | 0.03平方千米，284口，美国Freeman岛 | 0.0196平方千米，50口，大港埕海平台 |
| 最大的炼油厂 | 美属维尔京群岛上的克罗伊炼油厂，年加工原油能力为3640万吨 | 中国石化镇海炼化分公司，年加工原油能力为2300万吨 |
| 最长的输油管道 | 前苏联—东欧的友谊输油管线。起自苏联的阿尔梅季耶夫斯克至匈牙利、捷克斯洛伐克、波兰和德国。为双线：一线长5500千米，管径1.05米，年输油能力5000万吨；二线长4412千米，管径1.22米，年输油能力7000万吨 | “兰—郑—长”成品油输送管道，起自兰州，途经甘肃、陕西、河南、湖北、湖南5省67个县市，全长超过3000千米，年输送量可达1500万吨 |
| 最长的输气管道 | 中亚天然气管道，总长度超过10000千米 | 中亚天然气管道，总长度超过10000千米 |
| 最大的油轮 | 船名：诺克耐维斯；总注册吨位（GT）：260581吨；净重吨位：564763吨（改造后为825614吨）；吃水：24.61米；舷宽：68.86米；船长：458米；航速：13节；体积：658362立方米 | “新埔洋”号，全船长333米、宽60米；甲板面至船底型深29.8米，上层建筑高6层，可装载闪点低于60℃的原油30.8万吨，运力相当于一列31千米长的火车。甲板面上设有直升机停降平台，服务航速可达15.7节 |

# 世界著名石油公司标识

| 公司名称 | 标　识 |
| --- | --- |
| 沙特阿拉伯国家石油公司 | أرامكو السعودية Saudi Aramco |
| 伊朗国家石油公司 | NIOC |
| 埃克森美孚公司 | ExxonMobil |
| 委内瑞拉国家石油公司 | PDVSA |
| 中国石油天然气集团公司 | |
| BP 公司 | bp |
| 皇家荷兰壳牌集团 | |
| 雪佛龙公司 | Chevron |
| 道达尔公司 | TOTAL |
| 俄罗斯天然气公司 | GAZPROM |

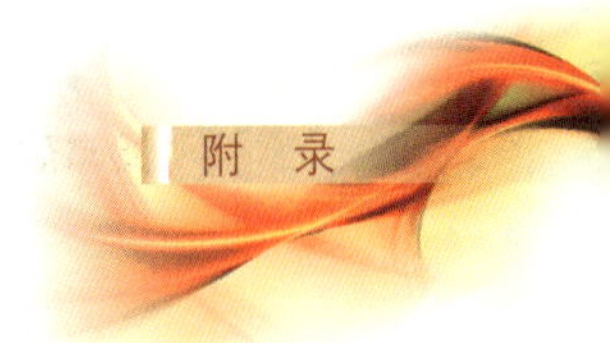


续表

| 公司名称 | 标 识 |
| --- | --- |
| 墨西哥国家石油公司 | PEMEX |
| 美国康菲公司 | ConocoPhillips |
| 科威特国家石油公司 | |
| 俄罗斯鲁克石油公司 | LUKOIL OIL COMPANY |
| 巴西国家石油公司 | BR PETROBRAS |
| 阿尔及利亚国家石油公司 | sonatrach |
| 阿布扎比国家石油公司 | ADNOC |
| 马来西亚国家石油公司 | PETRONAS |
| 俄罗斯石油公司 | ROSNEFT |
| 卡塔尔石油总公司 | Qatar Petroleum |
| 意大利埃尼集团 | eni |

续表

| 公司名称 | 标　识 |
|---|---|
| 中国石油化工集团公司 | 中国石化 SINOPEC |
| 尼日利亚国家石油公司 | |
| 伊拉克国家石油公司 | IRAQ العراق |
| 埃及石油总公司 | |
| 俄罗斯苏尔古特石油天然气股份公司 | СНГ |
| 利比亚国家石油公司 | نفط |
| 挪威国家石油公司 | Statoil |
| 印度尼西亚国家石油公司 | PERTAMINA |
| 西班牙雷普索尔 –YPF 集团 | REPSOL YPF |

注：本表按2010年世界最大30家石油公司综合排名。

# 后记

在深入开展学习实践科学发展观活动中，中国石油天然气集团公司党组进行基层调研时，时任党组书记、总经理蒋洁敏提出为基层员工送图书、送知识的倡导，党组决定拨专款实施。从2009年8月至2012年3月，由思想政治工作部牵头组织、石油工业出版社具体承办，利用三年时间实施了“千万图书送基层，百万员工品书香”工程，为3.67万个基层队（站、车间）送书733万册，基层员工反映切实感受到了集团公司党组的关怀和温暖。

为落实好党组要求，思想政治工作部进一步延伸了“千万图书送基层，百万员工品书香”工程，2010年提出帮助员工建立起人生基本知识体系和职业生涯基本专业知识体系的工作要求，组织编写了涵盖政治经济、法律、科技、管理、石油、历史、地理、文学艺术、生活、健康等十个方面的《中国石油员工基本知识读本》丛书，组织开展了“学习在石油·每日悦读十分钟”全员读书活动。

在丛书编委会的领导下，思想政治工作部主要领导亲自与石油工业出版社领导一起，精心、用心、高标准、严要求地组织丛书的统筹和编写工作。集团公司科技管理部、法律事务部、老干部局、监事会办公室等总部机关部门和北京石油管理干部学院、石油工业出版社、中国石油学会、中国石油企业协会、中国石油中心医院等相关单位的领导和同志，历时近两年时间，共同完成了丛书的编写出版任务。

在编写过程中，各编写组精心组织，有关部门和单位领导亲自挂帅，编写人员全力以赴，认真听取意见和建议，以高度的责任感和强烈的精品意识，查阅了大量书籍资料，付出了辛勤的劳动和大量的心血。为保证丛书风格的整体协调统一，有的分册几易提纲，甚至几易书稿。丛书编委会先后四次召开综合审稿会议，参与审稿的专家学者数十位，为打造精品献计献策，保证了图书的专业水准。

在丛书即将付梓之际，集团公司党组决定为员工配发丛书，这对丰富员工知识，提高队伍素质，实现科学发展具有重要意义。相信这套丛书能受到广大员工的欢迎，成为终身学习的有效工具，也相信这套丛书能为集团公司建设学习型企业，夯实三基工作作出积极贡献。

感谢所有为丛书编写出版作出努力和贡献的同志，我们也期待广大读者对丛书提出宝贵意见。

丛书编委会

2012 年 6 月